학습 진도표

백점

수학 1·1

개념북

백점 수학

구성과 특징

개념북 하루 4쪽 학습으로 자기주도학습 완성

N일차 4쪽: 개념 학습+문제 학습

서술형 문제

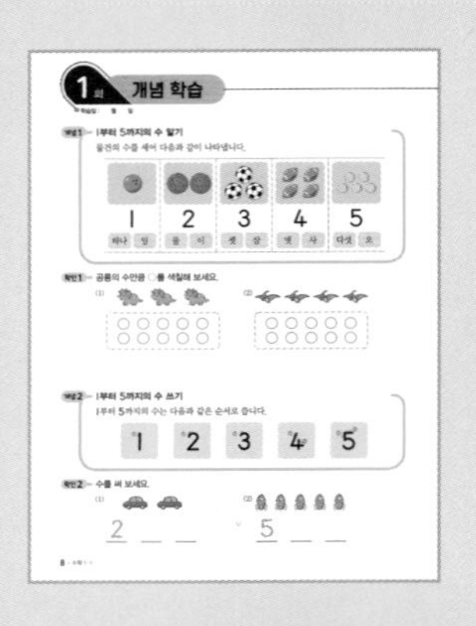

+

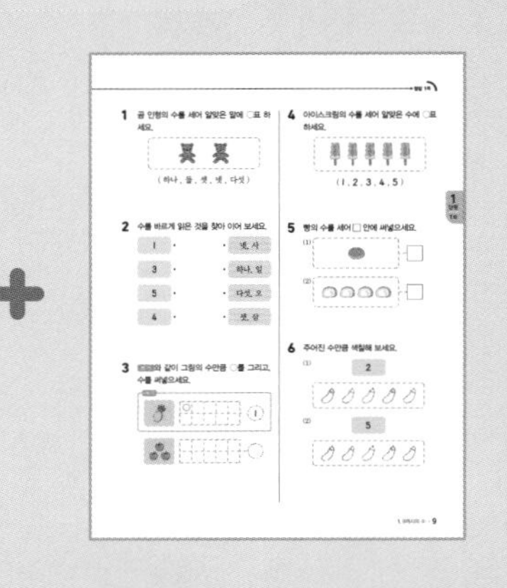

+

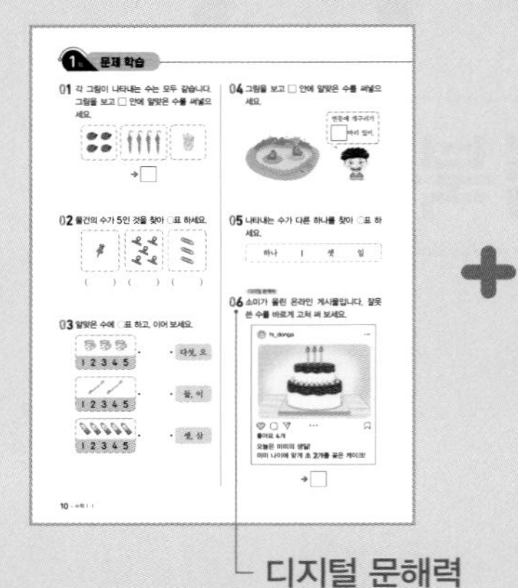

+

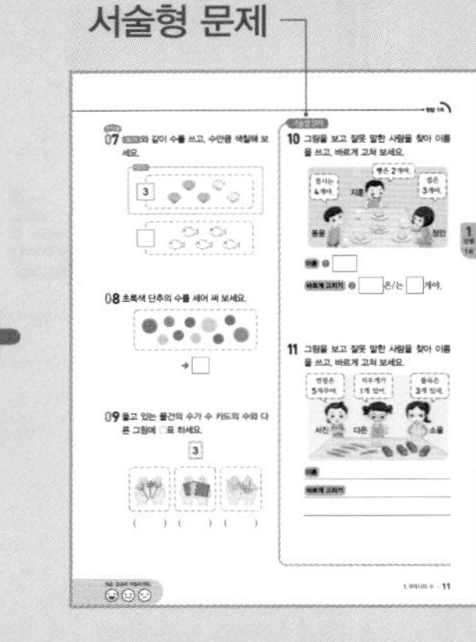

디지털 문해력

N일차 4쪽: 응용 학습

문제해결 TIP

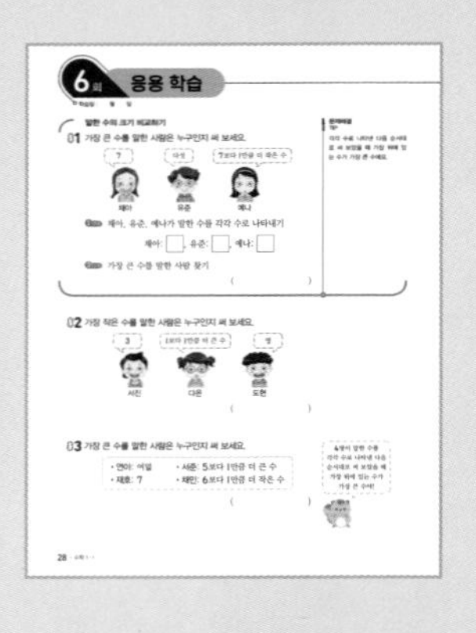

+

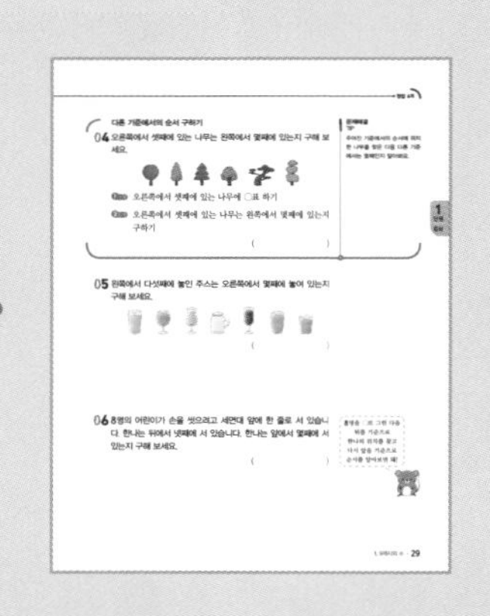

+

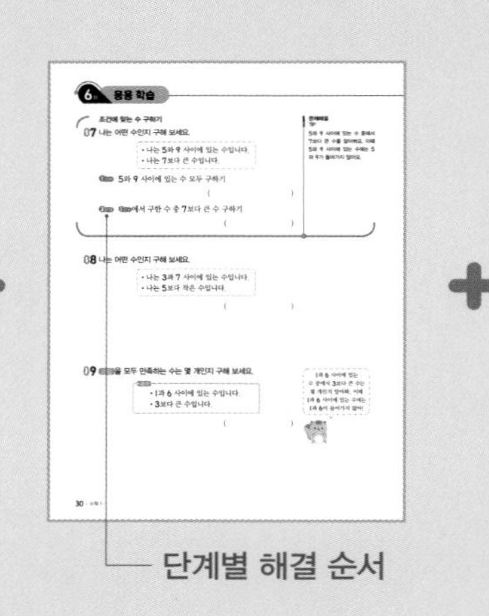

+

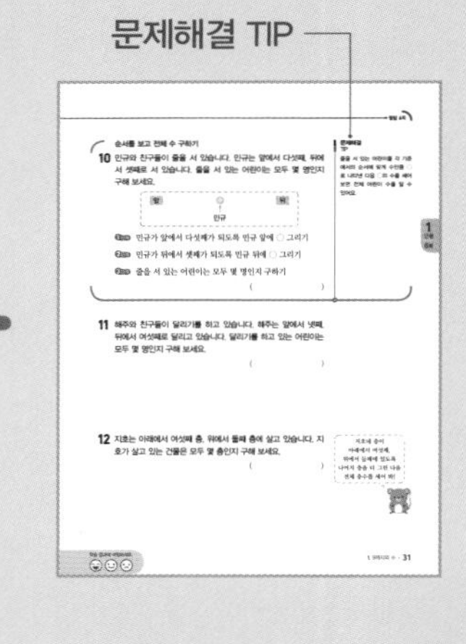

단계별 해결 순서

N일차 4쪽: 마무리 평가

수행 평가

+

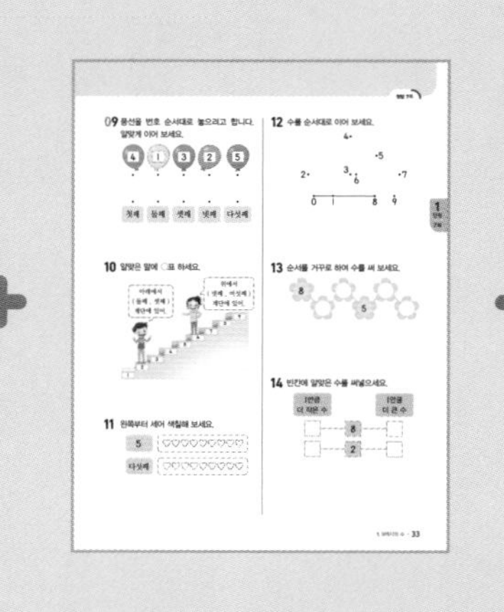

+

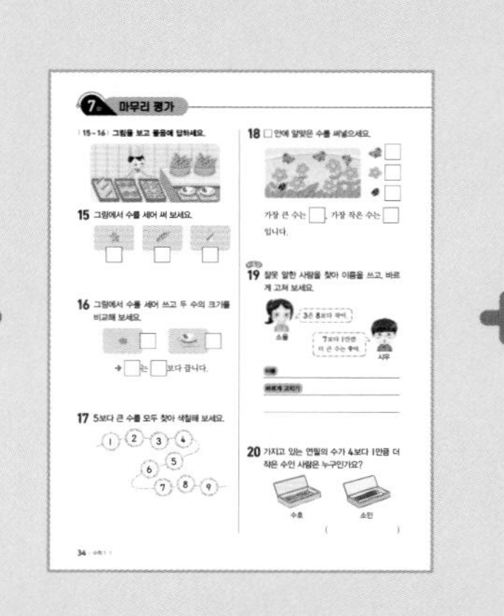

+

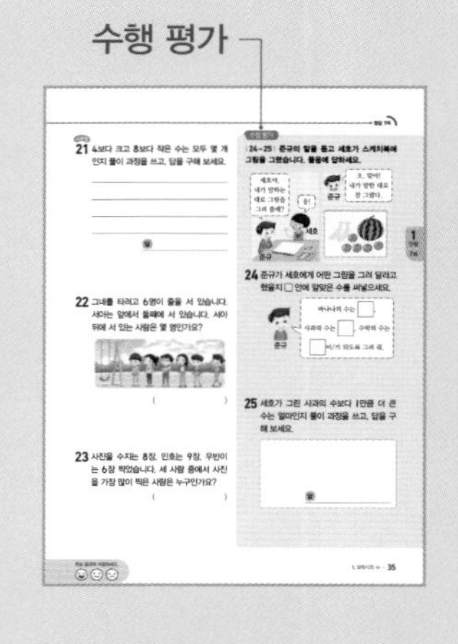

문해력을 높이는 어휘
교과서 어휘를 그림과 쓰이는 예시 문장을 통해 문해력 향상

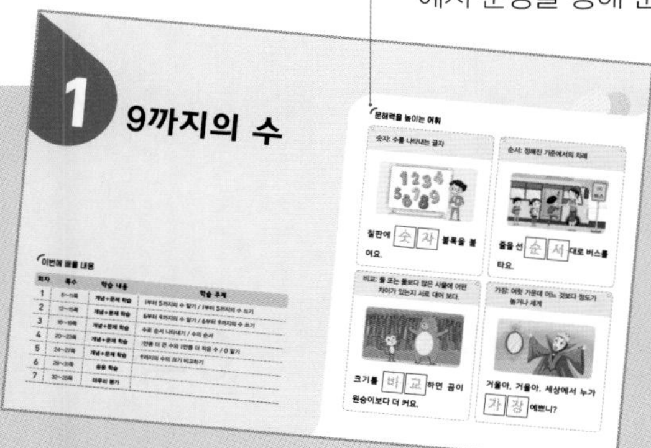

개념 학습

핵심 개념과 개념 확인 예제로 개념을 쉽게 이해할 수 있습니다.

문제 학습

핵심 유형 문제와 서술형 연습 문제로 실력을 쌓을 수 있습니다.
디지털 문해력: 디지털 매체 소재에 대한 문제

응용 학습

응용 유형의 문제를 단계별 해결 순서와 문제해결 TIP을 이용하여 응용력을 높일 수 있습니다.

마무리 평가

한 단원을 마무리하며 실력을 점검할 수 있습니다.
수행 평가: 학교 수행 평가에 대비할 수 있는 문제

평가북

맞춤형 평가 대비
수준별 단원 평가

단원 평가 A단계, B단계

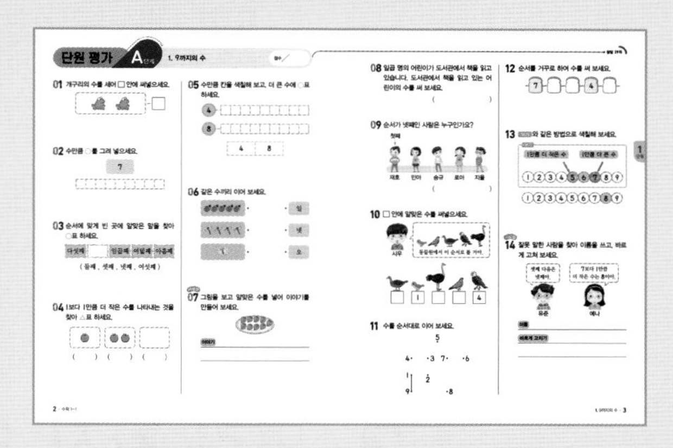

단원별 학습 성취도를 확인하고, 학교 단원 평가에 대비할 수 있도록 수준별로 A단계, B단계로 구성하였습니다.

1학기 총정리 개념

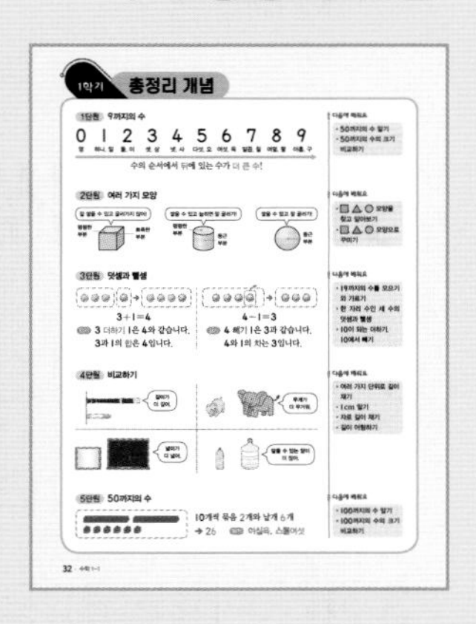

1학기를 마무리하며 개념을 총정리하고, 다음에 배울 내용을 확인할 수 있습니다.

백점 수학

차례

하루 4쪽 학습으로 자기주도학습 완성

1

9까지의 수

이번에 배울 내용

회차	쪽수	학습 내용	학습 주제
1	8~11쪽	개념+문제 학습	1부터 5까지의 수 알기 / 1부터 5까지의 수 쓰기
2	12~15쪽	개념+문제 학습	6부터 9까지의 수 알기 / 6부터 9까지의 수 쓰기
3	16~19쪽	개념+문제 학습	수로 순서 나타내기 / 수의 순서
4	20~23쪽	개념+문제 학습	1만큼 더 큰 수와 1만큼 더 작은 수 / 0 알기
5	24~27쪽	개념+문제 학습	9까지의 수의 크기 비교하기
6	28~31쪽	응용 학습	
7	32~35쪽	마무리 평가	

문해력을 높이는 **어휘**

숫자: 수를 나타내는 글자

칠판에 숫 자 블록을 붙여요.

순서: 정해진 기준에서의 차례

줄을 선 순 서 대로 버스를 타요.

비교: 둘 또는 둘보다 많은 사물에 어떤 차이가 있는지 서로 대어 보다.

크기를 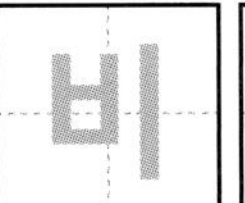 비 교 하면 곰이 원숭이보다 더 커요.

가장: 여럿 가운데 어느 것보다 정도가 높거나 세게

거울아, 거울아. 세상에서 누가 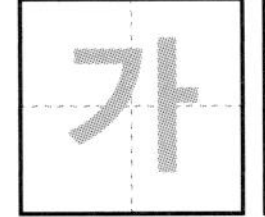 가 장 예쁘니?

1회 개념 학습

학습일 : 월 일

개념 1 **1부터 5까지의 수 알기**

물건의 수를 세어 다음과 같이 나타냅니다.

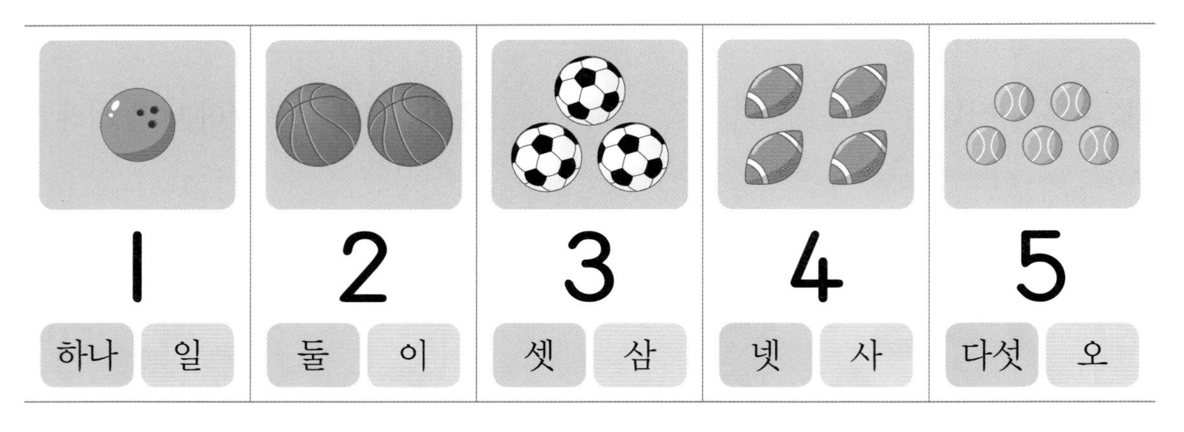

확인 1 공룡의 수만큼 ◌를 색칠해 보세요.

(1)

(2)

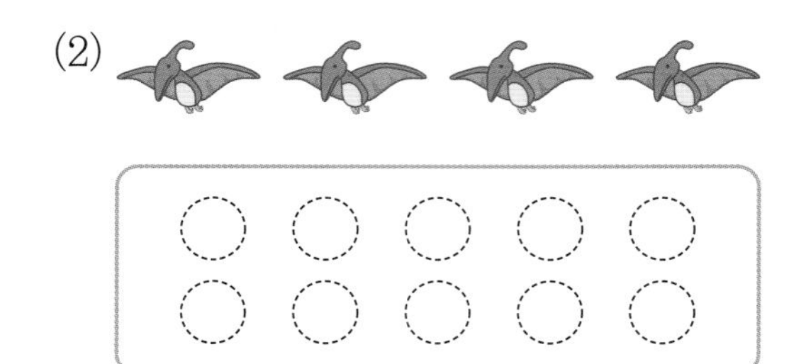

개념 2 **1부터 5까지의 수 쓰기**

1부터 5까지의 수는 다음과 같은 순서로 씁니다.

①1	①2	①3	①4②	①5②

확인 2 수를 써 보세요.

(1)

2 ___ ___ ___

(2)

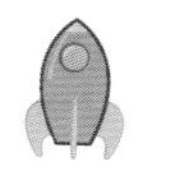
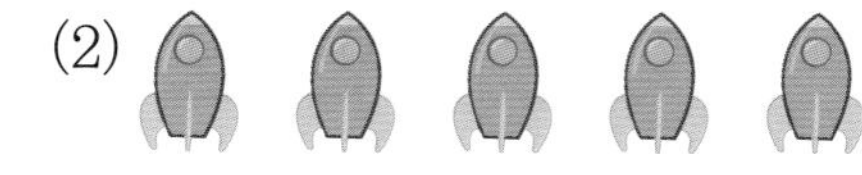

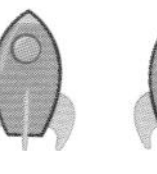

5 ___ ___ ___

1 곰 인형의 수를 세어 알맞은 말에 ○표 하세요.

(하나 , 둘 , 셋 , 넷 , 다섯)

2 수를 바르게 읽은 것을 찾아 이어 보세요.

1 •	• 넷, 사
3 •	• 하나, 일
5 •	• 다섯, 오
4 •	• 셋, 삼

3 보기와 같이 그림의 수만큼 ○를 그리고, 수를 써넣으세요.

4 아이스크림의 수를 세어 알맞은 수에 ○표 하세요.

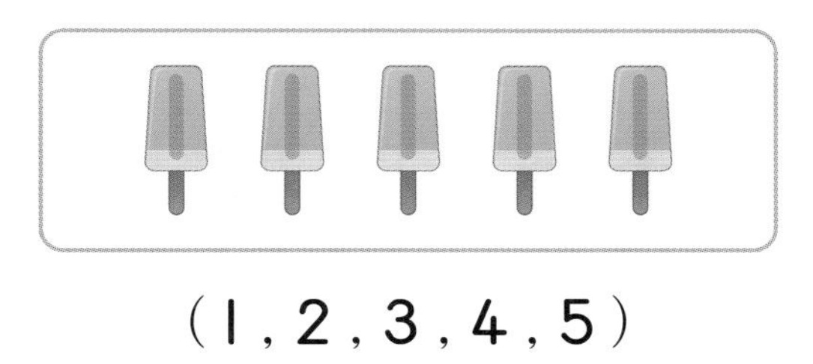

(1 , 2 , 3 , 4 , 5)

5 빵의 수를 세어 □ 안에 써넣으세요.

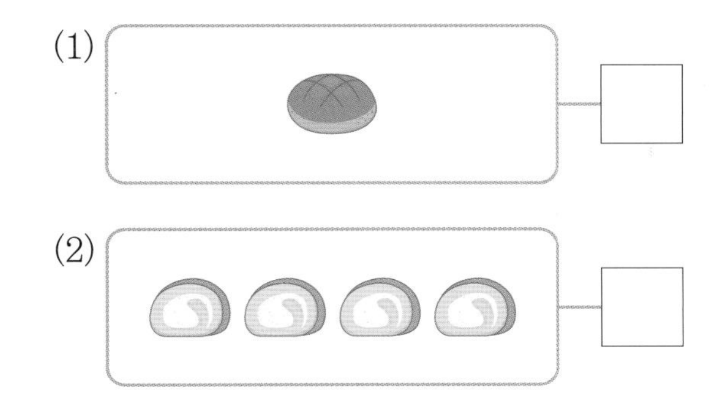

6 주어진 수만큼 색칠해 보세요.

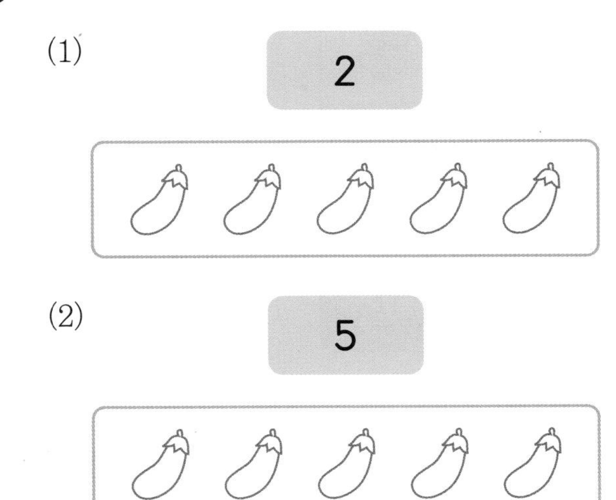

1 단원 1회

01 각 그림이 나타내는 수는 모두 같습니다. 그림을 보고 □ 안에 알맞은 수를 써넣으세요.

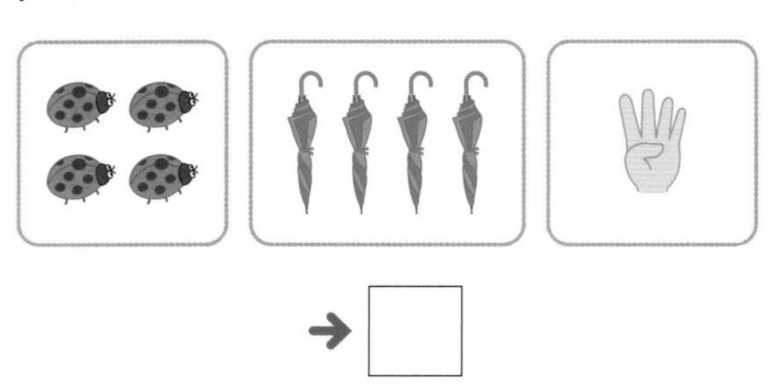

➜ □

02 물건의 수가 5인 것을 찾아 ○표 하세요.

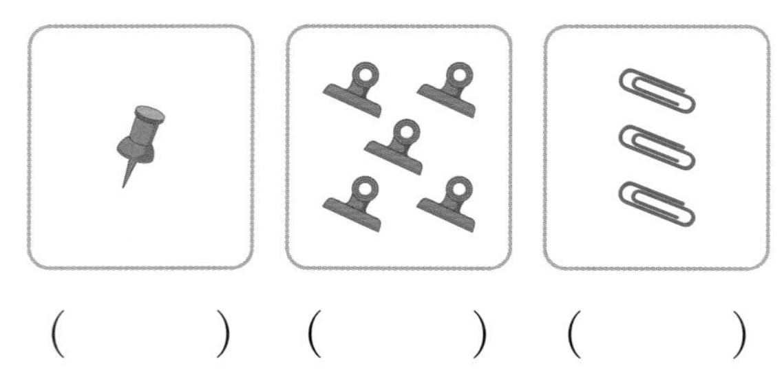

(　　　) (　　　) (　　　)

03 알맞은 수에 ○표 하고, 이어 보세요.

04 그림을 보고 □ 안에 알맞은 수를 써넣으세요.

05 나타내는 수가 다른 하나를 찾아 ○표 하세요.

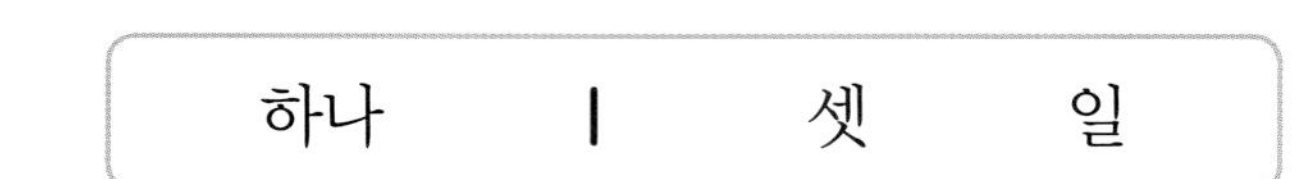

디지털 문해력

06 소미가 올린 온라인 게시물입니다. 잘못 쓴 수를 바르게 고쳐 써 보세요.

➜ □

창의형

07 보기 와 같이 수를 쓰고, 수만큼 색칠해 보세요.

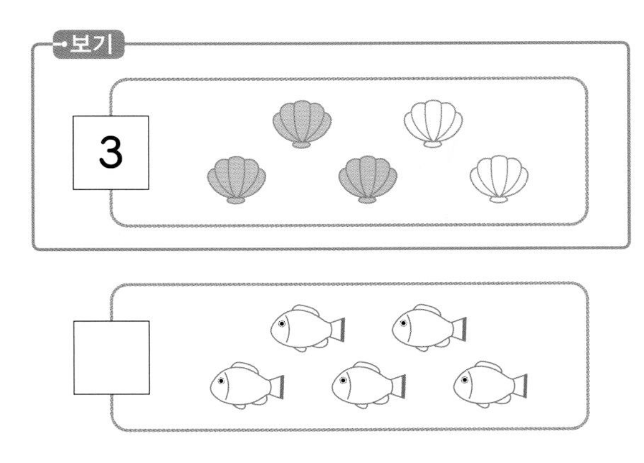

08 초록색 단추의 수를 세어 써 보세요.

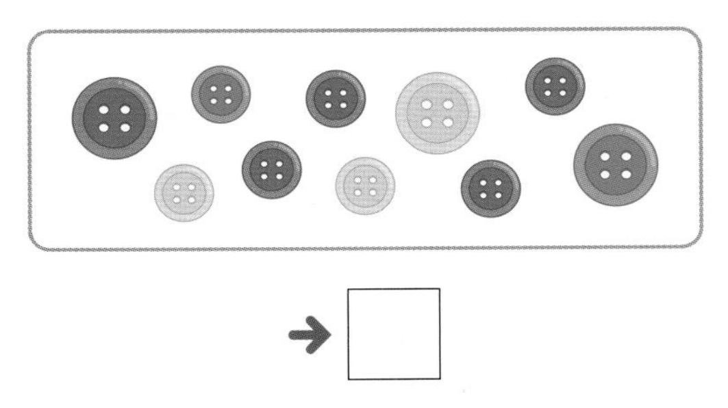

➔ □

09 들고 있는 물건의 수가 수 카드의 수와 다른 그림에 ○표 하세요.

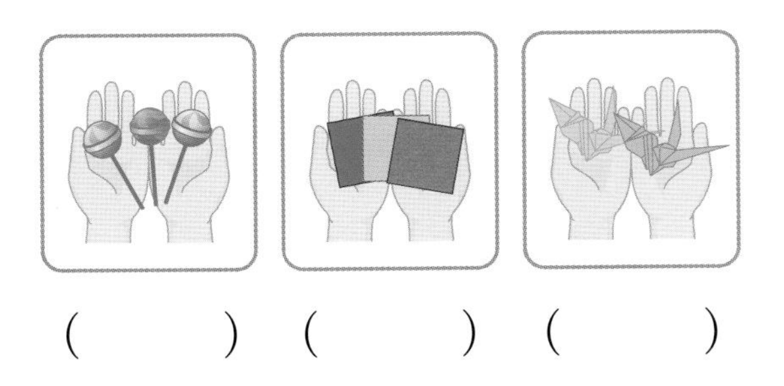

(　　) (　　) (　　)

서술형 문제

10 그림을 보고 잘못 말한 사람을 찾아 이름을 쓰고, 바르게 고쳐 보세요.

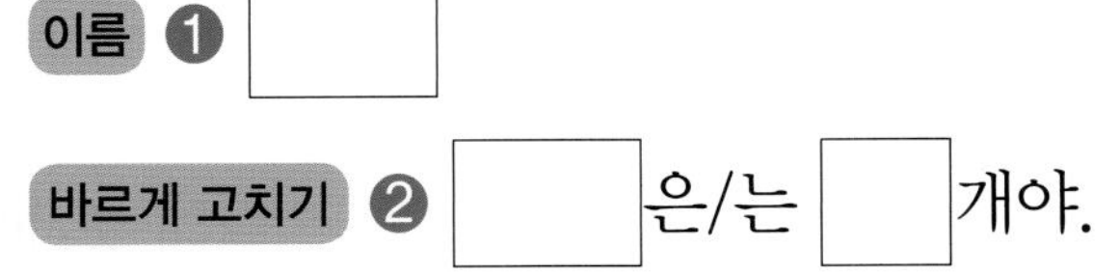

11 그림을 보고 잘못 말한 사람을 찾아 이름을 쓰고, 바르게 고쳐 보세요.

이름 ________________

바르게 고치기 ________________

____

1 단원 1회

2회 개념 학습

학습일 :　　월　　일

개념 1 6부터 9까지의 수 알기

물건의 수를 세어 다음과 같이 나타냅니다.

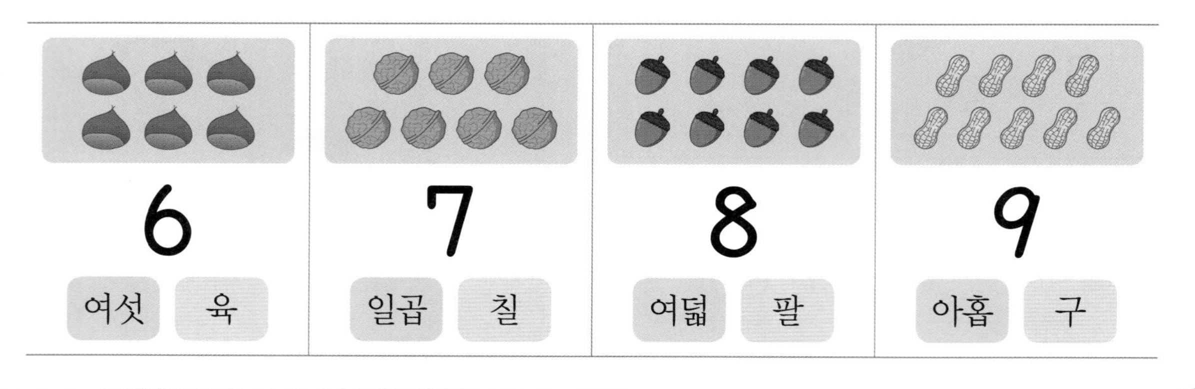

확인 1 로봇의 수만큼 ◌를 색칠해 보세요.

(1)　　(2)

개념 2 6부터 9까지의 수 쓰기

6부터 9까지의 수는 다음과 같은 순서로 씁니다.

확인 2 수를 써 보세요.

(1)　　(2)

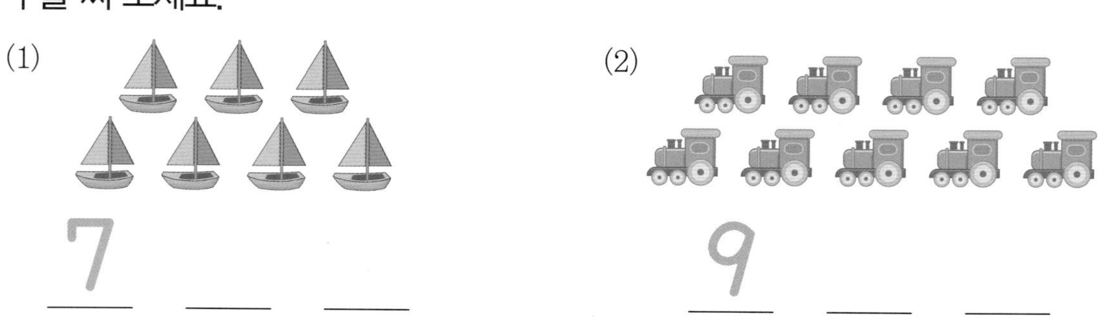

정답 2쪽

1 주스의 수를 세어 알맞은 말에 ○표 하세요.

(여섯 , 일곱 , 여덟 , 아홉)

2 수를 바르게 읽은 것을 찾아 이어 보세요.

8 •	• 일곱, 칠
7 •	• 여섯, 육
9 •	• 여덟, 팔
6 •	• 아홉, 구

3 보기 와 같이 그림의 수만큼 ○를 그리고, 수를 써넣으세요.

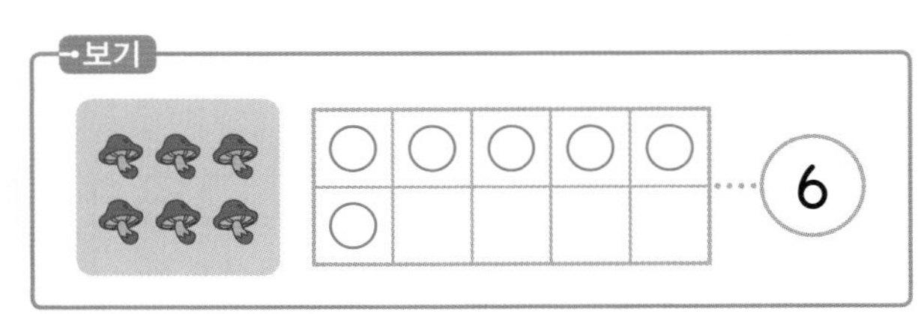

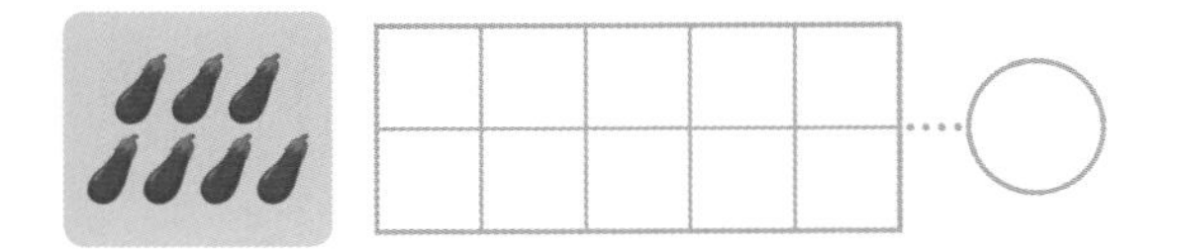

4 꽃의 수를 세어 알맞은 수에 ○표 하세요.

(6 , 7 , 8 , 9)

5 학용품의 수를 세어 □ 안에 써넣으세요.

(1)

(2)

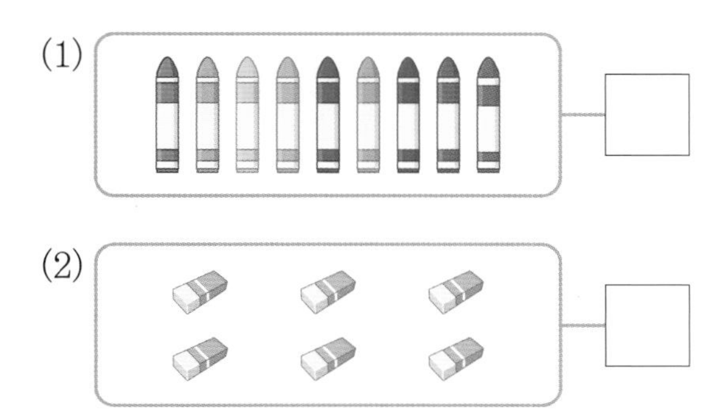

6 주어진 수만큼 색칠해 보세요.

(1) 6

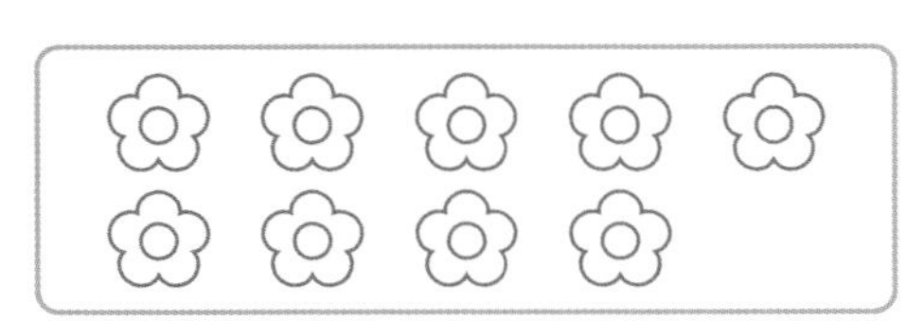

(2) 8

01 □ 안에 알맞은 수를 써넣으세요.

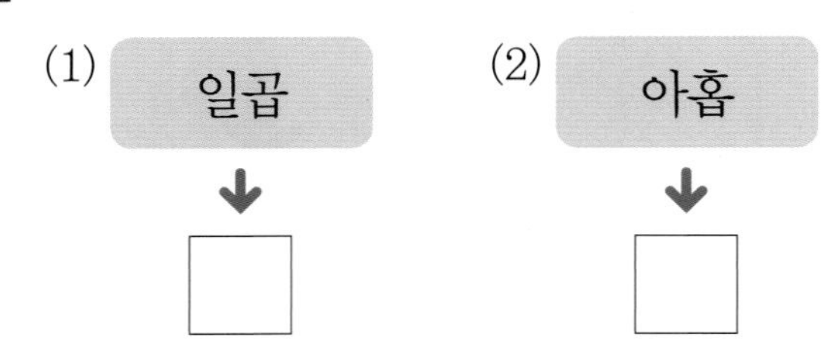

02 수를 바르게 읽은 것을 찾아 ○표 하세요.

( ) ( ) ( )

03 알맞은 수를 찾아 이어 보세요.

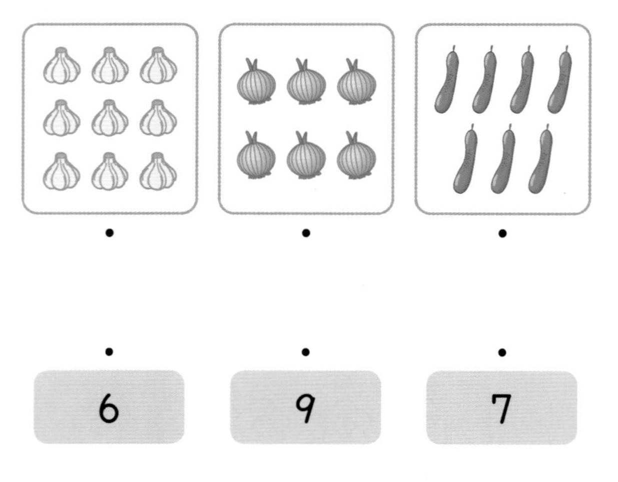

04 연결 모형의 수가 7인 것에 ○표 하세요.

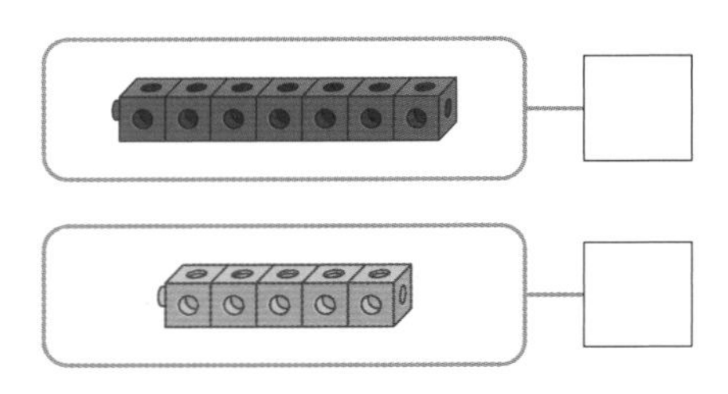

05 그림을 보고 □ 안에 알맞은 수를 써넣으세요.

사막에 선인장은 □그루 있고, 낙타는 □마리 있습니다.

06 세주네 모둠 6명이 아이스크림을 먹으려고 합니다. 필요한 숟가락의 수만큼 ○표 하세요.

07 시우와 같이 집에 있는 물건의 수를 6, 7, 8, 9로 말해 보세요.

(   )

08 쓰러진 볼링핀의 수를 세어 써 보세요.

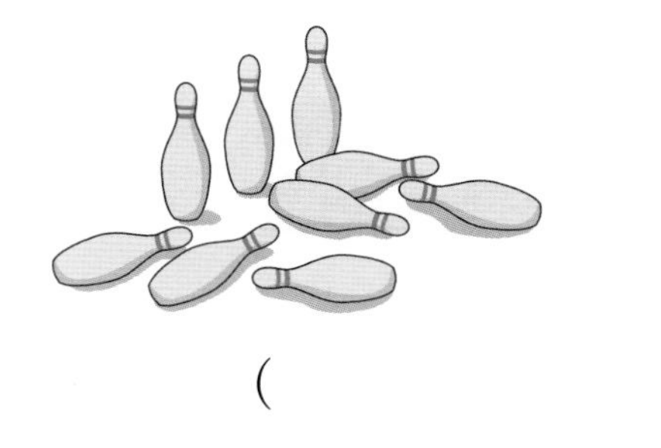

(   )

09 수만큼 ◯로 묶고, 묶지 않은 토끼의 수를 써 보세요.

묶지 않은 토끼의 수 → □

서술형 문제

10 예나가 물고기의 수를 잘못 말한 이유를 써 보세요.

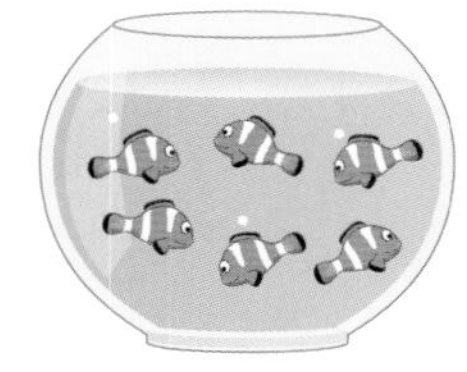

이유 어항에 있는 물고기의 수를 세어 보면 (다섯 , 여섯 , 일곱)으로 물고기가 □마리 있기 때문입니다.

11 유준이가 자동차의 수를 잘못 말한 이유를 써 보세요.

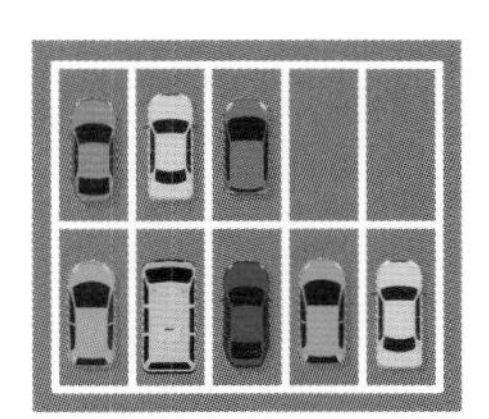

이유 ______________________

____

____

학습 결과에 색칠하세요.

학습일 : 월 일

개념 1 **수로 순서 나타내기**

첫째, 둘째, 셋째, 넷째, 다섯째, 여섯째, 일곱째, 여덟째, 아홉째로 순서를 나타냅니다.

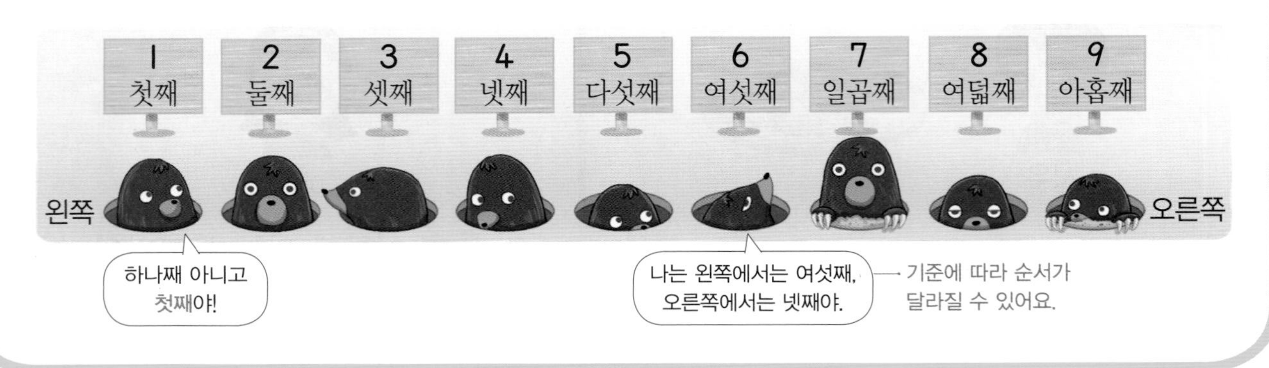

확인 1 수로 순서를 나타내려고 합니다. 빈 곳에 알맞은 수를 써넣으세요.

개념 2 **수의 순서**

• 1부터 9까지의 수를 순서대로 쓰면 다음과 같습니다.

• 9부터 1까지 수의 순서를 거꾸로 하여 쓰면 다음과 같습니다.

확인 2 순서에 알맞게 수를 써 보세요.

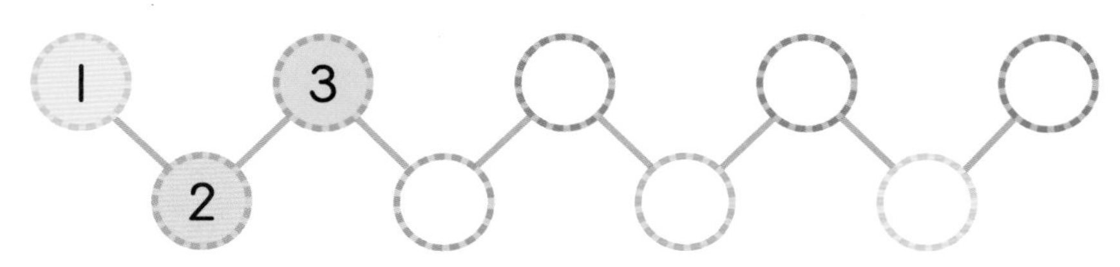

1 순서에 맞게 빈 곳에 알맞은 말을 찾아 ○표 하세요.

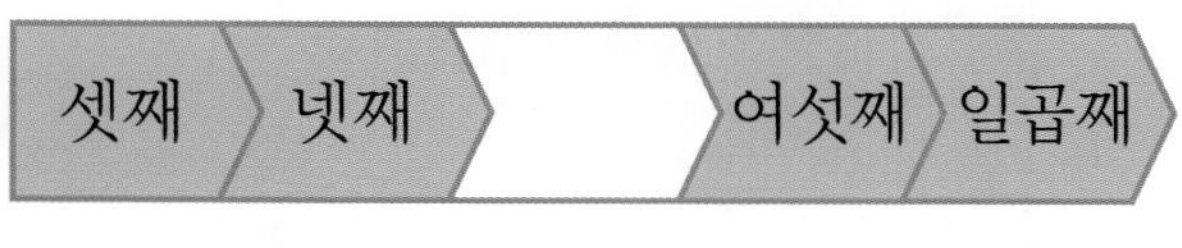

(둘째 , 다섯째 , 여덟째 , 아홉째)

2 순서에 알맞은 자동차를 찾아 ○표 하세요.

(1) 앞에서 다섯째

(2) 앞에서 셋째

3 순서에 알맞게 이어 보세요.

2	7	4

4 순서에 알맞게 수를 써 보세요.

5 아래에서 여섯째 칸에 색칠해 보세요.

6 수를 순서대로 이어 보세요.

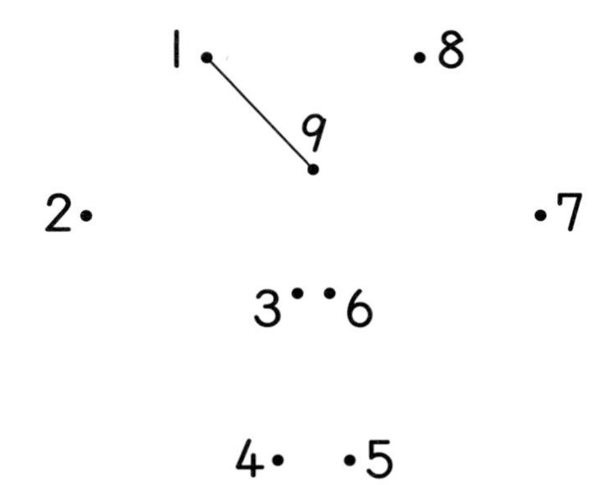

01 그림을 보고 알맞은 쌓기나무를 찾아 이어 보세요.

위에서 다섯째 •

위에서 셋째 •

아래에서 둘째 •

아래에서 여섯째 •

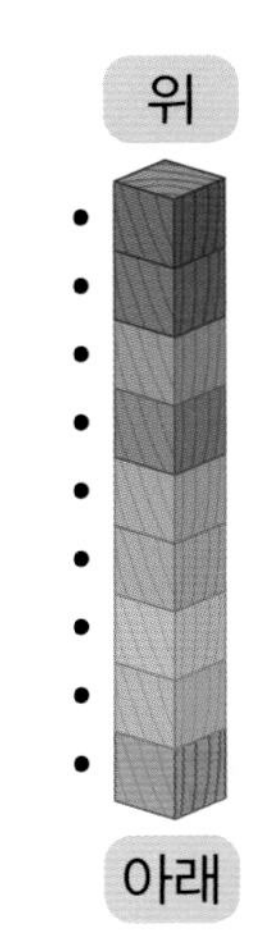

02 수를 순서대로 이어 보세요.

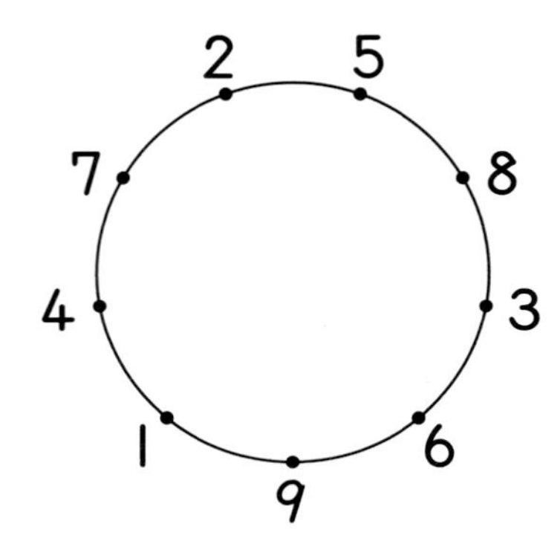

03 순서를 거꾸로 하여 수를 써 보세요.

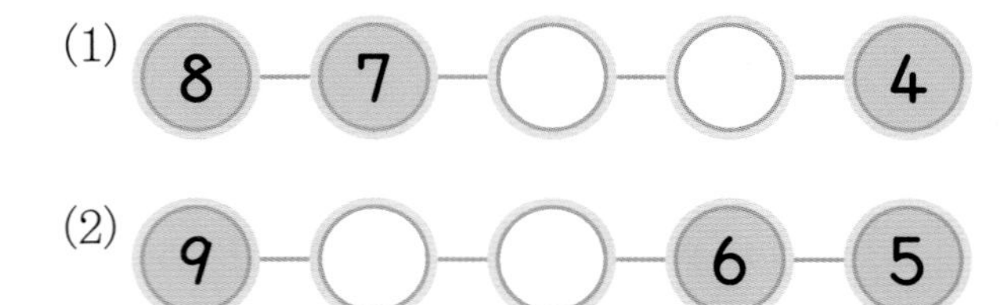

04 순서에 알맞게 수를 쓴 것에 ○표 하세요.

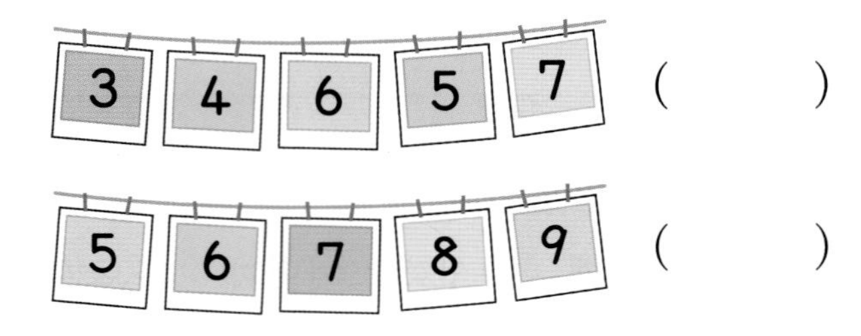

( )

( )

05 급식을 받기 위해 순서대로 줄을 서서 기다리고 있습니다. 물음에 답하세요.

(1) 앞에서 둘째인 사람의 이름을 써 보세요.

( )

(2) 수연이는 앞에서 몇째에 서 있는지 써 보세요.

( )

디지털 문해력

06 광고 화면을 보고 알맞은 말에 ○표 하세요.

노란색 젤리는 왼쪽에서 (셋째 , 넷째), 오른쪽에서 (넷째 , 다섯째)에 있습니다.

07 □ 안에 알맞은 수를 써넣으세요.

08 보기 와 같이 왼쪽부터 세어 색칠해 보세요.

8	☆☆☆☆☆☆☆☆☆
여덟째	☆☆☆☆☆☆☆☆☆

창의형

09 서랍에 물건을 넣으려고 합니다. 물건을 어떻게 정리할지 순서를 나타내는 말을 사용하여 말해 보세요.

( )

학습 결과에 색칠하세요.

서술형 문제

10 사물함의 번호를 순서대로 써넣으려고 합니다. 소미의 사물함 번호는 몇인지 풀이 과정을 쓰고, 답을 구해 보세요.

❶ 사물함의 번호를 순서대로 써 보면 1, □, □, □, □입니다.

❷ 따라서 소미의 사물함 번호는 □입니다.

답

11 책꽂이에 책을 번호 순서대로 꽂았습니다. '해님 달님' 책의 번호는 몇인지 풀이 과정을 쓰고, 답을 구해 보세요.

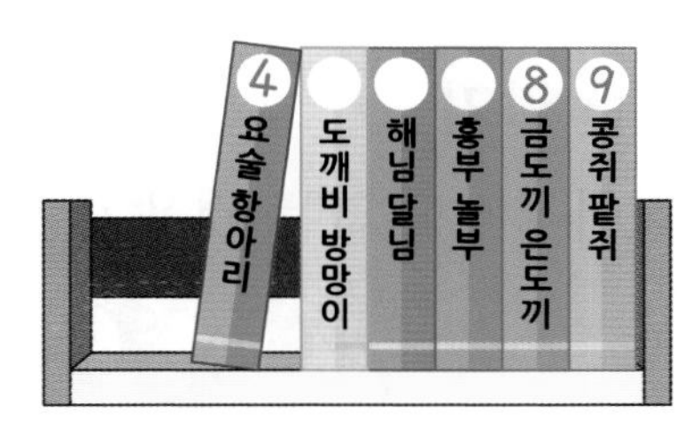

답

1 단원 3회

학습일 : 월 일

개념 1 **1만큼 더 큰 수와 1만큼 더 작은 수**

수를 순서대로 썼을 때 **바로 뒤의 수**가 **1만큼 더 큰 수**이고,
바로 앞의 수가 **1만큼 더 작은 수**입니다.

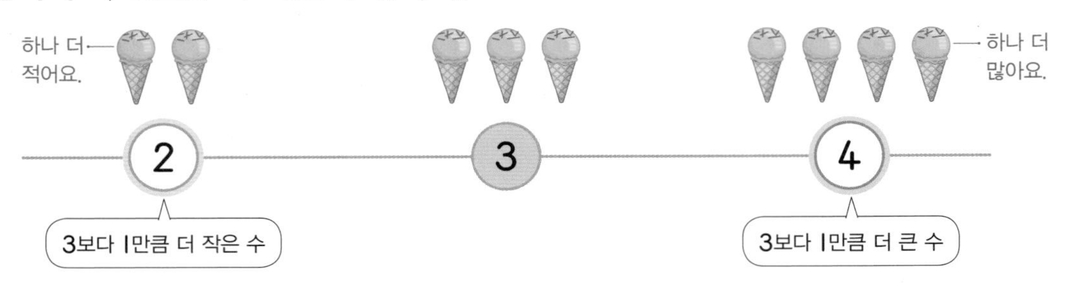

확인 1 빈칸에 4보다 1만큼 더 큰 수와 1만큼 더 작은 수를 써넣으세요.

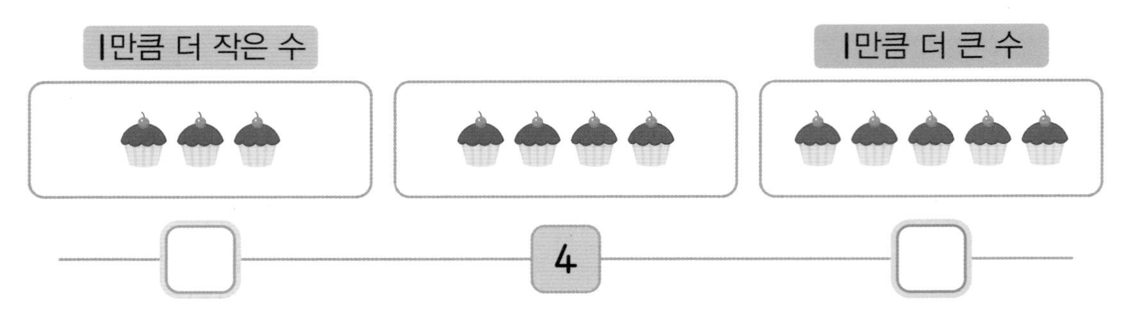

개념 2 **0 알기**

아무것도 없는 것을 0이라 쓰고 영이라고 읽습니다.

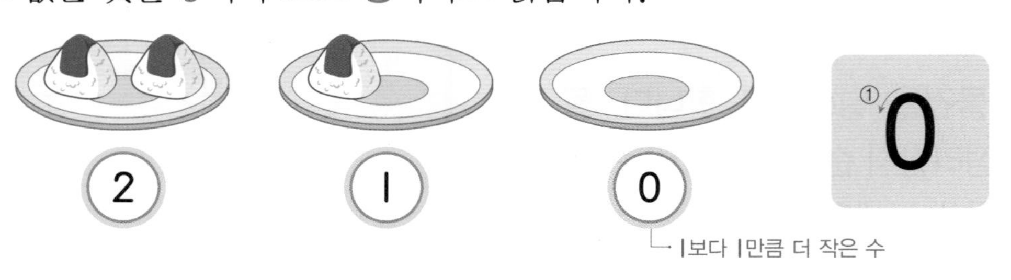

확인 2 딸기의 수를 세어 □ 안에 알맞은 수를 써넣으세요.

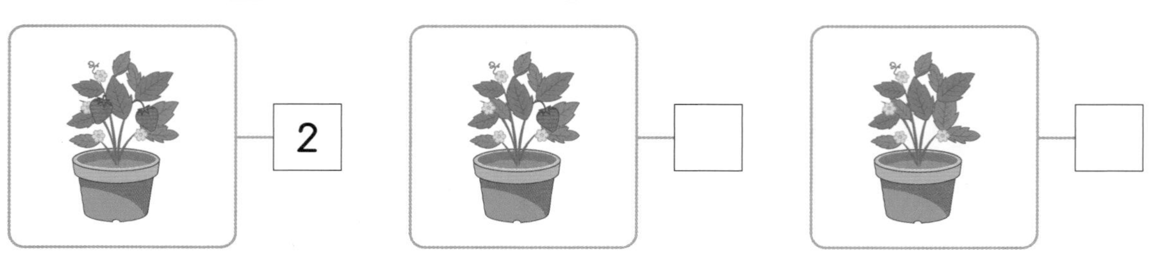

1 6보다 1만큼 더 큰 수와 1만큼 더 작은 수를 ○로 나타내고, 빈칸에 알맞은 수를 써넣으세요.

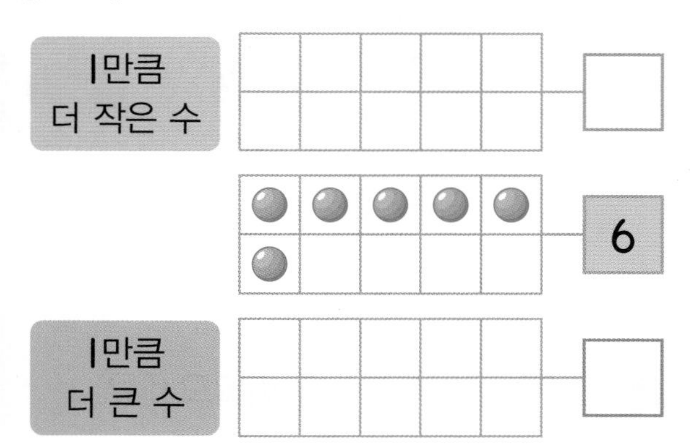

2 5보다 1만큼 더 큰 수를 나타내는 것에 ○표 하세요.

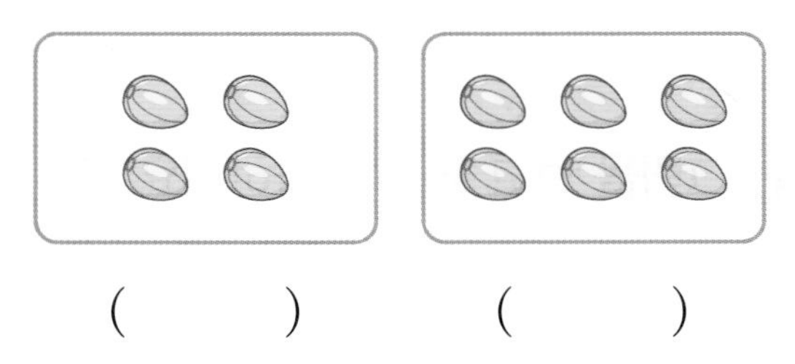

( ) ( )

3 펼친 손가락의 수를 세어 보세요.

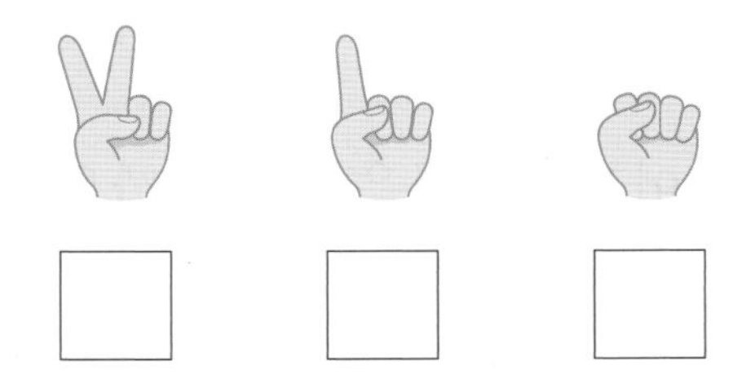

4 □ 안에 알맞은 수를 써넣으세요.

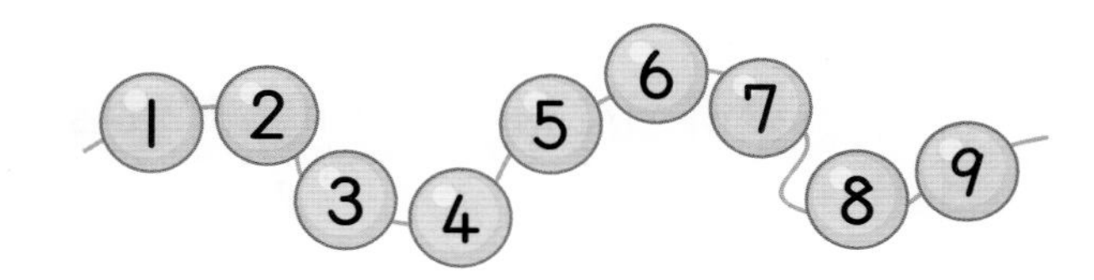

(1) 8보다 1만큼 더 작은 수는 □입니다.

(2) 1보다 1만큼 더 큰 수는 □입니다.

5 다음이 나타내는 수를 써 보세요.

1보다 1만큼 더 작은 수

( )

6 빈칸에 알맞은 수를 써넣으세요.

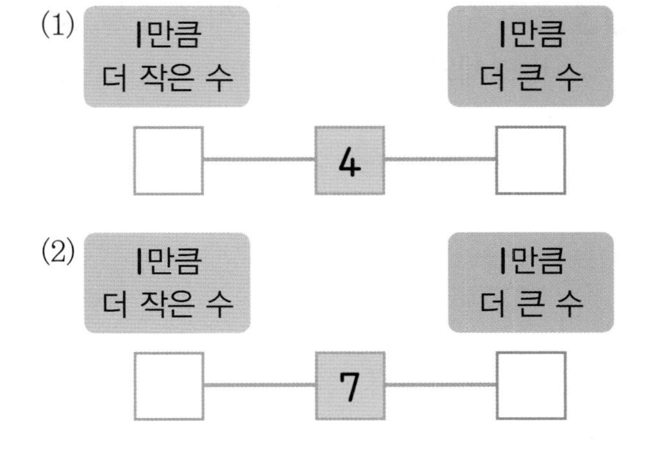

01 보기 와 같은 방법으로 색칠해 보세요.

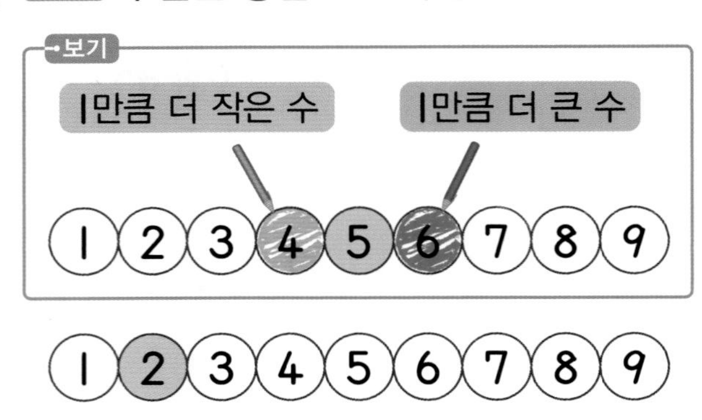

1 2 3 4 5 6 7 8 9

02 사탕의 수보다 1만큼 더 큰 수에 ○표 하세요.

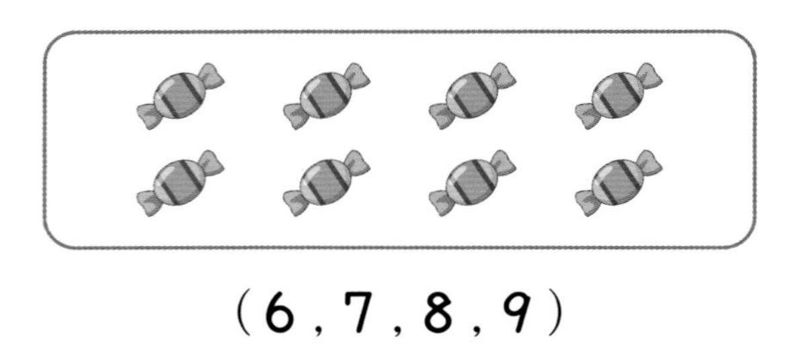

(6 , 7 , 8 , 9)

03 귤의 수보다 1만큼 더 작은 수를 찾아 이어 보세요.

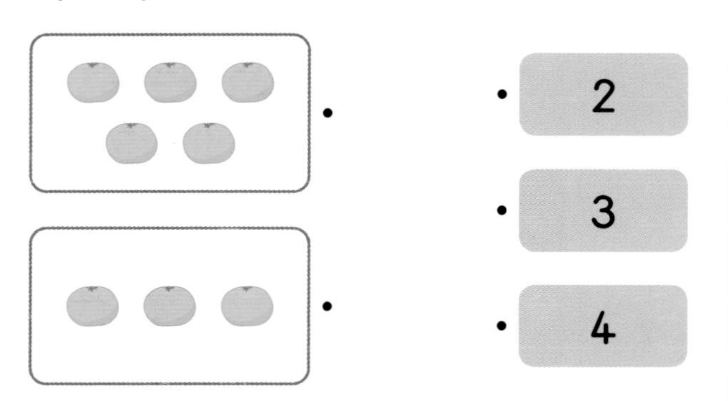

04 연아, 도진, 지수가 고리 던지기를 했습니다. 지수가 넣은 고리는 몇 개인가요?

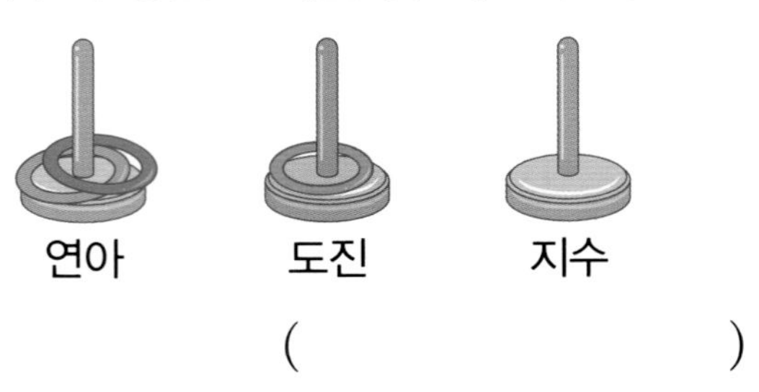

(　　　　　)

05 빈칸에 알맞은 수를 써넣으세요.

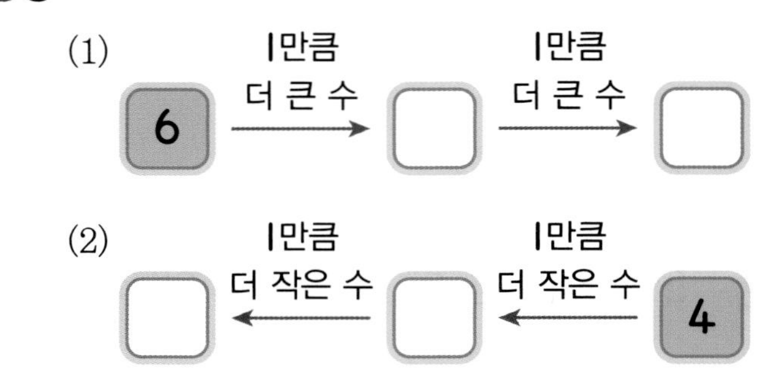

06 그림을 보고 물음에 답하세요.

(1) 어제의 기록은 몇 번일까요?

(　　　　　)

(2) 내일의 목표는 몇 번일까요?

(　　　　　)

07 서진이와 같이 0을 사용하여 이야기해 보세요.

(　　　　　　　　　　　　　　　　)

08 □ 안에 알맞은 수를 써넣으세요.

7은 □보다 1만큼 더 큰 수이고,

6은 □보다 1만큼 더 작은 수입니다.

09 그림을 보고 □ 안에 알맞은 수를 써넣으세요.

의 집은 □층이고,

의 집은 □층입니다.

서술형 문제

10 잘못 말한 사람을 찾아 이름을 쓰고, 바르게 고쳐 보세요.

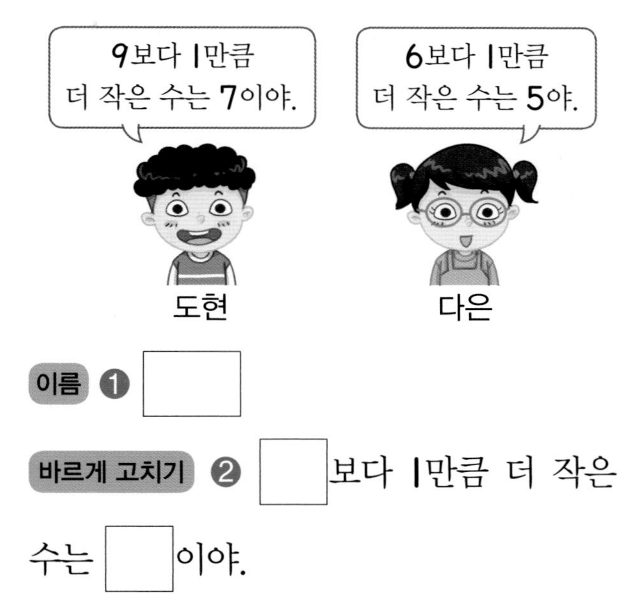

이름 ❶ □

바르게 고치기 ❷ □보다 1만큼 더 작은 수는 □이야.

11 잘못 말한 사람을 찾아 이름을 쓰고, 바르게 고쳐 보세요.

이름

바르게 고치기

학습 결과에 색칠하세요.

5회 개념 학습

학습일 : 월 일

개념 1 수를 세어 크기 비교하기

꽃과 나뭇잎의 수를 비교하면 다음과 같습니다.

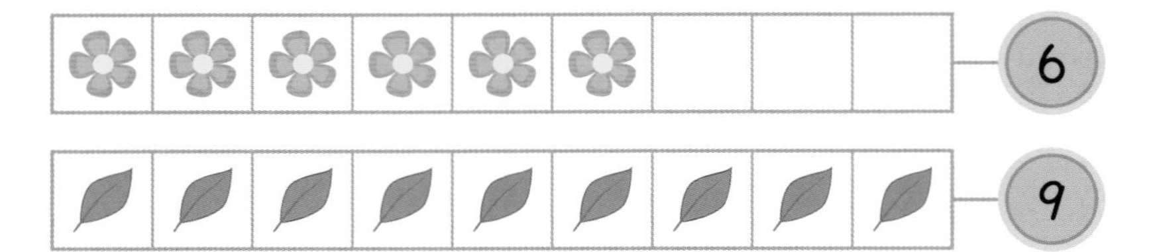

• 나뭇잎은 꽃보다 많습니다. ➔ 9는 6보다 큽니다.

양을 비교할 때는 '많다', '적다'를 사용하고 수의 크기를 비교할 때는 '크다', '작다'를 사용해.

• 꽃은 나뭇잎보다 적습니다. ➔ 6은 9보다 작습니다.

확인 1 그림을 보고 더 큰 수에 ○표 하세요.

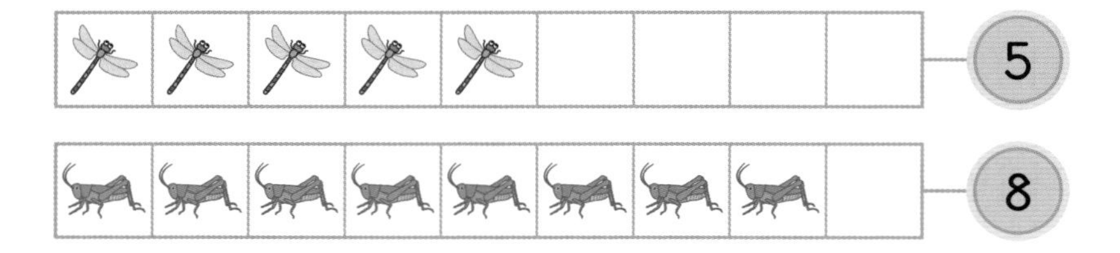

개념 2 수의 순서를 이용하여 크기 비교하기

1부터 9까지의 수를 순서대로 썼을 때 **뒤에 있는 수**가 더 큰 수이고, **앞에 있는 수**가 더 작은 수입니다.

1 — 2 — 3 — 4 — 5 — 6 — 7 — 8 — 9

• 7은 5보다 뒤에 있는 수입니다. ➔ 7은 5보다 큽니다.

• 4는 5보다 앞에 있는 수입니다. ➔ 4는 5보다 작습니다.

확인 2 수의 순서를 보고 두 수의 크기를 비교해 보세요.

1 — 2 — 3 — 4 — 5 — 6 — 7 — 8 — 9

(1) 3은 8보다 (앞 , 뒤)에 있는 수입니다. ➔ 3은 8보다 (큽니다 , 작습니다).

(2) 8은 3보다 (앞 , 뒤)에 있는 수입니다. ➔ 8은 3보다 (큽니다 , 작습니다).

1 두 수의 크기를 비교하여 알맞은 말에 ○표 하세요.

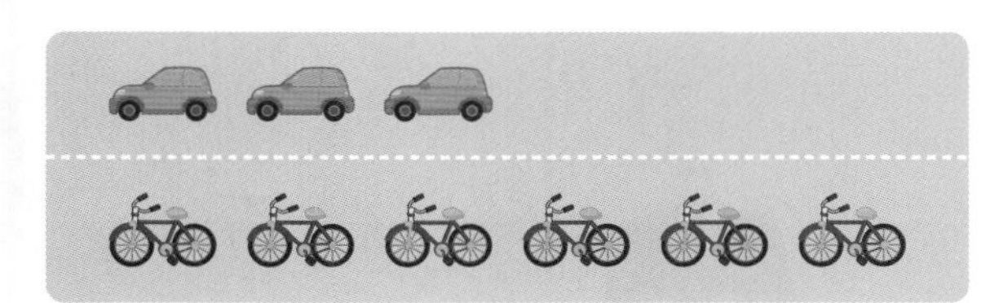

🚗는 🚲보다 (많습니다 , 적습니다).

3은 6보다 (큽니다 , 작습니다).

2 수만큼 ○를 그리고, 알맞은 말에 ○표 하세요.

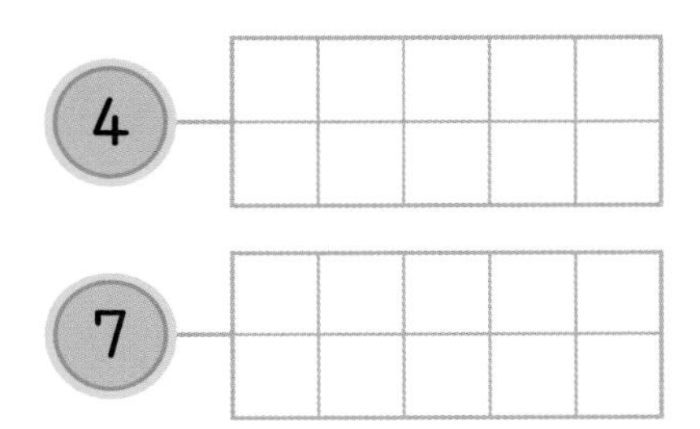

4는 7보다 (큽니다 , 작습니다).

7은 4보다 (큽니다 , 작습니다).

3 두 수를 찾아 색칠하고, 색칠한 수 중에서 더 작은 수에 △표 하세요.

5　　2

1 - 2 - 3 - 4 - 5 - 6 - 7

4 더 큰 수에 ○표 하세요.

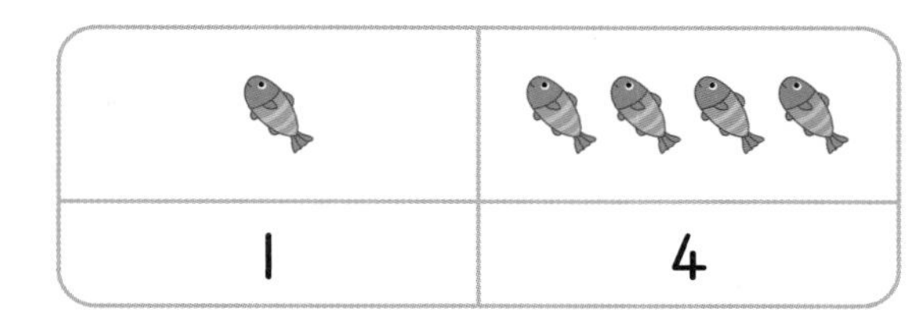

5 수를 세어 ○ 안에 알맞은 수를 써넣고, 더 작은 수에 △표 하세요.

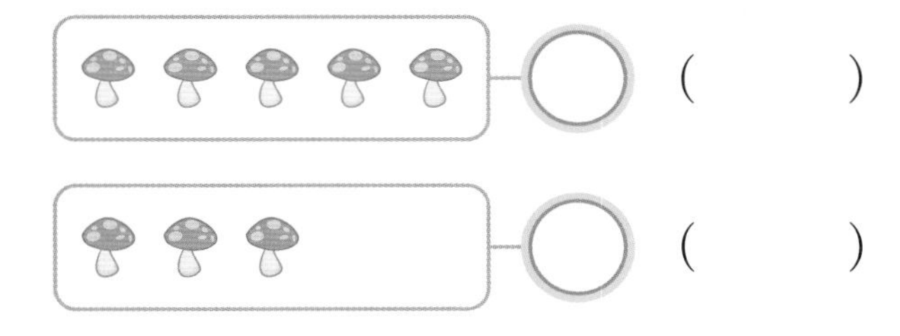

6 준서와 수민이가 수 카드를 한 장씩 뽑았습니다. 바르게 설명한 것에 ○표 하세요.

8은 2보다 작습니다. ☐

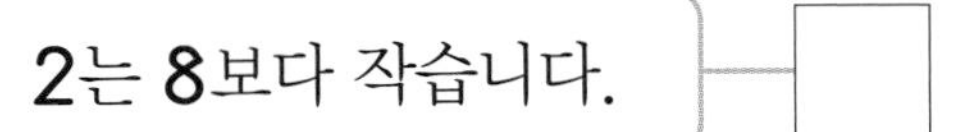

2는 8보다 작습니다. ☐

01 수만큼 ○를 그리고, □ 안에 알맞은 수를 써넣으세요.

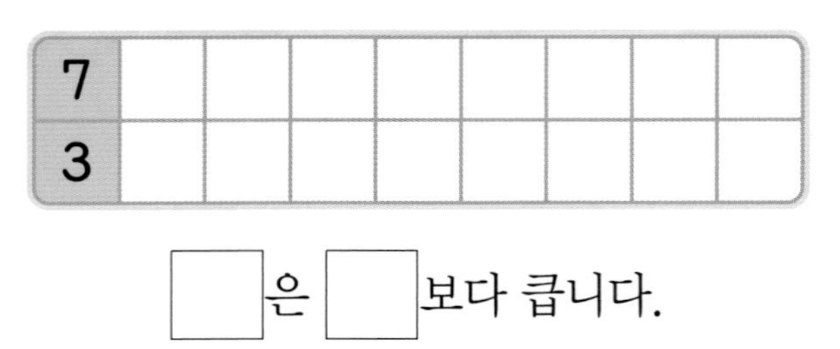

□은 □보다 큽니다.

02 더 큰 수에 ○표, 더 작은 수에 △표 하세요.

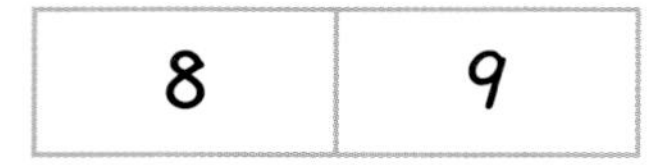

03 왼쪽의 수보다 작은 수에 △표 하세요.

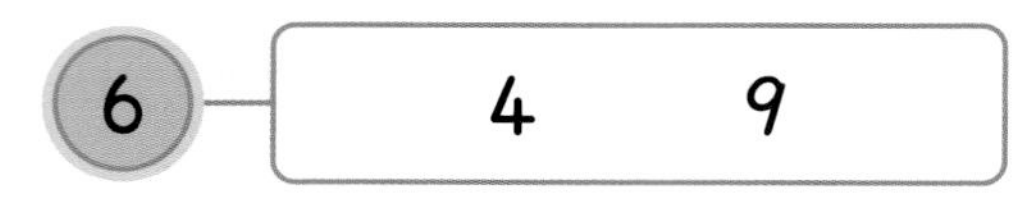

04 5보다 큰 수에 ○표, 5보다 작은 수에 △표 하세요.

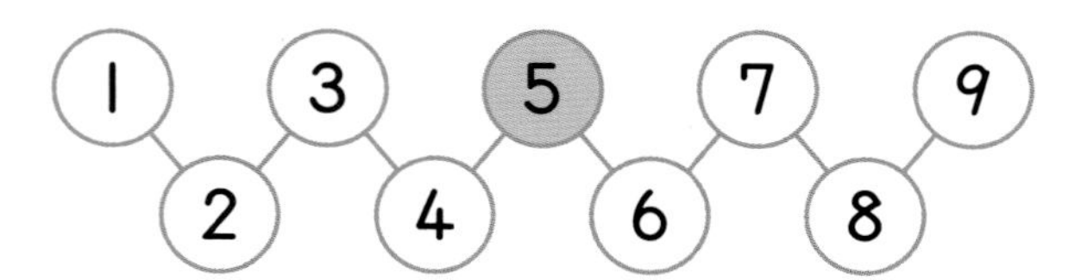

디지털 문해력

05 뉴스 화면을 보고 물음에 답하세요.

(1) 뉴스 화면에서 수를 세어 □ 안에 써넣으세요.

(2) 더 적은 것에 △표 하세요.

(3) □ 안에 알맞은 수를 써넣으세요.

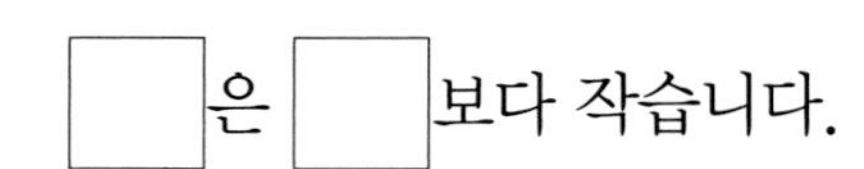

□은 □보다 작습니다.

06 보기와 같은 방법으로 색칠해 보세요.

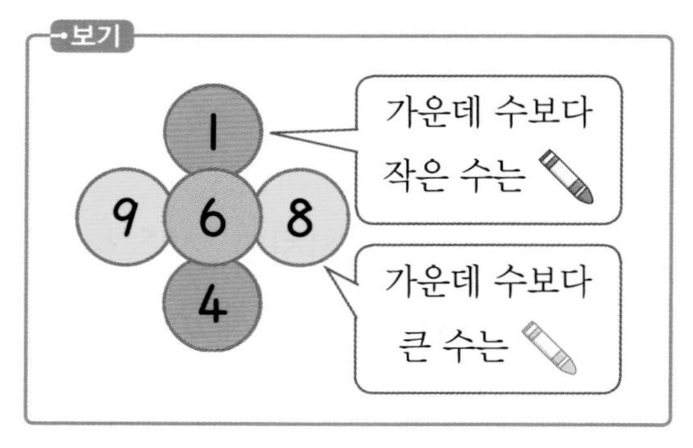

(1) 1, 5, 3, 2, 7

(2) 8, 2, 7, 4, 9

07 가장 작은 수를 찾아 써 보세요.

5 3 8

( )

창의형

08 수 카드를 보고 물음에 답하세요.

7 

(1) 수 카드 3장을 골라 써 보세요.

(2) 고른 수 카드의 수를 작은 수부터 순서대로 쓴 다음 가장 작은 수와 가장 큰 수를 각각 써 보세요.

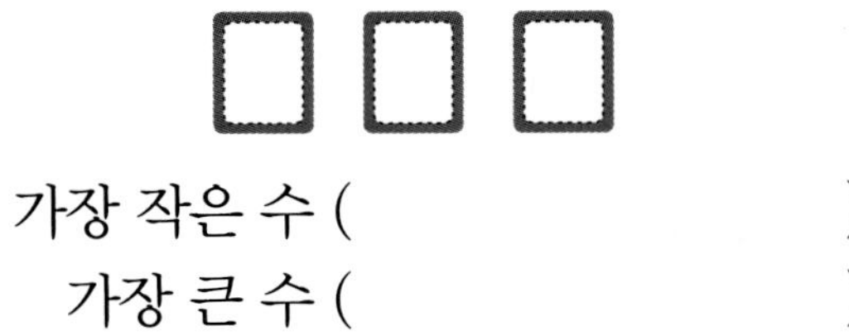

가장 작은 수 ( )

가장 큰 수 ( )

09 딸기의 수보다 큰 수를 찾아 써 보세요.

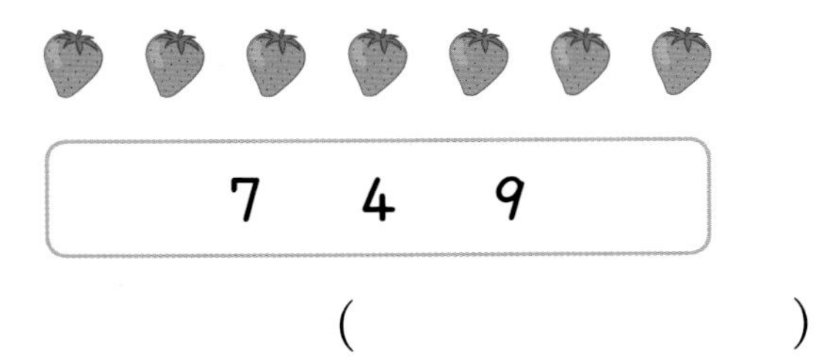

( )

서술형 문제

10 간식 통에 사탕은 3개, 초콜릿은 4개 있습니다. 사탕과 초콜릿 중에서 더 많은 것은 무엇인지 풀이 과정을 쓰고, 답을 구해 보세요.

❶ 3과 4의 크기를 비교하면 ☐ 이/가 ☐ 보다 큽니다.

❷ 따라서 간식 통에 더 많은 것은 (사탕 , 초콜릿)입니다.

11 귤을 은진이는 7개, 지혜는 5개 가지고 있습니다. 은진이와 지혜 중에서 귤을 더 적게 가지고 있는 사람은 누구인지 풀이 과정을 쓰고, 답을 구해 보세요.

답

1 단원 5회

학습 결과에 색칠하세요.

6회 응용 학습

학습일 : 월 일

말한 수의 크기 비교하기

01 가장 큰 수를 말한 사람은 누구인지 써 보세요.

1단계 채아, 유준, 예나가 말한 수를 각각 수로 나타내기

채아: ☐, 유준: ☐, 예나: ☐

2단계 가장 큰 수를 말한 사람 찾기

( )

문제해결 TIP

각각 수로 나타낸 다음 순서대로 써 보았을 때 가장 뒤에 있는 수가 가장 큰 수예요.

02 가장 작은 수를 말한 사람은 누구인지 써 보세요.

( )

03 가장 큰 수를 말한 사람은 누구인지 써 보세요.

- 연아: 여덟
- 서준: 5보다 1만큼 더 큰 수
- 재호: 7
- 채민: 6보다 1만큼 더 작은 수

( )

4명이 말한 수를 각각 수로 나타낸 다음 순서대로 써 보았을 때 가장 뒤에 있는 수가 가장 큰 수야!

다른 기준에서의 순서 구하기

04 오른쪽에서 셋째에 있는 나무는 왼쪽에서 몇째에 있는지 구해 보세요.

1단계 오른쪽에서 셋째에 있는 나무에 ○표 하기

2단계 오른쪽에서 셋째에 있는 나무는 왼쪽에서 몇째에 있는지 구하기

(   )

문제해결 TIP

주어진 기준에서의 순서에 위치한 나무를 찾은 다음 다른 기준에서는 몇째인지 알아봐요.

05 왼쪽에서 다섯째에 놓인 주스는 오른쪽에서 몇째에 놓여 있는지 구해 보세요.

(   )

06 8명의 어린이가 손을 씻으려고 세면대 앞에 한 줄로 서 있습니다. 한나는 뒤에서 넷째에 서 있습니다. 한나는 앞에서 몇째에 서 있는지 구해 보세요.

(   )

8명을 ○로 그린 다음 뒤를 기준으로 한나의 위치를 찾고 다시 앞을 기준으로 순서를 알아보면 돼!

조건에 맞는 수 구하기

07 나는 어떤 수인지 구해 보세요.

- 나는 5와 9 사이에 있는 수입니다.
- 나는 7보다 큰 수입니다.

1단계 5와 9 사이에 있는 수 모두 구하기

( )

2단계 1단계에서 구한 수 중 7보다 큰 수 구하기

( )

문제해결 TIP

5와 9 사이에 있는 수 중에서 7보다 큰 수를 알아봐요. 이때 5와 9 사이에 있는 수에는 5와 9가 들어가지 않아요.

08 나는 어떤 수인지 구해 보세요.

- 나는 3과 7 사이에 있는 수입니다.
- 나는 5보다 작은 수입니다.

( )

09 조건 을 모두 만족하는 수는 몇 개인지 구해 보세요.

조건
- 1과 6 사이에 있는 수입니다.
- 3보다 큰 수입니다.

( )

1과 6 사이에 있는 수 중에서 3보다 큰 수는 몇 개인지 알아봐. 이때 1과 6 사이에 있는 수에는 1과 6이 들어가지 않아!

순서를 보고 전체 수 구하기

10 민규와 친구들이 줄을 서 있습니다. 민규는 앞에서 다섯째, 뒤에서 셋째로 서 있습니다. 줄을 서 있는 어린이는 모두 몇 명인지 구해 보세요.

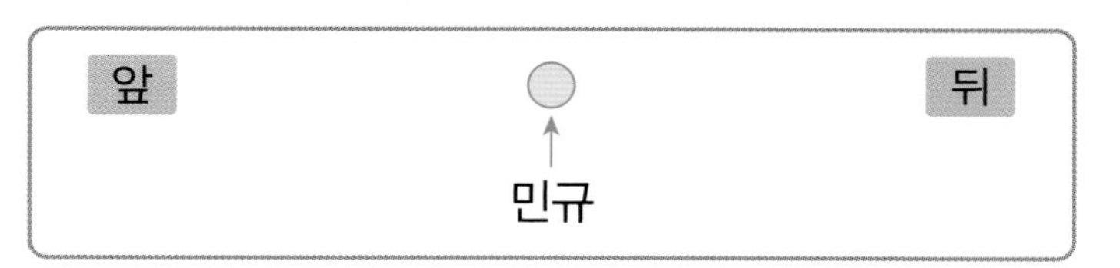

1단계 민규가 앞에서 다섯째가 되도록 민규 앞에 ○ 그리기

2단계 민규가 뒤에서 셋째가 되도록 민규 뒤에 ○ 그리기

3단계 줄을 서 있는 어린이는 모두 몇 명인지 구하기

( )

문제해결 TIP

줄을 서 있는 어린이를 각 기준에서의 순서에 맞게 수만큼 ○로 나타낸 다음 ○의 수를 세어 보면 전체 어린이 수를 알 수 있어요.

11 해주와 친구들이 달리기를 하고 있습니다. 해주는 앞에서 넷째, 뒤에서 여섯째로 달리고 있습니다. 달리기를 하고 있는 어린이는 모두 몇 명인지 구해 보세요.

( )

12 지호는 아래에서 여섯째 층, 위에서 둘째 층에 살고 있습니다. 지호가 살고 있는 건물은 모두 몇 층인지 구해 보세요.

( )

지호네 층이 아래에서 여섯째, 위에서 둘째에 있도록 나머지 층을 더 그린 다음 전체 층수를 세어 봐!

학습 결과에 색칠하세요.

7회 마무리 평가

학습일 :   월   일

01 와플의 수를 세어 알맞은 수에 ○표 하세요.

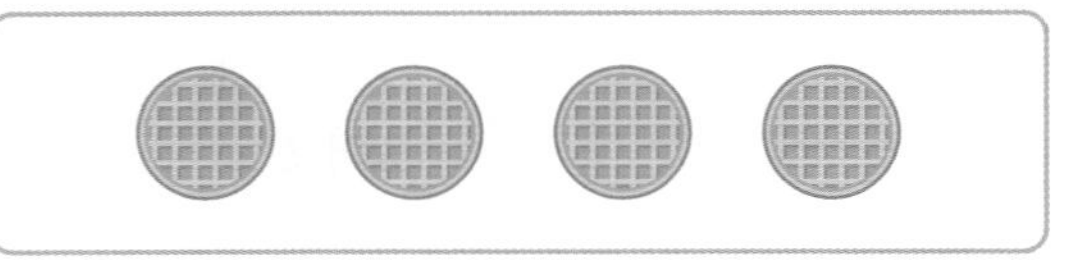

(1 , 2 , 3 , 4 , 5)

02 멜론의 수를 바르게 읽은 것을 모두 찾아 ○표 하세요.

여섯	팔	육
( )	( )	( )

03 앞에서 여섯째에 서 있는 사람에 ○표 하세요.

04 순서에 알맞게 수를 써 보세요.

05 꽃의 수를 세어 □ 안에 알맞은 수를 써넣으세요.

2	□	□

06 더 큰 수에 ○표 하세요.

7	5

07 동물의 수가 3인 것을 찾아 ○표 하세요.

( ) ( ) ( )

08 수만큼 ◯로 묶어 보세요.

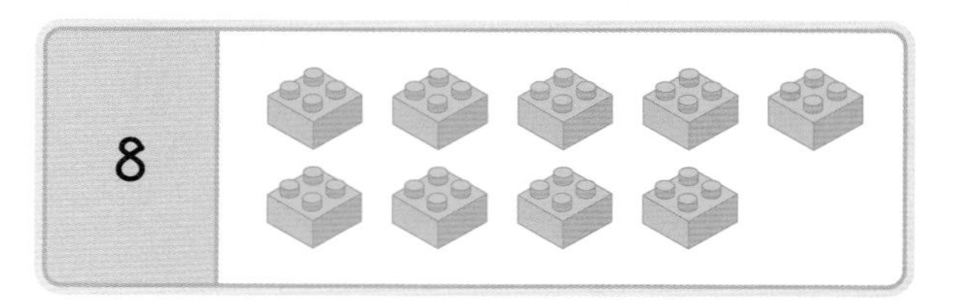

정답 7쪽

09 풍선을 번호 순서대로 놓으려고 합니다. 알맞게 이어 보세요.

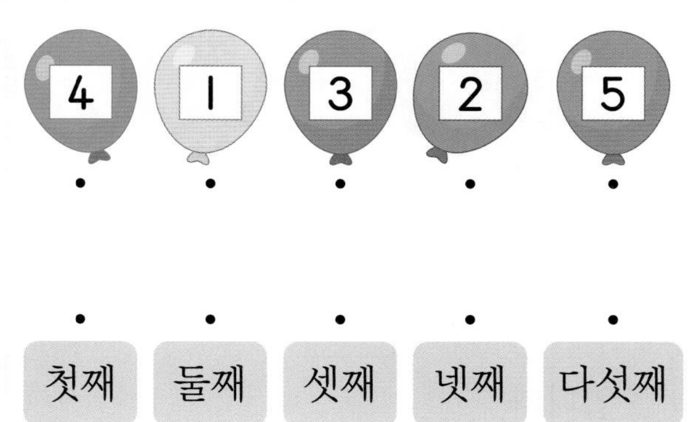

10 알맞은 말에 ○표 하세요.

11 왼쪽부터 세어 색칠해 보세요.

12 수를 순서대로 이어 보세요.

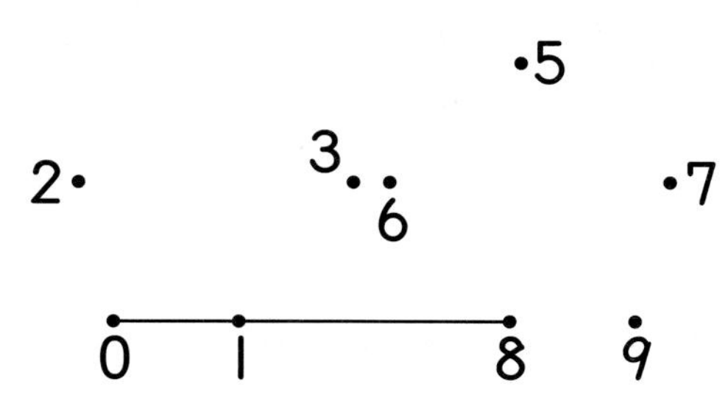

13 순서를 거꾸로 하여 수를 써 보세요.

14 빈칸에 알맞은 수를 써넣으세요.

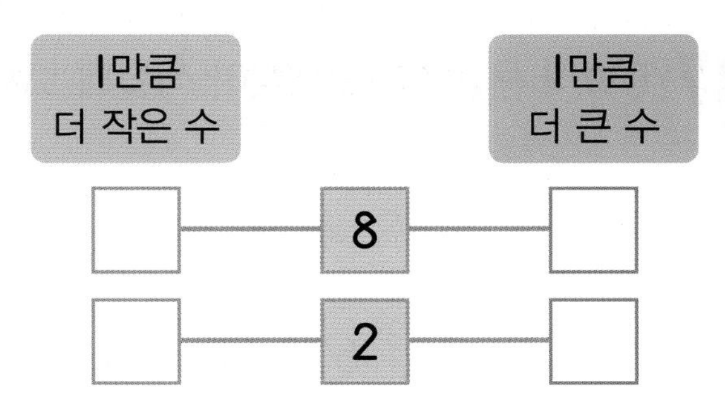

| 15~16 | 그림을 보고 물음에 답하세요.

15 그림에서 수를 세어 써 보세요.

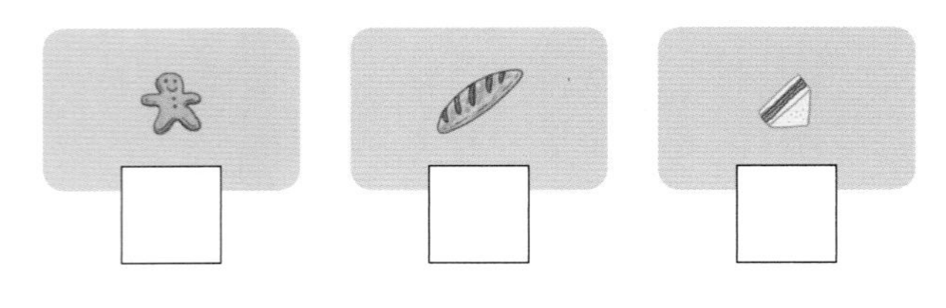

16 그림에서 수를 세어 쓰고 두 수의 크기를 비교해 보세요.

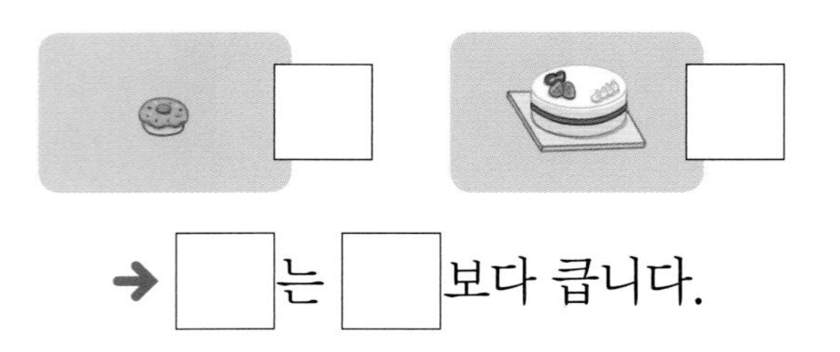

➜ □는 □보다 큽니다.

17 5보다 큰 수를 모두 찾아 색칠해 보세요.

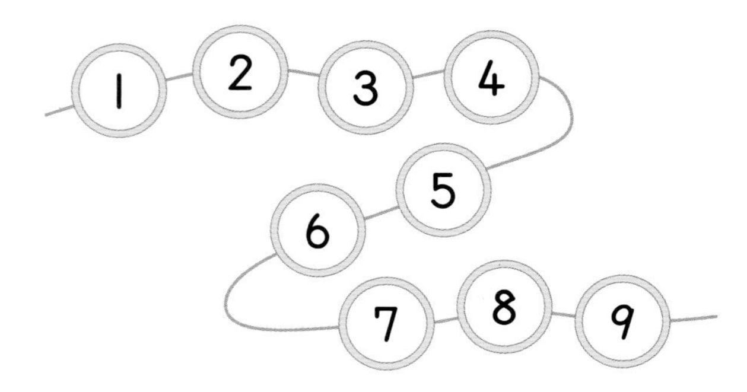

18 □ 안에 알맞은 수를 써넣으세요.

가장 큰 수는 □, 가장 작은 수는 □ 입니다.

서술형

19 잘못 말한 사람을 찾아 이름을 쓰고, 바르게 고쳐 보세요.

이름

바르게 고치기

20 가지고 있는 연필의 수가 4보다 1만큼 더 작은 수인 사람은 누구인가요?

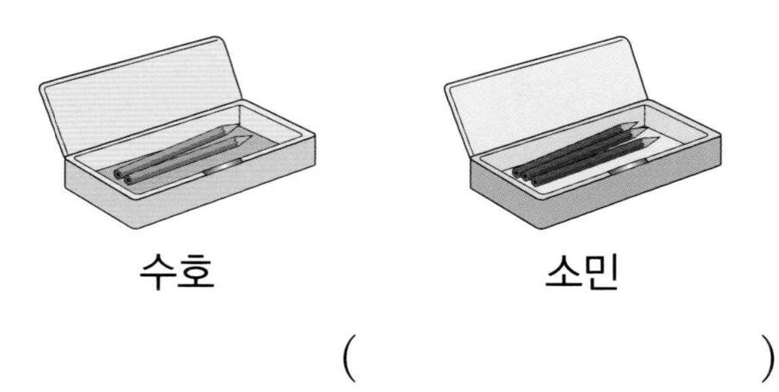

(　　　　　)

서술형

21 4보다 크고 8보다 작은 수는 모두 몇 개인지 풀이 과정을 쓰고, 답을 구해 보세요.

답

22 그네를 타려고 6명이 줄을 서 있습니다. 서아는 앞에서 둘째에 서 있습니다. 서아 뒤에 서 있는 사람은 몇 명인가요?

(　　　　　　)

23 사진을 수지는 8장, 민호는 9장, 우빈이는 6장 찍었습니다. 세 사람 중에서 사진을 가장 많이 찍은 사람은 누구인가요?

(　　　　　　)

수행 평가

| 24~25 | 준규의 말을 듣고 세호가 스케치북에 그림을 그렸습니다. 물음에 답하세요.

24 준규가 세호에게 어떤 그림을 그려 달라고 했을지 □ 안에 알맞은 수를 써넣으세요.

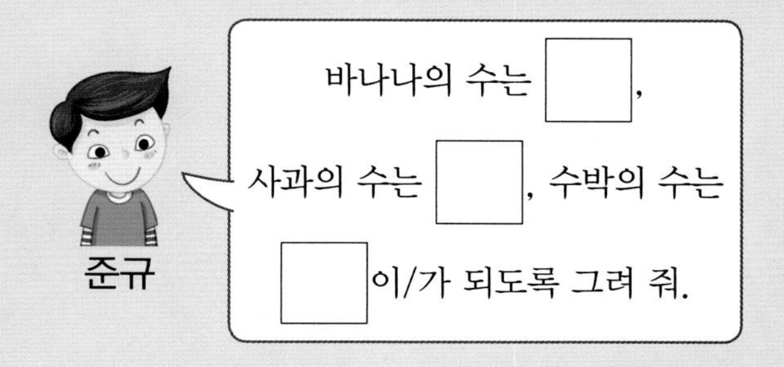

25 세호가 그린 사과의 수보다 1만큼 더 큰 수는 얼마인지 풀이 과정을 쓰고, 답을 구해 보세요.

답

1 단원 7회

학습 결과에 색칠하세요.

2 여러 가지 모양

이번에 배울 내용

회차	쪽수	학습 내용	학습 주제
1	38~41쪽	개념+문제 학습	여러 가지 모양 찾기 / 여러 가지 모양 알기
2	42~45쪽	개념+문제 학습	여러 가지 모양으로 만들기 / 모양 찾기 놀이하기
3	46~49쪽	응용 학습	
4	50~53쪽	마무리 평가	

문해력을 높이는 **어휘**

평평하다: 바닥이 높고 낮은 곳 없이 고르다.

평 평 한 쟁반 위에 음식들을 올려 놓았어요.

뾰족하다: 물건 끝이 점차 가늘어져서 날카롭다.

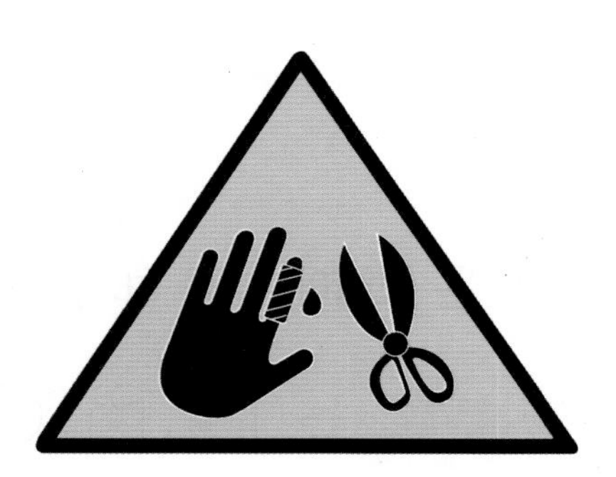

끝이 뾰 족 한 물건을 사용할 때는 다치지 않게 조심해요.

둥글다: 동그라미나 공과 모양이 같거나 비슷하다.

축구공은 둥 글 어서 데굴데굴 잘 굴러가요.

쌓다: 여러 개의 물건을 놓인 것 위에 또 올려놓다.

블록을 쌓 아 멋진 성을 만들었어요.

1회 개념 학습

학습일 : 월 일

개념 1 여러 가지 모양 찾기

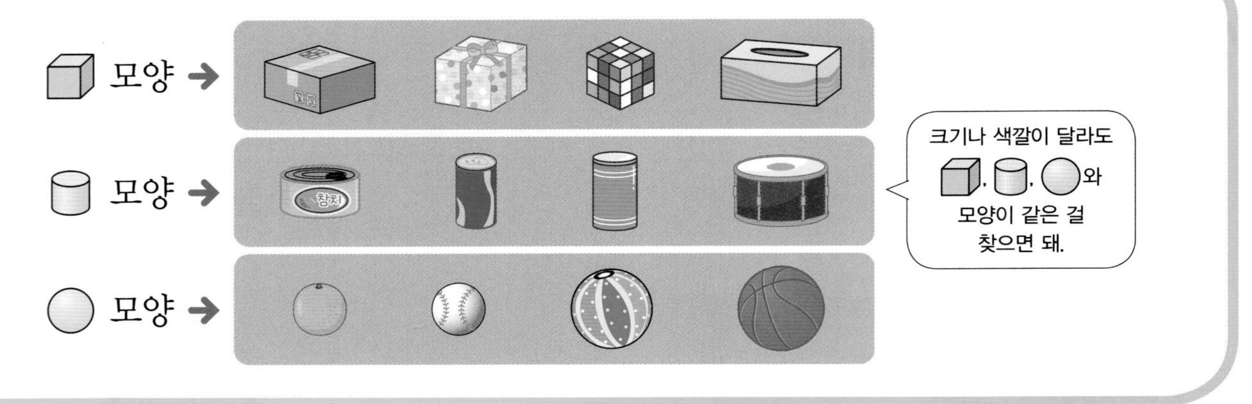

확인 1 알맞은 모양에 ○표 하세요.

(1) 는 (, ,) 모양입니다.

(2) 은 (, ,) 모양입니다.

개념 2 여러 가지 모양 알기

모양		특징
뾰족한 부분, 평평한 부분	**평평한 부분**과 **뾰족한 부분**이 있습니다.	• 여러 방향으로 잘 쌓을 수 있습니다. • 잘 굴러가지 않습니다.
평평한 부분, 둥근 부분	**평평한 부분**과 **둥근 부분**이 있습니다.	• 세우면 쌓을 수 있습니다. • 눕히면 잘 굴러갑니다.
둥근 부분	**둥근 부분**만 있습니다.	• 쌓을 수 없습니다. • 여러 방향으로 잘 굴러갑니다.

확인 2 모양에 대한 설명으로 알맞은 것에 ○표 하세요.

둥근 부분이 있습니다.	쌓을 수 없습니다.
( )	( )

1 왼쪽과 같은 모양에 ○표 하세요.

(1)

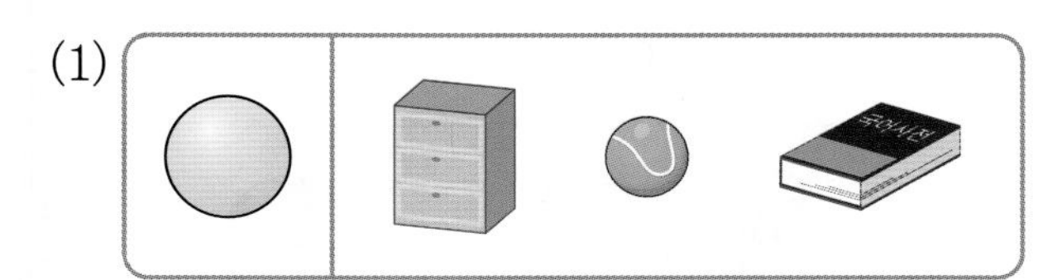

(2)

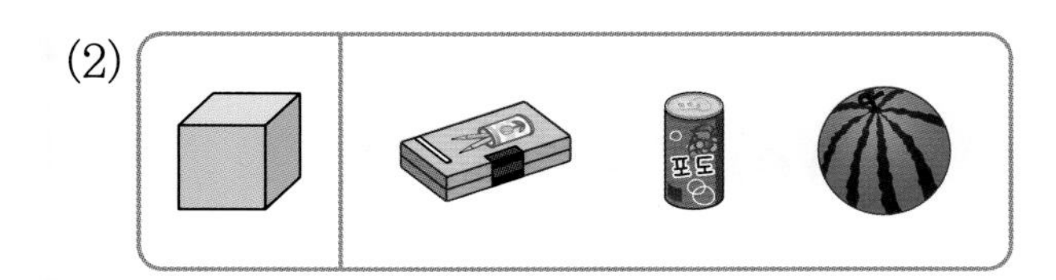

2 같은 모양끼리 이어 보세요.

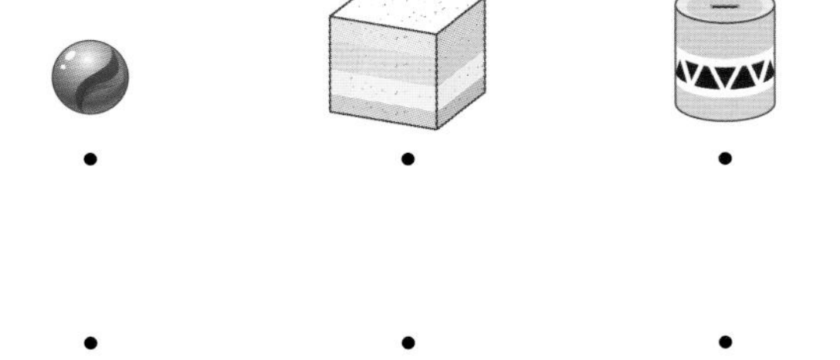

3 ⬜, ⬜, ◯ 모양을 모두 찾아 기호를 써 보세요.

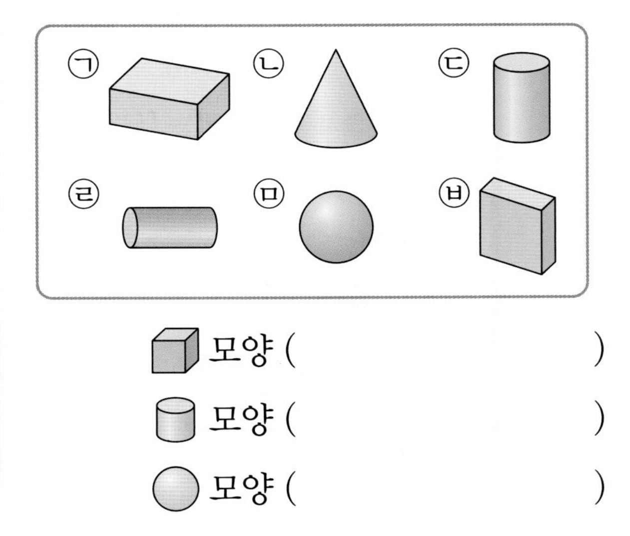

⬜ 모양 (　　　　　　　　)

⬜ 모양 (　　　　　　　　)

◯ 모양 (　　　　　　　　)

4 왼쪽에서 보이는 모양을 보고 전체 모양을 찾아 ○표 하세요.

(1)

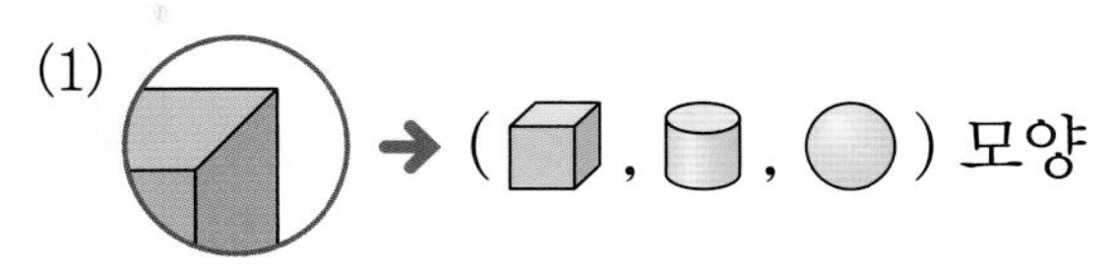

→ (⬜ , ⬜ , ◯) 모양

(2)

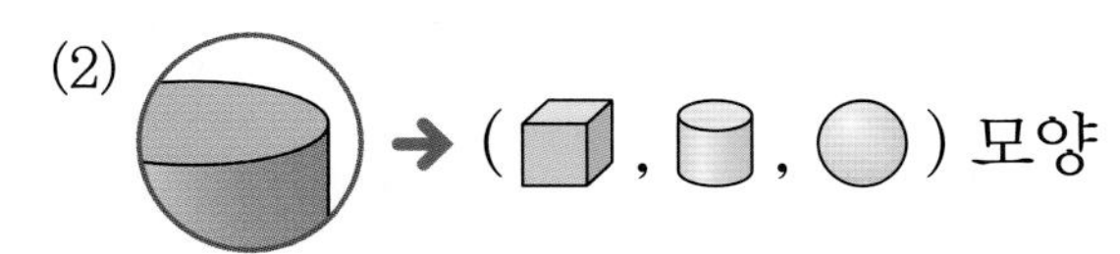

→ (⬜ , ⬜ , ◯) 모양

5 잘 굴러가지 않는 모양을 찾아 ○표 하세요.

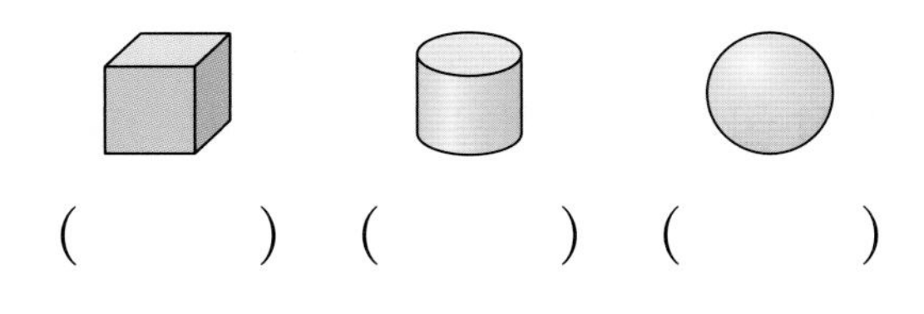

(　　　) (　　　) (　　　)

6 유준이가 상자 속에서 잡은 물건에 대해 설명하고 있습니다. 유준이가 잡은 물건을 찾아 ○표 하세요.

(　　　) (　　　) (　　　)

2 단원 1회

1회 문제 학습

01 같은 모양을 찾아 기호를 써 보세요.

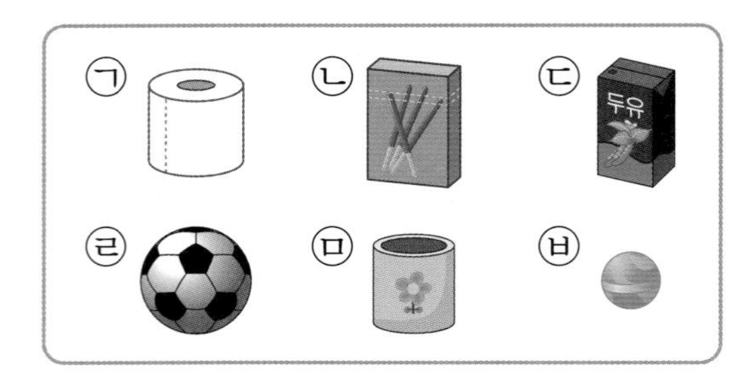

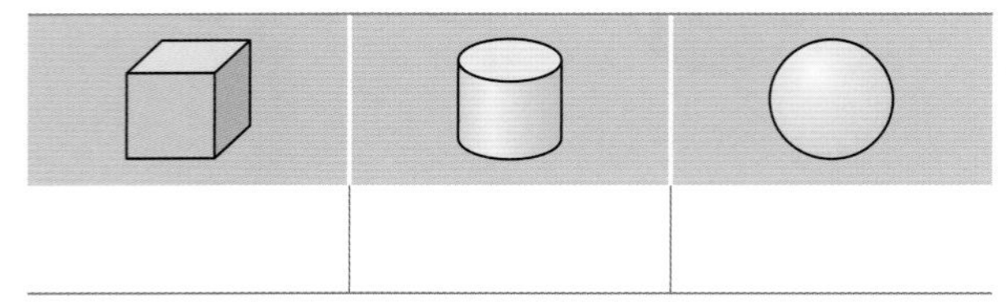

02 잘 굴러가는 것을 모두 찾아 ○표 하세요.

( ) ( ) ( )

03 책상 위의 물건 중에서 ◻ 모양은 □표, ▭ 모양은 △표, ○ 모양은 ○표 하세요.

04 음료수 캔과 같은 모양의 물건을 찾아 ○표 하세요.

05 오른쪽과 같은 모양의 물건을 찾아 ○표 하세요.

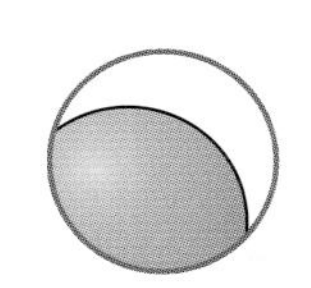

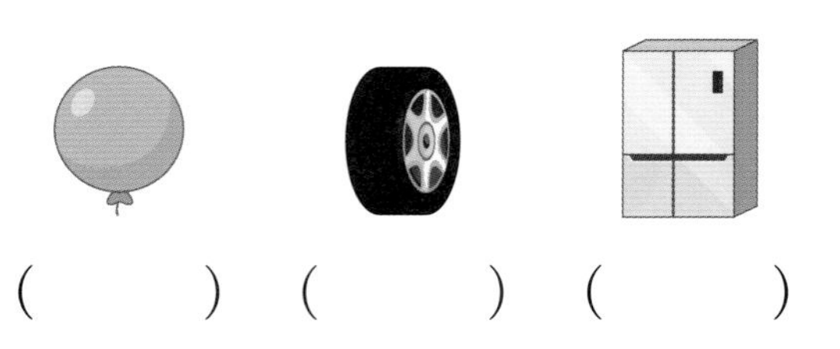

( ) ( ) ( )

디지털 문해력

06 온라인 게시글에 그려진 물건 중에서 쌓기 어려운 모양을 골라 ○표 하세요.

07 알맞은 것끼리 이어 보세요.

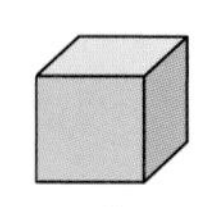 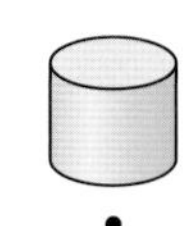 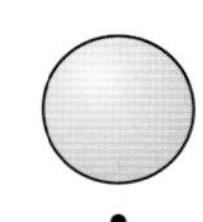

창의형

08 자전거 바퀴가 ▢ 모양이라면 어떤 일이 생길지 말해 보세요.

---

09 오른쪽 물통과 같은 모양이 있는 칸을 모두 찾아 색칠해 보세요.

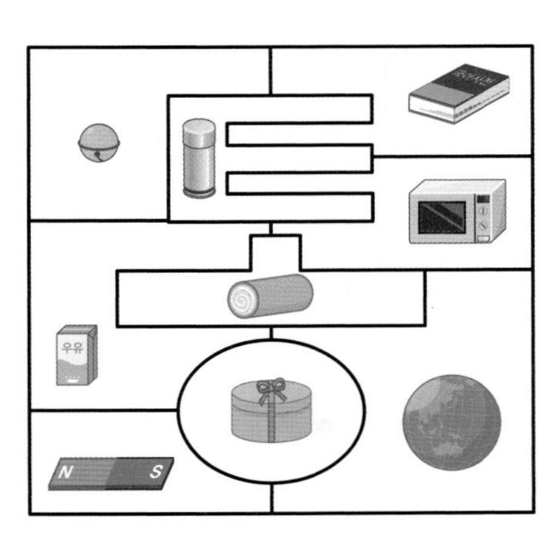

서술형 문제

10 같은 모양끼리 바르게 모은 사람은 누구인지 풀이 과정을 쓰고, 답을 구해 보세요.

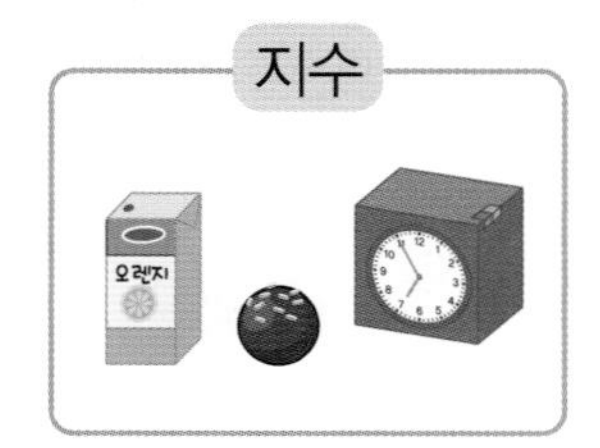

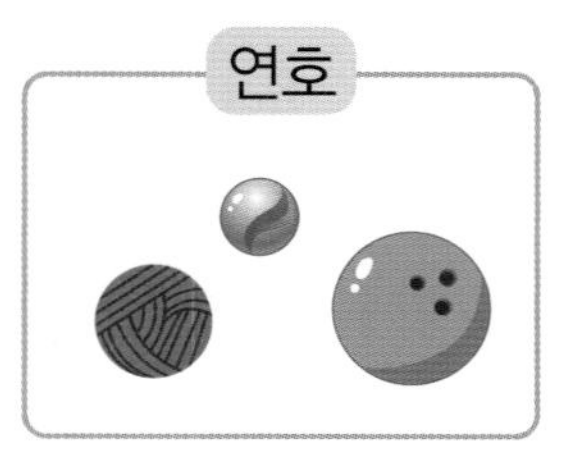

❶ 지수가 모은 물건 중 음료 팩과 시계는 (▢ , ⌸ , ◯) 모양이고, 초콜릿은 (▢ , ⌸ , ◯) 모양입니다.

❷ 연호가 모은 물건은 모두 (▢ , ⌸ , ◯) 모양입니다.

❸ 따라서 같은 모양끼리 바르게 모은 사람은 ☐ 입니다.

답 ________

11 같은 모양끼리 바르게 모은 사람은 누구인지 풀이 과정을 쓰고, 답을 구해 보세요.

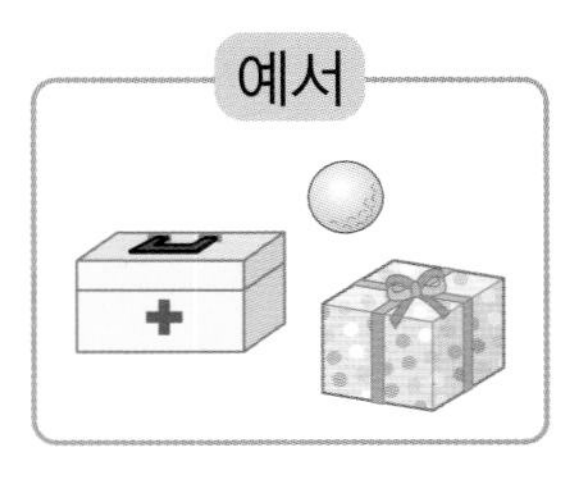

답 ________

2 단원 1회

학습 결과에 색칠하세요.

2회 개념 학습

학습일 : 월 일

개념 1 여러 가지 모양으로 만들기

▢, ▢, ◯ 모양으로 여러 가지 모양을 만들 수 있습니다.

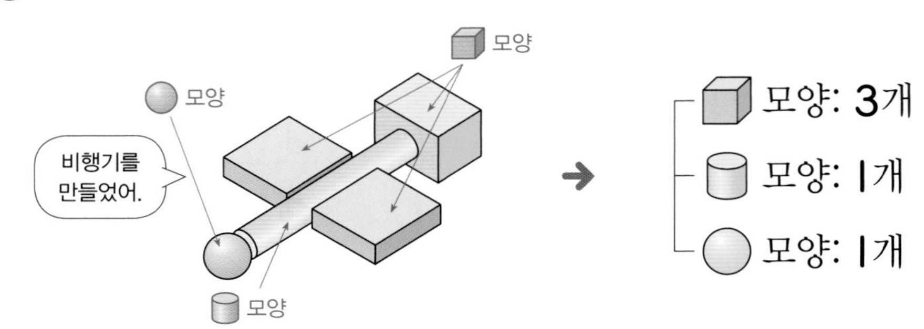

확인 1 ▢ 모양만 사용하여 만든 모양을 찾아 ○표 하세요.

( ) ( ) ( )

개념 2 모양 찾기 놀이하기

그림 카드에 그려진 물건을 보고 같은 모양끼리 모을 수 있습니다.

확인 2 그림 카드에 그려진 물건이 어떤 모양인지 찾아 ○표 하세요.

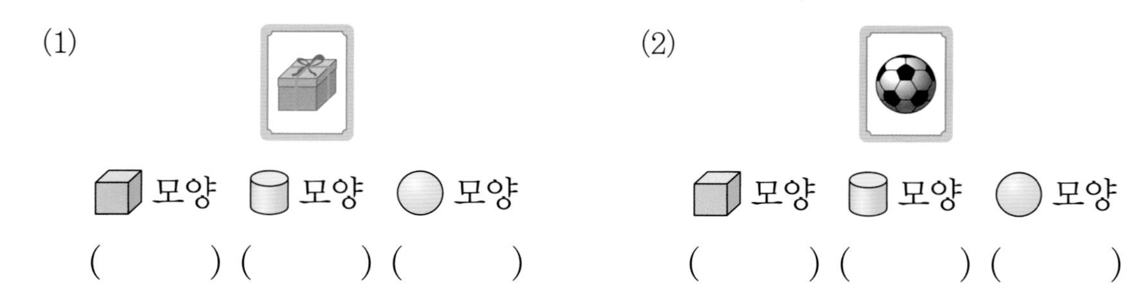

(1) ▢ 모양 ▢ 모양 ◯ 모양

( ) ( ) ( )

(2) ▢ 모양 ▢ 모양 ◯ 모양

( ) ( ) ( )

1 다음과 같은 모양을 만드는 데 사용한 모양을 모두 찾아 ○표 하세요.

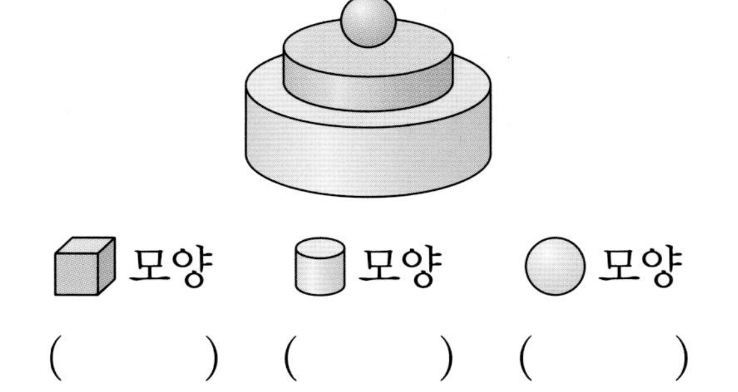

모양	모양	모양
(　　)	(　　)	(　　)

2 모양을 모두 찾아 색칠해 보세요.

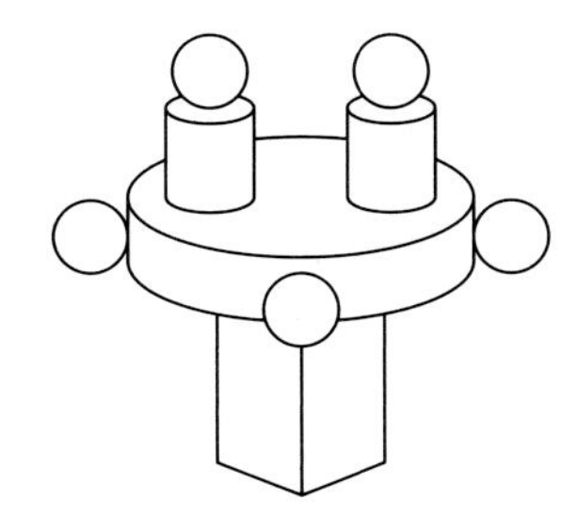

3 다음과 같은 모양을 만드는 데 사용하지 않은 모양을 찾아 ×표 하세요.

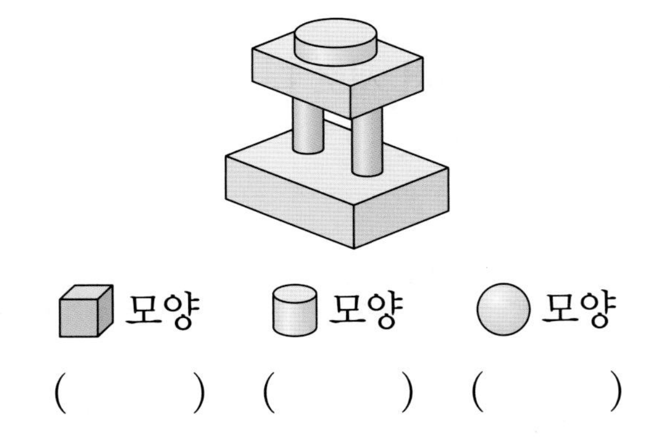

모양	모양	모양
(　　)	(　　)	(　　)

4 모양은 모두 몇 개 사용했는지 세어 보세요.

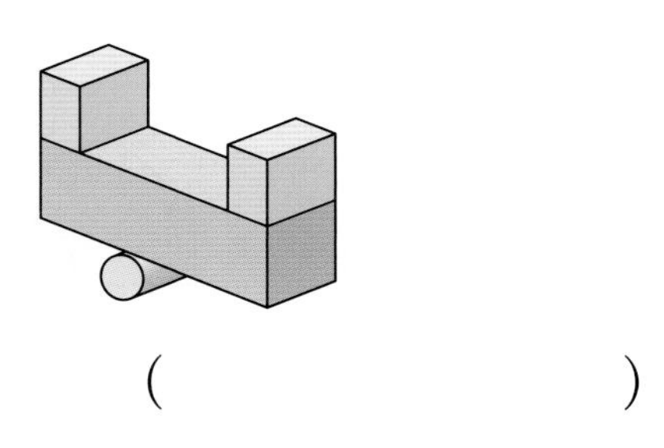

(　　　　　　)

5 , , 모양을 각각 몇 개 사용했는지 세어 보세요.

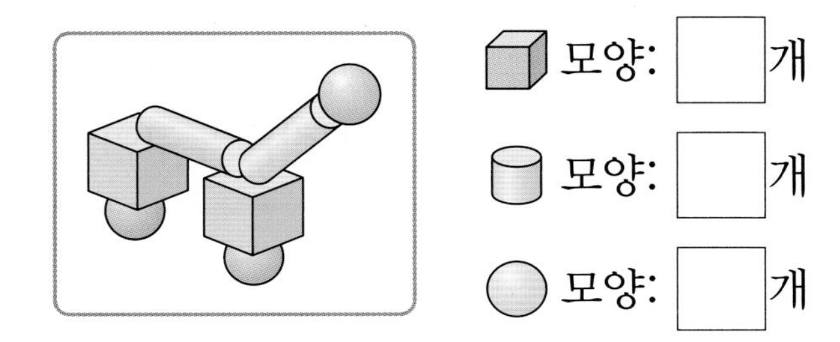

모양: □개
모양: □개
모양: □개

6 주어진 모양을 모두 사용하여 만든 모양에 ○표 하세요.

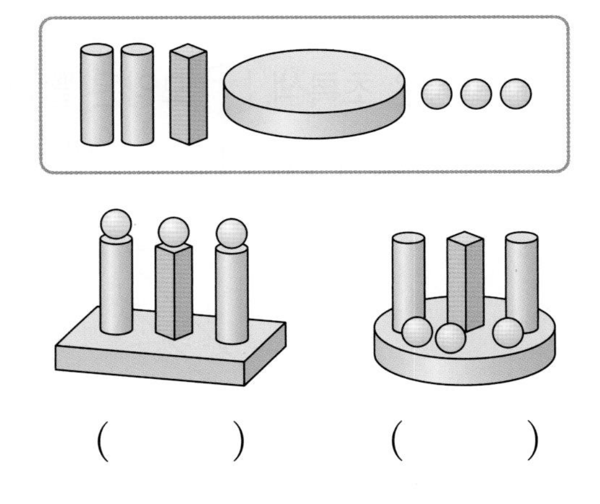

(　　)　(　　)

2회 문제 학습

01 다음 모양을 만드는 데 사용한 모양의 수가 4개인 모양을 찾아 ○표 하세요.

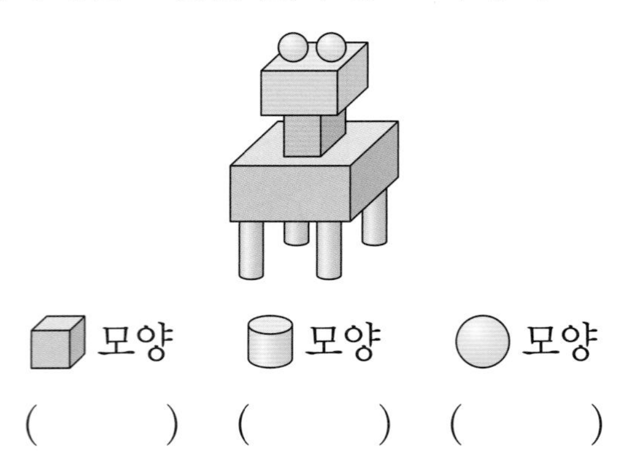

( ) ( ) ( )

02 카드 놀이를 하고 있습니다. 같은 모양이 그려진 카드를 모은 사람은 누구인가요?

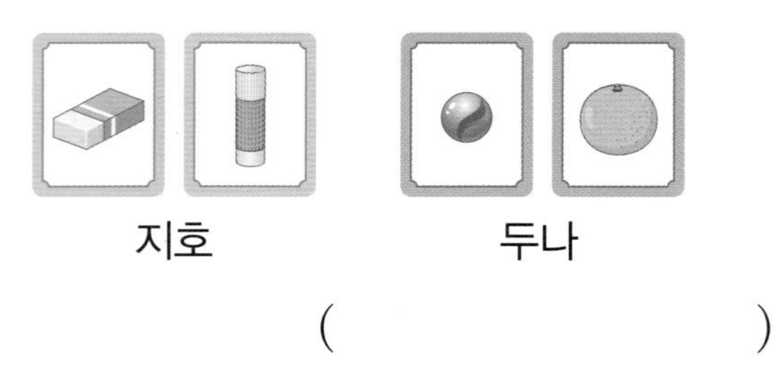

( )

03 모양은 초록색, 모양은 빨간색, 모양은 노란색으로 색칠해 보세요.

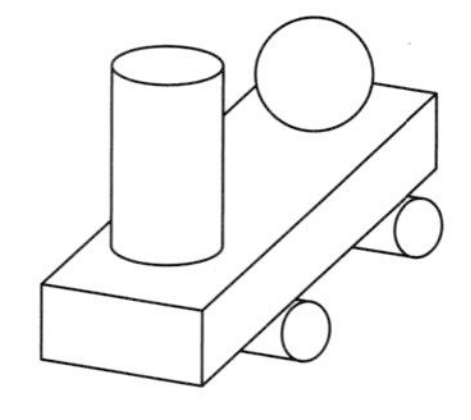

04 주어진 모양을 모두 사용하여 만든 모양을 찾아 이어 보세요.

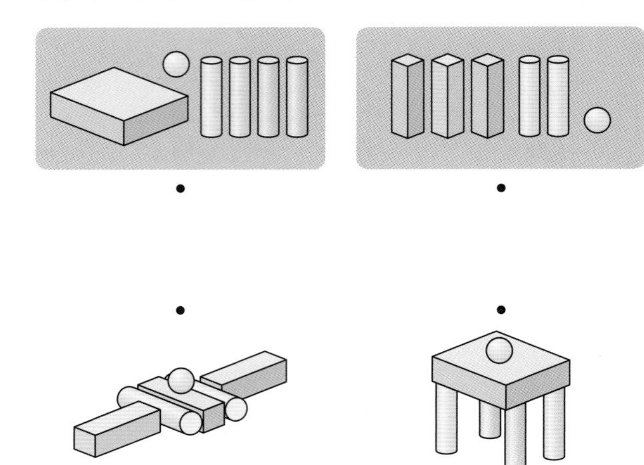

창의형

05 주어진 모양에 모양 2개와 모양 2개를 더 사용하여 케이크 모양을 만들어 보세요.

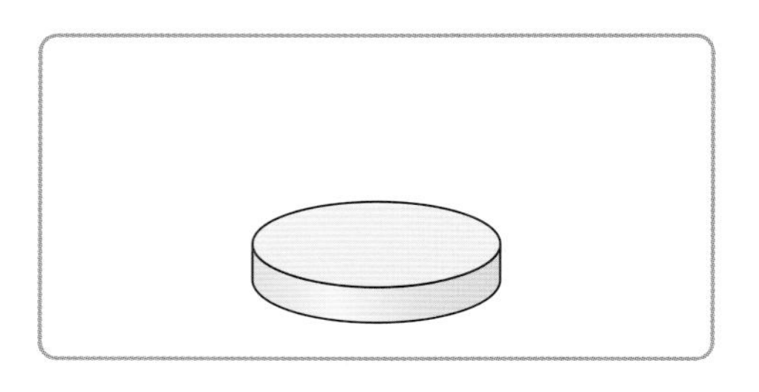

06 두 모양에서 서로 다른 부분을 모두 찾아 ○표 하세요.

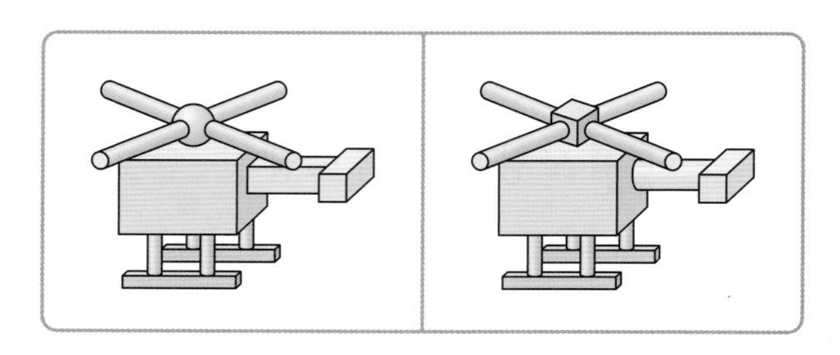

07 모양의 순서대로 길을 따라가 보고 도착한 장소에 ○표 하세요.

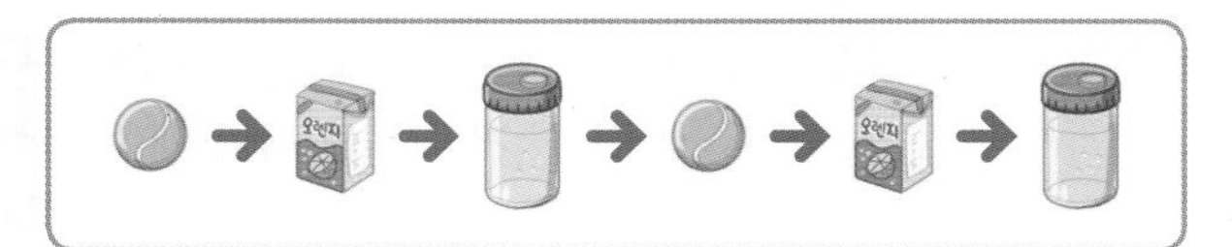

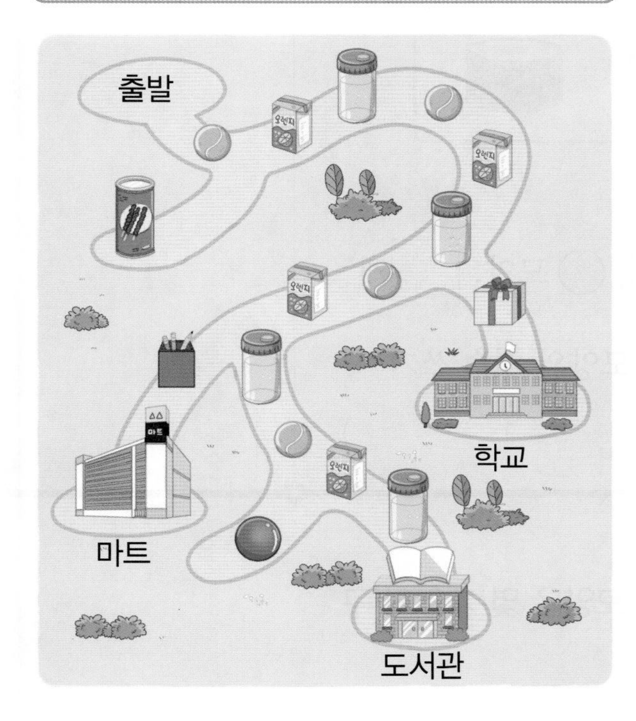

08 모양 3개, 모양 2개, 모양 3개를 사용하여 모양을 만든 사람은 누구인가요?

수현

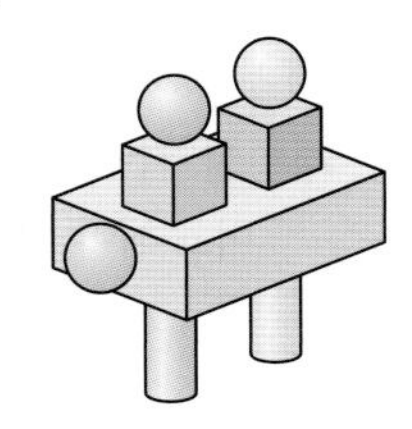

예솔

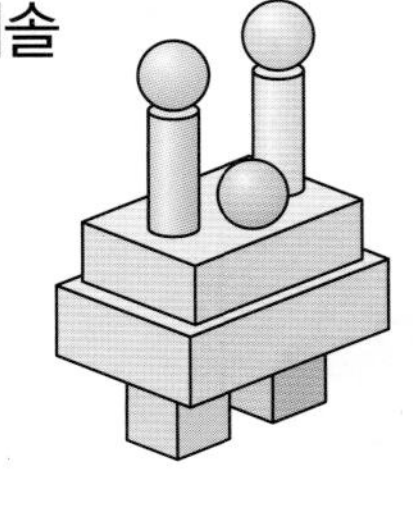

( )

서술형 문제

09 , , 모양 중 가장 많이 사용한 모양은 무엇인지 풀이 과정을 쓰고, 답을 구해 보세요.

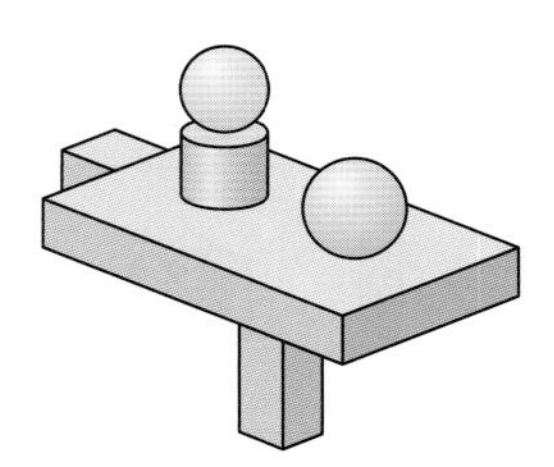

❶ 모양 ☐개, 모양 ☐개,

 모양 ☐개를 사용하여 만든 모양입니다.

❷ 따라서 가장 많이 사용한 모양은 (, ,) 모양입니다.

답 ______

10 , , 모양 중 가장 많이 사용한 모양은 무엇인지 풀이 과정을 쓰고, 답을 구해 보세요.

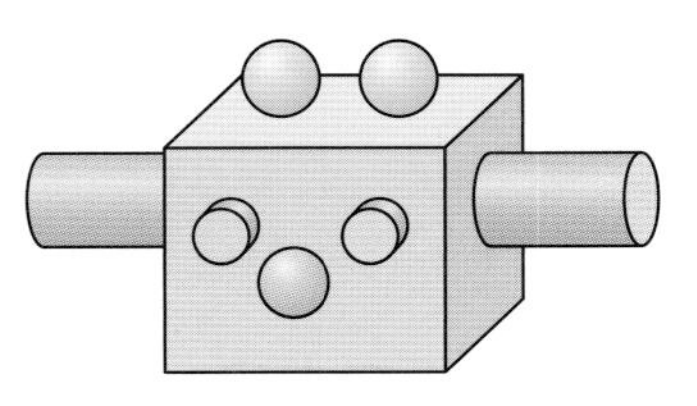

______

______

______

______

답 ______

2 단원 2회

학습 결과에 색칠하세요.

3회 응용 학습

학습일 : 월 일

각 모양의 개수 비교하기

01 ▢, ▢, ◯ 모양의 물건 중에서 가장 많은 모양은 몇 개인지 구해 보세요.

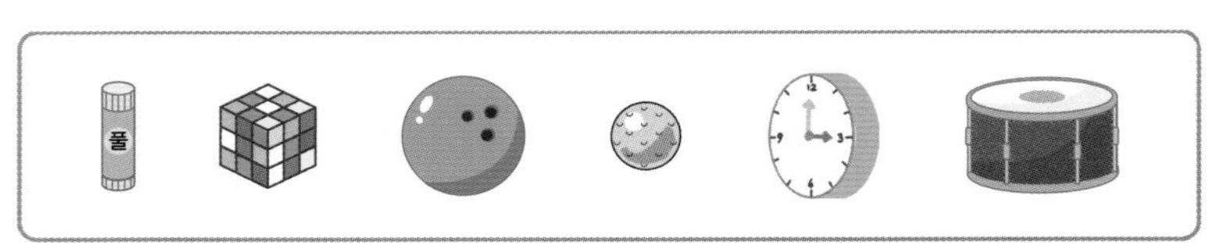

1단계 각 모양이 몇 개씩 있는지 세기

▢ 모양: ☐개, ▢ 모양: ☐개, ◯ 모양: ☐개

2단계 ▢, ▢, ◯ 모양 중에서 가장 많은 모양의 개수 쓰기

( )

문제해결 TIP

▢, ▢, ◯ 모양이 각각 몇 개인지 센 다음 개수를 비교하여 가장 많은 모양을 찾고 그 개수를 써요.

02 ▢, ▢, ◯ 모양의 물건 중에서 가장 적은 모양은 몇 개인지 구해 보세요.

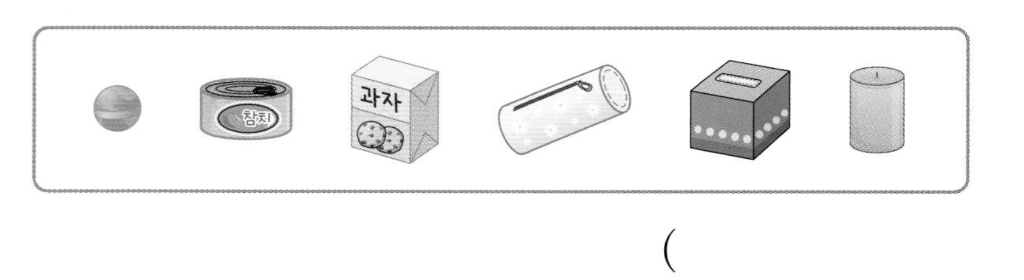

( )

03 ◯ 모양의 물건을 더 적게 가지고 있는 사람의 이름을 써 보세요.

유리

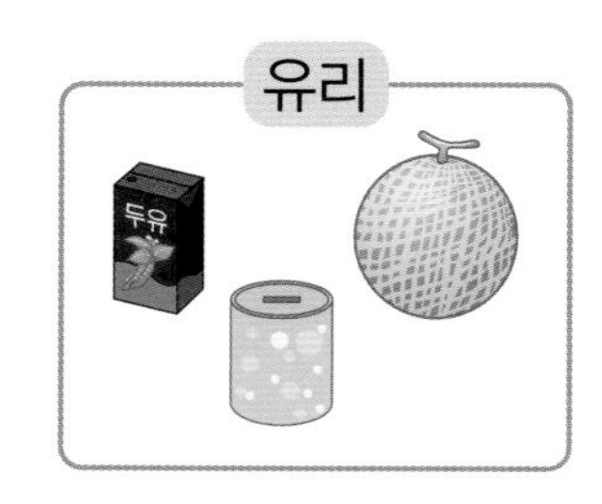

지호

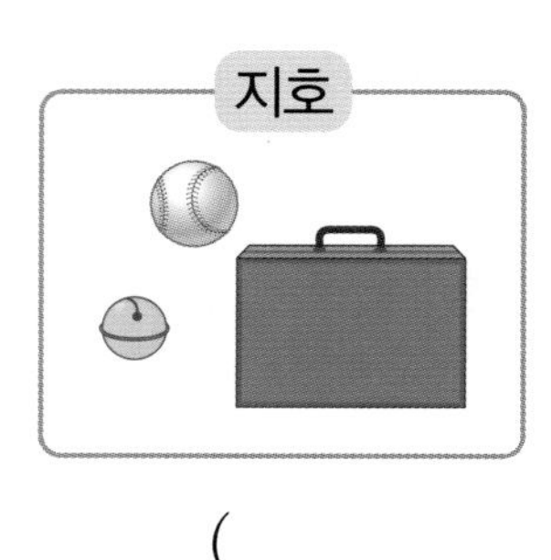

( )

유리와 지호가 가지고 있는 ◯ 모양의 개수를 각각 센 다음 비교해야 해!

설명하는 모양 찾기

04 친구들이 설명하는 모양의 물건을 모두 찾아 기호를 써 보세요.

1단계 친구들이 설명하는 모양 찾기

(□, □, ○) 모양

2단계 친구들이 설명하는 모양의 물건을 모두 찾아 기호 쓰기

(　　　　　　　　)

문제해결 TIP

평평한 부분이 있으면 쌓을 수 있고, 둥근 부분이 있으면 잘 굴러가요. 모양의 특징을 생각하며 친구들이 설명하는 모양의 물건을 모두 찾아요.

2 단원 3회

05 친구들이 설명하는 모양의 물건을 모두 찾아 기호를 써 보세요.

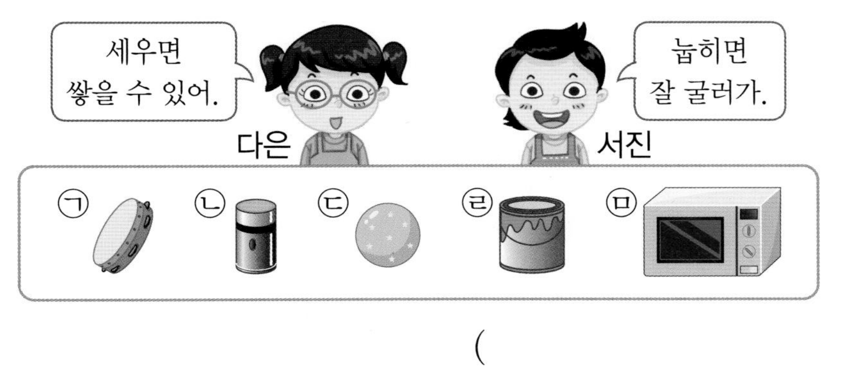

(　　　　　　　　)

06 설명에 맞는 모양의 물건을 모은 사람의 이름을 써 보세요.

잘 쌓을 수 있고, 잘 굴러가지 않습니다.

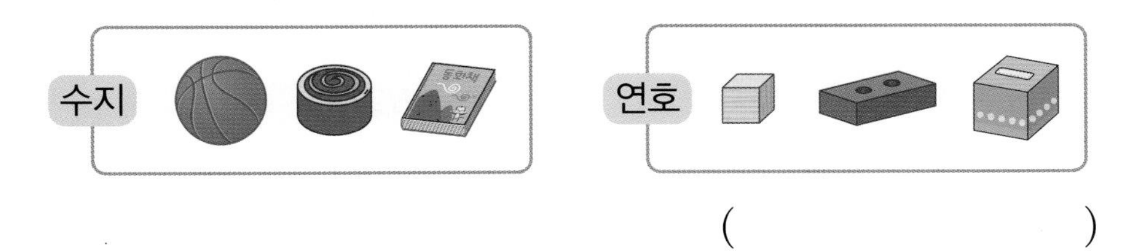

(　　　　　　　　)

잘 쌓을 수 있고, 잘 굴러가지 않으려면 둥근 부분이 없는 모양이겠군!

사용한 모양의 개수 비교하기

07 오른쪽 모양에서 ▢ 모양은 ▢ 모양보다 몇 개 더 많이 사용했는지 구해 보세요.

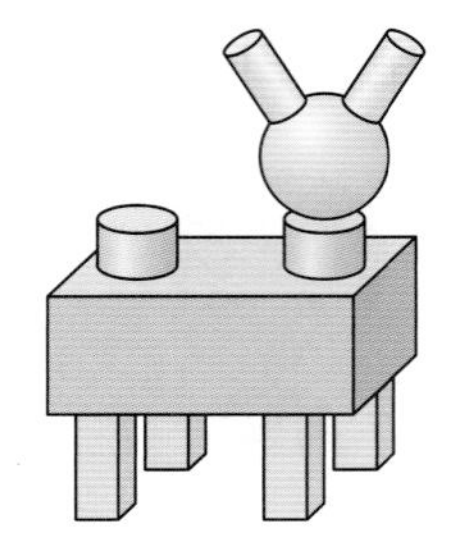

1단계 사용한 ▢ 모양과 ▢ 모양의 개수 각각 세기

▢ 모양 (   ), ▢ 모양 (   )

2단계 ▢ 모양은 ▢ 모양보다 몇 개 더 많이 사용했는지 구하기

(   )

문제해결 TIP
각 모양의 개수를 센 다음 1만큼 더 큰 수를 이용하여 개수의 차이를 구해요.

08 주어진 모양에서 ▢ 모양은 ◯ 모양보다 몇 개 더 적게 사용했는지 구해 보세요.

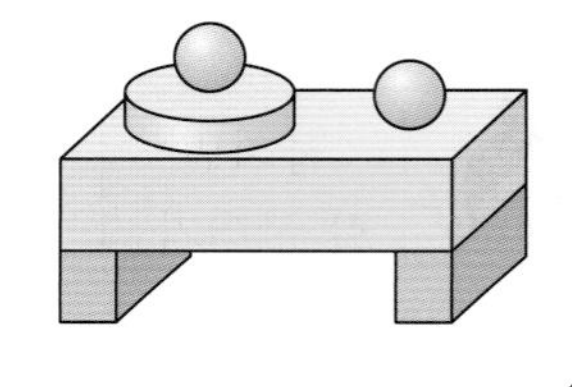

(   )

09 주어진 모양을 만드는 데 ▢, ▢, ◯ 모양 중 가장 많이 사용한 모양은 둘째로 많이 사용한 모양보다 몇 개 더 많이 사용했는지 구해 보세요.

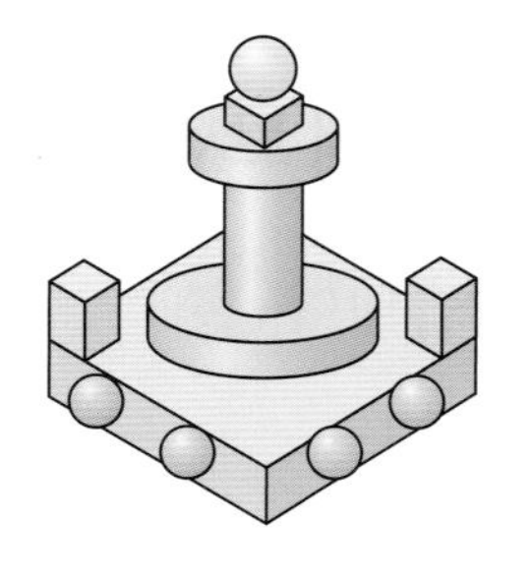

(   )

▢, ▢, ◯ 모양의 개수를 각각 센 다음 1만큼 더 큰 수를 이용하여 가장 많은 개수와 둘째로 많은 개수의 차이를 구해!

모양의 일부분을 보고 사용한 모양의 개수 세기

10 돋보기 안에 보이는 모양이 오른쪽 모양에는 몇 개 있는지 세어 보세요.

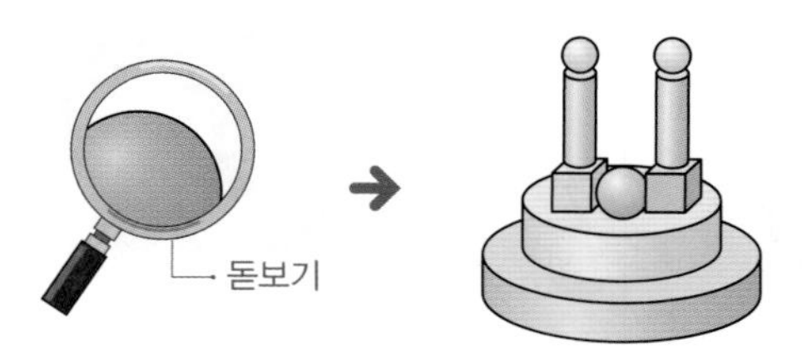

1단계 돋보기 안에 보이는 모양 찾기

 모양

2단계 오른쪽 모양에 1단계에서 찾은 모양이 몇 개 있는지 세기

( )

문제해결 TIP

돋보기 안에 보이는 모양에 평평한 부분, 뾰족한 부분, 둥근 부분 중 어떤 부분이 있는지를 살펴보고 모양을 찾은 다음 오른쪽 모양에서 찾은 모양의 수를 세어요.

11 돋보기 안에 보이는 모양이 오른쪽 모양에는 몇 개 있는지 세어 보세요.

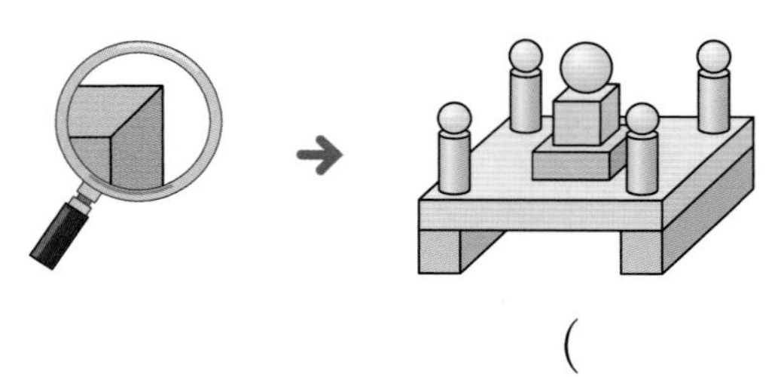

( )

12 상자 안에 보이는 모양을 4개 사용하여 만든 모양의 기호를 써 보세요.

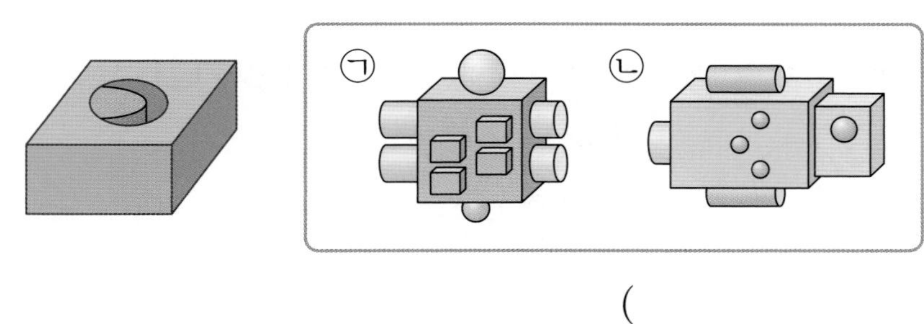

( )

만든 두 모양에서 □, □, ○ 모양의 개수를 모두 셀 필요는 없어! 상자 안에 보이는 모양만 찾아 세면 돼!

학습 결과에 색칠하세요.

4회 마무리 평가

학습일 : 월 일

01 모양을 찾아 ○표 하세요.

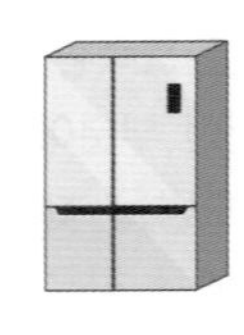  

( ) ( ) ( )

| 02 ~ 03 | 그림을 보고 물음에 답하세요.

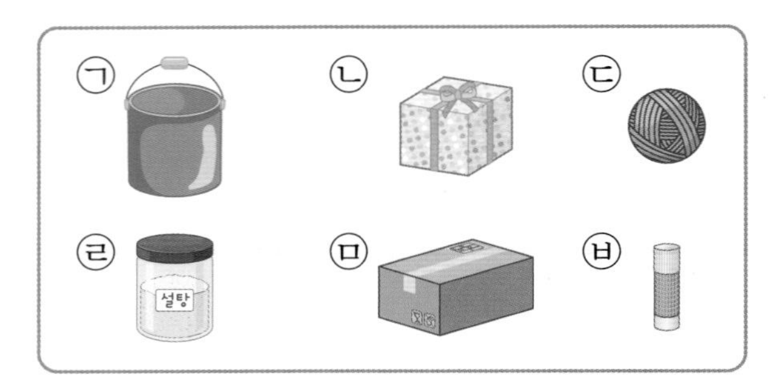

02 모양을 모두 찾아 기호를 써 보세요.

( )

03 모양은 모두 몇 개인지 세어 보세요.

( )

04 오른쪽에서 보이는 모양을 보고 전체 모양을 찾아 ○표 하세요.

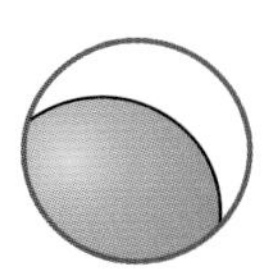

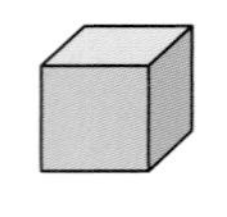 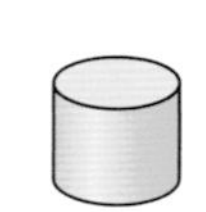 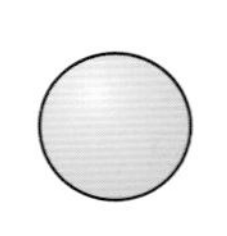

( ) ( ) ( )

05 소율이가 말하는 모양의 물건을 찾아 ○표 하세요.

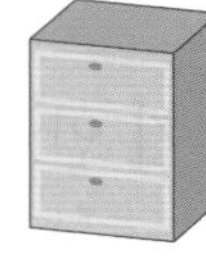 

( ) ( ) ( )

06 다음과 같은 모양을 만드는 데 사용한 모양을 모두 찾아 ○표 하세요.

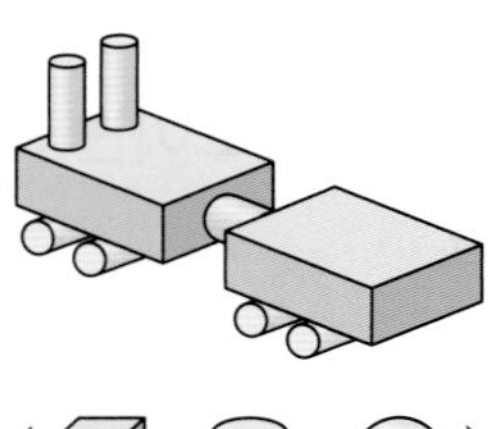

(, ,)

07 어떤 모양끼리 모아 놓은 것인지 알맞은 모양에 ○표 하세요.

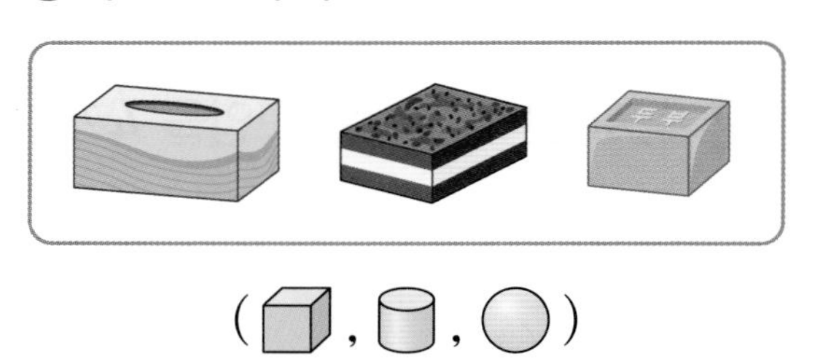

(, ,)

08 모양이 다른 하나를 찾아 ○표 하세요.

( ) ( ) ( )

09 모양은 □표, 모양은 △표, 모양은 ○표 하세요.

10 다음 물건 중에서 가장 많은 모양을 찾아 ○표 하세요.

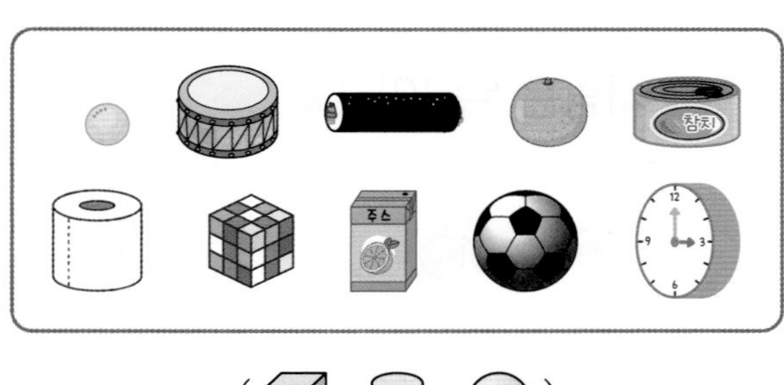

(, ,)

11 다음에서 설명하는 모양에 ○표 하세요.

- 평평한 부분이 없어 쌓을 수 없습니다.
- 여러 방향으로 잘 굴러갑니다.

(, ,)

12 잘 굴러가는 모양이 아닌 물건을 찾아 ×표 하세요.

(　　) (　　) (　　) (　　)

서술형

13 모양과 모양의 같은 점과 다른 점을 한 가지씩 써 보세요.

같은 점

다른 점

14 다음에서 설명하는 모양의 물건을 주변에서 찾아 2개 써 보세요.

- 평평한 부분이 있습니다.
- 둥근 부분이 있습니다.

(　　　　), (　　　　)

4회 마무리 평가

15 모양만 사용하여 만든 모양을 찾아 기호를 쓰려고 합니다. 풀이 과정을 쓰고, 답을 구해 보세요.

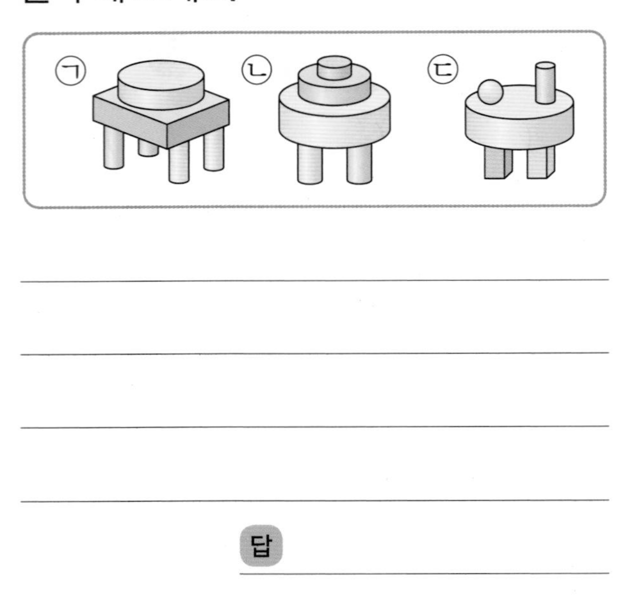

답

| 16~17 | , , 모양을 사용하여 기차를 만들었습니다. 그림을 보고 물음에 답하세요.**

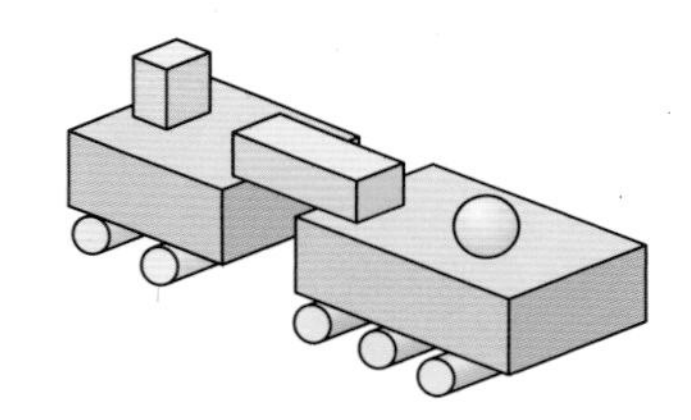

16 사용한 모양은 각각 몇 개인지 빈칸에 써넣으세요.

모양			
수(개)			

17 가장 많이 사용한 모양에 ○표 하세요.

18 보기 의 모양을 모두 사용하여 만든 모양에 ○표 하세요.

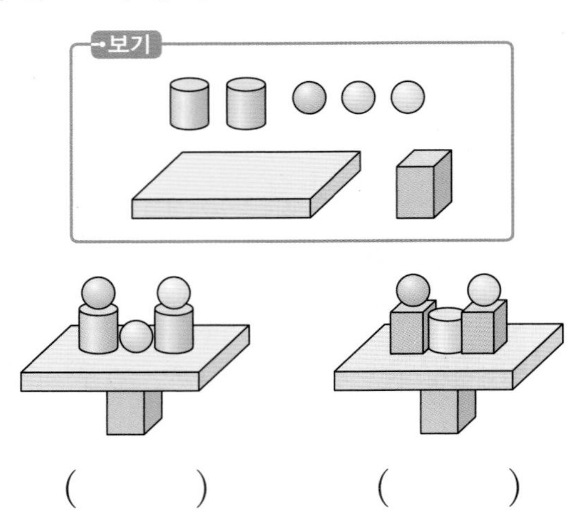

(　　) (　　)

19 로운이와 지아 중 모양 3개, 모양 4개, 모양 2개를 사용하여 모양을 만든 사람은 누구인가요?

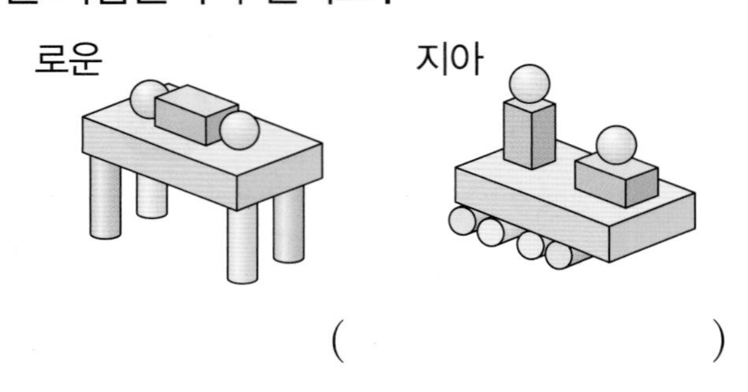

(　　　　)

20 다음 중 와 모양이 같은 물건은 모두 몇 개인가요?

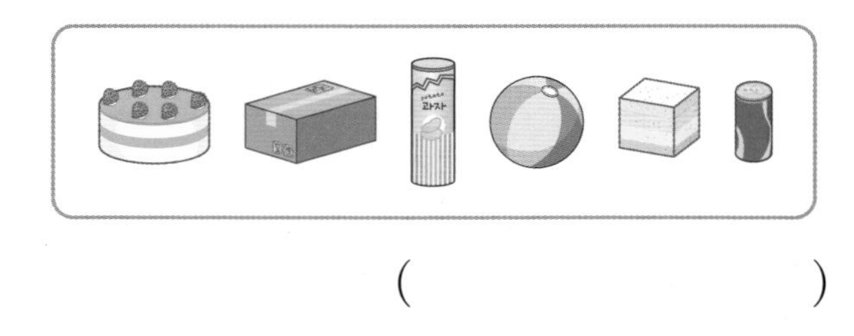

(　　　　)

21 잘 쌓을 수 있는 모양의 물건만 모은 사람은 누구인가요?

( )

22 오른쪽 모양은 왼쪽 모양보다 ◯ 모양을 몇 개 더 많이 사용했나요?

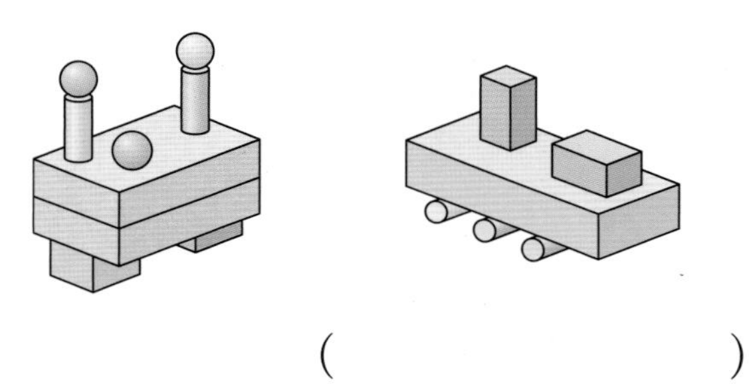

( )

23 지유가 다음과 같은 모양을 만들려고 합니다. ◯ 모양이 1개 부족하다면 지유가 가지고 있는 ◯ 모양은 몇 개일까요?

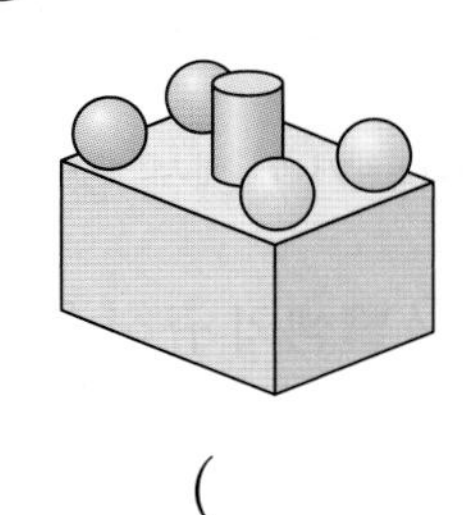

( )

수행 평가

| 24~25 | 오늘은 수아네 학교 운동회 날입니다. 그림을 보고 물음에 답하세요.

24 운동회에서 볼 수 있는 물건들은 각각 어떤 모양인지 이어 보세요.

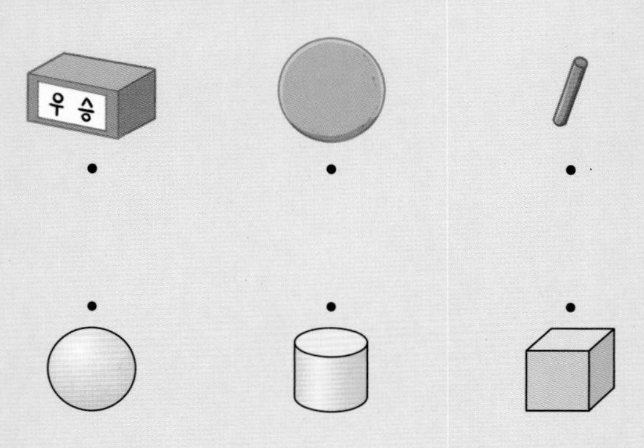

25 우승 상품은 잘 쌓을 수 있고 굴러가지 않는 모양의 물건이라고 합니다. 상품이 무엇일지 쓰고, 그렇게 생각한 이유를 써 보세요.

상품

이유

2 단원 4회

학습 결과에 색칠하세요.

3 덧셈과 뺄셈

이번에 배울 내용

회차	쪽수	학습 내용	학습 주제
1	56~59쪽	개념+문제 학습	모으기와 가르기
2	60~63쪽	개념+문제 학습	그림을 보고 덧셈 이야기 만들기 / 덧셈 알기
3	64~67쪽	개념+문제 학습	다양한 방법으로 덧셈하기 / 덧셈의 규칙 찾기
4	68~71쪽	개념+문제 학습	그림을 보고 뺄셈 이야기 만들기 / 뺄셈 알기
5	72~75쪽	개념+문제 학습	다양한 방법으로 뺄셈하기 / 뺄셈의 규칙 찾기
6	76~79쪽	개념+문제 학습	0이 있는 덧셈 / 0이 있는 뺄셈
7	80~83쪽	응용 학습	
8	84~87쪽	마무리 평가	

문해력을 높이는 **어휘**

모으다: 한곳에 합치다.

두 바구니에 담겨 있는 고구마를 모 아 상자에 담았어요.

더하다: 더 보태어 늘리거나 많게 하다.

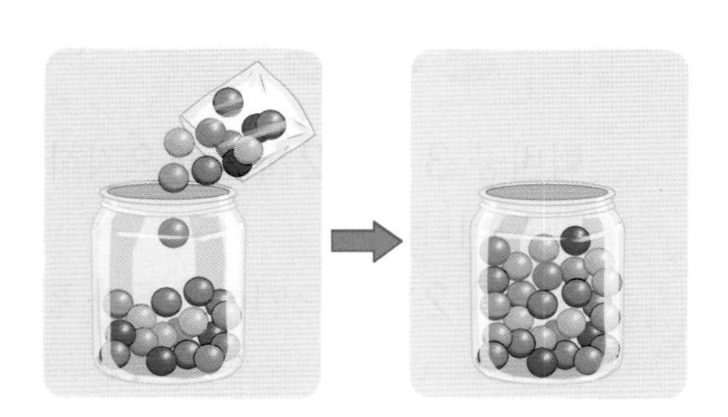

새로 산 구슬을 더 해 구슬이 더 많아졌어요.

가르다: 쪼개거나 나누어 따로따로 되게 하다.

반 전체를 두 모둠으로 갈 라 줄다리기를 했어요.

빼다: 전체에서 일부를 제외하거나 덜어 내다.

블록을 하나 빼 서 쓰러져 버렸어요.

1회 개념 학습

학습일 : 월 일

개념 1 그림이나 구체물을 이용하여 모으기와 가르기

• 모으기

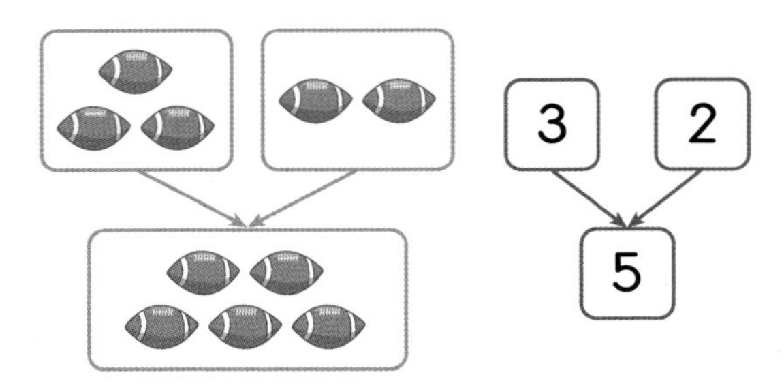

럭비공 3개와 2개를 모으기하면 5개가 됩니다.

➔ 3과 2를 모으기하면 5가 됩니다.

• 가르기

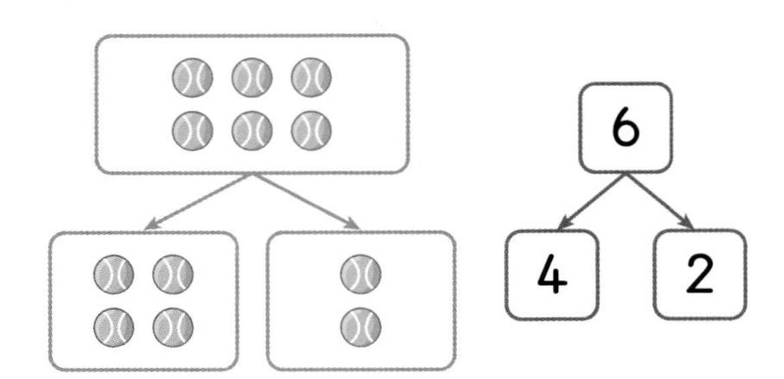

테니스공 6개는 4개와 2개로 가르기할 수 있습니다.

➔ 6은 4와 2로 가르기할 수 있습니다.

확인 1 그림을 보고 모으기와 가르기를 해 보세요.

(1)

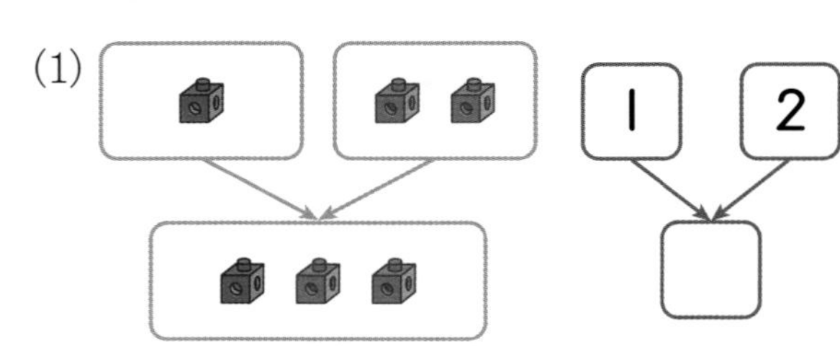

(2)

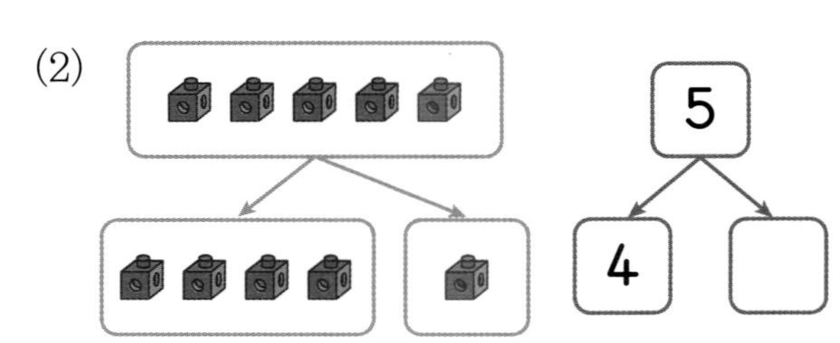

개념 2 9까지의 수를 모으기와 가르기

• 3이 되도록 두 수 모으기

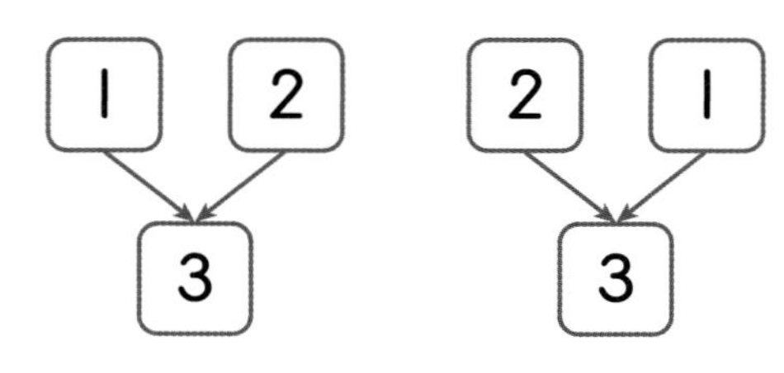

• 3을 두 수로 가르기

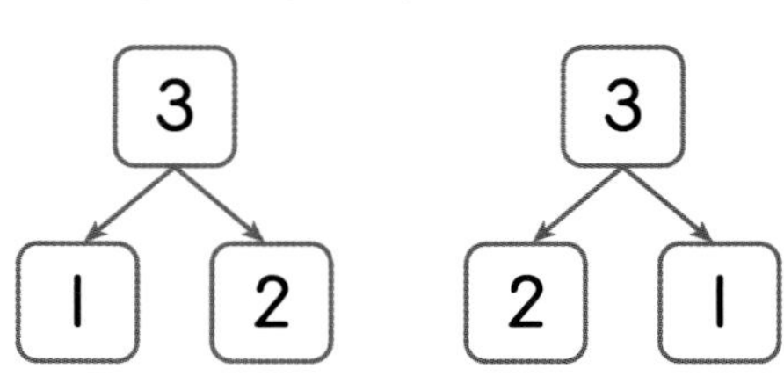

확인 2 모으기와 가르기를 해 보세요.

(1) (2)

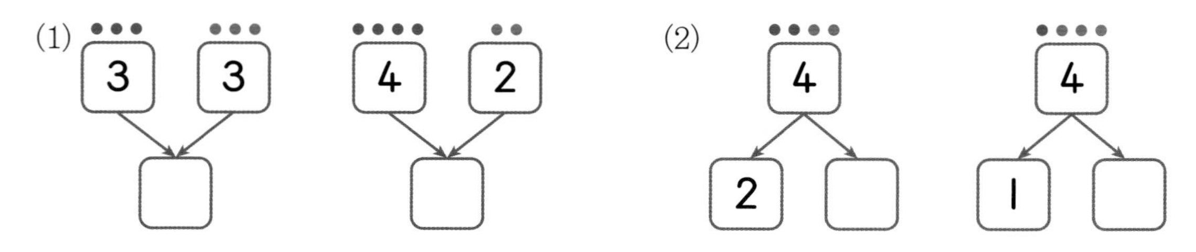

정답 14쪽

1 모으기를 해 보세요.

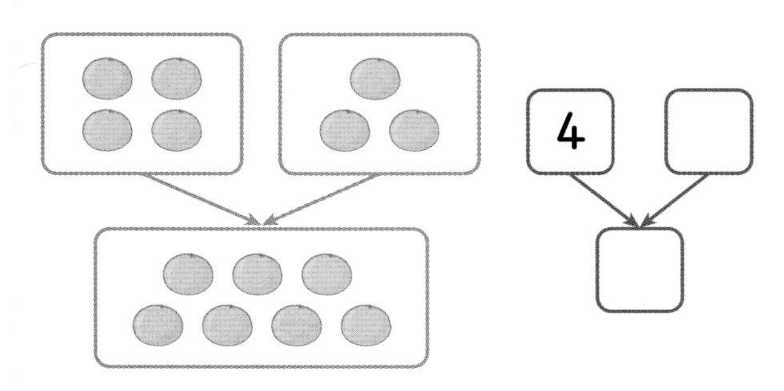

2 가르기를 해 보세요.

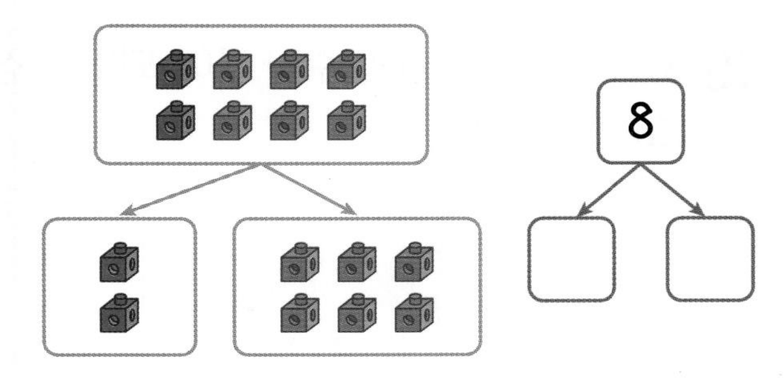

3 모으기를 해 보세요.

4 모으기를 해 보세요.

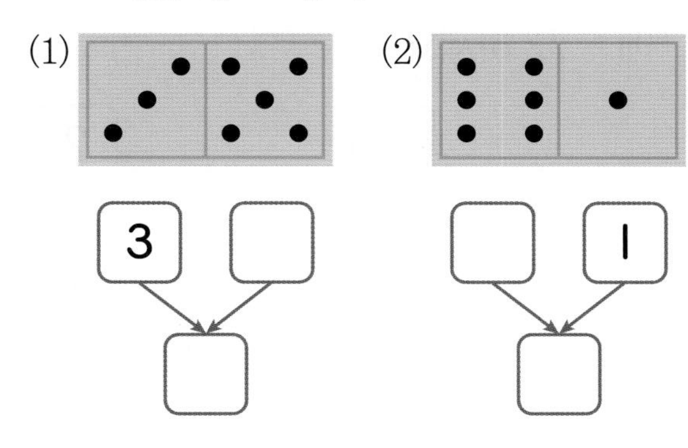

5 두 가지 방법으로 가르기를 해 보세요.

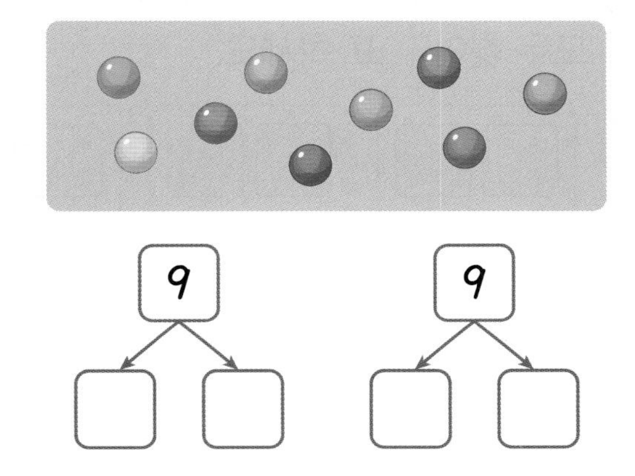

6 모으기와 가르기를 해 보세요.

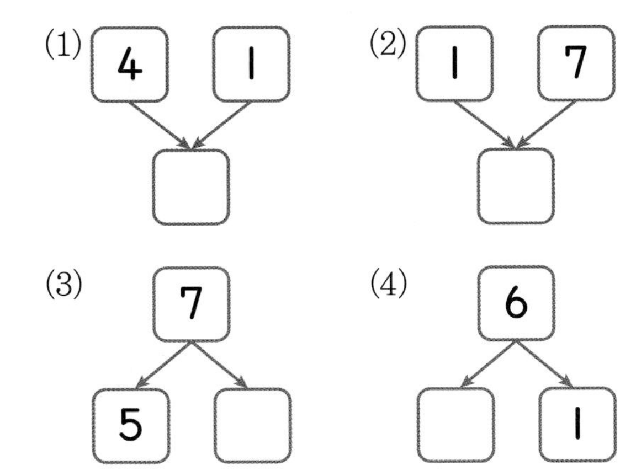

01 4를 두 수로 가르기한 것입니다. 옳은 것에 ◯표 하세요.

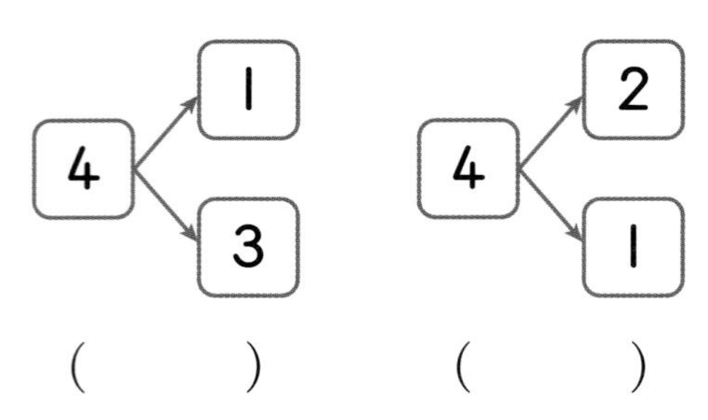

( ) ( )

02 그림의 점을 모으기하여 6이 되는 것을 모두 찾아 ◯표 하세요.

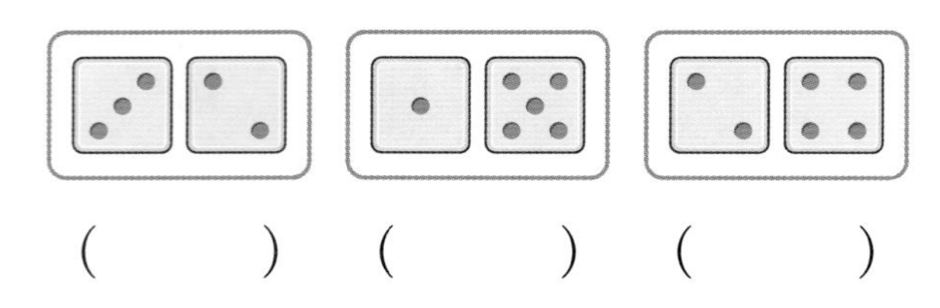

( ) ( ) ( )

03 보기 와 같이 두 가지 색으로 칸을 칠하고, 수를 써넣으세요.

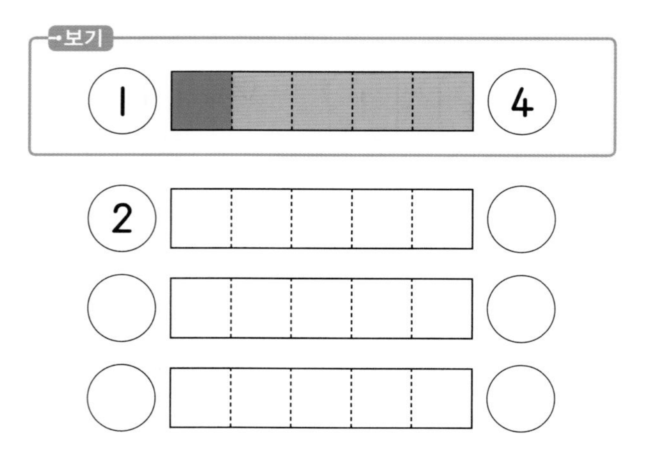

창의형

04 가르기를 해 보세요.

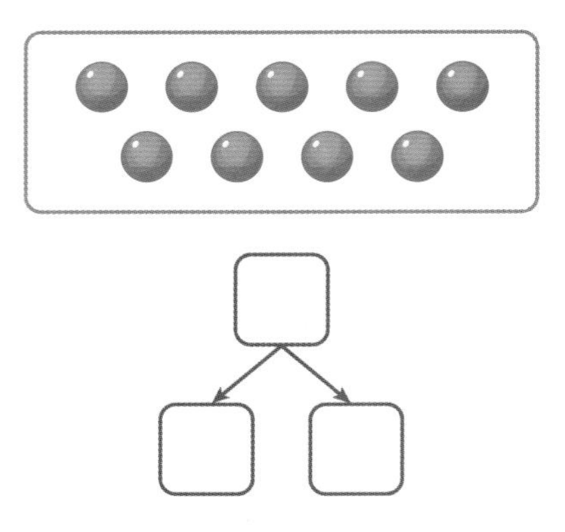

창의형

05 보기 와 같이 점의 수가 7이 되도록 점을 그려 넣으세요.

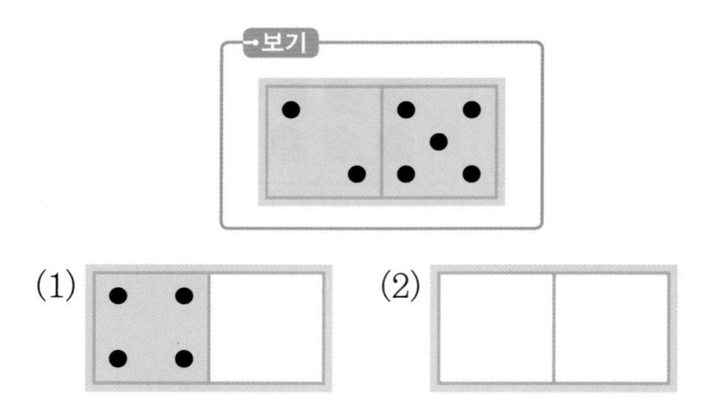

06 6을 위와 아래의 두 수로 가르기를 하려고 합니다. 빈칸에 알맞은 수를 써넣으세요.

6	1	2	3	4	5

07 모으기를 하여 8이 되도록 두 수를 묶어 보세요.

7	2	1
1	4	3
6	2	5

08 수 카드의 수를 알맞게 써넣으세요.

09 ㉠과 ㉡에 알맞은 수가 더 작은 것의 기호를 써 보세요.

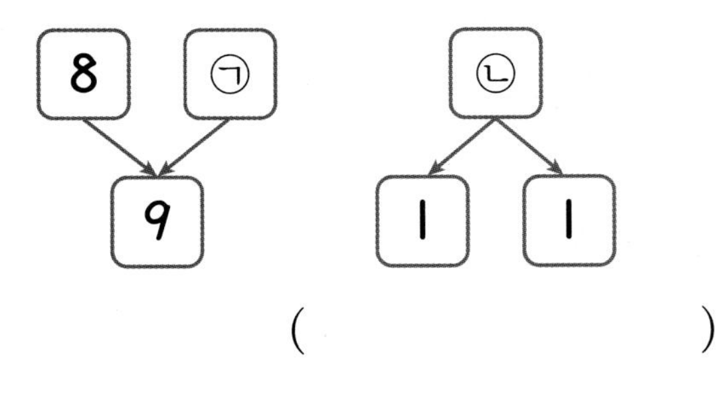

(   )

서술형 문제

10 나리는 빵 5개를 동생과 나누어 먹었습니다. 동생이 빵을 3개 먹었다면 나리가 먹은 빵은 몇 개인지 풀이 과정을 쓰고, 답을 구해 보세요.

❶ 5는 1과 ☐, 2와 ☐, 3과 ☐, 4와 ☐로 가르기할 수 있습니다.

❷ 동생이 빵을 3개 먹었다면 5를 3과 ☐로 가르기한 것이므로 나리가 먹은 빵은 ☐개입니다.

답 ____________________

11 지호는 딱지 4장을 형과 나누어 가지려고 합니다. 지호가 딱지를 2장 가진다면 형이 가지게 되는 딱지는 몇 장인지 풀이 과정을 쓰고, 답을 구해 보세요.

답 ____________________

3 단원 1회

학습 결과에 색칠하세요.

2회 개념 학습

학습일 : 월 일

개념 1 그림을 보고 덧셈 이야기 만들기

수를 **모으거나 더하는 상황**은 '**모은다**', '**모두**'와 같은 말을 이용하여 덧셈 이야기를 만듭니다.

오징어 2마리와 문어 3마리를 모으면 모두 5마리가 됩니다.

확인 1 그림을 보고 덧셈 이야기를 만들어 보세요.

나뭇가지에 앉아 있는 새 □마리와

날아오는 새 □마리를 (모으면 , 가르면)

모두 □마리가 됩니다.

개념 2 덧셈 알기

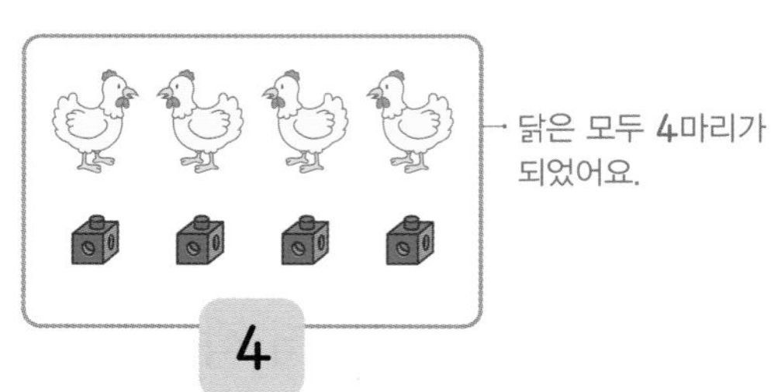

덧셈식 $1+3=4$

읽기 1 더하기 3은 4와 같습니다.

1과 3의 합은 4입니다.

더하기는 +로 나타내고, 같다는 =로 나타내.

확인 2 토끼는 모두 몇 마리인지 덧셈식을 쓰고 읽어 보세요.

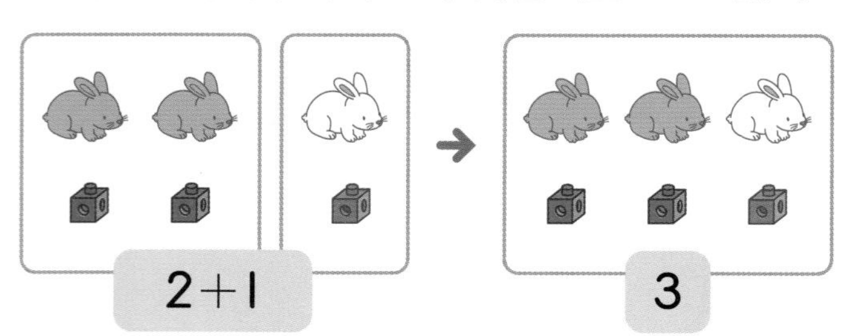

덧셈식 $2+1=$ □

읽기 2와 1의 합은 □입니다.

1 그림을 보고 □ 안에 알맞은 수를 써넣으세요.

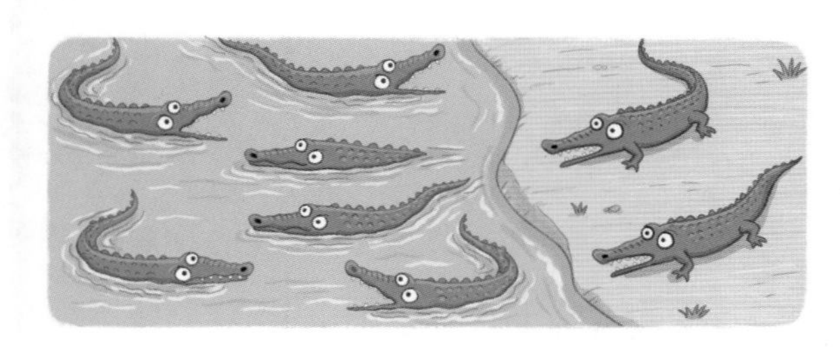

호수에 악어 6마리가 있었는데
악어 □마리가 더 와서 악어는
모두 □마리가 되었습니다.

2 그림에 알맞은 덧셈식을 쓰려고 합니다. ○ 안에 +, =를 알맞게 써넣으세요.

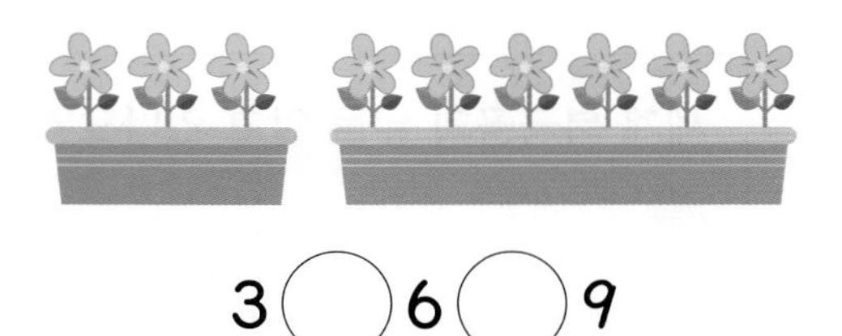

3 ○ 6 ○ 9

3 덧셈식으로 나타내어 보세요.

4 더하기 2는 6과 같습니다.

→

4 덧셈식을 바르게 읽은 것에 ○표 하세요.

$2+5=7$

2 더하기 7은 5와 같습니다. — □

2와 5의 합은 7입니다. — □

5 덧셈식을 쓰고 읽어 보세요.

(1)

덧셈식 $6+1=$ □

읽기 6 더하기 1은 □과 같습니다.

(2)

덧셈식 $3+3=$ □

읽기 3과 3의 합은 □입니다.

01 나비는 모두 몇 마리인지 덧셈식을 써 보세요.

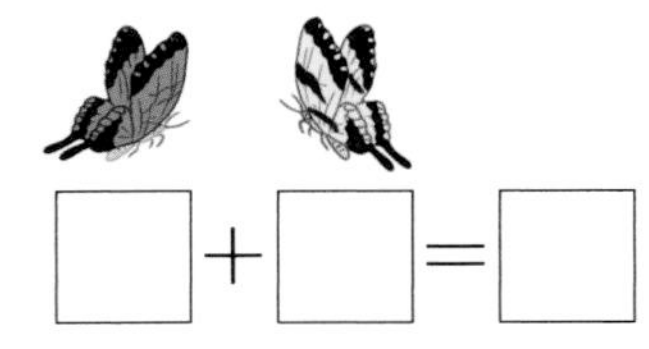

□+□=□

02 알맞은 것끼리 이어 보세요.

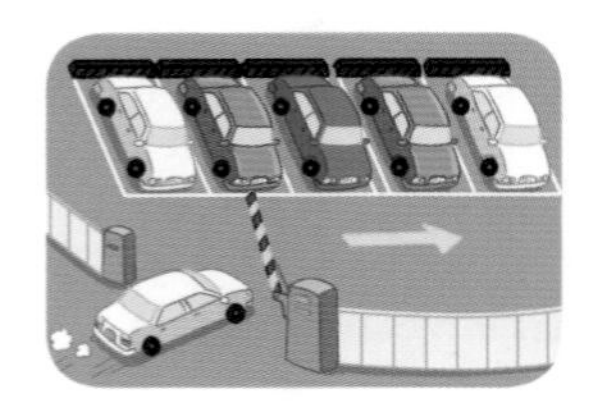

•　　　　　•

•　　　　　•

$4+1=5$　　　$5+1=6$

03 덧셈식을 써 보세요.

$3+$□$=$□

04 그림을 보고 덧셈식을 쓰고 읽어 보세요.

덧셈식 $1+$□$=$□

읽기 □ 더하기 □는 □과 같습니다.

디지털 문해력

05 블로그 게시물에서 북극곰은 모두 몇 마리인지 알아보려고 합니다. 덧셈식을 써 보세요.

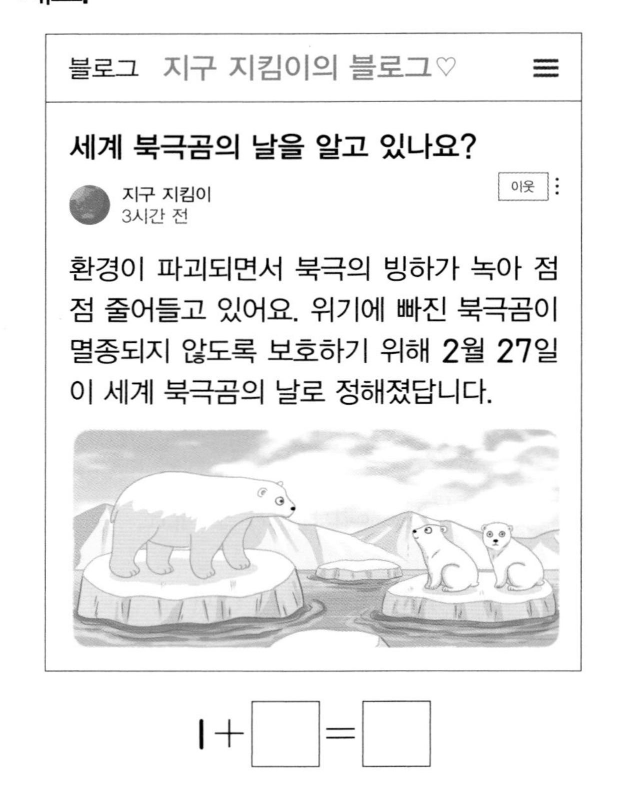

블로그 지구 지킴이의 블로그♡

세계 북극곰의 날을 알고 있나요?

지구 지킴이
3시간 전
이웃

환경이 파괴되면서 북극의 빙하가 녹아 점점 줄어들고 있어요. 위기에 빠진 북극곰이 멸종되지 않도록 보호하기 위해 2월 27일이 세계 북극곰의 날로 정해졌답니다.

$1+$□$=$□

06 그림을 보고 덧셈식을 써 보세요.

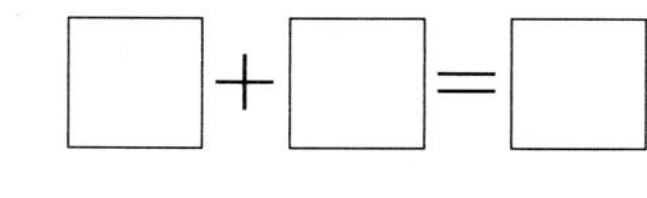

창의형

07 자신의 집을 살펴보고, □ 안에 알맞은 수를 써넣으세요.

- 우리집에 있는 의자: □개
- 우리집에 있는 탁자: □개

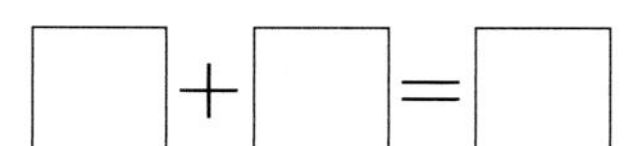

08 (상자) 모양 물건의 수와 (원통) 모양 물건의 수를 써넣고, 두 모양은 모두 몇 개인지 덧셈식을 써 보세요.

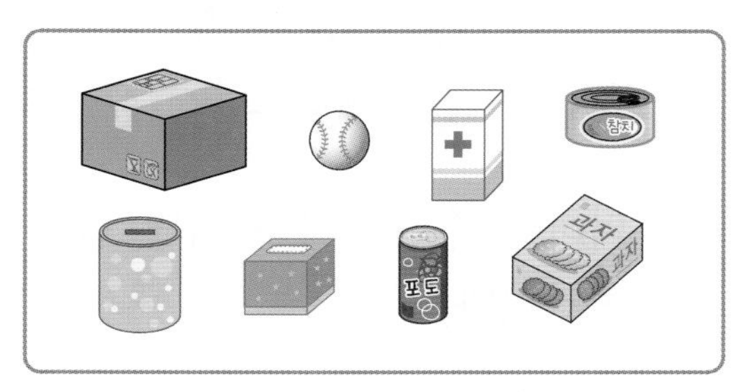

(상자) 모양: □개 (원통) 모양: □개

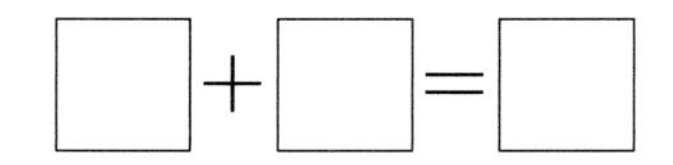

서술형 문제

09 '모은다'와 '모두'를 이용하여 그림에 알맞은 덧셈 이야기를 만들고, 덧셈식을 써 보세요.

이야기 ❶ 미끄럼틀에서 놀고 있는 어린이 □명과 시소를 타고 있는 어린이 □명을 (모으면 , 가르면) □ 5명이 됩니다.

덧셈식 ❷ 3 + □ = □

10 '모은다'와 '모두'를 이용하여 그림에 알맞은 덧셈 이야기를 만들고, 덧셈식을 써 보세요.

이야기

덧셈식

3 단원 2회

학습 결과에 색칠하세요.

3회 개념 학습

학습일 : 월 일

개념 1 다양한 방법으로 덧셈하기

사과는 모두 몇 개인지 다양한 방법으로 덧셈을 할 수 있습니다.

방법 1

손가락으로 덧셈하기

손가락 3개와 1개를 펴고 수를 모두 셉니다.

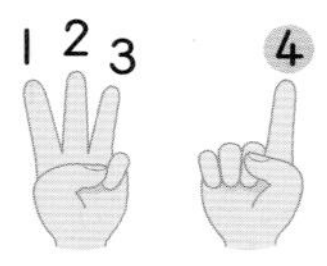

$3+1=4$

방법 2

연결 모형으로 덧셈하기

연결 모형 3개에 1개를 더 놓으며 이어 셉니다.

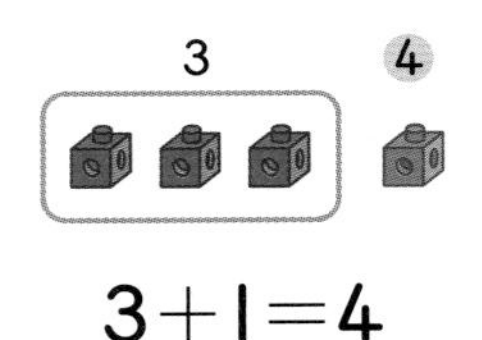

$3+1=4$

방법 3

수판에 그려서 덧셈하기

○ 3개를 그린 후 1개를 더 그려 수를 모두 셉니다.

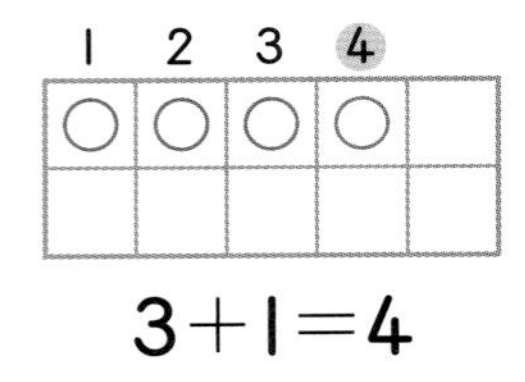

$3+1=4$

확인 1 사탕은 모두 몇 개인지 모으기로 알아보고, 덧셈을 해 보세요.

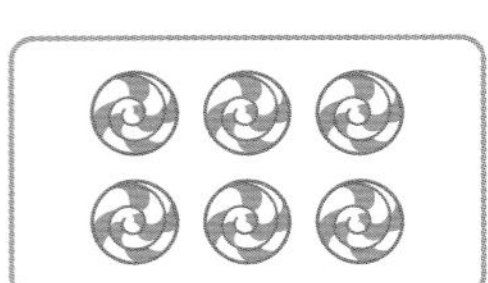
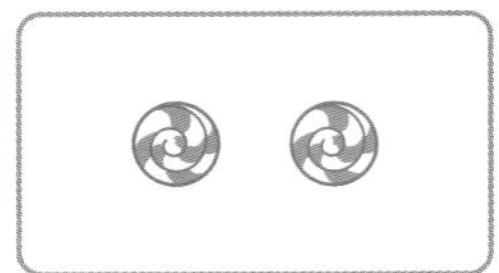
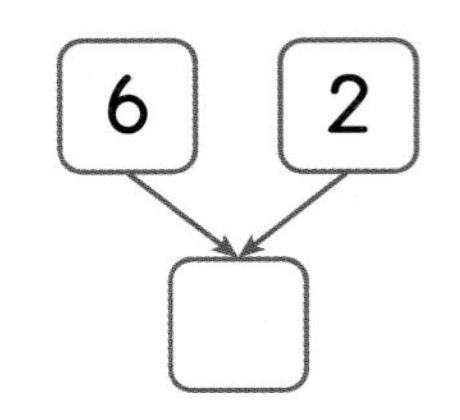

$6+\square=\square$

개념 2 덧셈의 규칙 찾기

• 수의 순서를 바꾸어 더하는 규칙

$4+2=6$

$2+4=6$

➔ 수의 순서를 바꾸어 더해도 합은 같습니다.

• 더하는 수가 1씩 커지는 규칙

$5+1=6$

$5+2=7$

$5+3=8$

➔ 더하는 수가 1씩 커지면 합도 1씩 커집니다.

확인 2 도넛은 모두 몇 개인지 덧셈을 해 보세요.

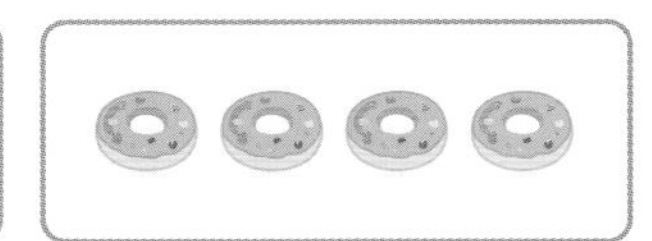

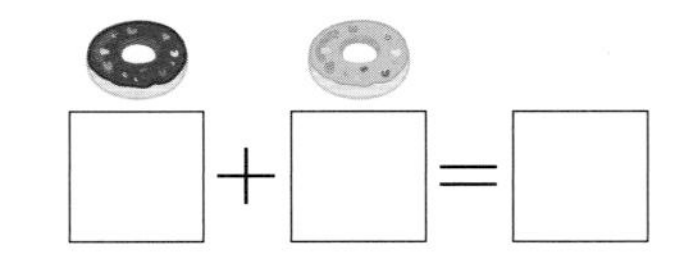

$\square+\square=\square$

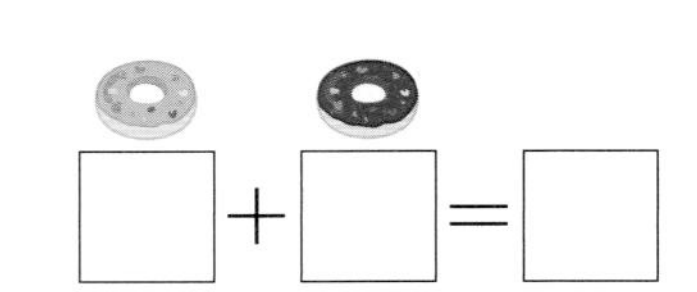

$\square+\square=\square$

정답 16쪽

1 그림을 보고 연결 모형으로 덧셈을 해 보세요.

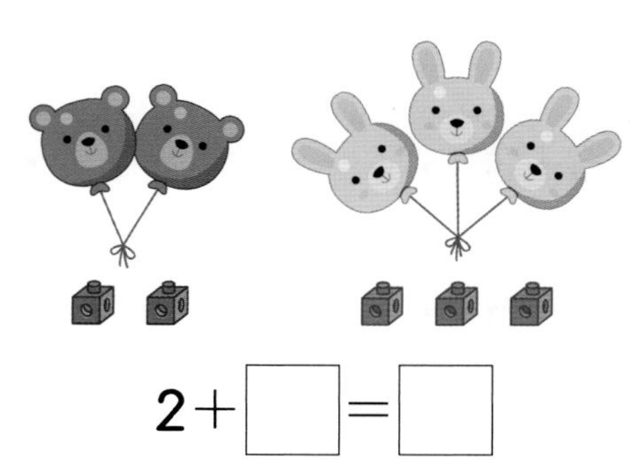

2+□=□

2 보기 와 같이 수판에 ○를 그려서 덧셈을 해 보세요.

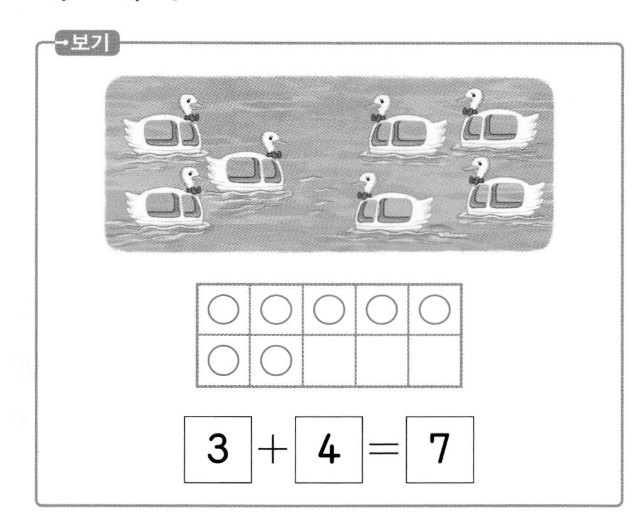

3 + 4 = 7

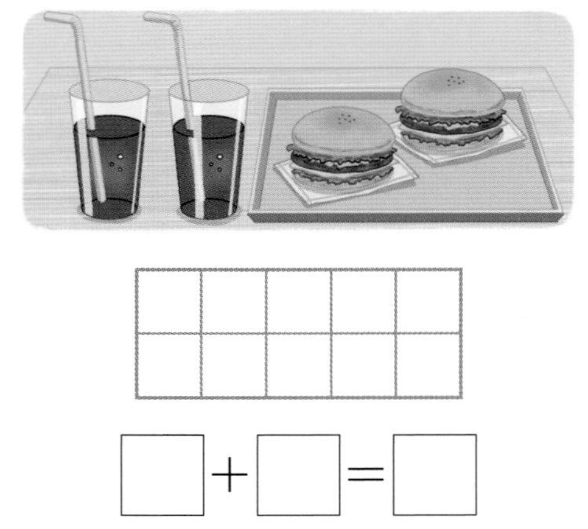

□+□=□

3 알맞은 것끼리 이어 보세요.

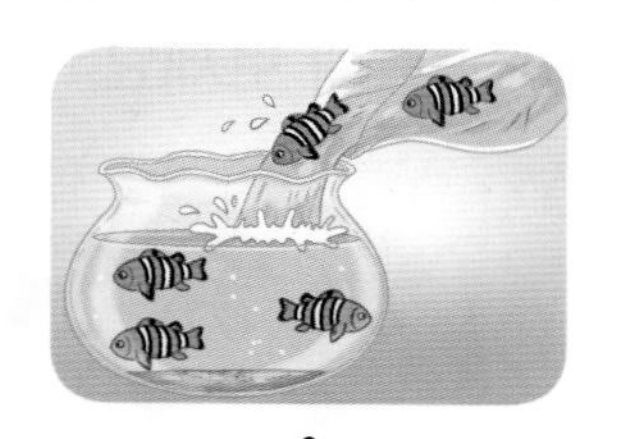

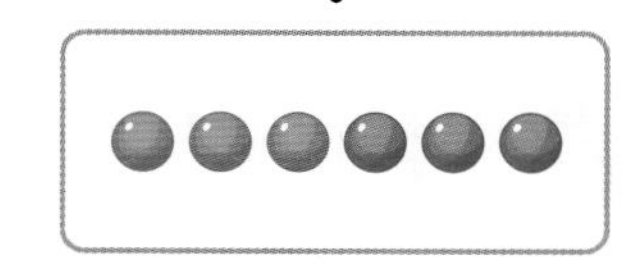

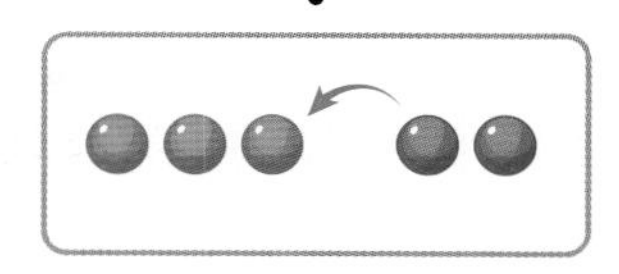

4 점의 수를 세어 덧셈을 하고, 알맞은 말에 ○표 하세요.

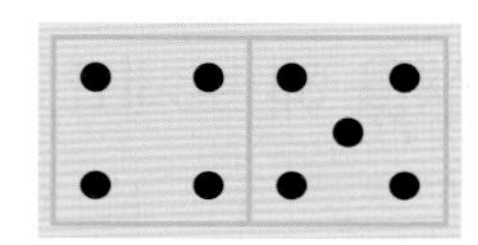

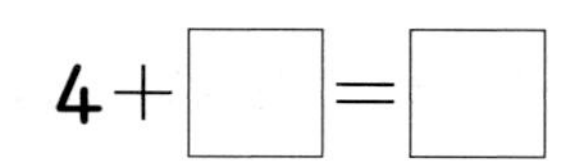

4+□=□

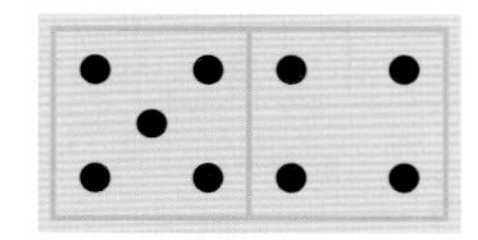

□+4=□

수의 순서를 바꾸어 더해도 합은
(같습니다 , 다릅니다).

5 덧셈을 해 보세요.

1+1=□

1+2=□

1+3=□

3 단원 3회

3회 문제 학습

01 강아지 풍선은 모두 몇 개인지 보기 에서 방법을 선택하여 덧셈을 해 보세요.

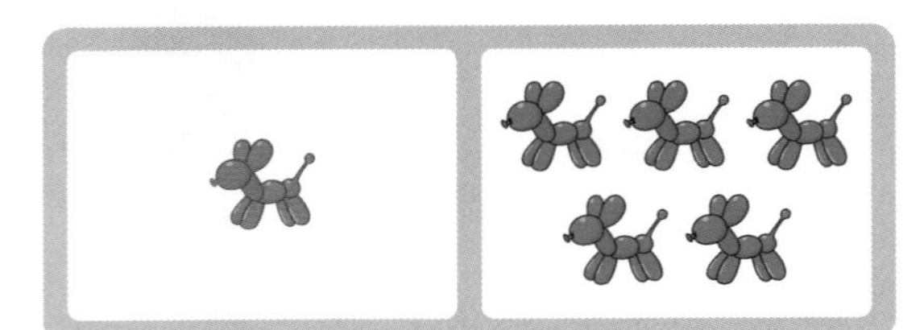

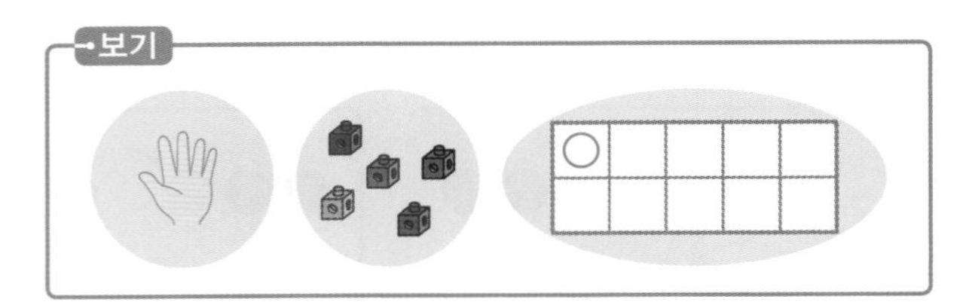

$1+\square=\square$

02 $2+7$은 얼마인지 구하려고 합니다. 수판에 ◯를 그려서 덧셈을 해 보세요.

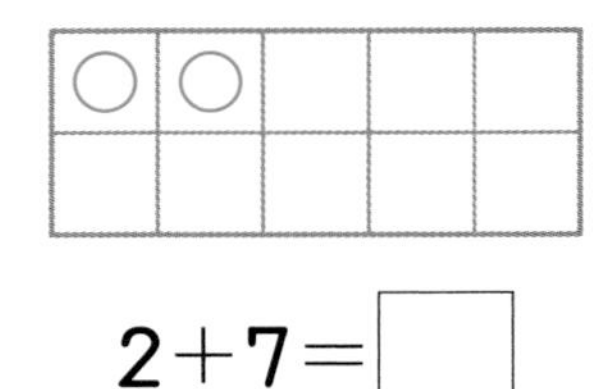

$2+7=\square$

03 모으기를 이용하여 덧셈을 해 보세요.

(1)

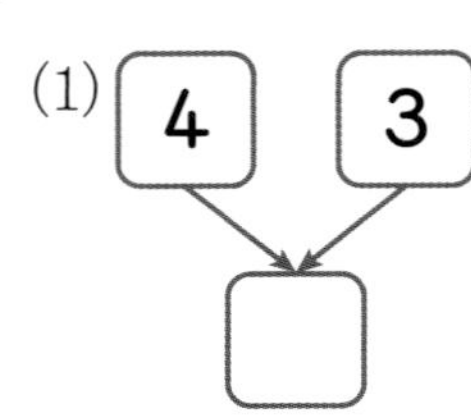

$4+3=\square$

(2)

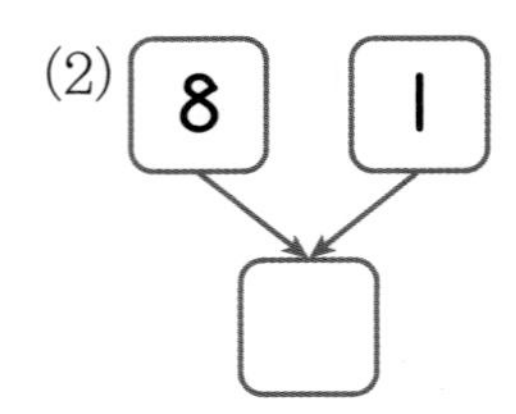

$8+1=\square$

04 합이 같은 것끼리 이어 보세요.

$1+7$ •	• $3+6$
$6+3$ •	• $5+2$
$2+5$ •	• $7+1$

05 덧셈을 해 보세요.

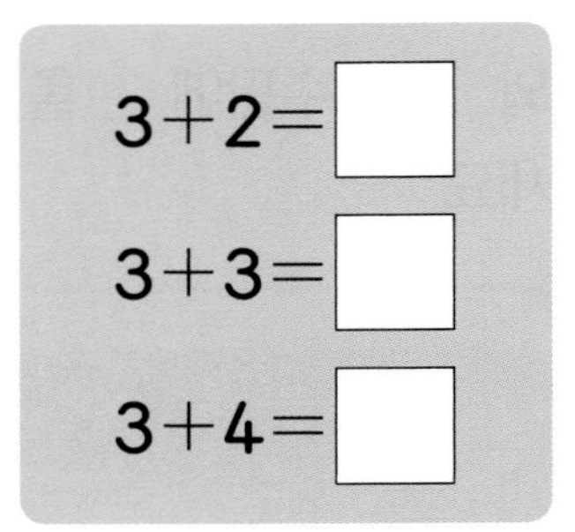

06 냉장고에 요구르트가 4병 들어 있습니다. 요구르트 2병을 더 넣었다면 냉장고에 들어 있는 요구르트는 모두 몇 병인지 식을 쓰고, 답을 구해 보세요.

식 ______________________

답 ______________

07 합이 가장 큰 것을 찾아 ◯표 하세요.

$6+1$	$4+4$	$1+8$
( )	( )	( )

창의형

08 합이 같은 덧셈식을 써 보세요.

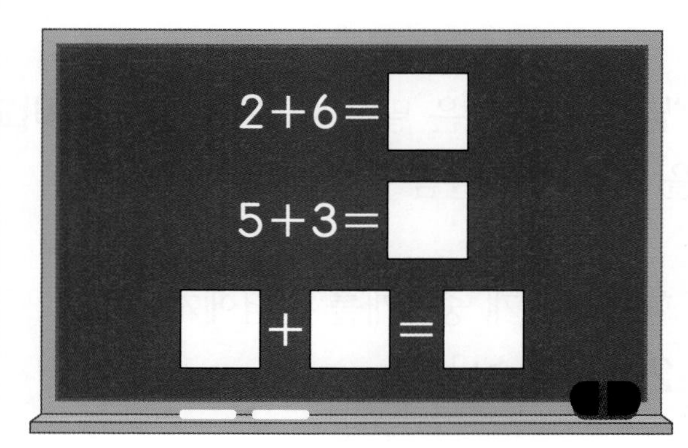

창의형

09 무당벌레 날개의 점의 수가 6이 되도록 ●를 그려 꾸미려고 합니다. 합이 6인 덧셈식을 쓰고, 덧셈식에 알맞게 점을 그려 보세요.

☐+☐=6

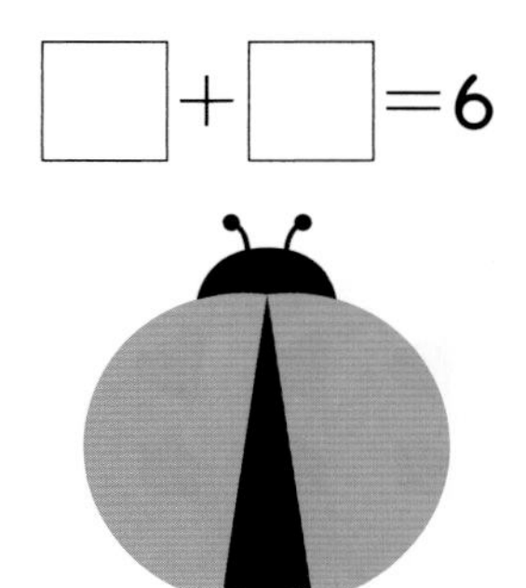

10 수 카드 중에서 가장 큰 수와 가장 작은 수의 합을 구해 보세요.

4 7 2 5

(　　　　　　)

서술형 문제

11 재호는 딱지 6장을 모았습니다. 은조는 딱지가 2장 있었는데 3장을 더 모았습니다. 딱지를 더 많이 모은 사람은 누구인지 풀이 과정을 쓰고, 답을 구해 보세요.

❶ 재호는 딱지 ☐장을 모았고, 은조는 딱지 2장에 ☐장을 더 모았으므로 모두 2+☐=☐(장) 모았습니다.

❷ ☐이 ☐보다 크므로 딱지를 더 많이 모은 사람은 ☐입니다.

답 ____________

12 영지는 오늘 꿀떡을 5개 먹었습니다. 준수는 오늘 꿀떡을 아침에 1개, 저녁에 6개 먹었습니다. 오늘 꿀떡을 더 많이 먹은 사람은 누구인지 풀이 과정을 쓰고, 답을 구해 보세요.

____

____

____

____

답 ____________

3 단원 3회

학습 결과에 색칠하세요.

4회 개념 학습

학습일 : 월 일

개념 1 그림을 보고 뺄셈 이야기 만들기

수를 **가르거나 덜어 내는 상황**은 **'가른다'**, **'남는다'**와 같은 말을 이용하고, 수를 **비교하는 상황**은 **'더 많다'**, **'더 적다'**와 같은 말을 이용하여 뺄셈 이야기를 만듭니다.

햄버거 3개 중 1개를 손님에게 주면 2개가 남습니다.

확인 1 그림을 보고 뺄셈 이야기를 만들어 보세요.

빨간색 꽃은 보라색 꽃보다

☐송이 더 (많습니다 , 적습니다).

개념 2 뺄셈 알기

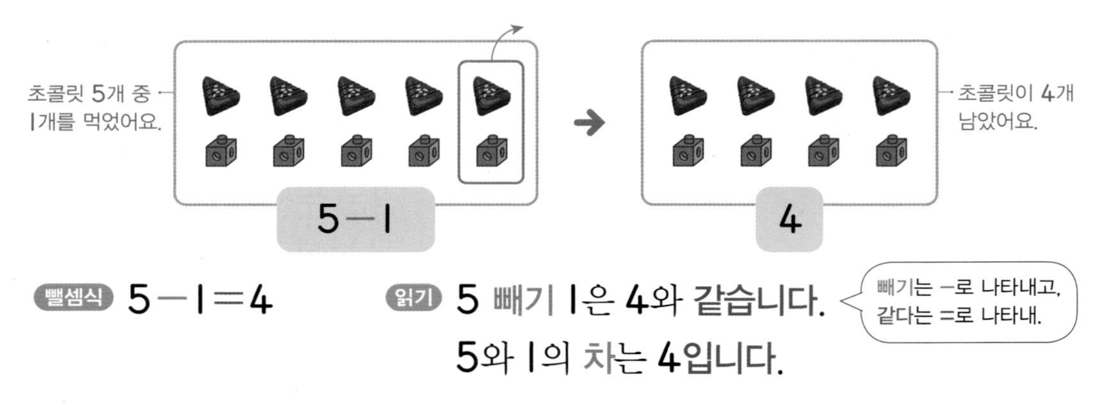

뺄셈식 $5-1=4$

읽기 5 **빼기** 1은 4와 **같습니다.**

5와 1의 **차는** 4입니다.

빼기는 −로 나타내고, 같다는 =로 나타내.

확인 2 고구마가 감자보다 얼마나 더 많은지 뺄셈식을 쓰고 읽어 보세요.

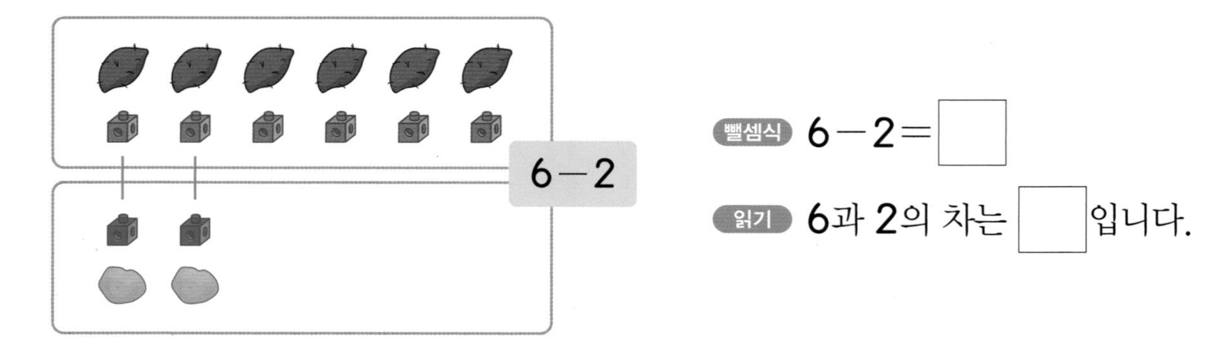

뺄셈식 $6-2=$ ☐

읽기 6과 2의 차는 ☐입니다.

1 그림을 보고 □ 안에 알맞은 수를 써넣으세요.

연못에 개구리가 7마리 있었는데 □마리가 연못 밖으로 뛰어나가서 연못 안에는 □마리가 남았습니다.

2 그림에 알맞은 뺄셈식을 쓰려고 합니다. ○ 안에 −, ＝를 알맞게 써넣으세요.

8 ○ 3 ○ 5

3 뺄셈식으로 나타내어 보세요.

9 빼기 5는 4와 같습니다.

→ ______

4 뺄셈식을 바르게 읽은 것을 모두 찾아 ○표 하세요.

$8-6=2$

8과 6의 합은 2입니다. — □

8 빼기 6은 2와 같습니다. — □

8과 6의 차는 2입니다. — □

5 뺄셈식을 쓰고 읽어 보세요.

(1)

뺄셈식 $4-2=$ □

읽기 4 빼기 2는 □와 같습니다.

(2)

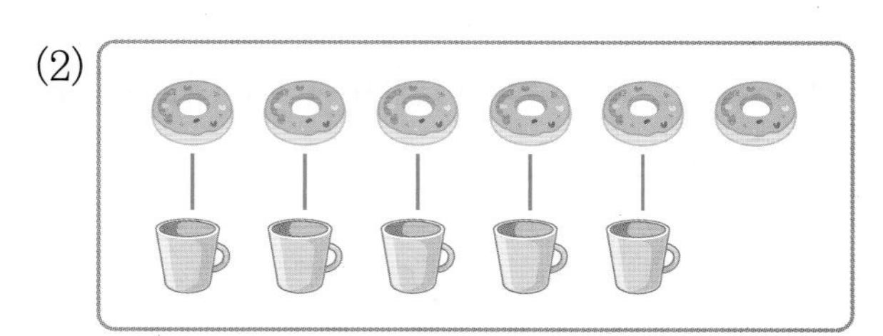

뺄셈식 $6-5=$ □

읽기 6과 5의 차는 □입니다.

01 알맞은 것끼리 이어 보세요.

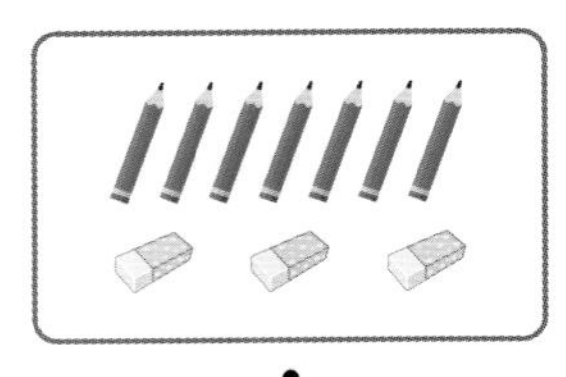

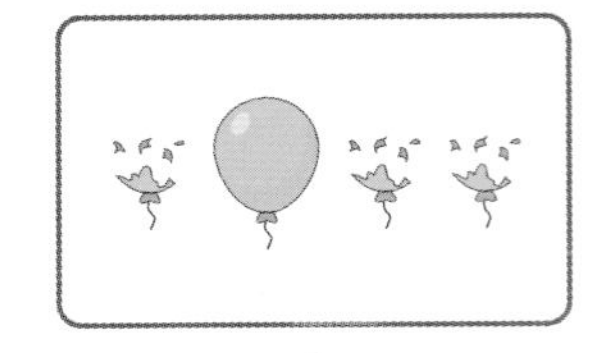

7－3＝4

4－3＝1

02 남은 바나나는 몇 개인지 뺄셈식을 써 보세요.

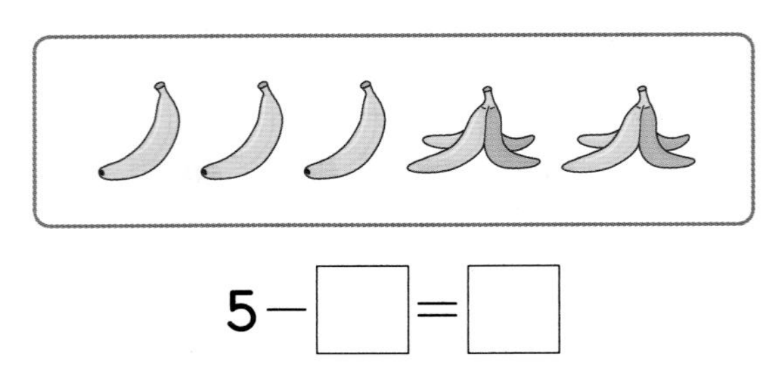

5－□＝□

03 치킨은 포크보다 얼마나 더 많은지 뺄셈식을 써 보세요.

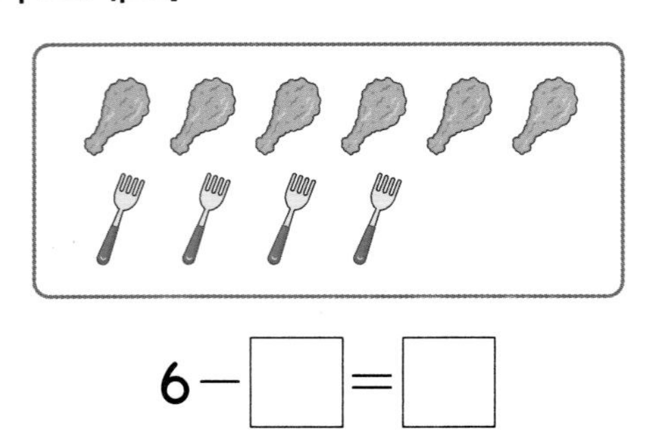

6－□＝□

04 그림을 보고 뺄셈식을 쓰고 읽어 보세요.

뺄셈식 7－□＝□

읽기 □과 □의 차는 □입니다.

디지털 문해력

05 소미가 올린 온라인 게시물입니다. 소미와 동생이 먹고 남은 꼬치는 몇 개인지 뺄셈식을 쓰고 읽어 보세요.

뺄셈식 8－□＝□

읽기 8 빼기 □는 □와 같습니다.

06 그림을 보고 뺄셈식을 써 보세요.

□ − □ = □

□ − □ = □

창의형

07 수 카드의 수를 한 번씩만 사용하여 뺄셈식을 써 보세요.

□ − □ = □

08 모양의 수와 모양의 수를 써넣고, 모양은 모양보다 얼마나 더 많은지 뺄셈식을 써 보세요.

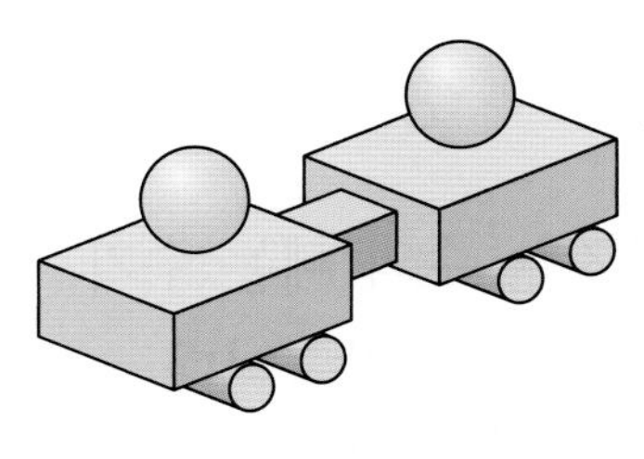

모양: □개 모양: □개

□ − □ = □

서술형 문제

09 '더 적다'를 이용하여 그림에 알맞은 뺄셈 이야기를 만들고, 뺄셈식을 써 보세요.

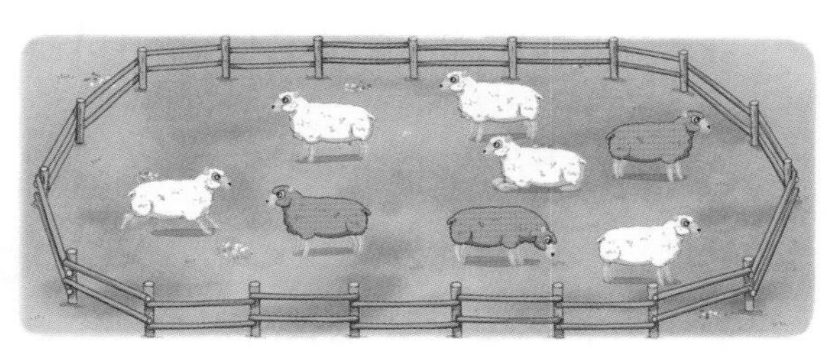

이야기 ❶ 우리에 있는 갈색 양은 흰색 양보다 □마리 더 (많습니다 , 적습니다).

뺄셈식 ❷ 5 − □ = □

10 '더 많다'를 이용하여 그림에 알맞은 뺄셈 이야기를 만들고, 뺄셈식을 써 보세요.

이야기

뺄셈식

학습 결과에 색칠하세요.

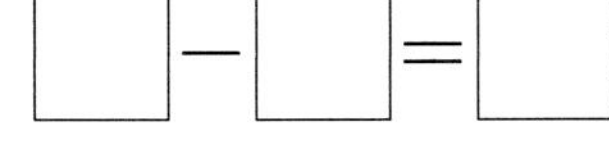

5회 개념 학습

학습일 : 월 일

개념 1 **다양한 방법으로 뺄셈하기**

달걀이 몇 개 남았는지 다양한 방법으로 뺄셈을 할 수 있습니다.

방법 1 손가락으로 뺄셈하기

손가락 8개를 펴고 3개를 접은 후 수를 셉니다.

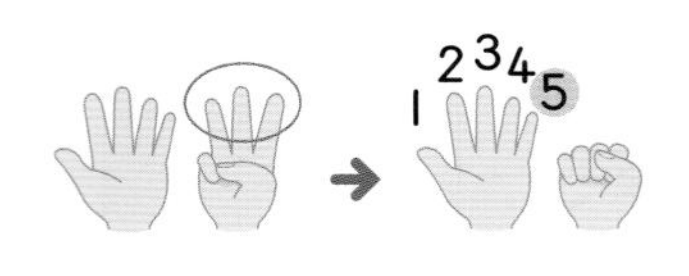

$8-3=5$

방법 2 연결 모형으로 뺄셈하기

연결 모형 8개를 놓고 3개를 뺀 후 수를 셉니다.

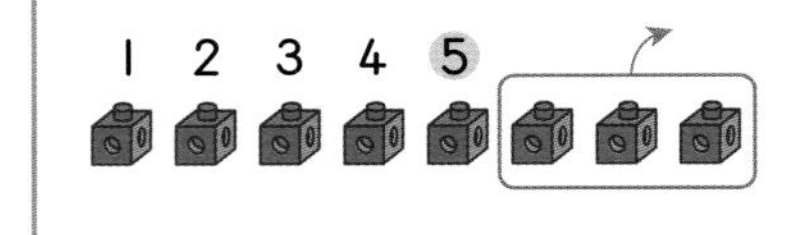

$8-3=5$

방법 3 수판에 그려서 뺄셈하기

○ 8개 중 3개를 지우고 남은 ○의 수를 셉니다.

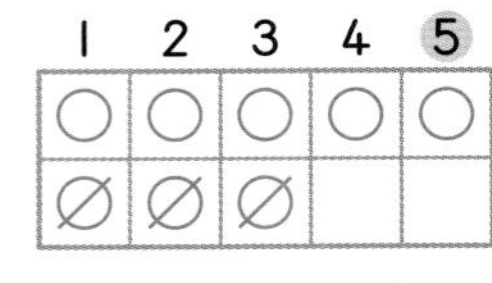

$8-3=5$

확인 1 호두과자가 몇 개 남았는지 가르기로 알아보고, 뺄셈을 해 보세요.

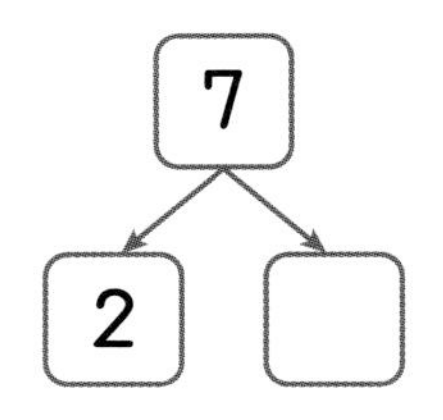

$7-\square=\square$

개념 2 **빼셈의 규칙 찾기**

• 빼는 수가 1씩 커지는 규칙

$5-1=4$
$5-2=3$
$5-3=2$

➔ 빼는 수가 1씩 커지면 차는 1씩 작아집니다.

• 차가 같은 뺄셈식 규칙

$6-5=1$
$7-6=1$
$8-7=1$

➔ 빼지는 수와 빼는 수가 각각 1씩 커지면 차는 같습니다.

확인 2 빼는 수를 다르게 하여 뺄셈을 해 보세요.

$4-\square=\square$

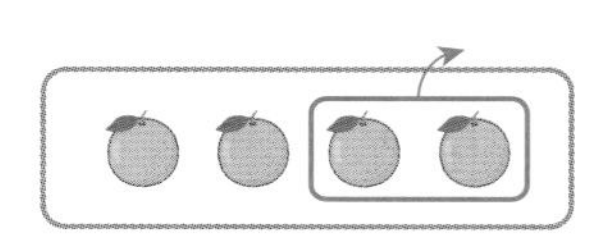

$4-\square=\square$

정답 18쪽

1 그림을 보고 손가락으로 뺄셈을 해 보세요.

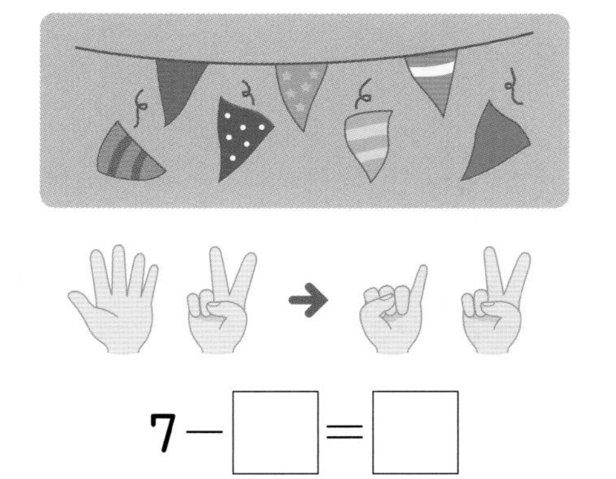

7 − □ = □

2 날아간 새의 수만큼 ○를 /으로 지우고, 뺄셈을 해 보세요.

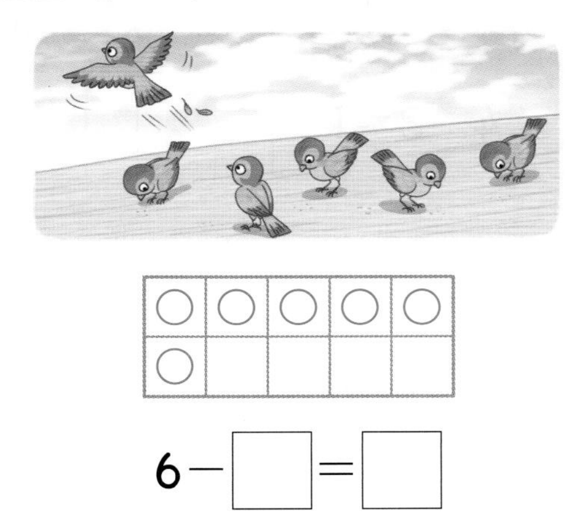

6 − □ = □

3 그림을 보고 알맞은 뺄셈식을 써 보세요.

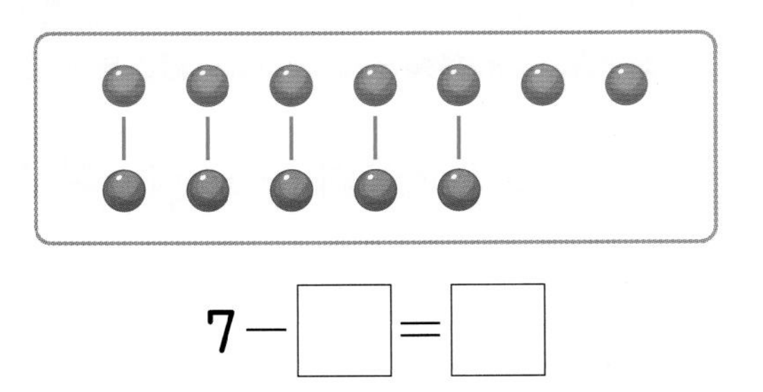

7 − □ = □

4 ●와 ●를 하나씩 이어 보고, 뺄셈을 해 보세요.

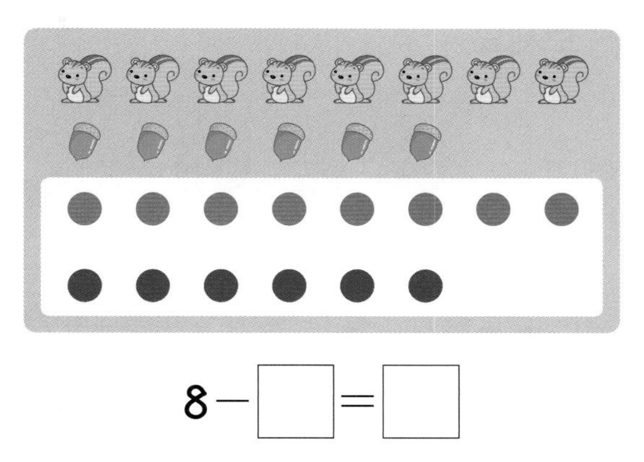

8 − □ = □

5 알맞은 것끼리 이어 보세요.

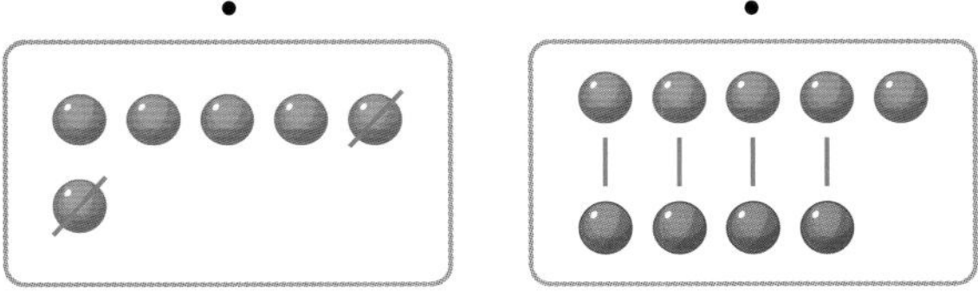

6 뺄셈을 해 보세요.

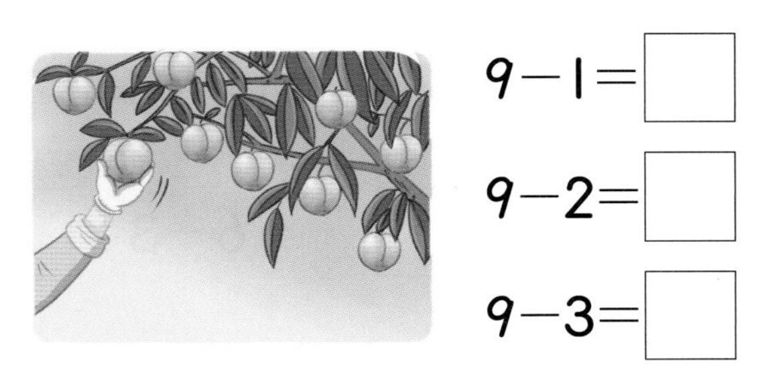

9 − 1 = □

9 − 2 = □

9 − 3 = □

01 야구 글러브가 야구공보다 얼마나 더 많은지 보기 에서 방법을 선택하여 뺄셈을 해 보세요.

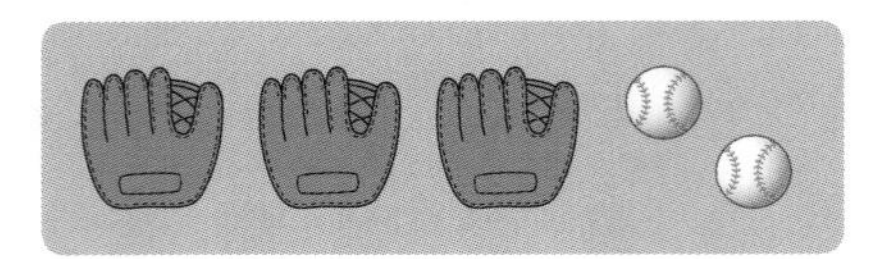

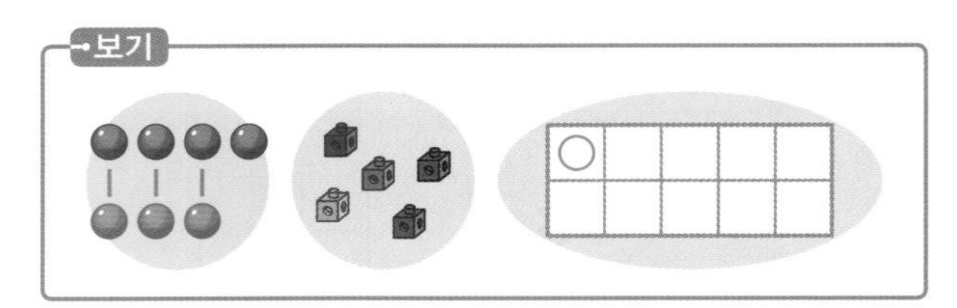

3 − □ = □

02 8 − 5는 얼마인지 구하려고 합니다. 식에 알맞게 ○를 /으로 지워 뺄셈을 해 보세요.

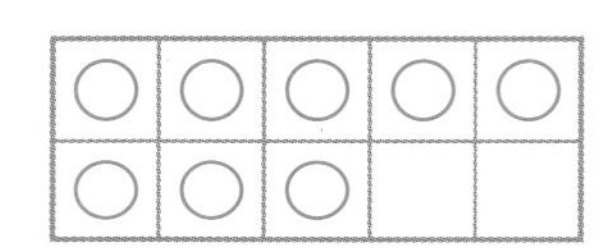

8 − 5 = □

03 뺄셈을 해 보세요.

(1) 4 − 3 = □　(2) 9 − 5 = □

(3) 7 − 1 = □　(4) 6 − 3 = □

04 차가 같은 것끼리 이어 보세요.

8 − 3 •	• 7 − 6
5 − 3 •	• 4 − 2
9 − 8 •	• 9 − 4

05 보기 와 같이 계산해 보세요.

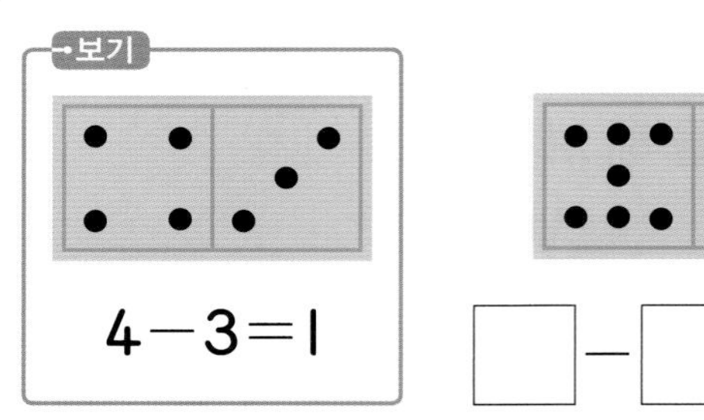

보기: 4 − 3 = 1

□ − □ = □

창의형

06 두 채소를 골라 ○표 하고, 어느 채소가 얼마나 더 많은지 뺄셈을 해 보세요.

채소 고르기 (오이 , 애호박 , 파프리카)

□ − □ = □

창의형

07 차가 같은 뺄셈식을 써 보세요.

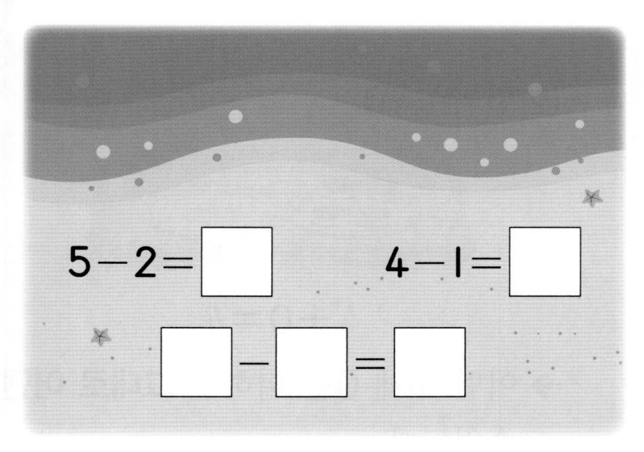

08 차가 작은 것부터 순서대로 ( ) 안에 1, 2, 3을 써넣으세요.

8−2	5−4	9−7
( )	( )	( )

09 수학 구슬 뽑기를 하고 있습니다. 규칙에 따라 어떤 수가 나오는지 구슬에 써 보세요.

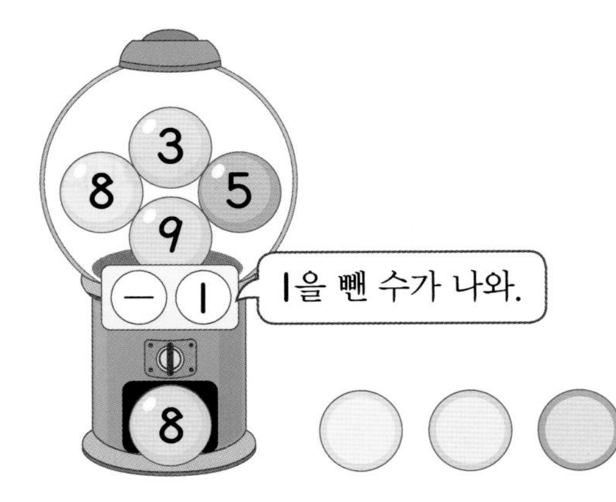

서술형 문제

10 연필꽂이에 색연필은 7자루 꽂혀 있고, 연필은 3자루 꽂혀 있습니다. 색연필은 연필보다 몇 자루 더 많은지 풀이 과정을 쓰고, 답을 구해 보세요.

❶ 연필꽂이에 꽂혀 있는 색연필의 수에서 연필의 수를 (더하면 , 빼면) 되므로 □−□을 계산합니다.

❷ □−□=□이므로 색연필은 연필보다 □자루 더 많습니다.

답 ____________

11 젤리를 연서는 6개 먹었고, 지한이는 4개 먹었습니다. 연서는 지한이보다 젤리를 몇 개 더 많이 먹었는지 풀이 과정을 쓰고, 답을 구해 보세요.

____

____

____

____

답 ____________

3 단원 5회

학습 결과에 색칠하세요.

6회 개념 학습

학습일 : 월 일

개념 1 0이 있는 덧셈

• 0+(어떤 수)

아무것도 없으면 0이에요.

$0+4=4$

➔ **0**에 어떤 수를 더하면 **어떤 수**가 됩니다.

• (어떤 수)+0

$4+0=4$

➔ 어떤 수에 0을 더하면 **그대로 어떤 수**입니다.

확인 1 덧셈을 해 보세요.

(1)

$0+3=\square$

(2)

$3+0=\square$

개념 2 0이 있는 뺄셈

• (전체)−(전체)

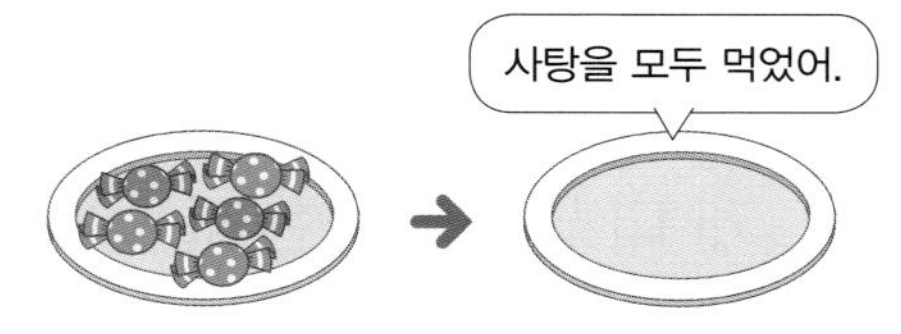

$5-5=0$

➔ 전체에서 전체를 빼면 0입니다.

• (어떤 수)−0

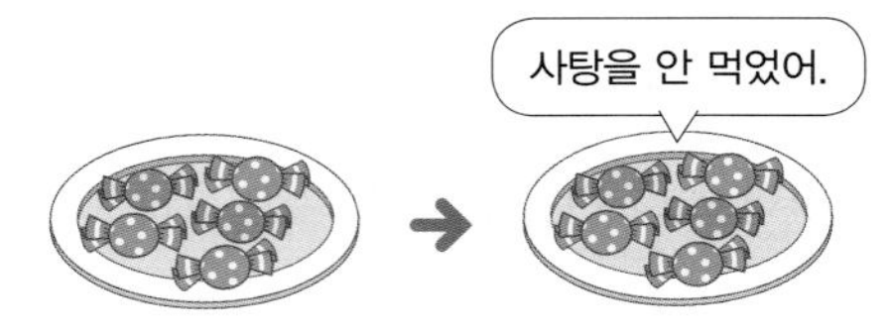

$5-0=5$

➔ 어떤 수에서 0을 빼면 **그대로 어떤 수**입니다.

확인 2 뺄셈을 해 보세요.

(1)

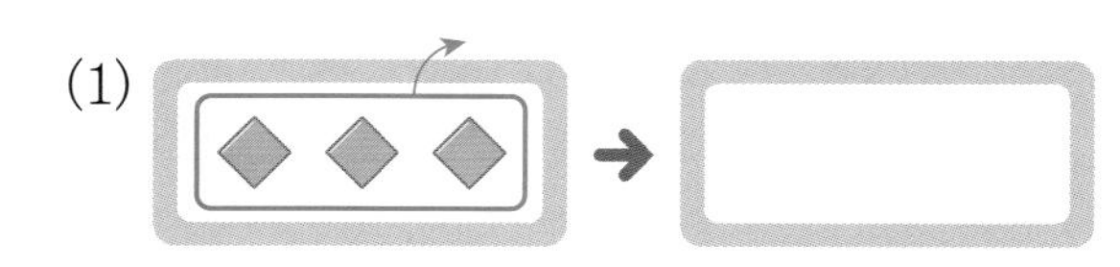

$3-3=\square$

(2)

$3-0=\square$

정답 20쪽

1 덧셈을 해 보세요.

(1)

$0+\square=\square$

(2)

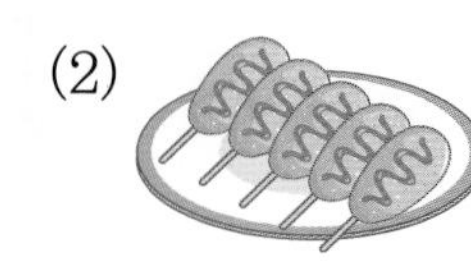 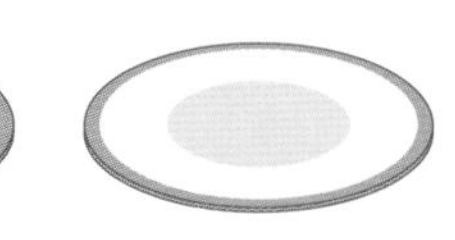

$5+\square=\square$

2 뺄셈을 해 보세요.

(1)

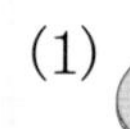

$7-\square=\square$

(2)

$1-\square=\square$

3 알맞게 이어 보세요.

  •

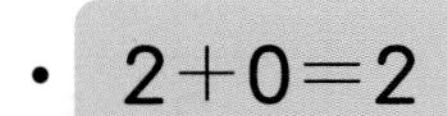

• $2+0=2$

 •

• $2-0=2$

4 점의 수를 세어 덧셈을 해 보세요.

(1)

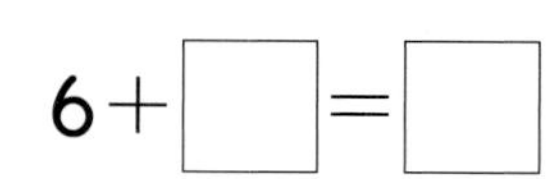

$6+\square=\square$

(2)

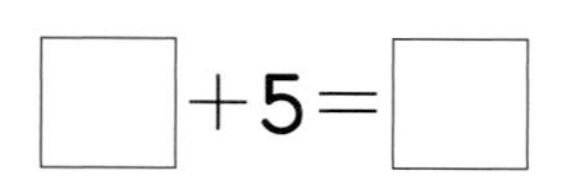

$\square+5=\square$

5 물속에 남아 있는 하마는 몇 마리인지 뺄셈을 해 보세요.

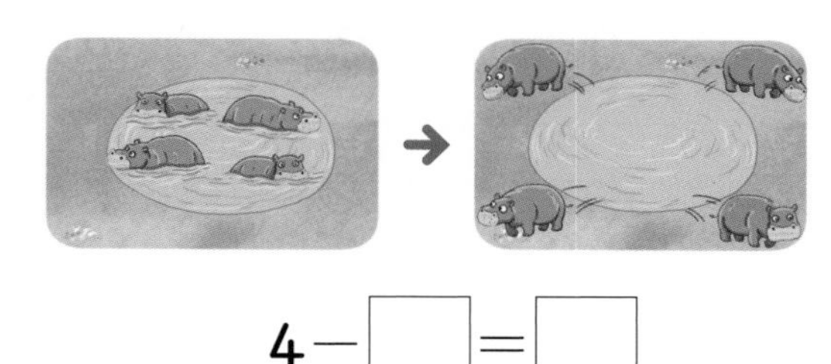

$4-\square=\square$

6 덧셈을 해 보세요.

(1) $0+9=\square$ (2) $8+0=\square$

7 뺄셈을 해 보세요.

(1) $1-1=\square$ (2) $7-0=\square$

01 계산 결과가 0인 것을 찾아 ○표 하세요.

0+1	6−0	8−8
(　　)	(　　)	(　　)

02 ○ 안에 +, −를 알맞게 써넣으세요.

(1) 2 ○ 2=0

(2) 0 ○ 7=7

(3) 9 ○ 0=9

03 그림과 어울리는 식을 쓰고, 그림과 식을 이어 보세요.

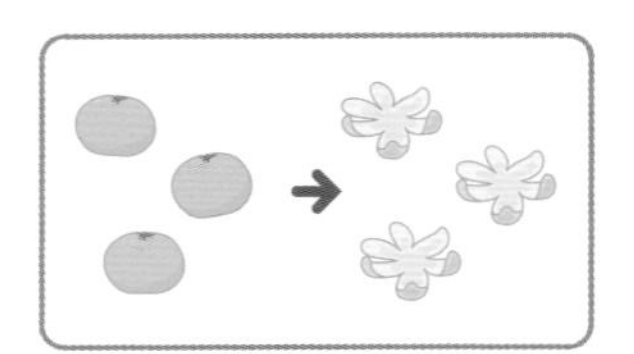

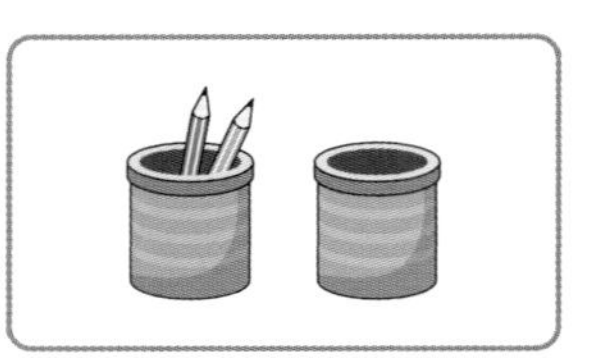

2+□=□　　3−□=□

창의형

04 수 카드를 골라 덧셈식과 뺄셈식을 써 보세요.

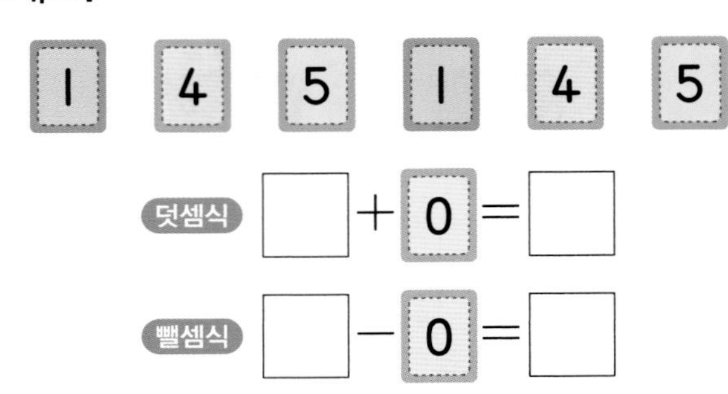

덧셈식 □+0=□

뺄셈식 □−0=□

05 놀이 기구에 6명이 타고 있었는데 6명이 모두 내렸습니다. 놀이 기구에 남아 있는 사람은 몇 명인지 식을 쓰고, 답을 구해 보세요.

식

답

06 계산 결과가 3인 식을 모두 찾아 색칠하고, 어떤 글자가 보이는지 써 보세요.

3−0	6+2	5−0
7−4	9−6	0+3
2−1	4−4	7−7
6−3	3+0	4−1
2+5	1+2	0+9

(　　　　　)

디지털 문해력

07 지식 백과를 보고 거미 1마리와 달팽이 1마리의 다리는 모두 몇 개인지 덧셈을 해 보세요.

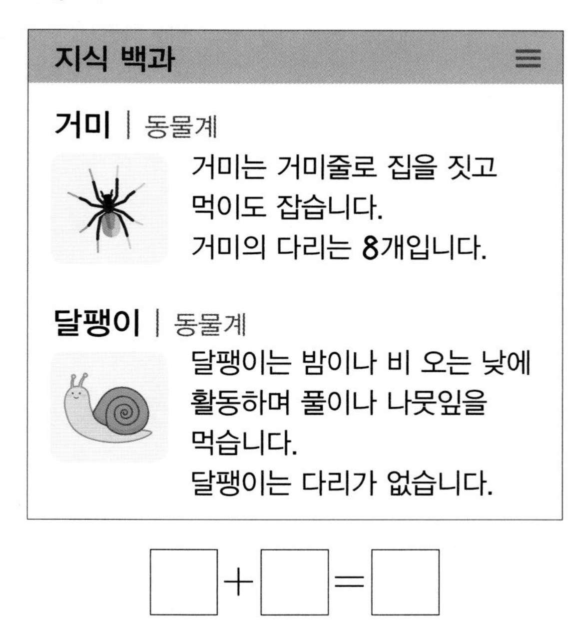

□+□=□

08 옥수수가 모두 5개 있습니다. 냄비 속에 들어 있는 옥수수는 몇 개인지 □ 안에 알맞은 수를 써넣으세요.

5+□=5

서술형 문제

09 계산 결과가 더 큰 식을 말한 사람은 누구인지 풀이 과정을 쓰고, 답을 구해 보세요.

❶ 채아가 말한 식을 계산하면

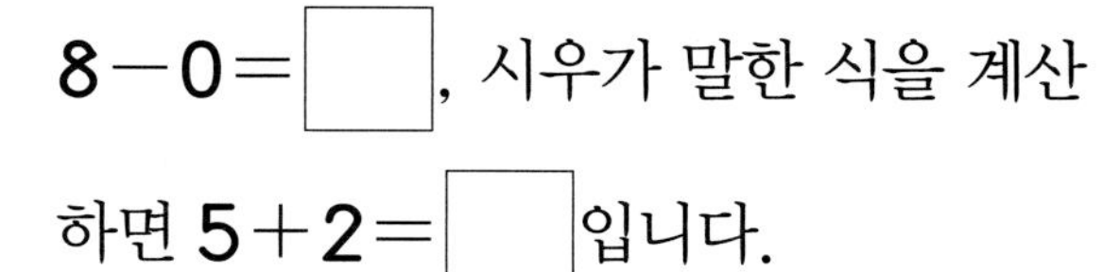

8−0=□, 시우가 말한 식을 계산하면 5+2=□입니다.

❷ □이 □보다 크므로 계산 결과가 더 큰 식을 말한 사람은 □입니다.

답

10 계산 결과가 더 작은 식을 말한 사람은 누구인지 풀이 과정을 쓰고, 답을 구해 보세요.

답

3 단원 6회

학습 결과에 색칠하세요.

7회 응용 학습

○ 학습일 :   월   일

수를 여러 번 모으거나 가르기

01 ㉡에 알맞은 수를 구해 보세요.

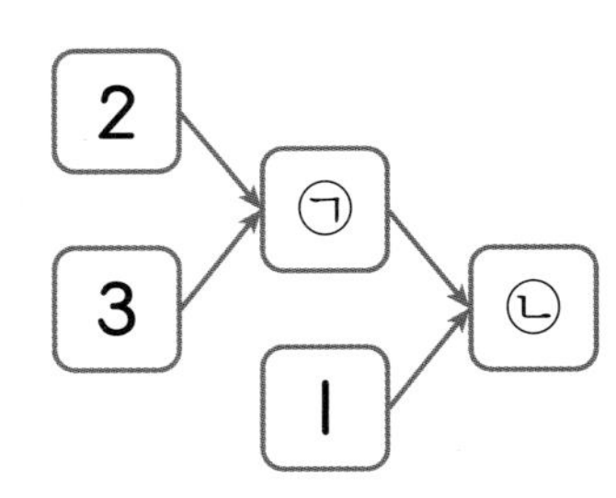

❶단계 ㉠에 알맞은 수 구하기

(   )

❷단계 ㉡에 알맞은 수 구하기

(   )

문제해결 TIP

두 수가 모두 주어진 부분부터 모으기를 하면서 ㉠, ㉡에 알맞은 수를 차례로 구해요.

02 ㉡에 알맞은 수를 구해 보세요.

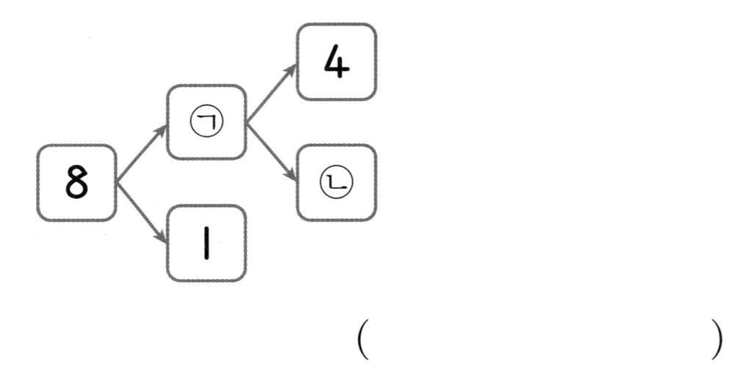

(   )

03 빈 곳에 알맞은 수를 써넣으세요.

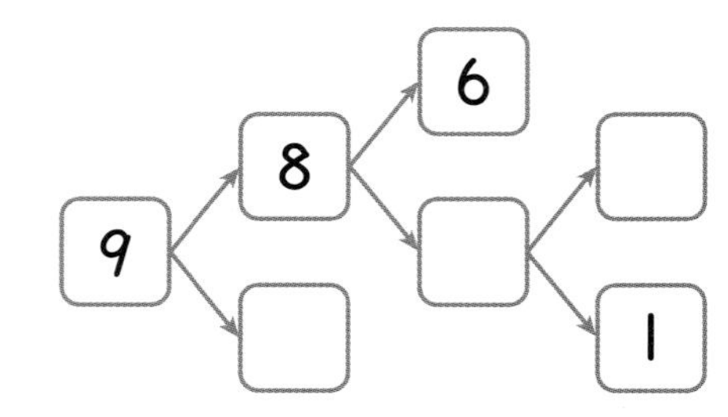

가장 왼쪽의 수부터 하나씩 가르기를 하며 빈 곳에 알맞은 수를 차례로 구해.

모양에 알맞은 수 구하기

04 같은 모양은 같은 수를 나타냅니다. ♣에 알맞은 수를 구해 보세요.

4＋5＝★
★－7＝♣

1단계 ★에 알맞은 수 구하기

(　　　　　　　　)

2단계 ♣에 알맞은 수 구하기

(　　　　　　　　)

문제해결 TIP
더하는 두 수가 모두 주어진 식부터 계산하여 각 모양에 알맞은 수를 차례로 구해요.

05 같은 모양은 같은 수를 나타냅니다. ■에 알맞은 수를 구해 보세요.

5－2＝●
●＋4＝■

(　　　　　　　　)

06 같은 모양은 같은 수를 나타냅니다. ♥에 알맞은 수를 구해 보세요.

3＋3＝▲
▲＋2＝♣
♣－5＝♥

(　　　　　　　　)

더하는 두 수가 모두 주어진 식부터 계산하고 ▲, ♣, ♥에 알맞은 수를 차례로 구해!

합 또는 차가 가장 큰 식 만들기

07 4장의 수 카드 중에서 2장을 골라 한 번씩만 사용하여 차가 가장 큰 뺄셈식을 만들고, 차를 구해 보세요.

2 7 5 4

1단계 차가 가장 큰 뺄셈식 만드는 방법 알기

차가 가장 크려면 가장 (큰 , 작은) 수에서 가장 (큰 , 작은) 수를 빼야 합니다.

2단계 차가 가장 큰 뺄셈식 만들고, 차 구하기

□ − □ = □

문제해결 TIP

큰 수에서 작은 수를 빼서 차를 구하는 것이므로 뺄셈식에서 빼지는 수가 클수록, 빼는 수가 작을수록 차가 커져요.

08 4장의 수 카드 중에서 2장을 골라 한 번씩만 사용하여 차가 가장 큰 뺄셈식을 만들고, 차를 구해 보세요.

8 3 9 6

□ − □ = □

09 5장의 수 카드 중에서 2장을 골라 한 번씩만 사용하여 합이 가장 큰 덧셈식을 만들고, 합을 구해 보세요.

1 5 2 4 3

□ + □ = □

두 수를 더하여 합을 구하는 거니까 더하는 두 수가 클수록 합은 커져!

나눈 물건의 수 구하기

10 자두 4개를 접시 2개에 똑같이 나누어 담으려고 합니다. 접시 한 개에 자두를 몇 개씩 담아야 할지 구해 보세요.

1단계 4를 두 수로 가르기하고, 똑같은 두 수로 가르기한 것에 ○표 하기

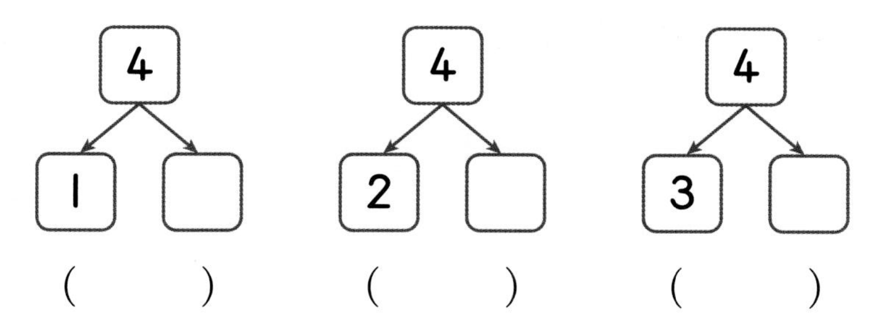

( ) ( ) ( )

2단계 접시 한 개에 자두를 몇 개씩 담아야 할지 구하기

( )

문제해결 TIP

자두의 수를 여러 가지 방법으로 가르기를 한 다음 똑같은 두 수로 가른 경우를 찾아요.

11 초콜릿 8개를 지민이와 연우가 똑같이 나누어 먹으려고 합니다. 한 명이 먹게 되는 초콜릿은 몇 개인지 구해 보세요.

( )

12 그림엽서 6장을 선재와 해나가 나누어 가지려고 합니다. 선재가 해나보다 2장 더 많이 가지려면 선재는 그림엽서를 몇 장 가져야 하는지 구해 보세요.

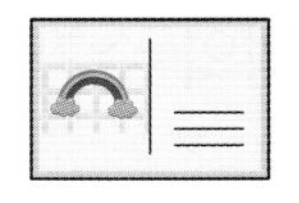

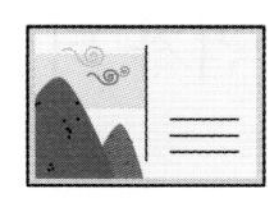

( )

그림엽서의 수를 여러 가지 방법으로 가르기를 한 다음 선재가 더 많이 가지면서 두 수의 차가 2인 경우를 찾아봐!

3 단원 7회

학습 결과에 색칠하세요.

마무리 평가

학습일 : 월 일

01 빈 곳에 알맞은 수만큼 △를 그리고, 모으기를 해 보세요.

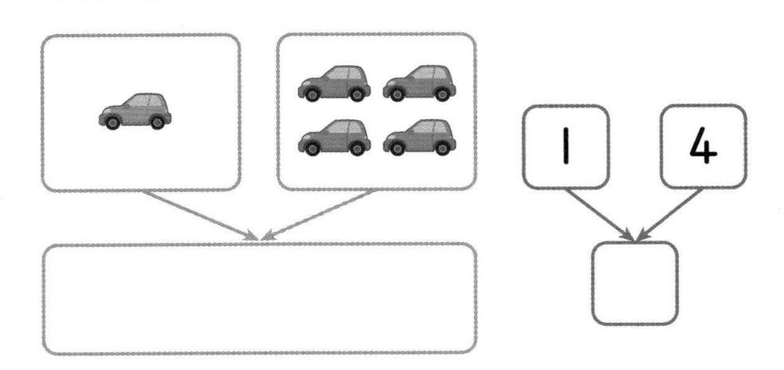

02 가르기를 해 보세요.

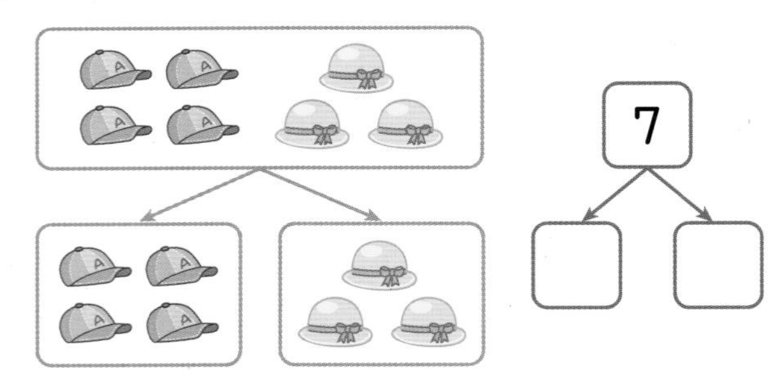

03 그림을 보고 □ 안에 알맞은 수를 써넣으세요.

곰 3마리가 있었는데 곰 □마리가 더 와서 곰은 모두 □마리가 되었습니다.

04 덧셈식으로 나타내어 보세요.

5 더하기 4는 9와 같습니다.

➔ ______________________

05 뺄셈식을 쓰고 읽어 보세요.

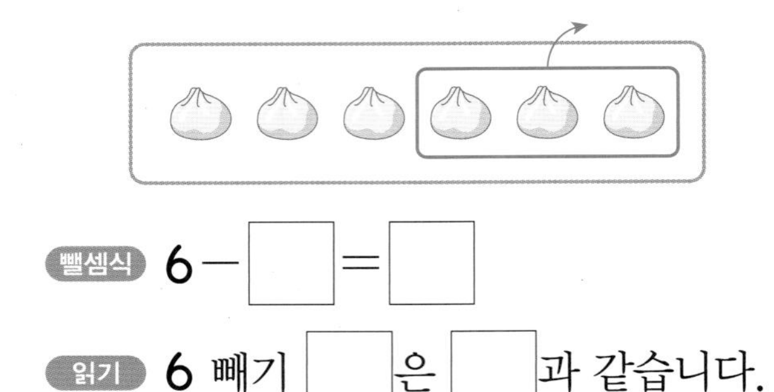

뺄셈식 6 − □ = □

읽기 6 빼기 □은 □과 같습니다.

06 덧셈을 해 보세요.

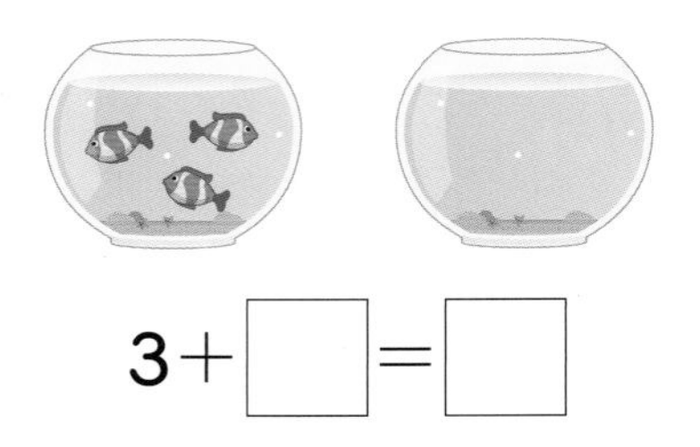

3 + □ = □

07 보기와 같이 점의 수가 8이 되도록 점을 그려 넣으세요.

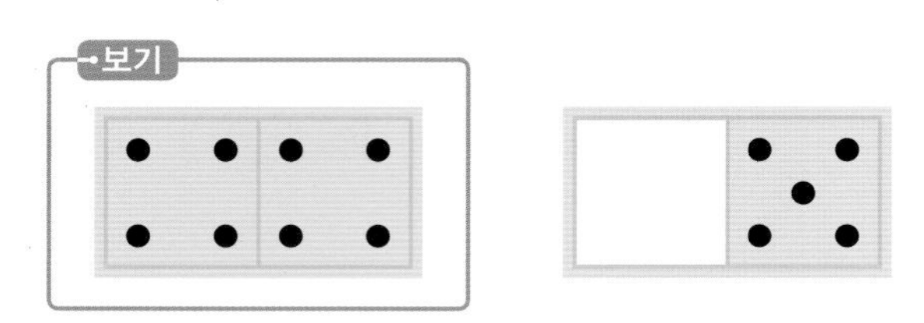

정답 22쪽

08 덧셈식으로 잘못 나타낸 것에 ×표 하세요.

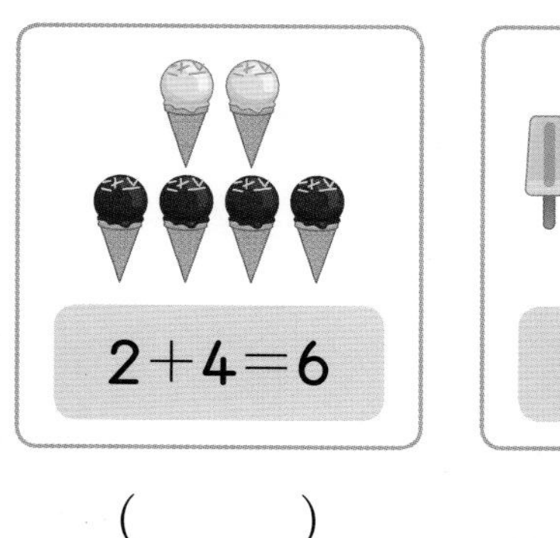

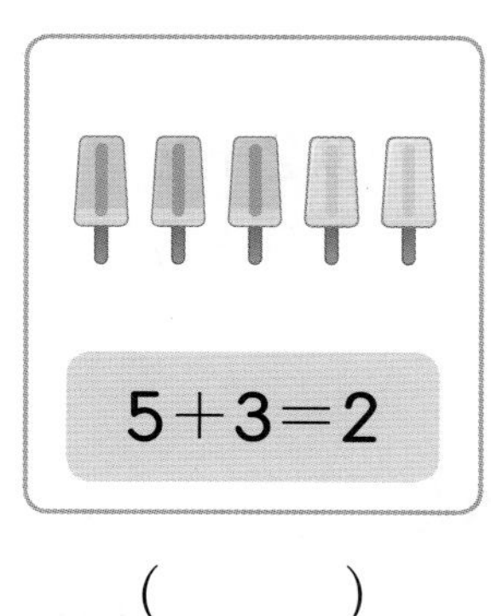

(　　　)　　　(　　　)

09 6+2는 얼마인지 구하려고 합니다. 수판에 ○를 그려서 덧셈을 해 보세요.

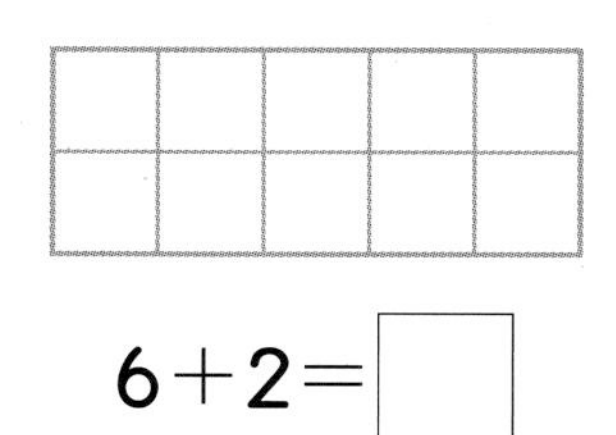

6+2=□

10 빈 곳에 알맞은 수를 써넣으세요.

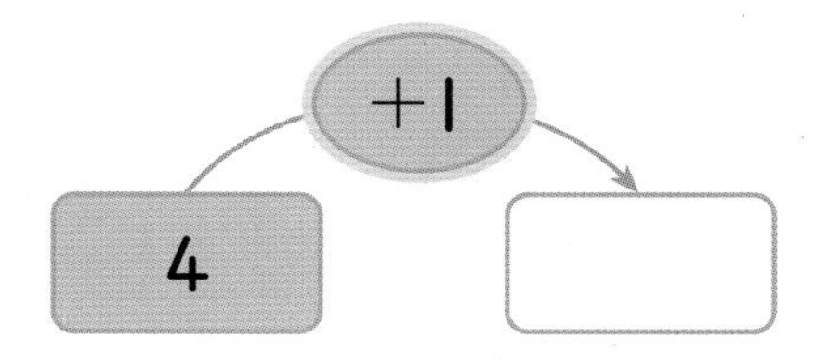

11 상자에 종이학이 3개 들어 있습니다. 상자에 종이학을 6개 더 넣었다면 상자에 들어 있는 종이학은 모두 몇 개인지 식을 쓰고, 답을 구해 보세요.

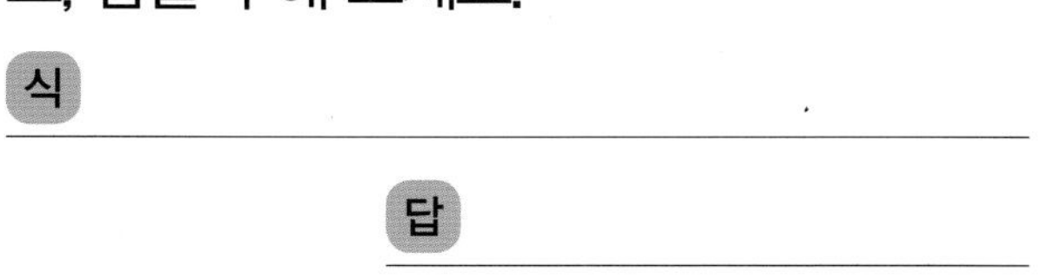

12 알맞은 것끼리 이어 보세요.

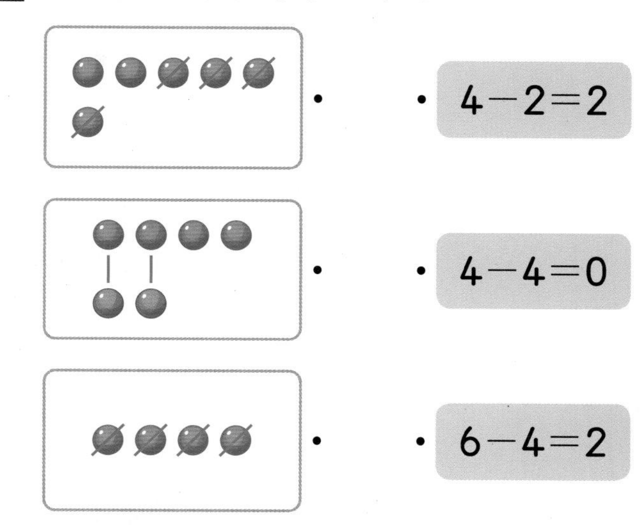

서술형

13 주헌이는 사탕을 5개 가지고 있었습니다. 그중에서 사탕 3개를 먹었습니다. 지금 주헌이에게 남아 있는 사탕은 몇 개인지 풀이 과정을 쓰고, 답을 구해 보세요.

답

14 차가 가장 큰 뺄셈식을 찾아 색칠해 보세요.

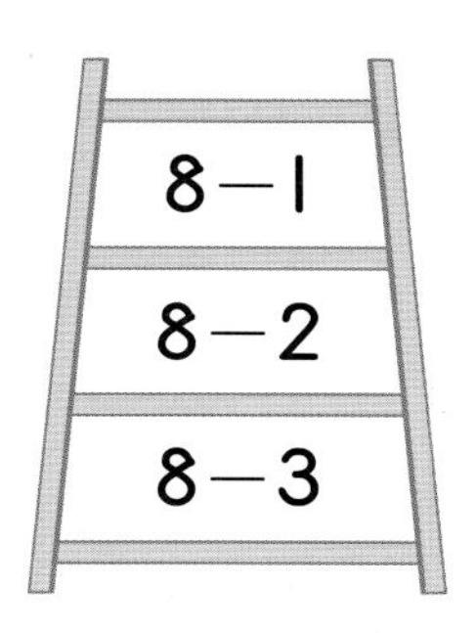

15 두 수의 차가 3인 뺄셈식을 2개 만들어 보세요.

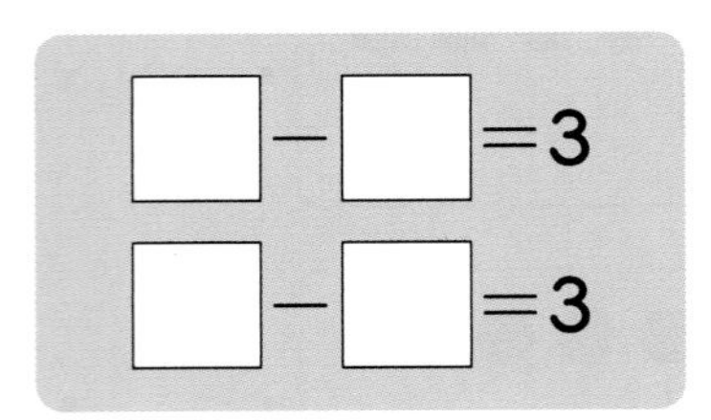

| 16~17 | 그림을 보고 물음에 답하세요.

16 장난감 비행기는 모두 몇 개인지 덧셈식을 써 보세요.

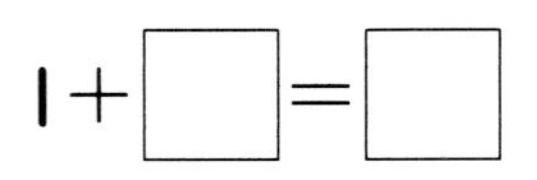

17 야구 방망이가 야구 글러브보다 몇 개 더 많은지 뺄셈식을 써 보세요.

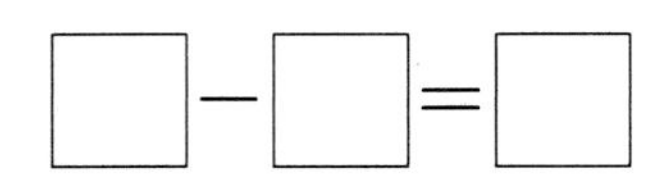

18 계산 결과가 같은 것을 모두 골라 보세요.

( )

① $5+2$ ② $6-0$
③ $2+2$ ④ $9-2$
⑤ $0+5$

19 ○ 안에는 + 또는 −가 들어갑니다. 알맞은 기호가 다른 하나를 찾아 ○표 하세요.

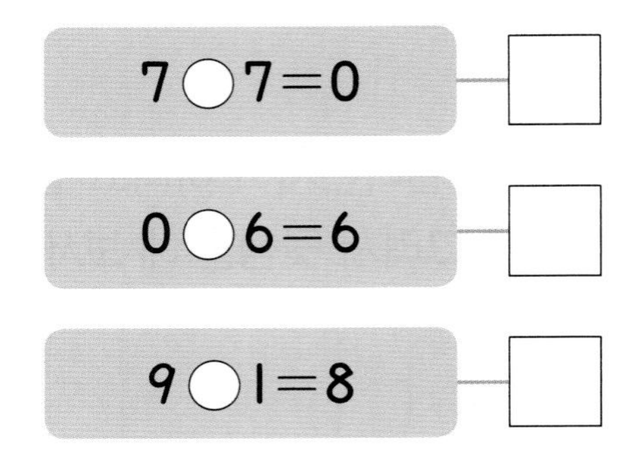

서술형

20 수 카드의 수를 모으기하려고 합니다. 모으기한 수가 더 큰 사람은 누구인지 풀이 과정을 쓰고, 답을 구해 보세요.

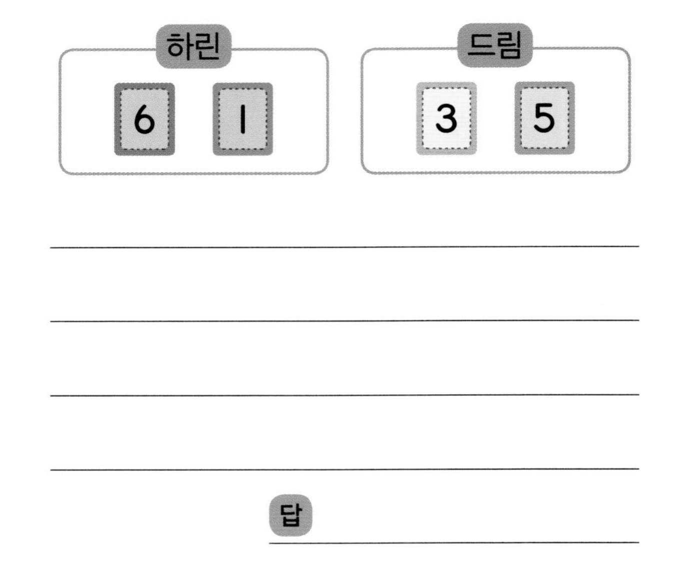

21 수 카드 중에서 가장 큰 수와 가장 작은 수의 차를 구해 보세요.

( )

22 ㉠과 ㉡에 알맞은 수의 합을 구해 보세요.

$5+㉠=7$ $㉡-4=2$

( )

23 예나와 도현이가 오늘 읽은 책의 쪽수는 모두 몇 쪽인지 구해 보세요.

( )

수행 평가

| 24~25 | 재하네 가족이 바다낚시 체험장에 갔습니다. 물음에 답하세요.

24 아버지께서 미끼 5마리를 주셨습니다. 재하와 형이 미끼를 나누어 가질 수 있는 경우를 모두 찾아보세요. (단, 미끼를 반드시 1마리는 가져야 합니다.)

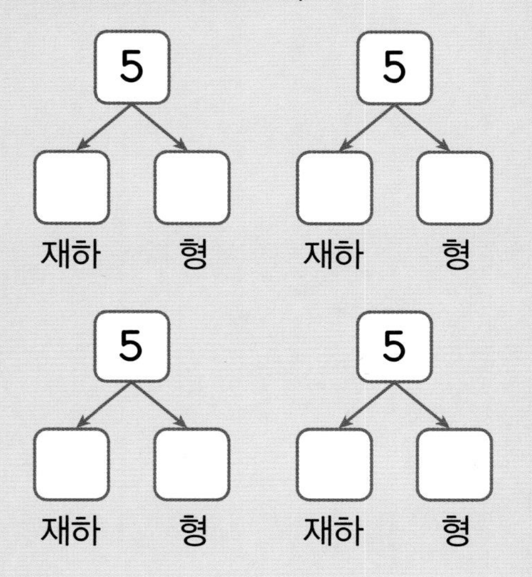

25 재하네 가족은 방어 2마리와 노래미 5마리를 잡았습니다. 재하네 가족이 잡은 물고기는 모두 몇 마리인지 풀이 과정을 쓰고, 답을 구해 보세요.

학습 결과에 색칠하세요.

4 비교하기

이번에 배울 내용

회차	쪽수	학습 내용	학습 주제
1	90~93쪽	개념+문제 학습	두 가지 물건의 길이 비교하기 / 세 가지 물건의 길이 비교하기
2	94~97쪽	개념+문제 학습	두 가지 물건의 무게 비교하기 / 세 가지 물건의 무게 비교하기
3	98~101쪽	개념+문제 학습	두 가지 물건의 넓이 비교하기 / 세 가지 물건의 넓이 비교하기
4	102~105쪽	개념+문제 학습	담을 수 있는 양 비교하기 / 담긴 양 비교하기
5	106~109쪽	응용 학습	
6	110~113쪽	마무리 평가	

문해력을 높이는 **어휘**

길이: 한끝에서 다른 한끝까지의 거리

피노키오는 거짓말을 하면 코의 길이가 길어져요.

무게: 물건의 무거운 정도

무게가 너무 무거워서 들 수가 없어요.

넓이: 평평한 면에서 차지하는 공간의 크기

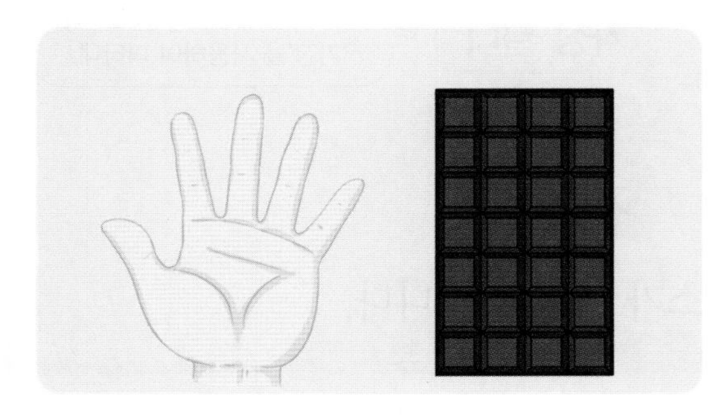

내 손바닥만한 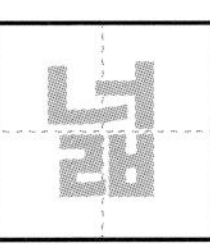넓이의 초콜릿을 선물로 받았어요.

높이: 아래에서 위까지의 길이가 긴 정도

무시무시한 용이 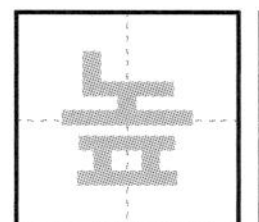높이가 높은 성을 지키고 있어요.

학습일 : 월 일

개념 1 **두 가지 물건의 길이 비교하기**

한쪽 끝을 맞추어 맞대어 볼 때 다른 쪽 끝이 더 많이 나간 것이 더 깁니다.

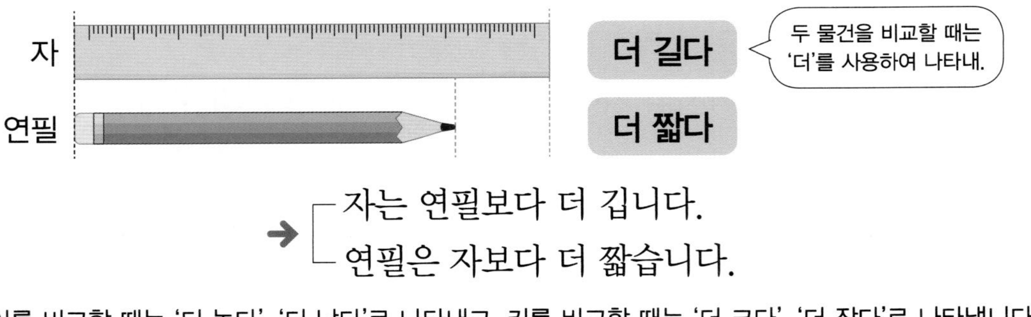

➔ 자는 연필보다 더 깁니다.
연필은 자보다 더 짧습니다.

참고 높이를 비교할 때는 '더 높다', '더 낮다'로 나타내고, 키를 비교할 때는 '더 크다', '더 작다'로 나타냅니다.

확인 1 길이를 맞대어 비교하려고 합니다. 바르게 비교한 것에 ○표 하세요.

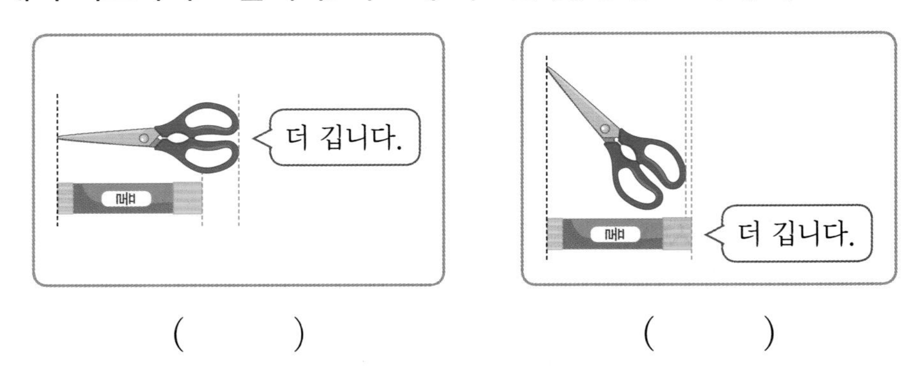

( ) ( )

개념 2 **세 가지 물건의 길이 비교하기**

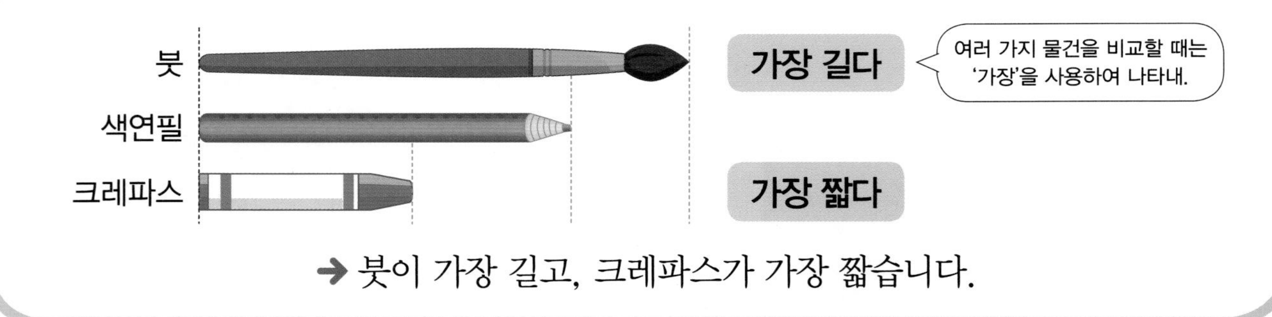

➔ 붓이 가장 길고, 크레파스가 가장 짧습니다.

확인 2 세 물건의 길이를 비교한 것을 보고 알맞은 말에 ○표 하세요.

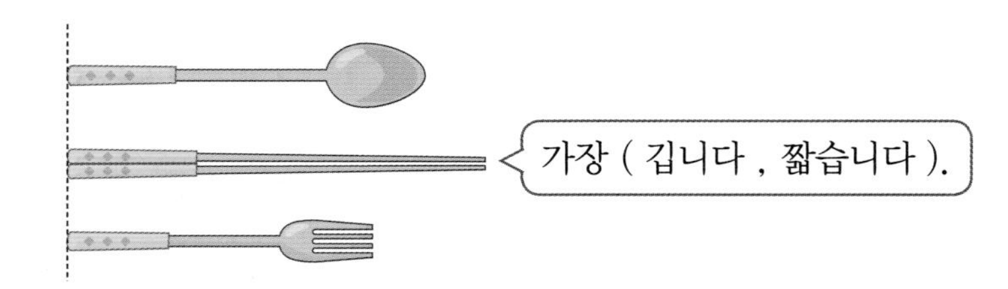

1 필통과 지우개의 길이를 비교하려고 합니다. 알맞은 말에 ○표 하세요.

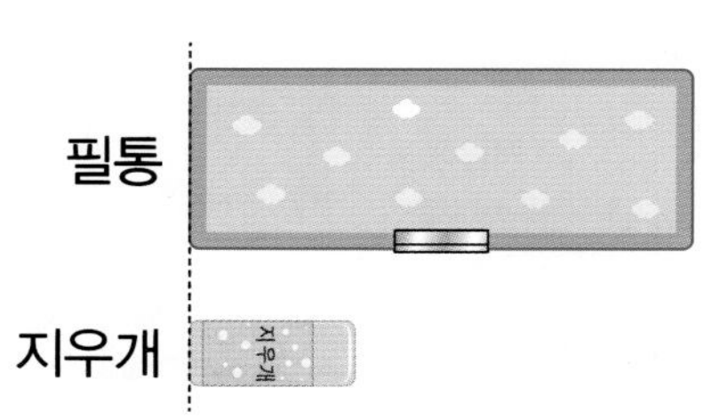

(1) 지우개는 필통보다
더 (깁니다 , 짧습니다).

(2) 필통은 지우개보다
더 (깁니다 , 짧습니다).

2 더 긴 것에 ○표 하세요.

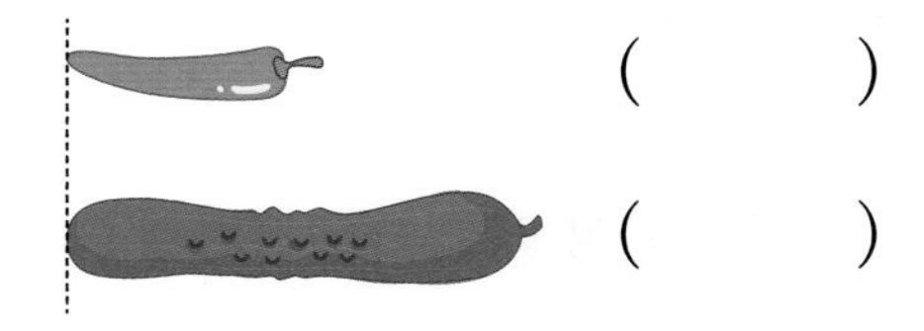

(　　　)
(　　　)

3 더 짧은 것에 색칠해 보세요.

4 더 낮은 것에 △표 하세요.

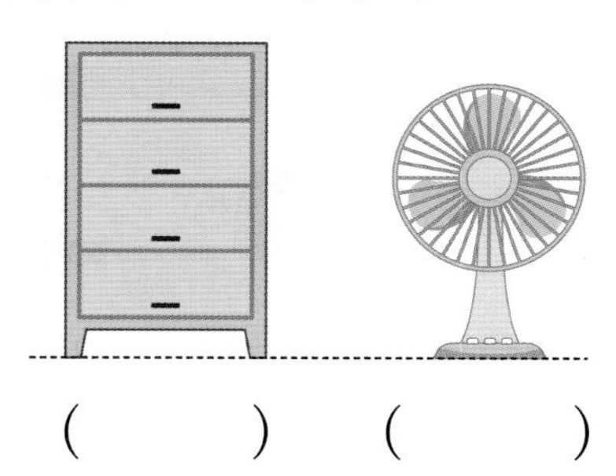

(　　　) (　　　)

5 키가 더 큰 동물에 ○표 하세요.

(　　　) (　　　)

6 선을 따라 그리고, 길이를 비교하는 말을 찾아 이어 보세요.

.... • • 더 길다

.... • • 더 짧다

7 □ 안에 알맞은 말을 써넣으세요.

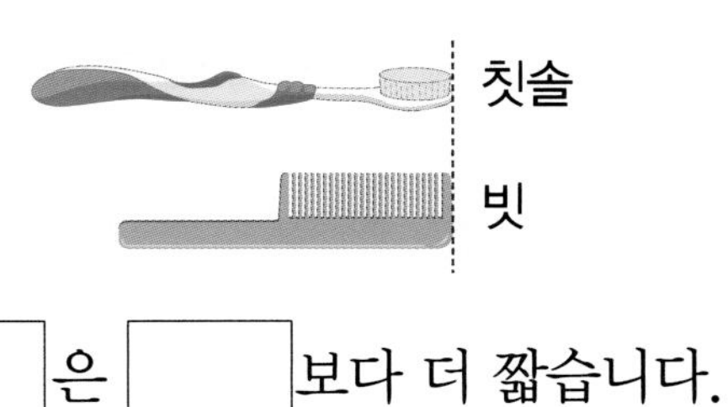

□은 □보다 더 짧습니다.

4 단원 1회

1회 문제 학습

01 알맞은 말에 ○표 하세요.

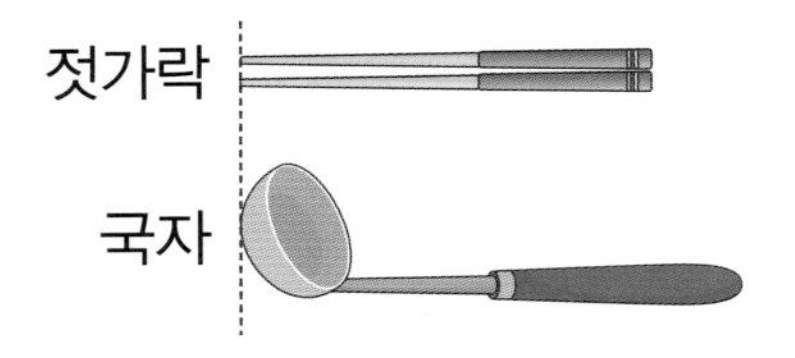

길이가 더 짧은 것은 (젓가락 , 국자) 입니다.

02 당근보다 더 긴 것을 모두 찾아 ○표 하세요.

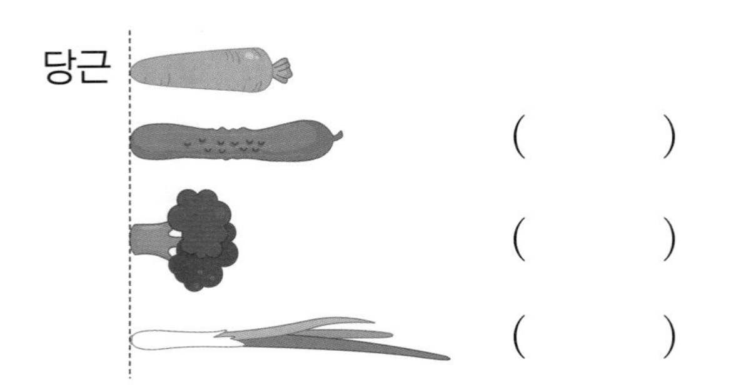

( )
( )
( )

03 가장 긴 것에 ○표, 가장 짧은 것에 △표 하세요.

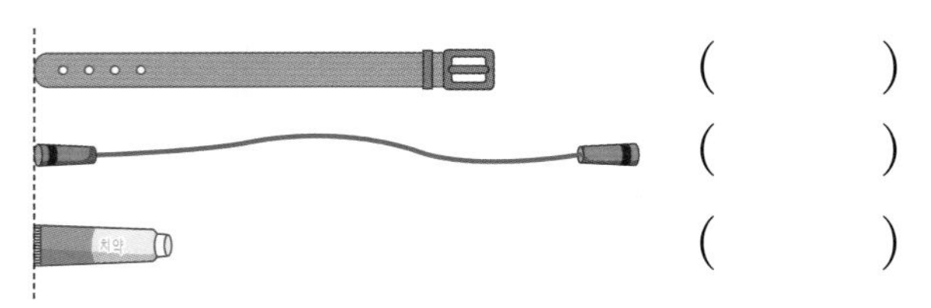

( )
( )
( )

창의형

04 색연필보다 더 길게 선을 그어 보세요.

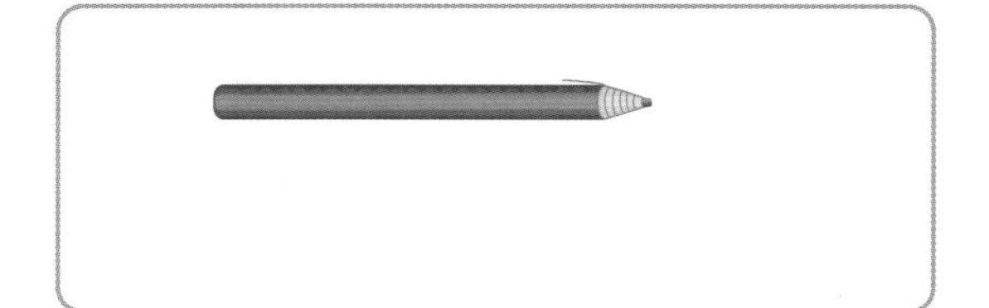

05 그림을 보고 알맞은 말에 ○표 하세요.

(1) 전등은 서랍장보다 더 (높습니다 , 낮습니다).

(2) 장난감 자동차는 장난감 기차보다 더 (깁니다 , 짧습니다).

디지털 문해력

06 온라인 뉴스 기사를 보고 김동아 선수를 찾아 ○표 하세요.

○○신문

김동아, 육상 대회 높이뛰기 우승

20XX-XX-XX

우리나라 김동아 선수가 ○월 ○일 태국에서 열린 육상 대회의 남자 높이뛰기 경기에서 가장 높은 높이의 바를 넘어 우승을 차지했다.
김동아 선수는 3명의 선수 중 가장 높은 높이를 넘어 다른 두 선수의 추격을 따돌렸다.

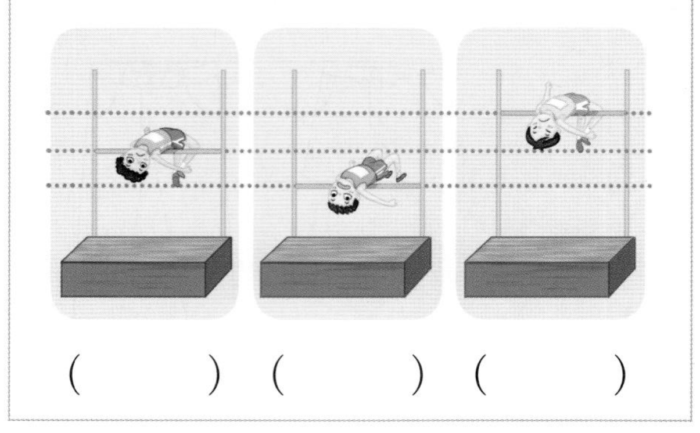

( ) ( ) ( )

07 보기 와 같이 두 색 테이프의 길이를 다르게 색칠해 보고, 비교해 보세요.

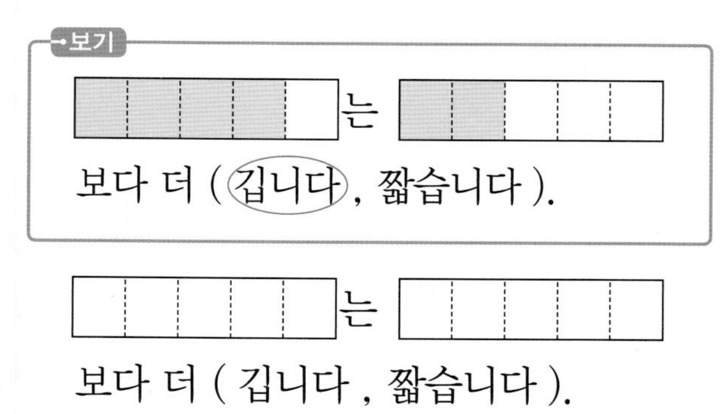

는

보다 더 (깁니다 , 짧습니다).

08 가장 긴 것을 찾아 ○표 하세요.

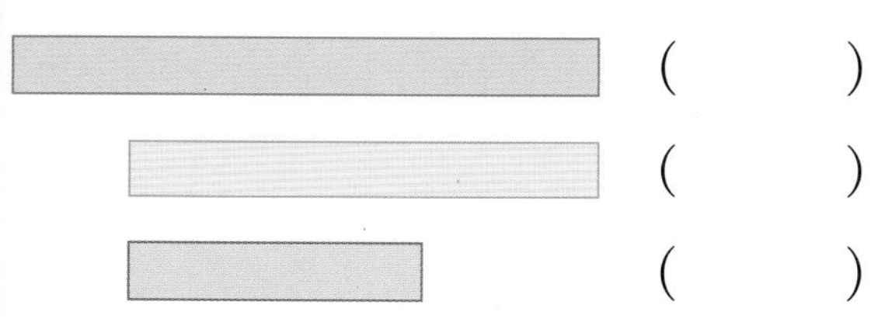

( )

( )

( )

09 풀보다 더 짧은 것을 모두 찾아 ○표 하세요.

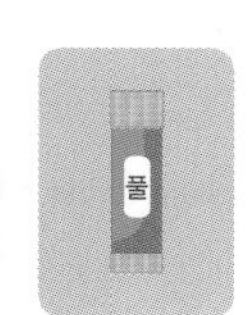

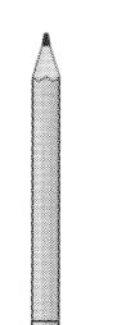

서술형 문제

10 높이를 비교하려고 합니다. 잘못 말한 사람을 찾아 이름을 쓰고, 바르게 고쳐 보세요.

- 진원: 시소는 미끄럼틀보다 더 낮아.
- 해수: 미끄럼틀은 철봉보다 더 높아.
- 현우: 철봉은 시소보다 더 낮아.

이름 ❶

바르게 고치기 ❷ 철봉은 보다 더 (높아 , 낮아).

11 길이를 비교하려고 합니다. 잘못 말한 사람을 찾아 이름을 쓰고, 바르게 고쳐 보세요.

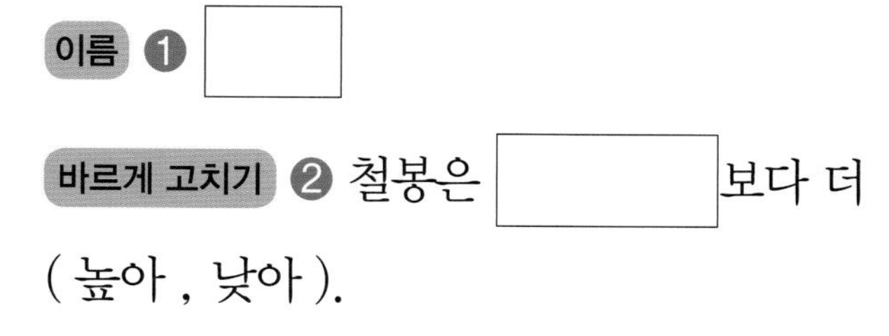

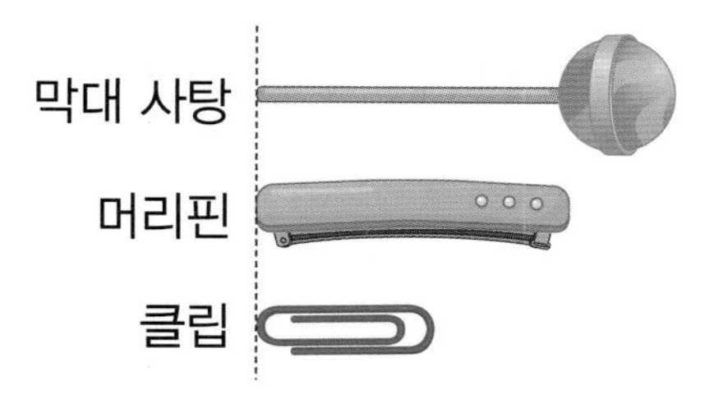
- 지나: 머리핀은 클립보다 더 길어.
- 승원: 막대 사탕이 가장 짧아.
- 소민: 클립은 막대 사탕보다 더 짧지.

이름

바르게 고치기

4 단원 1회

학습 결과에 색칠하세요.

2회 개념 학습

학습일 : 월 일

개념 1 두 가지 물건의 무게 비교하기

손으로 들어 보았을 때 힘이 더 드는 것이 더 무겁습니다.

필통

더 무겁다

연필

더 가볍다

→ 필통은 연필보다 더 무겁습니다.
연필은 필통보다 더 가볍습니다.

참고 저울로 무게를 비교할 수도 있습니다.
저울에 물건을 올려놓았을 때 무거운 쪽은 아래로 내려가고, 가벼운 쪽은 위로 올라갑니다.

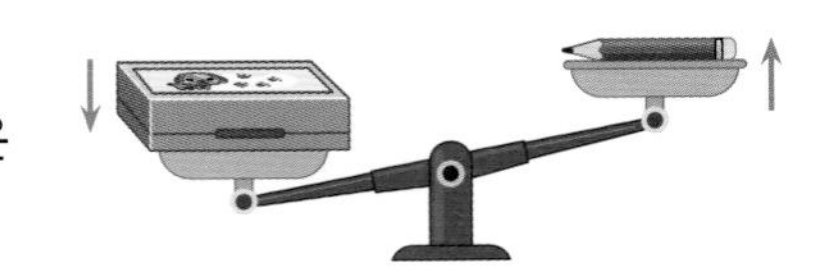

확인 1 우유와 케이크가 든 상자 중에서 더 무거운 것에 ○표 하세요.

( ) ( )

개념 2 세 가지 물건의 무게 비교하기

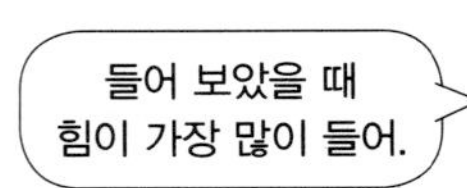

수박

가장 무겁다

참외

딸기

가장 가볍다

→ 수박이 가장 무겁고, 딸기가 가장 가볍습니다.

확인 2 세 물건의 무게를 비교하여 알맞은 말에 ○표 하세요.

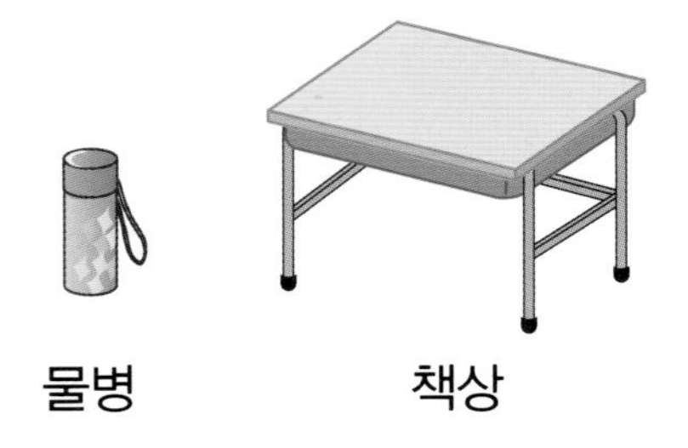

물병 책상 책가방

물병이 가장
(무겁습니다 , 가볍습니다).

정답 25쪽

1 사전과 공책의 무게를 비교하려고 합니다. 알맞은 말에 ○표 하세요.

사전

공책

(1) 사전은 공책보다
더 (무겁습니다 , 가볍습니다).

(2) 공책은 사전보다
더 (무겁습니다 , 가볍습니다).

2 더 무거운 것에 ○표 하세요.

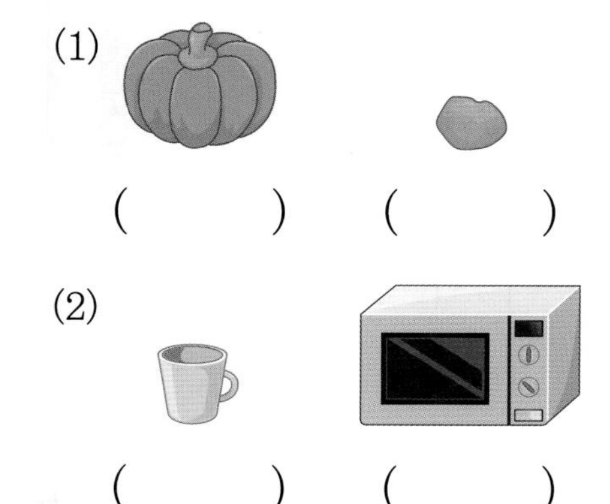

(1) (　　　) (　　　)

(2) (　　　) (　　　)

3 더 가벼운 것에 △표 하세요.

(　　　) (　　　)

4 저울은 더 무거운 쪽이 아래로 내려갑니다. 더 무거운 쪽에 ○표 하세요.

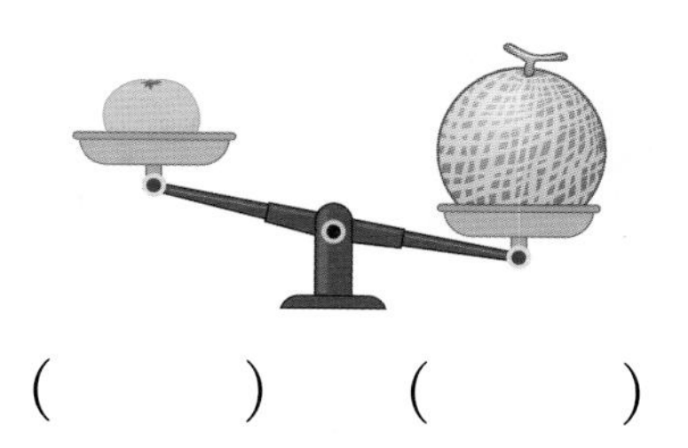

(　　　) (　　　)

5 그림과 어울리는 말을 찾아 이어 보세요.

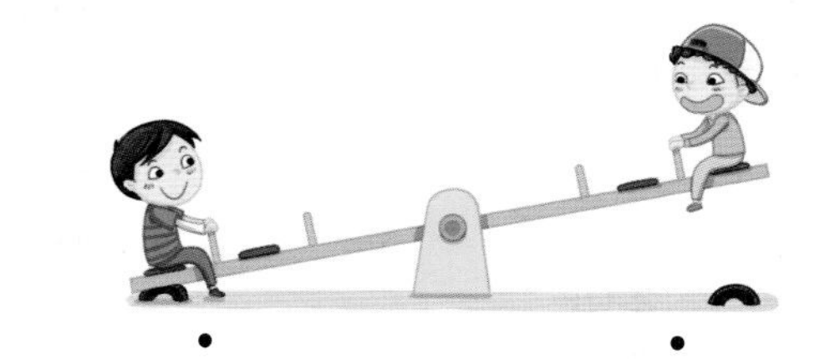

더 가볍다　　더 무겁다

6 □ 안에 알맞은 말을 써넣으세요.

코끼리

돼지

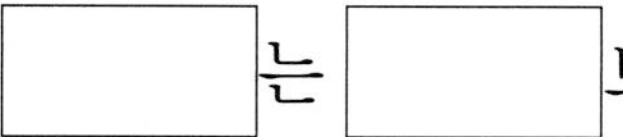
□는 □보다 더 가볍습니다.

01 무게를 비교하려고 합니다. 알맞게 이어 보세요.

• • 더 가볍다

• • 더 무겁다

02 초아와 주혁이가 시소에 탔습니다. 더 무거운 사람은 누구인가요?

( )

03 가장 무거운 것에 ○표, 가장 가벼운 것에 △표 하세요.

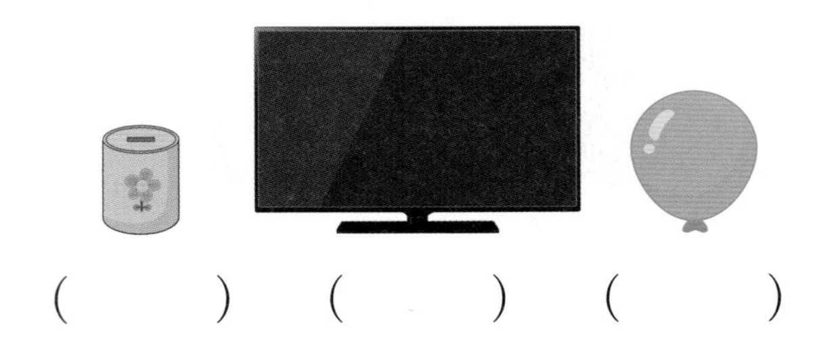

( ) ( ) ( )

04 □ 안에 알맞은 말을 써넣으세요.

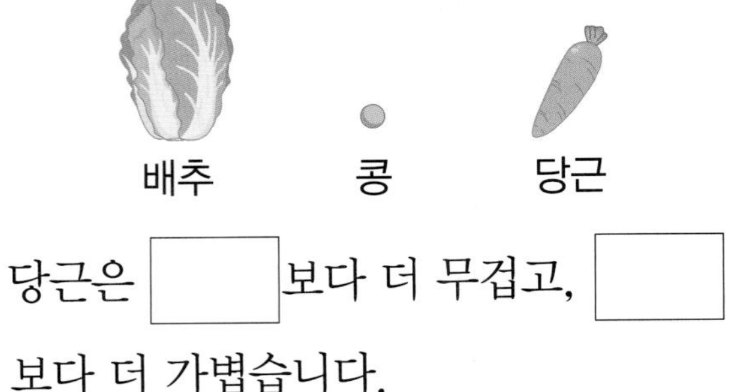

당근은 □보다 더 무겁고, □보다 더 가볍습니다.

용수철은 매달린 물건이 무거울수록 더 많이 늘어나요.

05 똑같은 용수철에 물건을 매달았더니 그림과 같이 용수철이 늘어났습니다. 가장 무거운 물건을 찾아 ○표 하세요.

( ) ( ) ( )

06 똑같은 빈 상자 위에 물건을 올려놓았습니다. 각 상자 위에 올려놓았던 물건을 찾아 이어 보세요.

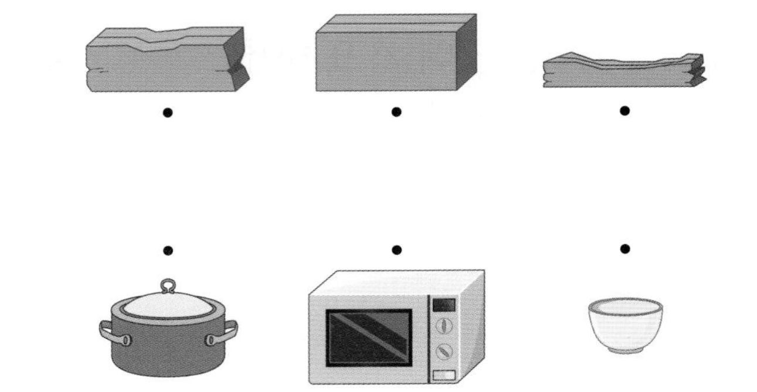

07 가장 가벼운 것을 찾아 △표 하세요.

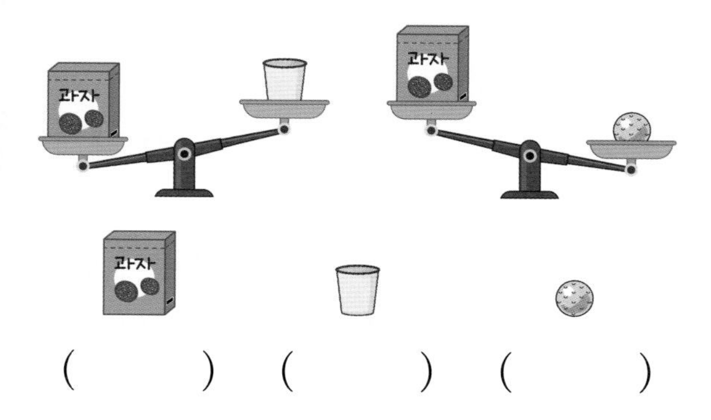

( ) ( ) ( )

08 ◌에 들어갈 수 있는 쌓기나무를 모두 찾아 ○표 하세요.

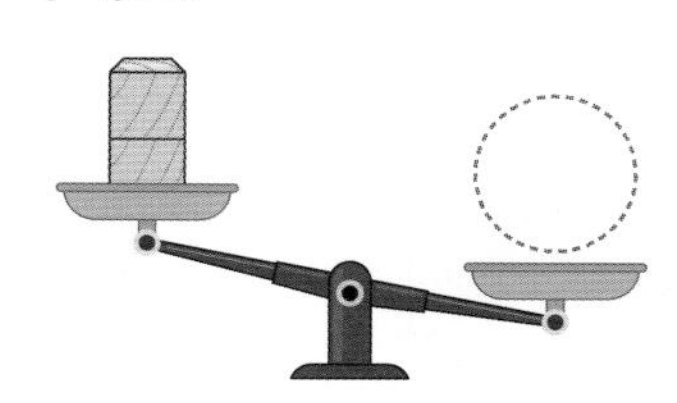

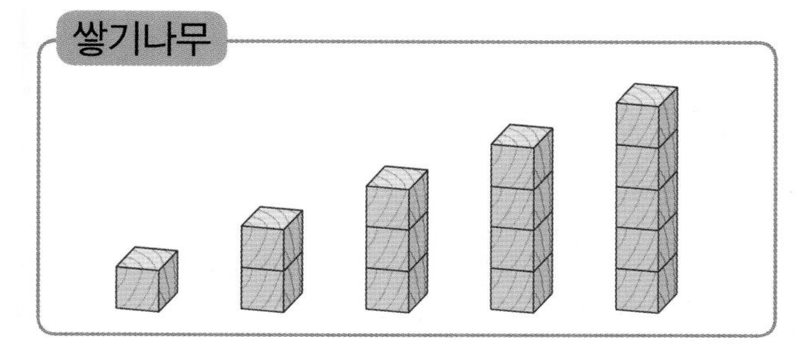

창의형

09 그림에 어울리는 물건의 이름을 써넣어 이야기를 만들어 보세요.

서술형 문제

10 그림을 보고 무게를 비교하는 말을 사용하여 문장을 2개 만들어 보세요.

문장 1 ❶ ☐ 이/가 가장 무겁습니다.

문장 2 ❷ ☐ 은/는 ☐ 보다 더 가볍습니다.

11 그림을 보고 무게를 비교하는 말을 사용하여 문장을 2개 만들어 보세요.

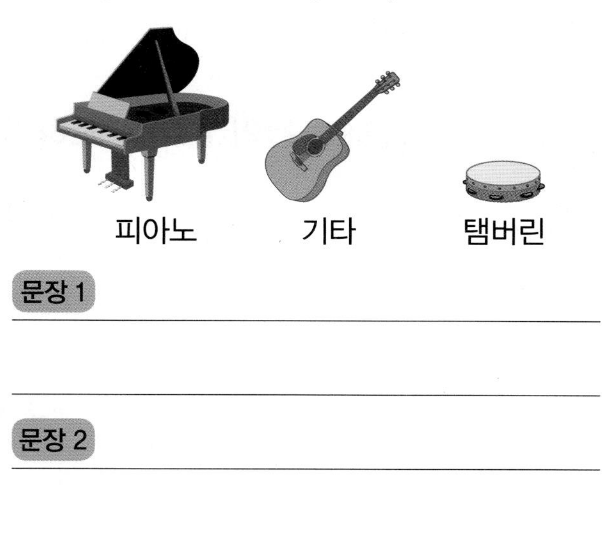

문장 1

문장 2

4 단원 2회

학습 결과에 색칠하세요.

3회 개념 학습

학습일 : 월 일

개념 1 두 가지 물건의 넓이 비교하기

겹쳐 맞대었을 때 남는 부분이 있는 것이 더 넓습니다.

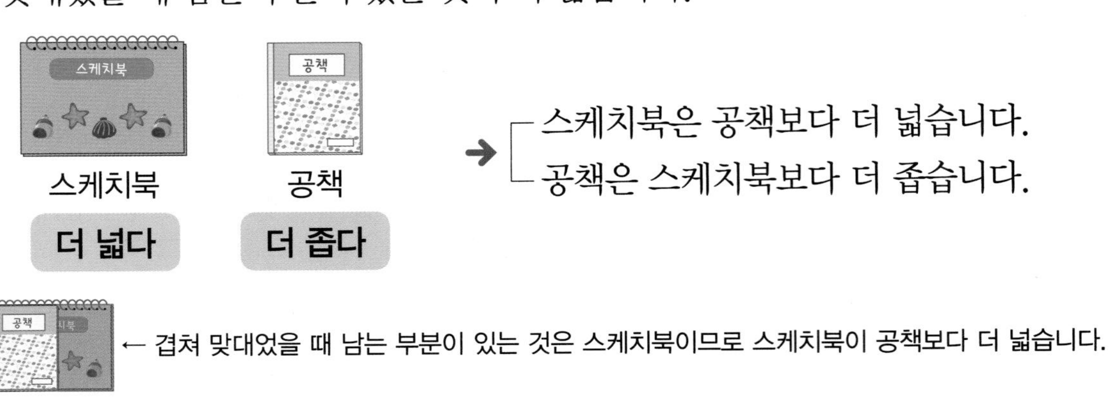

→ 스케치북은 공책보다 더 넓습니다.
공책은 스케치북보다 더 좁습니다.

참고 ← 겹쳐 맞대었을 때 남는 부분이 있는 것은 스케치북이므로 스케치북이 공책보다 더 넓습니다.

확인 1 엽서와 우표의 넓이를 비교하여 알맞은 말에 ○표 하세요.

엽서와 우표를 겹쳐 맞대었을 때 남는 부분이 있는 것은 (엽서 , 우표)입니다.

→ 엽서는 우표보다 더 (넓습니다 , 좁습니다).

개념 2 세 가지 물건의 넓이 비교하기

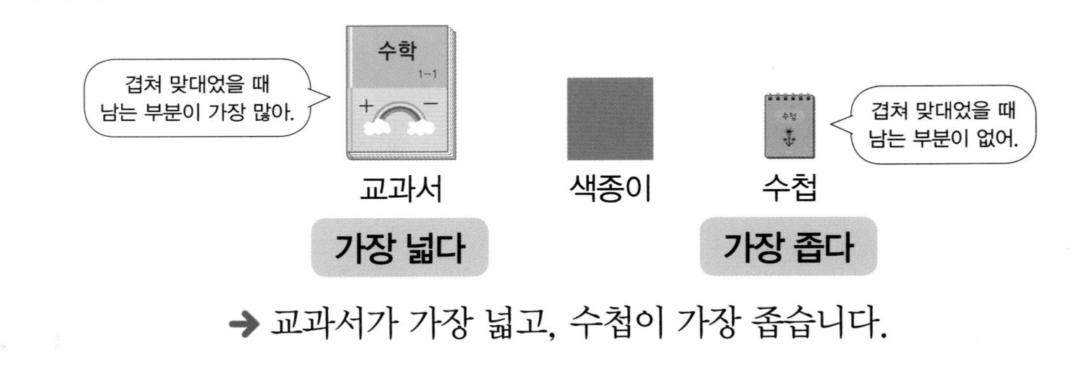

→ 교과서가 가장 넓고, 수첩이 가장 좁습니다.

확인 2 세 물건의 넓이를 비교하여 알맞은 말에 ○표 하세요.

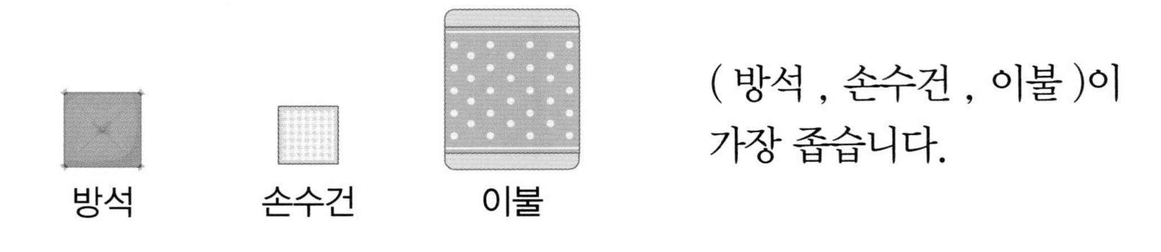

(방석 , 손수건 , 이불)이 가장 좁습니다.

1 칠판과 액자의 넓이를 비교하려고 합니다. 알맞은 말에 ○표 하세요.

칠판

액자

(1) 액자는 칠판보다
더 (넓습니다 , 좁습니다).

(2) 칠판은 액자보다
더 (넓습니다 , 좁습니다).

2 더 좁은 것에 △표 하세요.

(1) 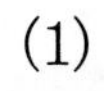

(   ) (   )

(2) 

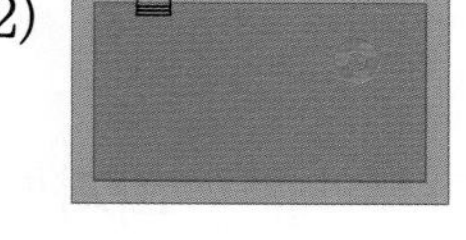

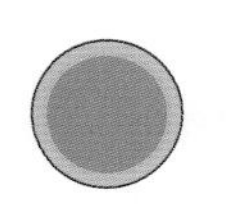

(   ) (   )

3 더 넓은 것에 색칠해 보세요.

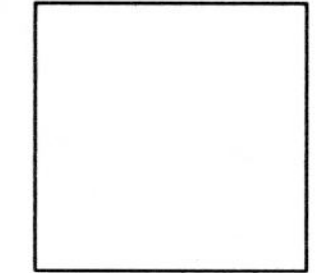

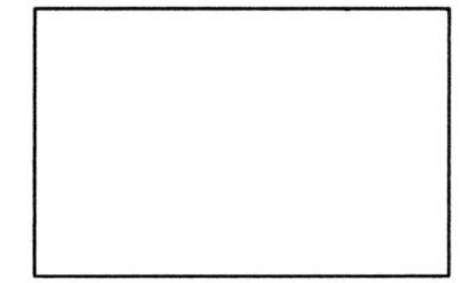

4 책상 면이 더 넓은 것에 ○표 하세요.

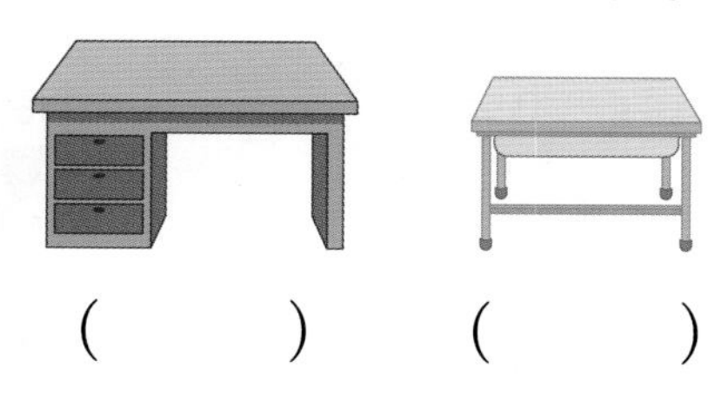

(   ) (   )

5 관계있는 것끼리 이어 보세요.

• 더 좁다

• 더 넓다

6 □ 안에 알맞은 말을 써넣으세요.

달력

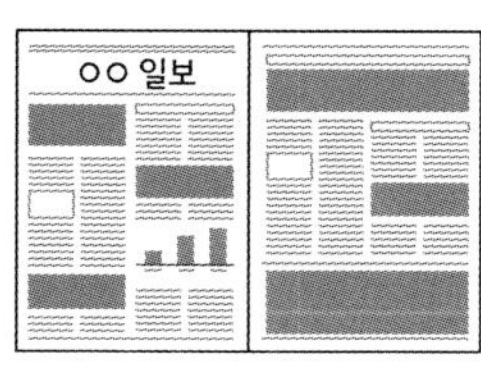

신문지

(1) □ 은/는 □ 보다 더 넓습니다.

(2) □ 은/는 □ 보다 더 좁습니다.

01 그림을 보고 알맞은 말에 ○표 하세요.

지혜가 든 액자는 벽에 걸린 액자보다 더 (넓습니다 , 좁습니다).

02 가장 넓은 것에 ○표, 가장 좁은 것에 △표 하세요.

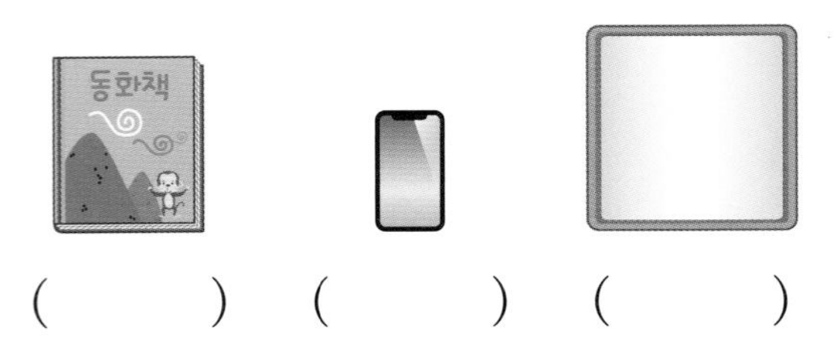

(　　) (　　) (　　)

03 가장 넓은 창문에 ○표 하세요.

창의형

04 □ 안에 알맞은 장소를 써넣으세요.

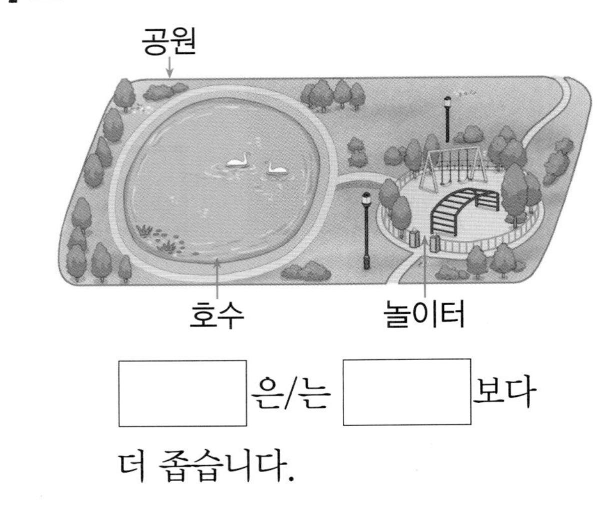

□ 은/는 □ 보다 더 좁습니다.

05 오른쪽에 있는 5명의 친구들이 모두 앉을 수 있는 돗자리를 그려 보세요.

디지털 문해력

06 피자 광고를 보고 가장 넓은 피자를 주문하려고 합니다. 어느 피자를 주문해야 할까요?

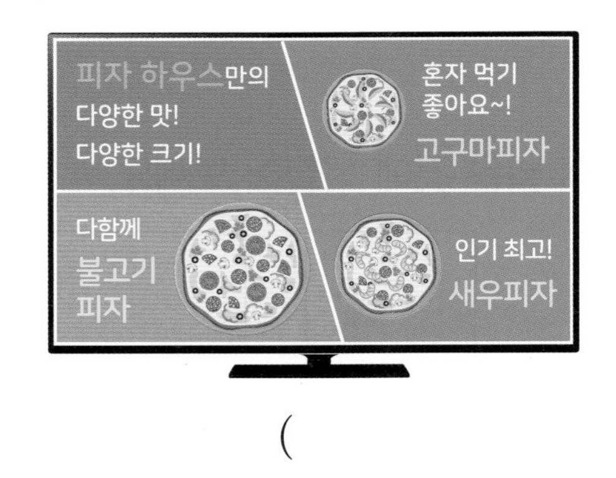

(　　　　　　)

07 1부터 6까지 순서대로 이어 보고, 더 좁은 쪽에 △표 하세요.

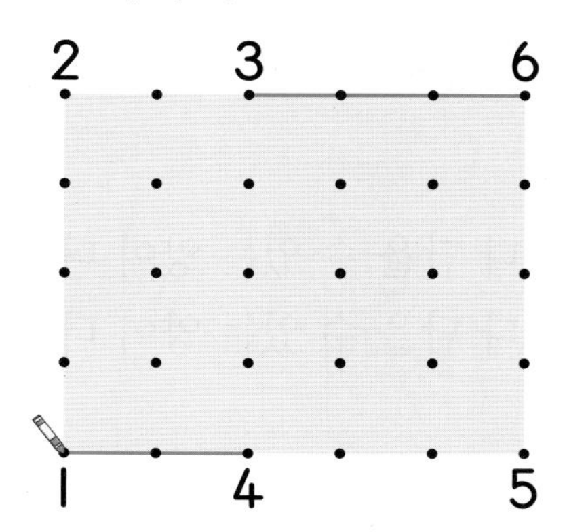

창의형

08 빈 곳에 ◯보다 넓고 ◯보다 좁은 ○ 모양을 그려 넣으세요.

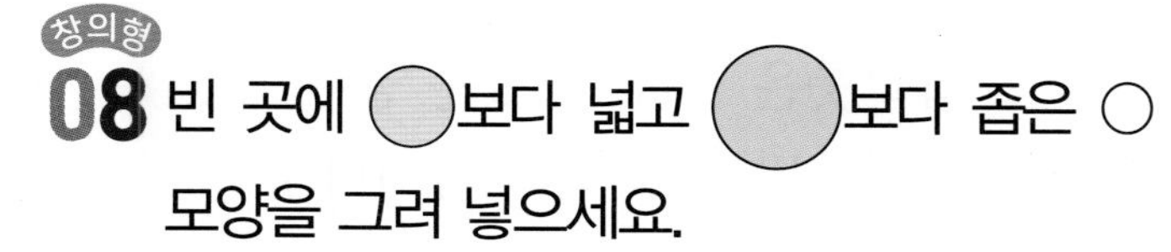

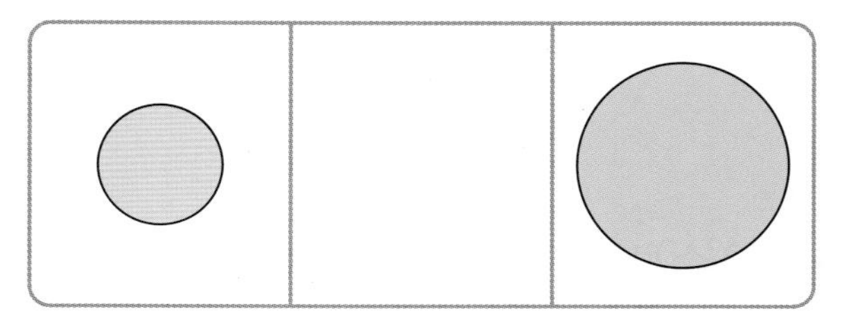

09 카드를 자르거나 접지 않고 넣을 수 있는 봉투를 찾아 ○표 하세요.

 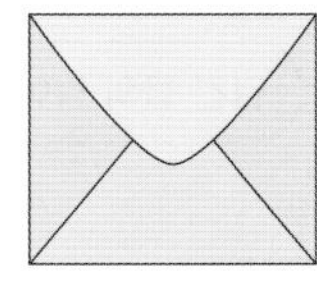 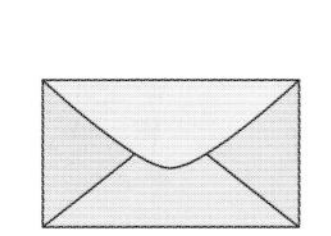

(　　　) (　　　) (　　　)

서술형 문제

10 작은 한 칸의 크기는 모두 같습니다. 가와 나 중에서 더 좁은 것은 무엇인지 풀이 과정을 쓰고, 답을 구해 보세요.

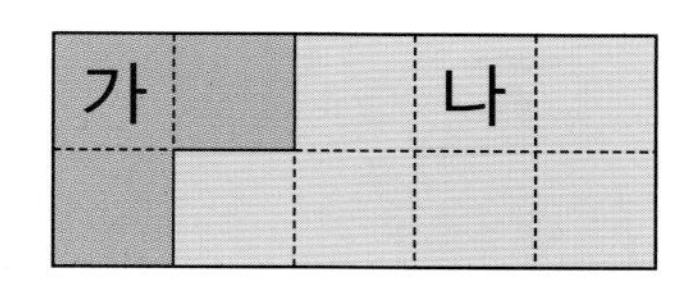

❶ 칸 수를 각각 세어 보면 가는 ☐칸, 나는 ☐칸입니다.

❷ 칸 수가 (많을수록 , 적을수록) 더 좁은 것이므로 가와 나 중에서 더 좁은 것은 ☐입니다.

답 ________________

11 작은 한 칸의 크기는 모두 같습니다. 가와 나 중에서 더 넓은 것은 무엇인지 풀이 과정을 쓰고, 답을 구해 보세요.

가					
			나		

답 ________________

학습 결과에 색칠하세요.

개념 학습

학습일 :　　월　　일

개념 1 담을 수 있는 양 비교하기

그릇의 크기가 클수록 담을 수 있는 양이 더 많습니다.

주전자

더 많다

컵

더 적다

→ 주전자는 컵보다 담을 수 있는 양이 더 많습니다.
컵은 주전자보다 담을 수 있는 양이 더 적습니다.

확인 1 담을 수 있는 양을 비교하여 알맞은 말에 ○표 하세요.

양동이

냄비

밥그릇

밥그릇은 담을 수 있는 양이 가장 (많습니다 , 적습니다).

개념 2 담긴 양 비교하기

그릇의 모양과 크기가 같으면 물의 높이가 높을수록 담긴 물의 양이 더 많습니다.

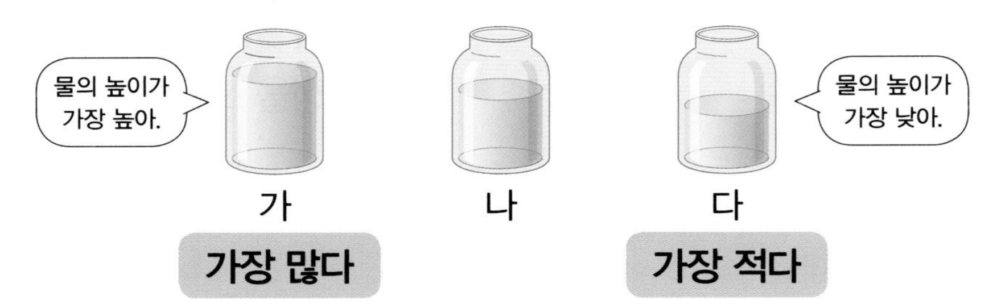

→ 가에 담긴 물의 양이 가장 많고, 다에 담긴 물의 양이 가장 적습니다.

참고 물의 높이가 같으면 그릇의 크기가 클수록 담긴 물의 양이 더 많습니다.

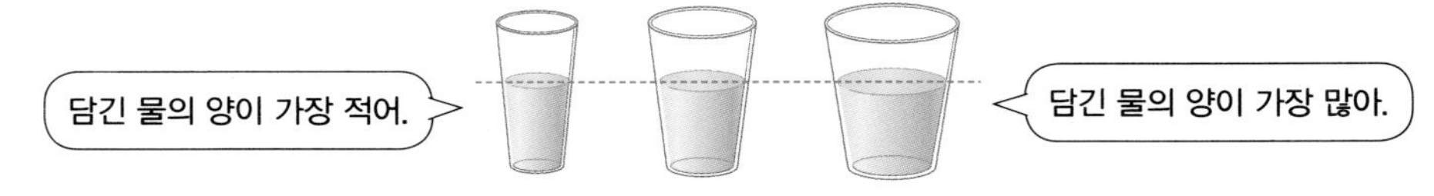

확인 2 담긴 물의 양이 더 많은 것에 ○표 하세요.

(　　　) 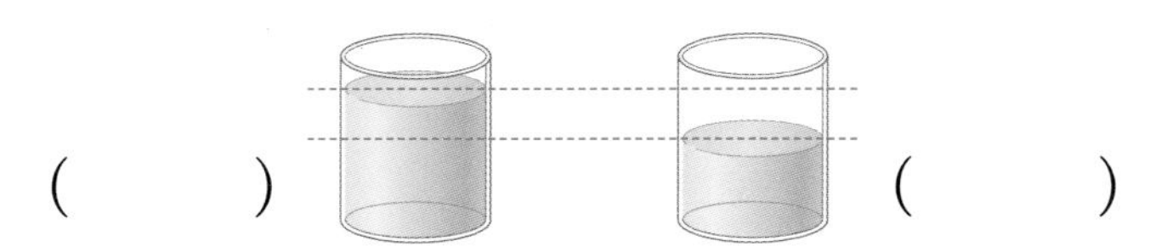 (　　　)

1 세숫대야와 바가지에 담을 수 있는 양을 비교하려고 합니다. 알맞은 말에 ○표 하세요.

세숫대야　　바가지

(1) 바가지는 세숫대야보다 담을 수 있는 양이 더 (많습니다 , 적습니다).

(2) 세숫대야는 바가지보다 담을 수 있는 양이 더 (많습니다 , 적습니다).

2 담을 수 있는 양이 더 많은 것에 ○표 하세요.

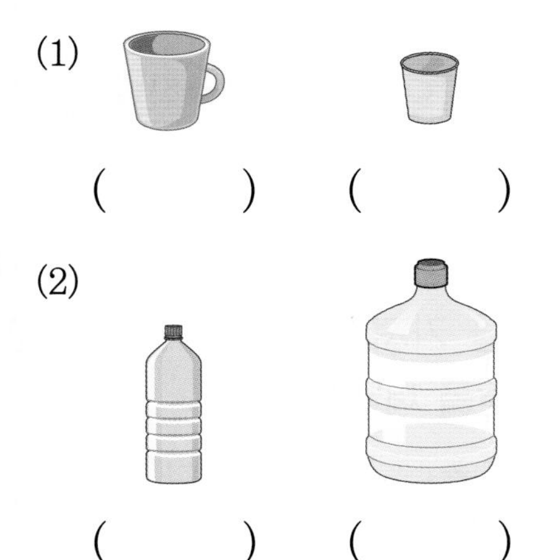

(1) (　　　) (　　　)

(2) (　　　) (　　　)

3 담긴 물의 양이 더 적은 것에 △표 하세요.

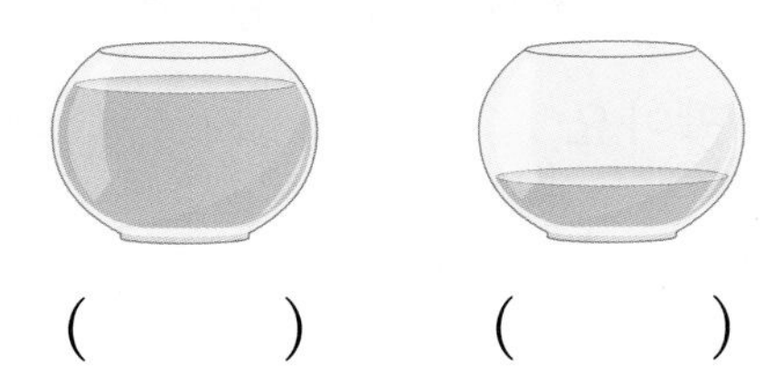

(　　　) (　　　)

4 담긴 물의 양이 더 많은 것에 ○표 하세요.

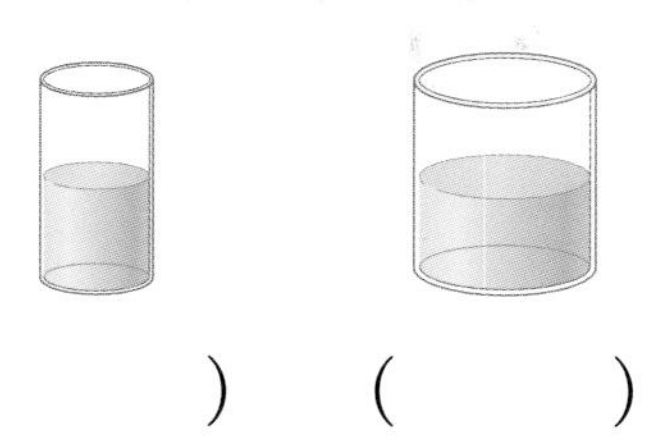

(　　　) (　　　)

5 관계있는 것끼리 이어 보세요.

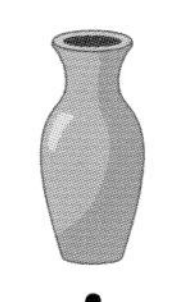

담을 수 있는 양이 더 많다	담을 수 있는 양이 더 적다

6 □ 안에 알맞은 말을 써넣으세요.

컵　　욕조

(1) □은/는 □보다 담을 수 있는 양이 더 적습니다.

(2) □은/는 □보다 담을 수 있는 양이 더 많습니다.

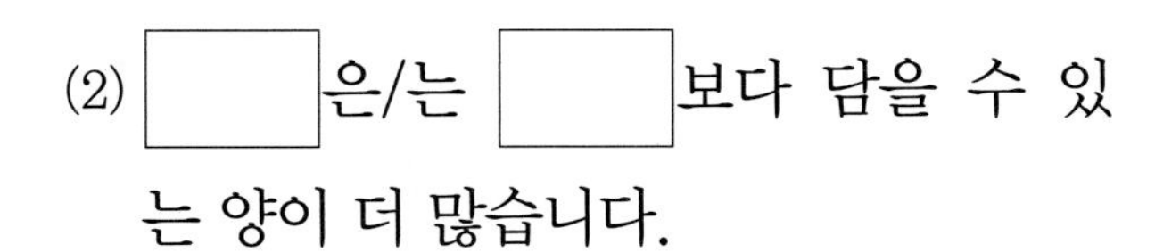

01 왼쪽보다 담긴 물의 양이 더 많은 것을 찾아 ○표 하세요.

(　　　)(　　　)(　　　)

02 담을 수 있는 양이 가장 많은 것에 ○표, 가장 적은 것에 △표 하세요.

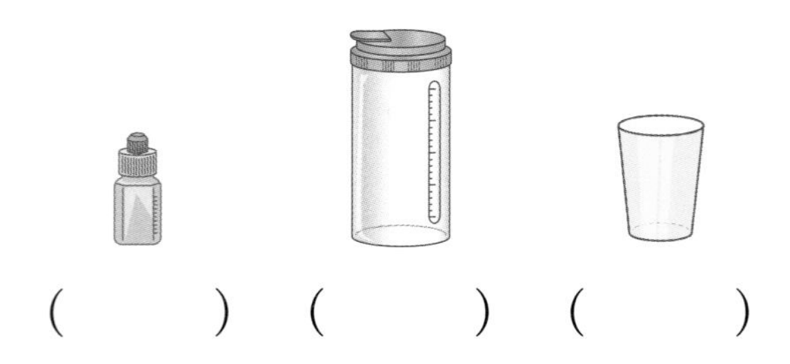

(　　　) (　　　) (　　　)

03 알맞은 컵을 찾아 이어 보세요.

04 병에 담긴 물의 양을 보고 설명이 맞으면 ○표, 틀리면 ×표 하세요.

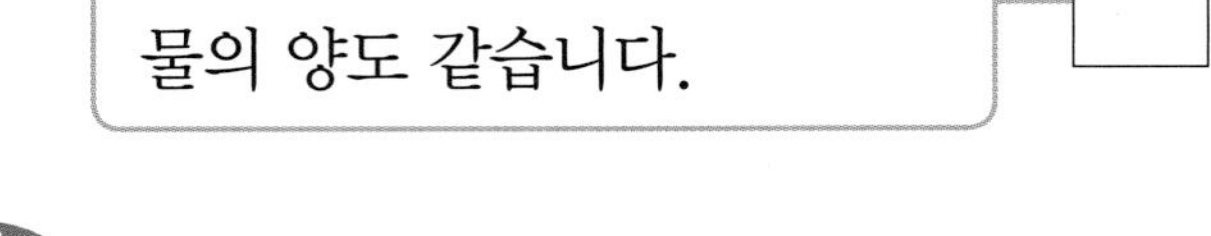

창의형

05 주어진 말에 알맞게 컵 안에 담긴 물의 양을 색칠해 보세요.

06 체험 학습을 갈 때 담을 수 있는 양이 가장 적은 물통을 가져가려고 합니다. □ 안에 알맞은 기호를 써넣으세요.

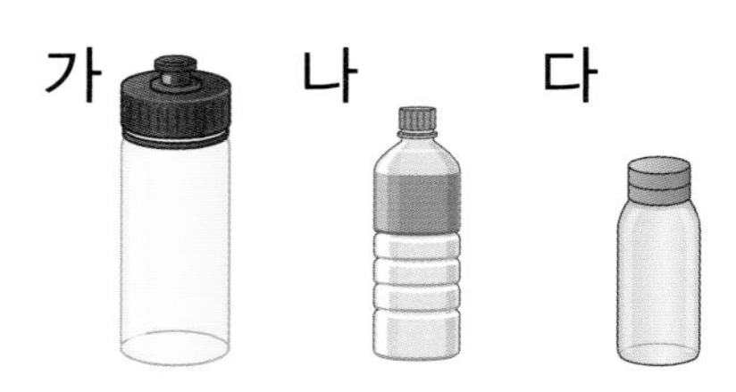

- □는 나보다 담을 수 있는 양이 더 많아요.
- □는 나보다 담을 수 있는 양이 더 적어요.
- 나는 □를 가져갈래요.

07 담긴 물의 양이 가장 적은 것을 찾아 △표 하세요.

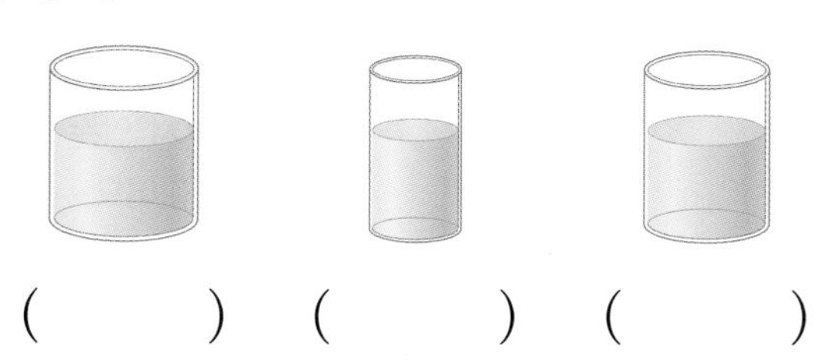

( ) ( ) ( )

08 그림을 보고 알맞은 것을 찾아 이어 보세요.

09 담긴 물의 양이 많은 것부터 ( ) 안에 순서대로 1, 2, 3, 4를 써 보세요.

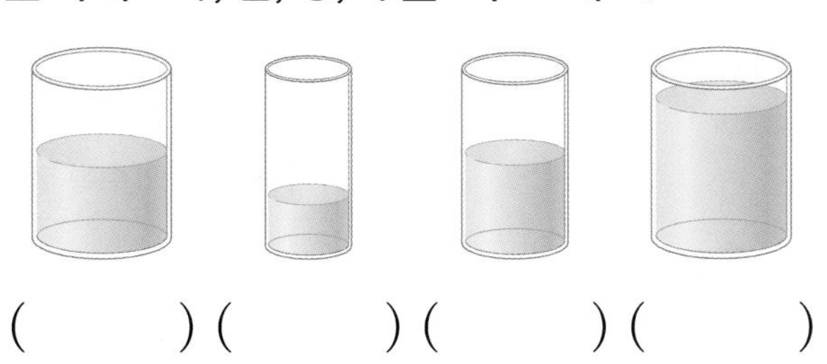

( ) ( ) ( ) ( )

서술형 문제

10 세 사람이 다음과 같이 컵에 담긴 주스를 모두 마셨습니다. 마신 주스의 양이 가장 많은 사람은 누구인지 풀이 과정을 쓰고, 답을 구해 보세요.

❶ 담긴 주스의 높이가 높을수록 마신 주스의 양이 더 (많습니다 , 적습니다).

❷ 따라서 마신 주스의 양이 가장 많은 사람은 담긴 주스의 높이가 가장 높은 [ ]입니다.

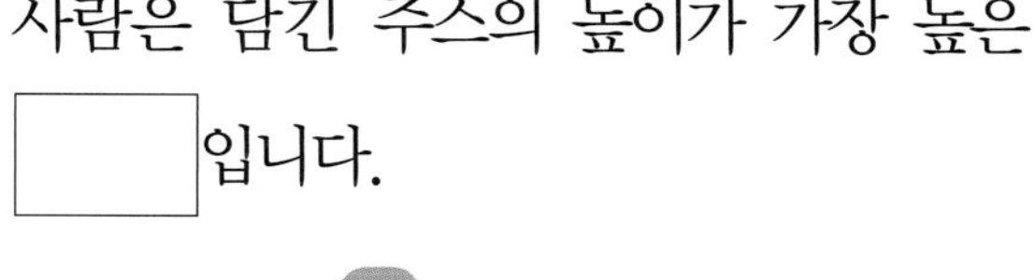

답

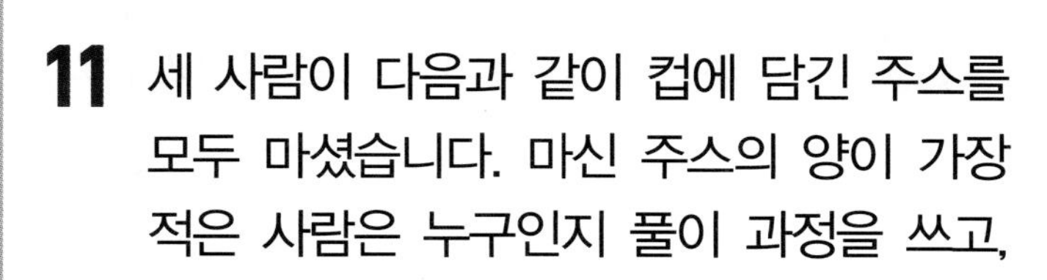

11 세 사람이 다음과 같이 컵에 담긴 주스를 모두 마셨습니다. 마신 주스의 양이 가장 적은 사람은 누구인지 풀이 과정을 쓰고, 답을 구해 보세요.

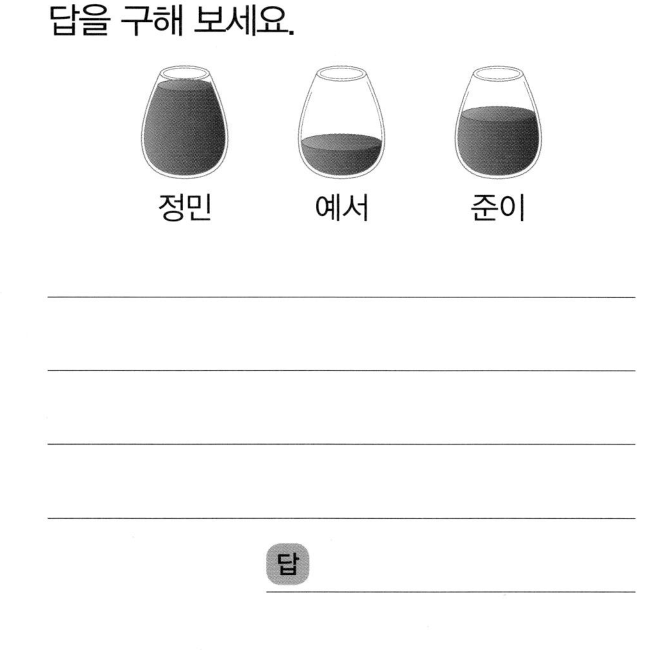

답

4 단원 4회

학습 결과에 색칠하세요.

5회 응용 학습

학습일 : 월 일

구부러진 선의 길이 비교하기

01 가장 긴 선을 찾아 기호를 써 보세요.

가

나

다

1단계 구부러져 있는 선의 길이 비교하는 방법 알기

양쪽 끝이 맞추어져 있을 때 선이 (많이 , 적게) 구부러져 있을수록 더 깁니다.

2단계 가장 긴 선을 찾아 기호 쓰기

( )

문제해결 TIP

양쪽 끝이 맞추어져 있을 때 많이 구부러져 있는 것이 곧게 폈을 때 더 길어요.

02 가장 짧은 선을 찾아 기호를 써 보세요.

가

나

다

( )

03 집에서 학교까지 가는 3가지 길이 있습니다. 가장 짧은 길을 찾아 기호를 써 보세요.

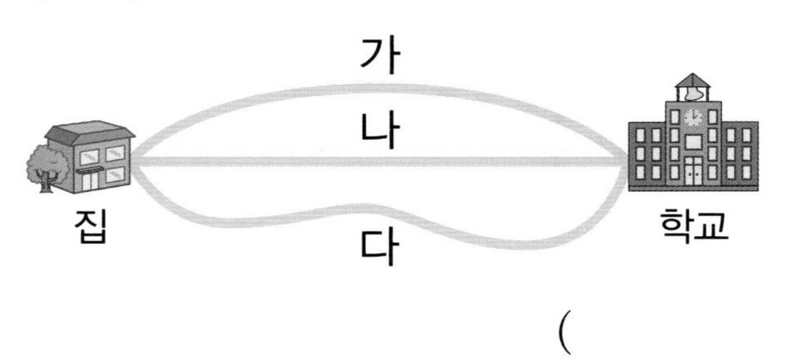

3가지 길의 양쪽 끝이 맞추어져 있으니까 적게 구부러진 길일수록 짧아.

( )

칸 수를 세어 넓이 비교하기

04 현아네 가족은 작은 한 칸의 크기가 모두 같은 텃밭에 다음과 같이 파, 상추, 고추를 심었습니다. 가장 넓은 곳에 심은 채소는 무엇인지 써 보세요.

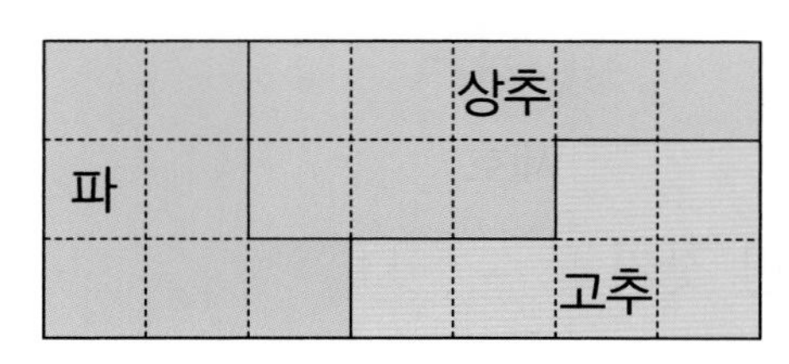

1단계 파, 상추, 고추를 심은 곳은 각각 몇 칸인지 세기

파: □칸, 상추: □칸, 고추: □칸

2단계 가장 넓은 곳에 심은 채소 찾기

(　　　　　　　　)

문제해결 TIP

한 칸의 크기가 모두 같으므로 심은 칸 수가 많을수록 넓이가 더 넓은 곳이에요. 먼저 각 채소를 심은 칸 수를 세어 넓이를 비교해요.

4 단원 5회

05 작은 한 칸의 크기가 모두 같은 화단에 다음과 같이 나리, 달맞이꽃, 수국을 심었습니다. 가장 좁은 곳에 심은 꽃은 무엇인지 써 보세요.

나리		
달맞이꽃		수국

(　　　　　　　　)

06 타일 꾸미기 놀이를 하고 있습니다. 타일 한 칸의 크기가 모두 같을 때 가장 넓게 꾸민 사람은 누구인지 써 보세요.

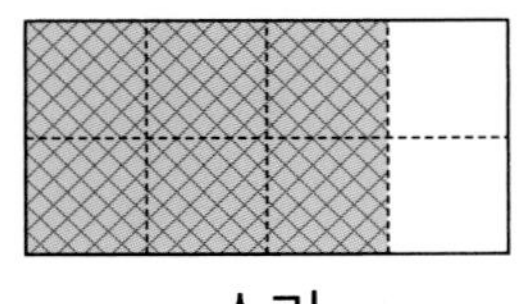
소리

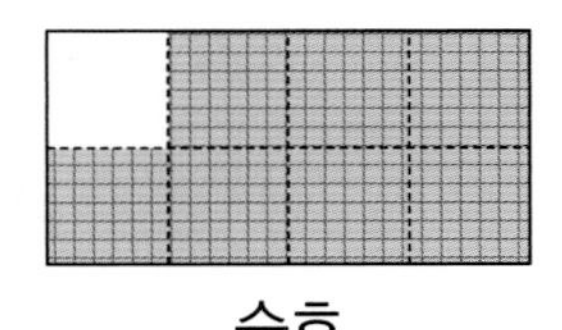
지형

승호

(　　　　　　　　)

타일 한 칸의 크기가 모두 같으니까 꾸민 칸 수가 많을수록 더 넓게 꾸민 거야!

남은 양을 보고 마신 양 비교하기

07 세 사람이 똑같은 컵에 물을 가득 담아 각각 마시고 남은 것입니다. 물을 가장 많이 마신 사람은 누구인지 써 보세요.

우재 은지 세호

1단계 남은 물의 양이 가장 적은 사람 찾기

( )

2단계 물을 가장 많이 마신 사람 찾기

( )

문제해결 TIP
물을 많이 마실수록 컵에 남은 물의 양은 적어지므로 컵에 남아 있는 물의 양을 먼저 비교해요.

08 세 사람이 똑같은 주스를 사서 각각 마시고 남은 것입니다. 주스를 가장 적게 마신 사람은 누구인지 써 보세요.

유나 지원 시현

( )

09 세 사람이 똑같은 컵에 물을 가득 담아 각각 마시고 남은 것입니다. 도윤이가 물을 가장 많이 마셨다면 도윤이의 컵은 어느 컵인지 기호를 써 보세요.

가 나 다

( )

도윤이가 물을
가장 많이 마셨으니까
남은 물의 양이
가장 적은 컵을 찾아야 해!

설명을 읽고 무게 비교하기

10 재민, 새미, 초아 중에서 가장 무거운 사람은 누구인지 써 보세요.

- 재민이는 새미보다 더 무겁습니다.
- 초아는 새미보다 더 가볍습니다.

1단계 재민이와 새미 중에서 더 무거운 사람 찾기

( )

2단계 초아와 새미 중에서 더 무거운 사람 찾기

( )

3단계 가장 무거운 사람 찾기

( )

문제해결 TIP

세 사람의 무게를 두 명씩 비교한 것이므로 이름이 두 번 나온 새미를 기준으로 더 무거운 사람을 비교하는 과정에서 가장 무거운 사람을 찾을 수 있어요.

11 솔이, 해리, 지민이 중에서 가장 가벼운 사람은 누구인지 써 보세요.

- 솔이는 해리보다 더 가볍습니다.
- 지민이는 솔이보다 더 가볍습니다.

( )

12 영우, 현수, 지아가 시소를 타고 있습니다. 무거운 사람부터 순서대로 이름을 써 보세요.

- 영우는 현수보다 더 가볍습니다.
- 현수는 지아보다 더 무겁습니다.
- 지아는 영우보다 더 무겁습니다.

( )

세 사람의 무게를 두 명씩 비교하면서 더 무거운 사람을 찾아. 그럼 가장 무거운 사람부터 순서대로 쓸 수 있을 거야.

학습 결과에 색칠하세요.

6회 마무리 평가

학습일 : 월 일

01 더 긴 것에 ○표 하세요.

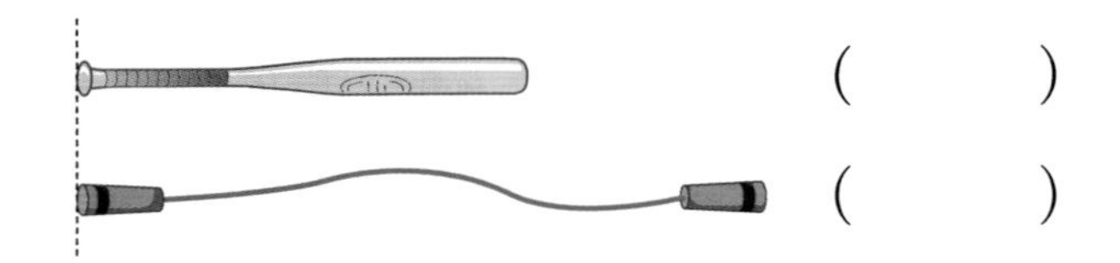

( )

( )

02 □ 안에 알맞은 말은 어느 것인가요? ( )

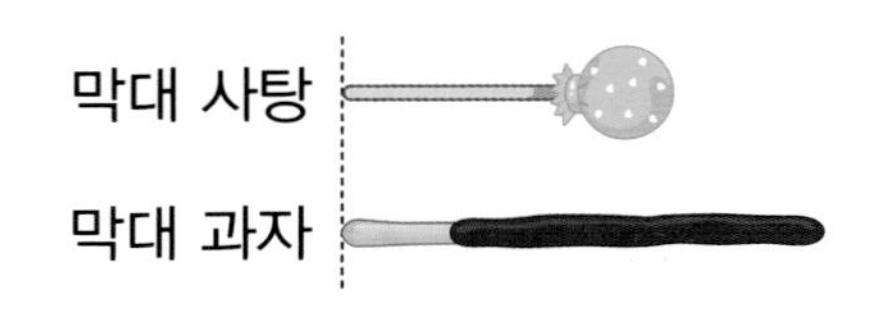

막대 사탕은 막대 과자보다 더 □.

① 깁니다 ② 짧습니다
③ 낮습니다 ④ 좁습니다
⑤ 높습니다

03 축구공보다 더 가벼운 것에 △표 하세요.

( ) ( )

04 관계있는 것끼리 이어 보세요.

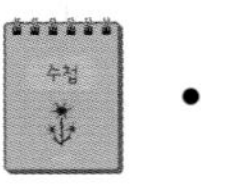

• • 더 넓다

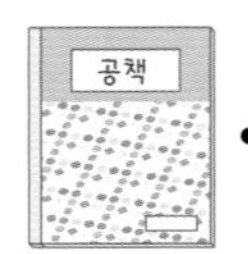

• • 더 좁다

05 알맞은 말에 ○표 하세요.

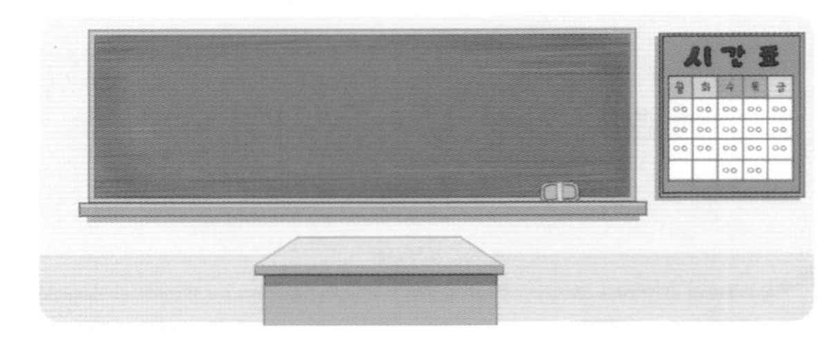

시간표는 칠판보다

더 (넓습니다 , 좁습니다).

06 담을 수 있는 양이 더 적은 것에 △표 하세요.

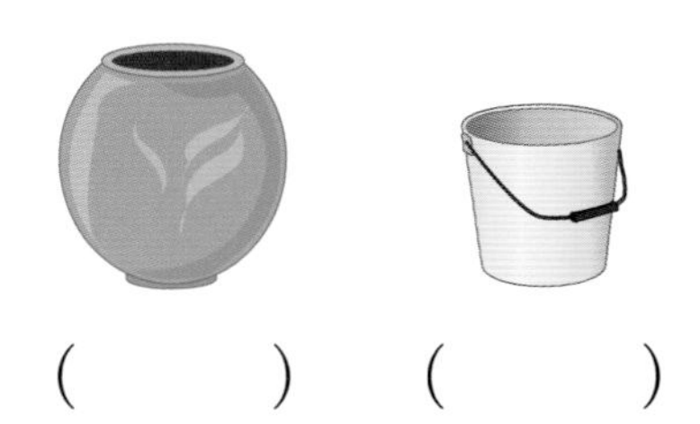

( ) ( )

07 가장 긴 것에 ○표, 가장 짧은 것에 △표 하세요.

( )

( )

( )

08 그림을 보고 높이를 비교하는 말을 사용하여 문장을 2개 만들어 보세요.

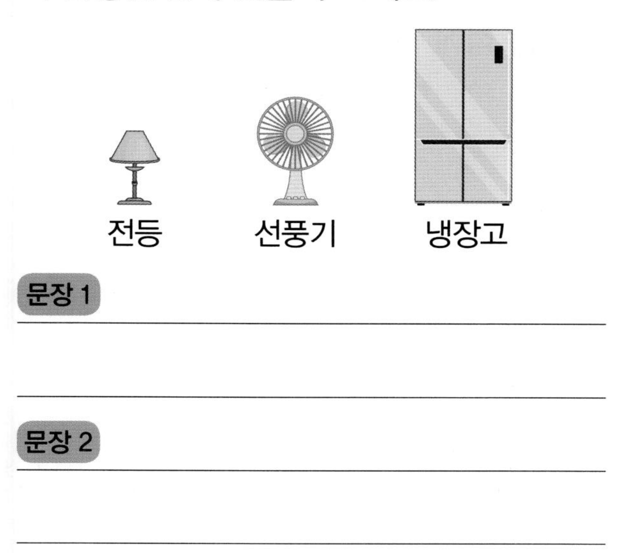

문장 1 ______________________

____

문장 2 ______________________

____

09 연필보다 더 짧은 것을 모두 골라 보세요.

(　　　)

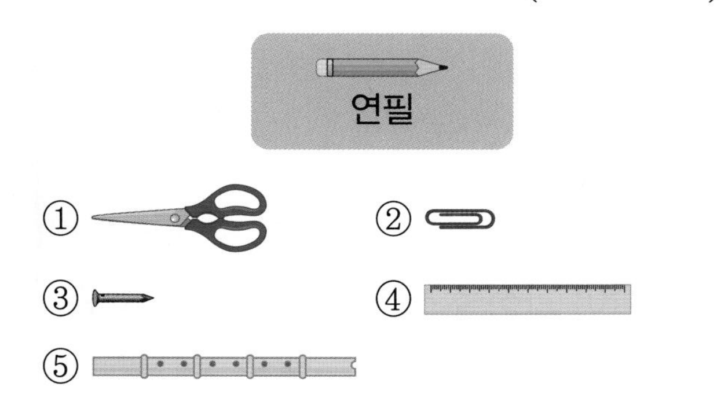

10 가장 가벼운 것을 찾아 △표 하세요.

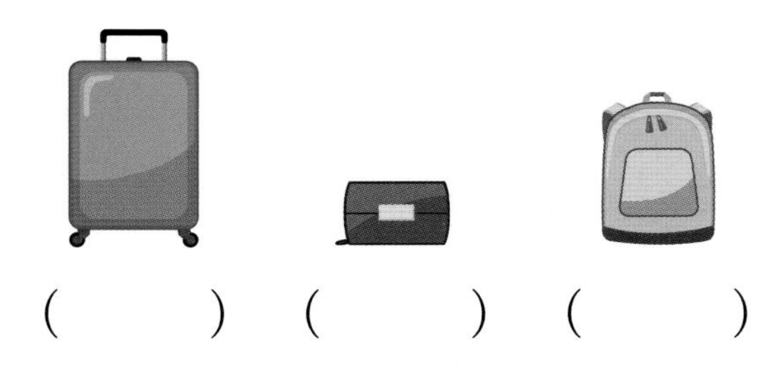

(　　　) (　　　) (　　　)

11 (　　) 안에 알맞은 물건을 써 보세요.

의자보다 더 가벼운 것은
(　　　　　　　)입니다.

12 장바구니 안에 어떤 물건이 들어 있을지 알맞게 이어 보세요.

13 가장 가벼운 사람을 찾아 △표 하세요.

(　　　) (　　　) (　　　)

14 가장 넓은 것에 ○표, 가장 좁은 것에 △표 하세요.

(　　　) (　　　) (　　　)

15 가장 넓은 부분에 빨간색, 가장 좁은 부분에 파란색을 색칠해 보세요.

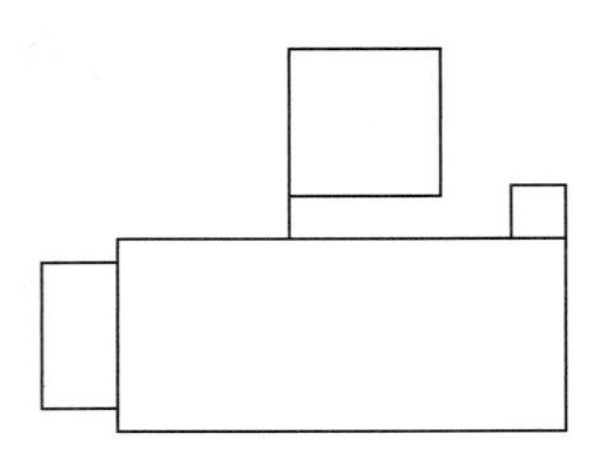

16 빈 곳에 △보다 넓고 △보다 좁은 △ 모양을 그려 넣으세요.

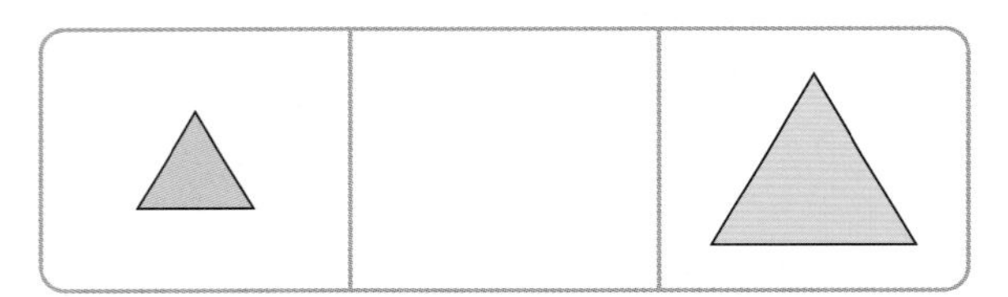

17 담을 수 있는 양이 많은 것부터 (　　) 안에 순서대로 1, 2, 3을 써 보세요.

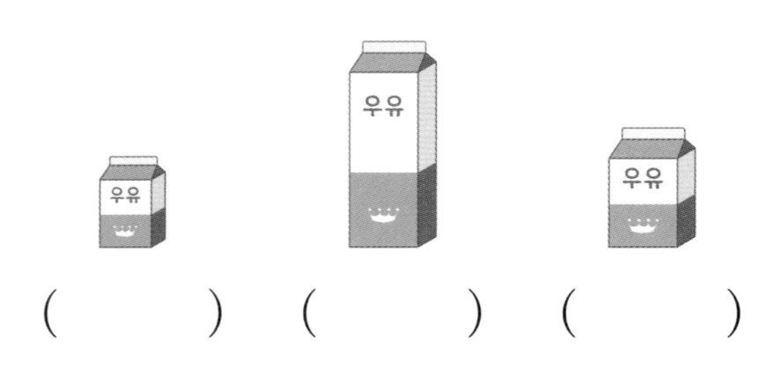

(　　　) (　　　) (　　　)

18 왼쪽 컵에 물이 가득 담겨 있습니다. 이 컵의 물을 넘치지 않게 모두 옮겨 담을 수 있는 컵에 ○표 하세요.

(　　　) (　　　)

19 담긴 물의 양이 둘째로 많은 것을 찾아 ○표 하세요.

(　　　) (　　　) (　　　)

서술형

20 키가 가장 작은 동물을 찾으려고 합니다. 풀이 과정을 쓰고, 답을 구해 보세요.

답

21 지수, 혜미, 민규 중에서 가장 가벼운 사람은 누구인가요?

- 지수는 혜미보다 더 가볍습니다.
- 혜미는 민규보다 더 무겁습니다.
- 지수는 민규보다 더 가볍습니다.

(　　　　　　　　)

22 작은 한 칸의 크기는 모두 같습니다. 넓은 것부터 순서대로 기호를 써 보세요.

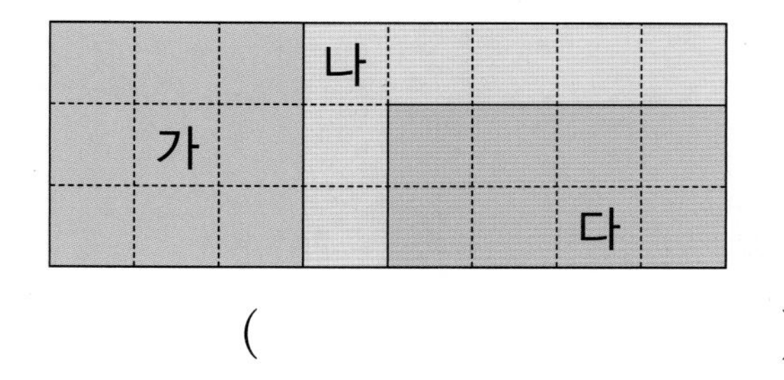

(　　　　　　　　)

23 똑같은 컵 3개에 다음과 같이 물이 담겨 있습니다. 컵에 물을 가득 채우려고 합니다. 더 담아야 하는 물이 가장 많은 컵을 찾아 기호를 써 보세요.

(　　　　　　　　)

수행 평가

| 24~25 | 지훈이네 가족이 엄마의 생신 파티를 준비하고 있습니다. 그림을 보고 물음에 답하세요.

24 식탁보로 탁자를 덮으려고 합니다. 탁자보다 더 넓은 식탁보를 그려 보세요.

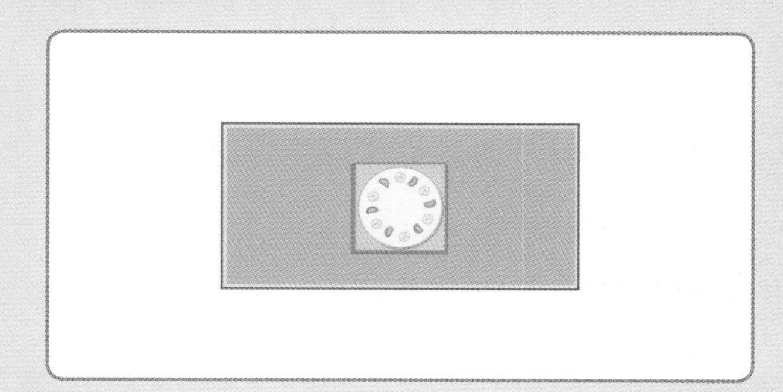

25 담긴 주스의 양이 더 많은 컵이 엄마의 컵입니다. 엄마의 컵은 어느 컵인지 풀이 과정을 쓰고, 답을 구해 보세요.

4 단원 6회

학습 결과에 색칠하세요.

5 50까지의 수

이번에 배울 내용

회차	쪽수	학습 내용	학습 주제
1	116~119쪽	개념+문제 학습	10 알기 / 십몇 알기
2	120~123쪽	개념+문제 학습	두 수를 모으기 / 두 수로 가르기
3	124~127쪽	개념+문제 학습	10개씩 묶어 세기 / 몇십의 크기 비교하기
4	128~131쪽	개념+문제 학습	50까지의 수 세기 / 수를 세어 10개씩 묶음과 낱개로 나타내기
5	132~135쪽	개념+문제 학습	50까지의 수의 순서 / 50까지의 수의 크기 비교하기
6	136~139쪽	응용 학습	
7	140~143쪽	마무리 평가	

문해력을 높이는 **어휘**

묶음: 작게 뭉쳐서 이루어진 것을 묶어 세는 단위

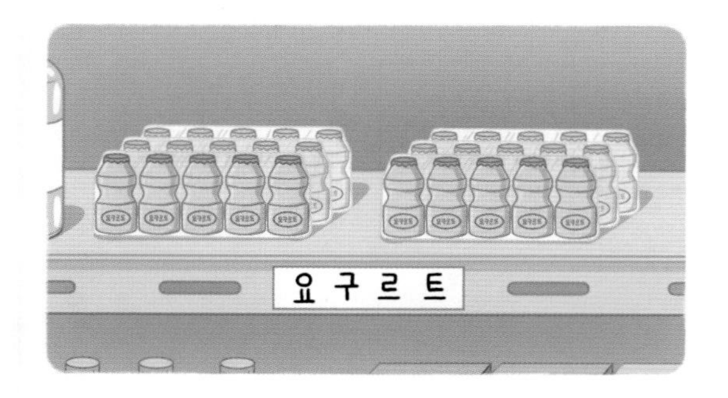

마트에서 요구르트를 5병씩 한 묶 음으로 팔고 있어요.

낱개: 많은 수의 물건 중 따로따로인 한 개 한 개

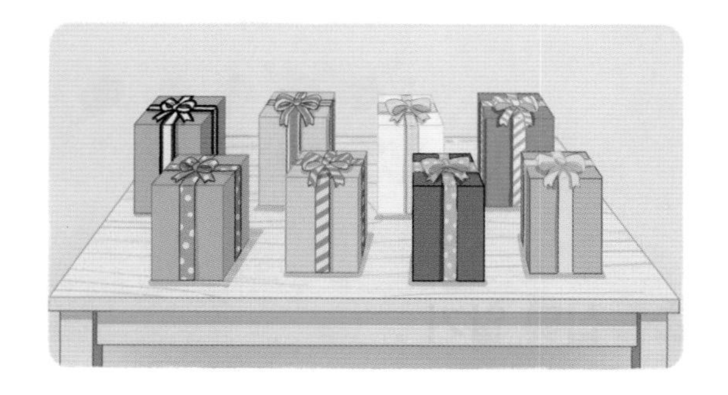

친구 한 명 한 명에게 줄 선물을

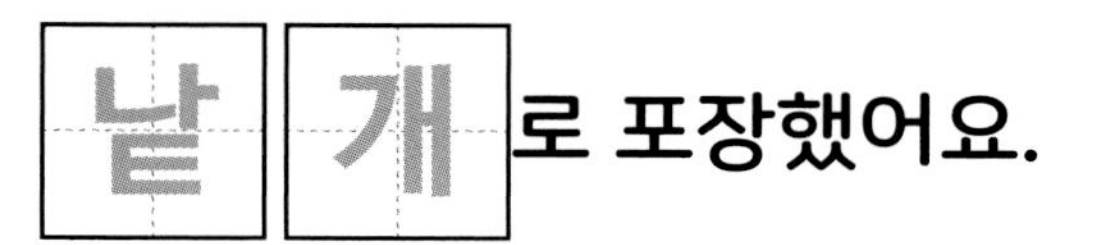

방법: 어떤 일을 해 나가는 순서나 모양

선생님께 수영하는  방 법을 배웠어요.

만큼: 앞의 말과 비슷한 정도

엄마, 아빠를 우주 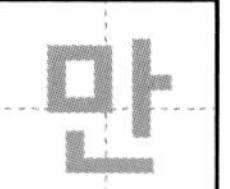 만 큼 사랑해요.

개념 학습

학습일 :　　월　　일

개념 1 10 알기

9보다 1만큼 더 큰 수를 10이라고 합니다.

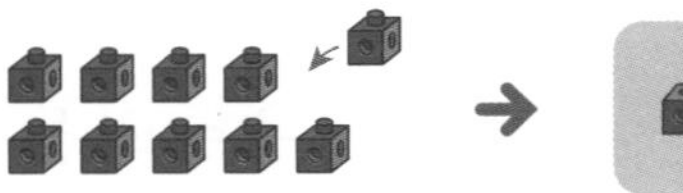 → 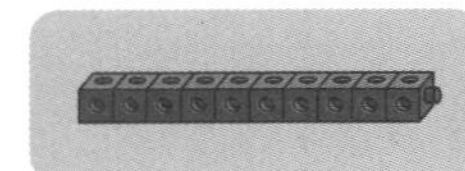

쓰기 10

읽기 십, 열

확인 1 초콜릿의 수만큼 ○를 그리고, 수를 써넣으세요.

 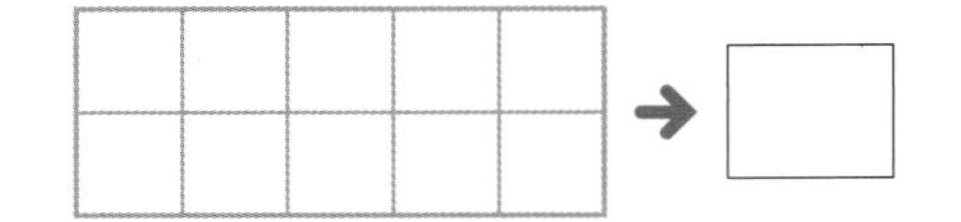

개념 2 십몇 알기

• **10개씩 묶음 1개**와 **낱개 3개**를 13이라고 합니다.

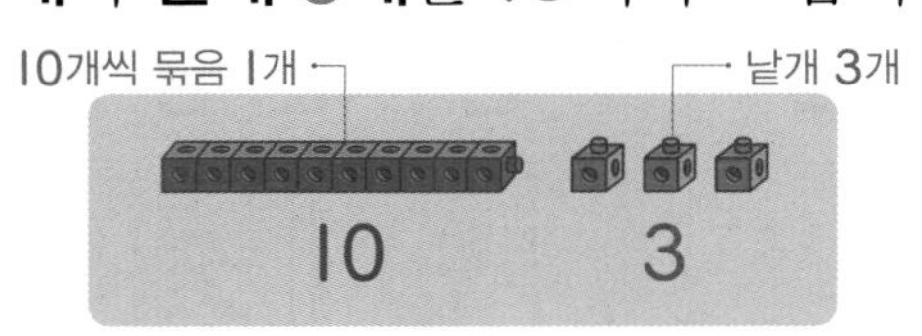

쓰기 13

읽기 십삼, 열셋

• 11부터 19까지의 수는 다음과 같이 쓰고 읽습니다.

11	12	13	14	15	16	17	18	19
십일	십이	십삼	십사	십오	십육	십칠	십팔	십구
열하나	열둘	열셋	열넷	열다섯	열여섯	열일곱	열여덟	열아홉

• 십몇은 **낱개의 수가 클수록 더 큽니다.** ─ 10개씩 묶음의 수는 모두 1이므로 비교하지 않아도 돼요.

14　　　　　　11

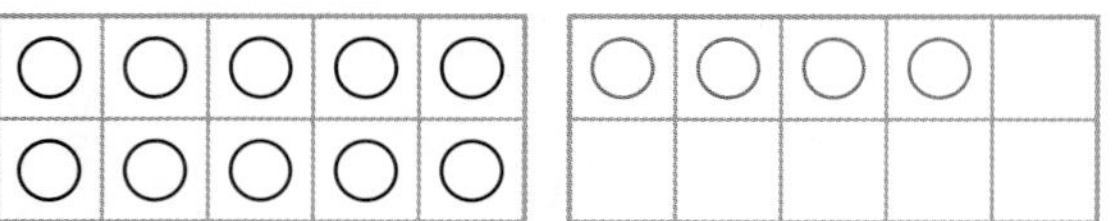

→ 14는 11보다 큽니다. 11은 14보다 작습니다.

확인 2 알맞은 수를 써 보세요.

10개씩 묶음 1개와 낱개 8개 → 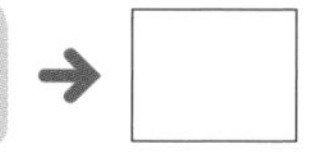

정답 31쪽

1 여러 가지 방법으로 사과의 수를 센 것입니다. 잘못 센 것에 ×표 하세요.

다섯 하고 여섯, 일곱, 여덟, 아홉, 열로 이어 세었어요. ☐

일, 이, 삼, 사, 오, 육, 칠, 팔, 구, 십으로 세었어요. ☐

하나, 둘, 셋, 넷, 다섯, 여섯, 일곱, 여덟, 아홉으로 세었어요. ☐

2 바나나의 수를 세어 써 보세요.

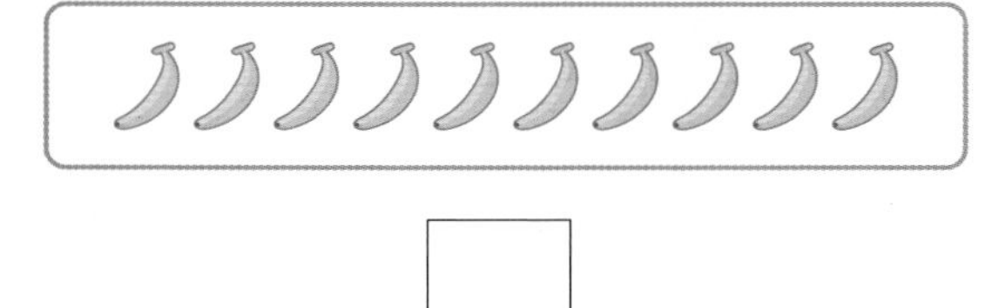

☐

3 그림을 보고 가르기를 해 보세요.

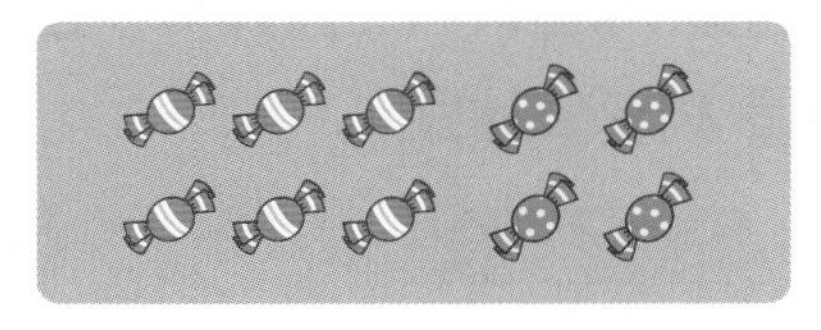

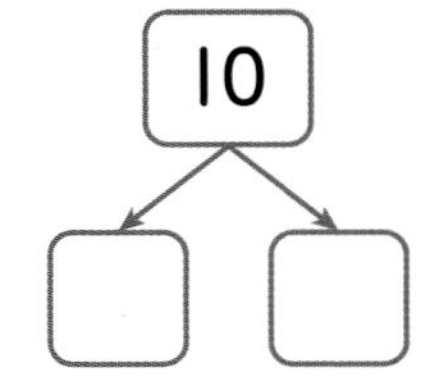

4 달걀의 수만큼 ○를 그리고, ☐ 안에 알맞은 수를 써넣으세요.

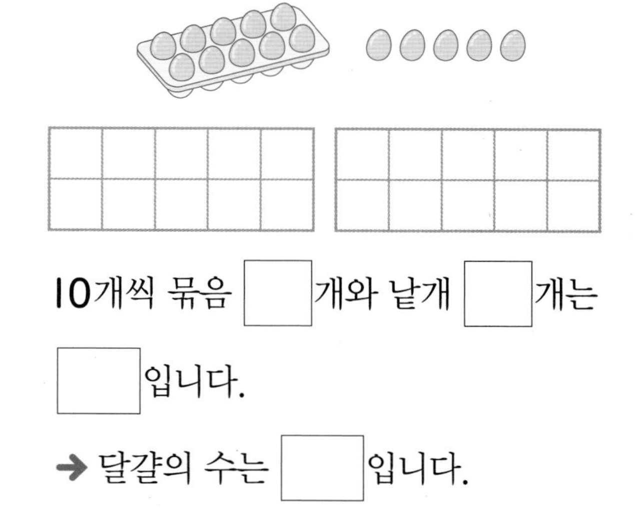

10개씩 묶음 ☐개와 낱개 ☐개는 ☐입니다.

➔ 달걀의 수는 ☐입니다.

5 10개씩 묶고, 수로 나타내어 보세요.

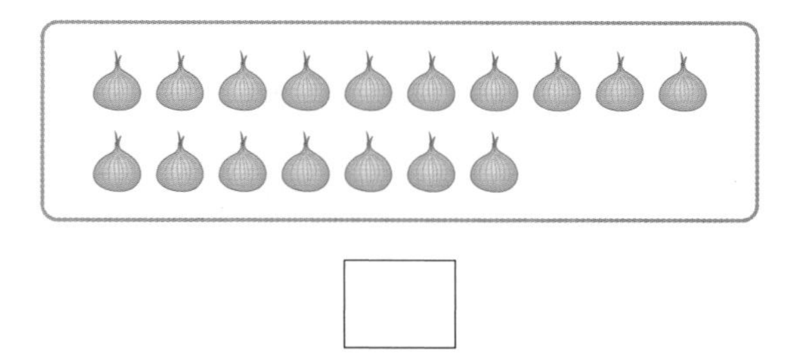

☐

6 ☐ 안에 알맞은 수를 쓰고, 이어 보세요.

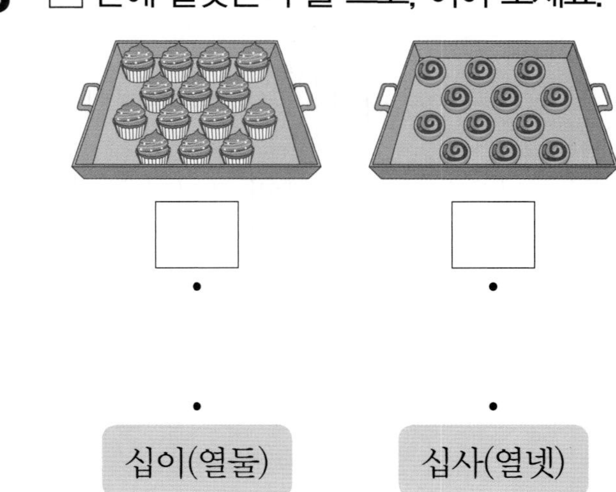

01 10개인 것을 모두 찾아 ○표 하세요.

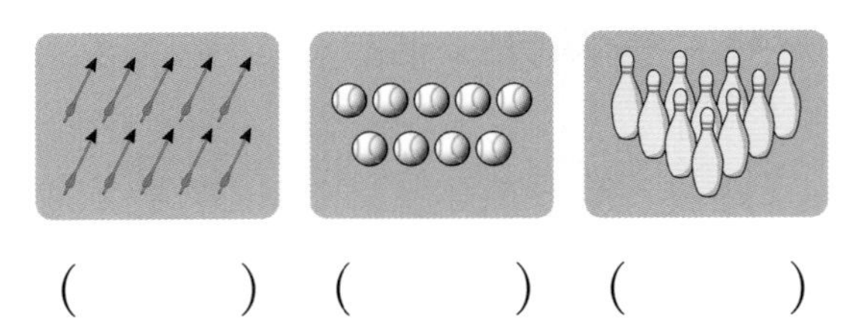

(   ) (   ) (   )

02 그림을 보고 □ 안에 알맞은 수를 써넣으세요.

10개씩 묶음 □개와 낱개 □개는 □입니다.

03 □ 안에 알맞은 수를 써넣으세요.

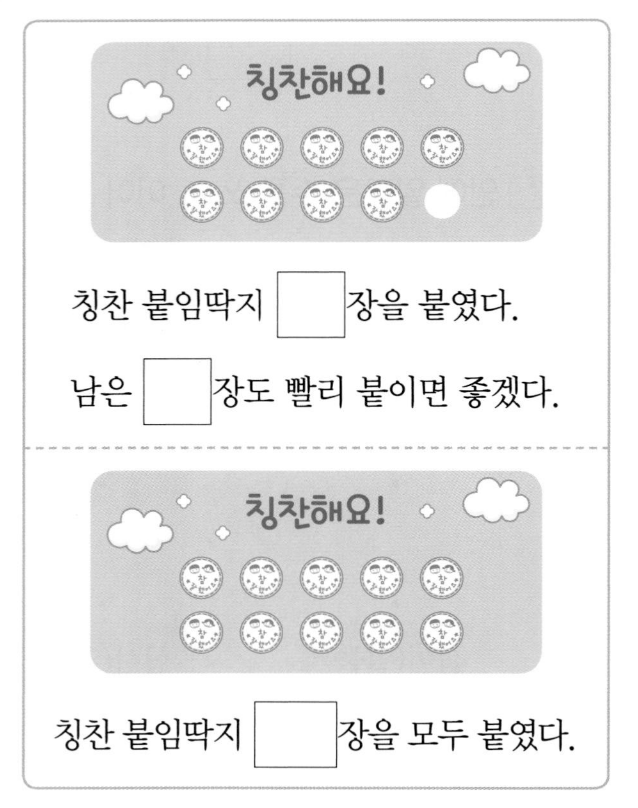

칭찬 붙임딱지 □장을 붙였다.

남은 □장도 빨리 붙이면 좋겠다.

칭찬 붙임딱지 □장을 모두 붙였다.

04 빈칸에 알맞은 수를 써넣으세요.

10개씩 묶음	낱개	수	읽기
1	2		십이
		15	열다섯
			십구

05 그림을 색칠하여 완성하고, 빈칸에 알맞은 수를 써넣으세요.

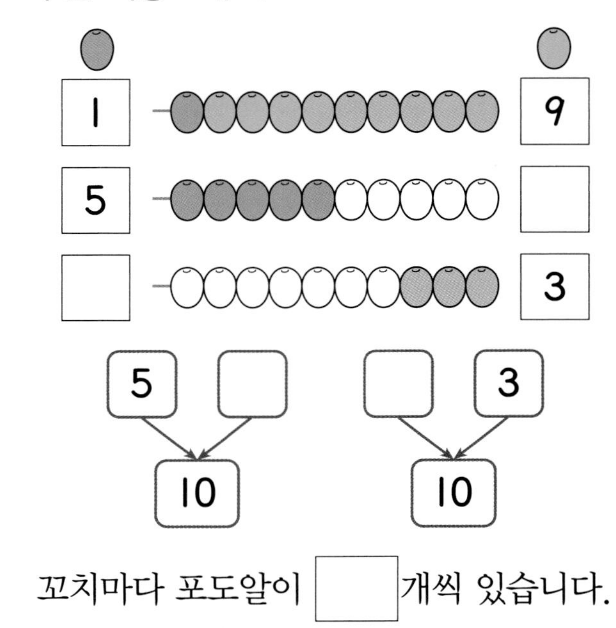

꼬치마다 포도알이 □개씩 있습니다.

06 그림을 색칠하여 완성하고, 빈칸에 알맞은 수를 써넣으세요.

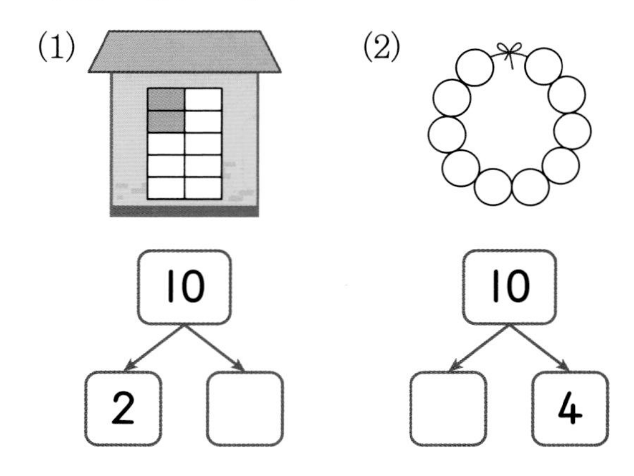

07 빈 곳에 알맞은 수를 써넣으세요.

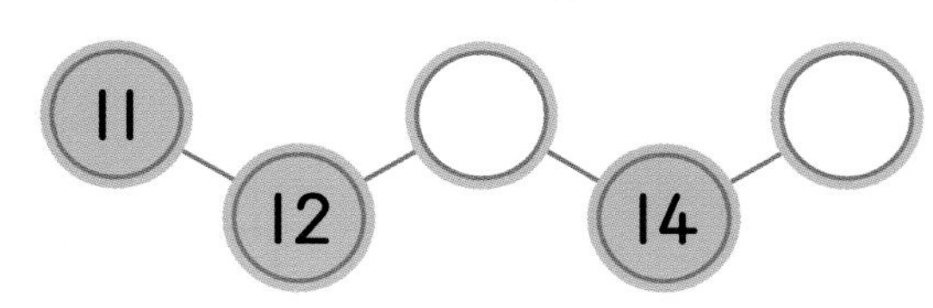

창의형

08 어떤 배 상자를 사고 싶은지 골라 보세요.

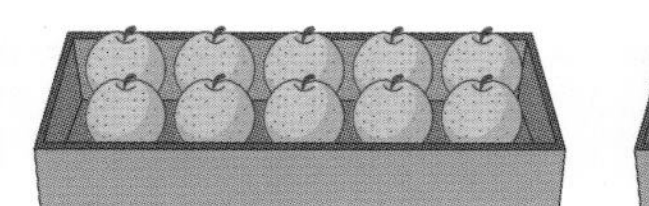

나는 배가 ☐개 들어 있는 상자를 살래.

나는 배가 (더 큰 , 더 많은) 것이 좋아.

09 ☐ 안에 알맞은 수를 쓰고, 수의 크기를 비교해 보세요.

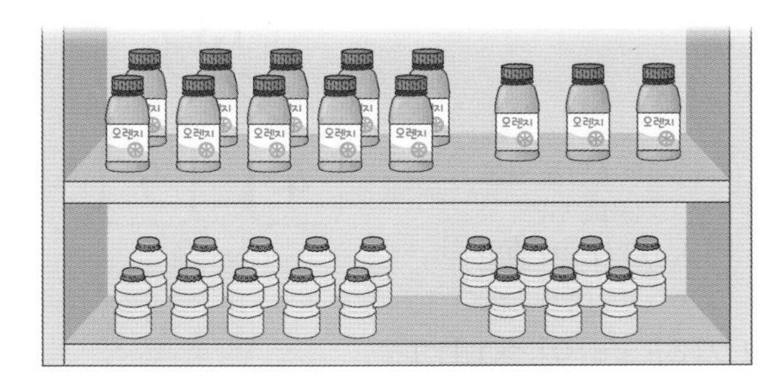

 13 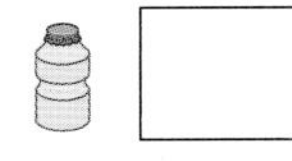

13은 ☐보다 (큽니다 , 작습니다).

서술형 문제

10 재희 형의 생일 케이크입니다. 재희 형의 나이는 몇 살인지 풀이 과정을 쓰고, 답을 구해 보세요.

❶ 10살을 나타내는 초가 ☐개, 1살을 나타내는 초가 ☐개 있습니다.

❷ 10개씩 묶음 ☐개와 낱개 ☐개는 ☐이므로 재희 형의 나이는 ☐살입니다.

답 ________

11 민지 언니의 생일 케이크입니다. 민지 언니의 나이는 몇 살인지 풀이 과정을 쓰고, 답을 구해 보세요.

긴 초는 10살,
짧은 초는 1살을
나타내.

____

____

____

____

답 ________

5 단원 1회

학습 결과에 색칠하세요.

2회 개념 학습

학습일 : 월 일

개념 1 두 수를 모으기

➔ 8과 4를 모으기하면 12가 됩니다.

확인 1 모으기를 해 보세요.

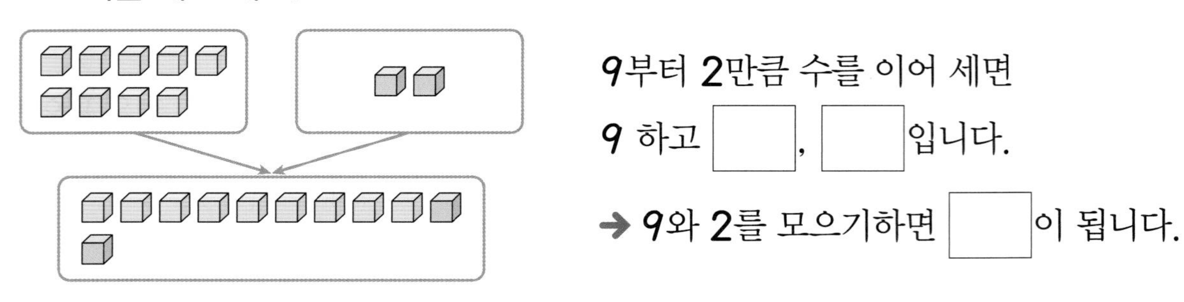

9부터 2만큼 수를 이어 세면

9 하고 ☐, ☐입니다.

➔ 9와 2를 모으기하면 ☐이 됩니다.

개념 2 두 수로 가르기

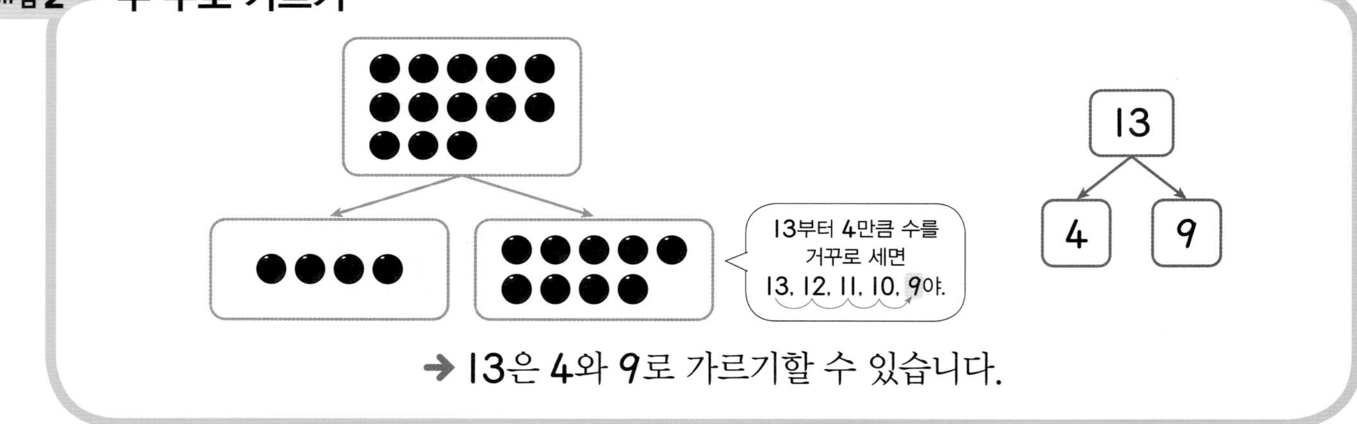

➔ 13은 4와 9로 가르기할 수 있습니다.

확인 2 가르기를 해 보세요.

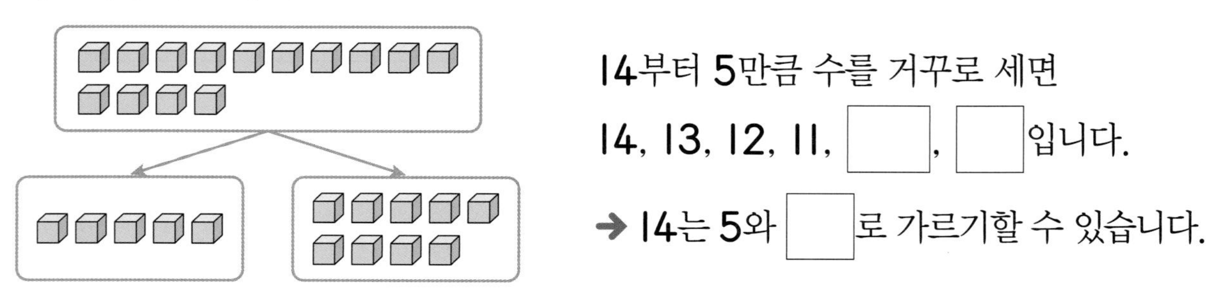

14부터 5만큼 수를 거꾸로 세면

14, 13, 12, 11, ☐, ☐입니다.

➔ 14는 5와 ☐로 가르기할 수 있습니다.

1 빈 곳에 알맞은 수만큼 ○를 그려 보세요.

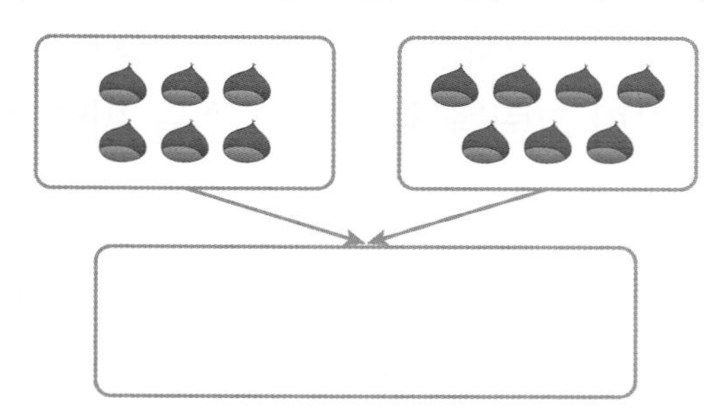

2 모으기를 해 보세요.

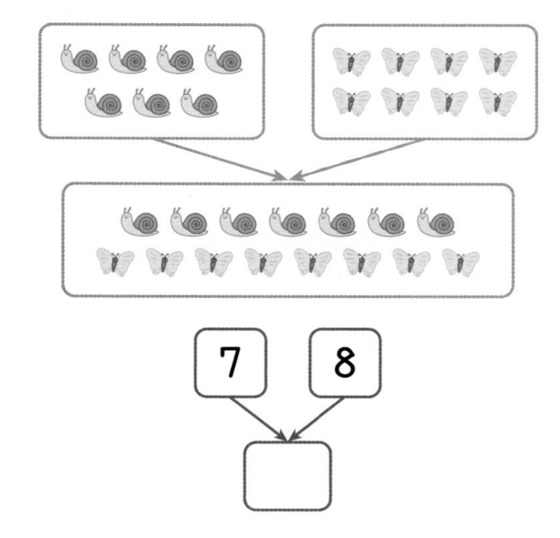

3 가르기를 해 보세요.

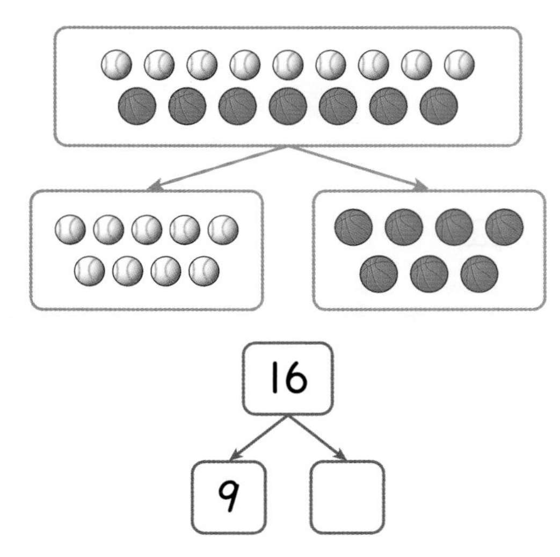

4 빈 곳에 알맞은 수만큼 ○를 그리고, 모으기를 해 보세요.

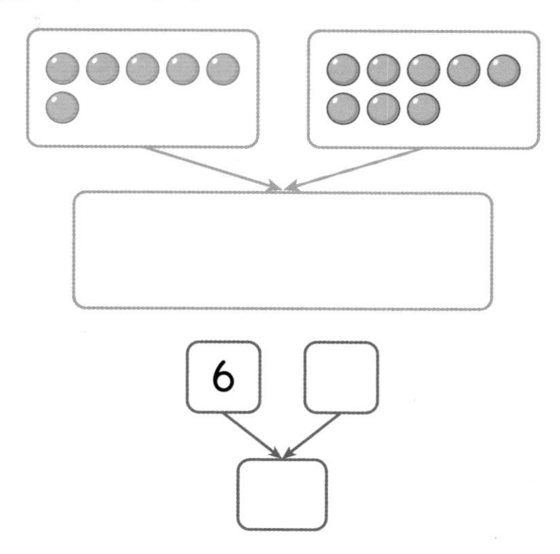

5 빈 곳에 알맞은 수만큼 ○를 그리고, 가르기를 해 보세요.

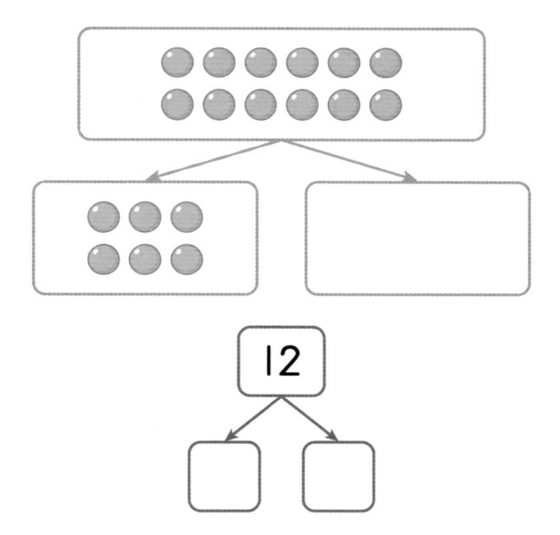

6 가르기를 해 보세요.

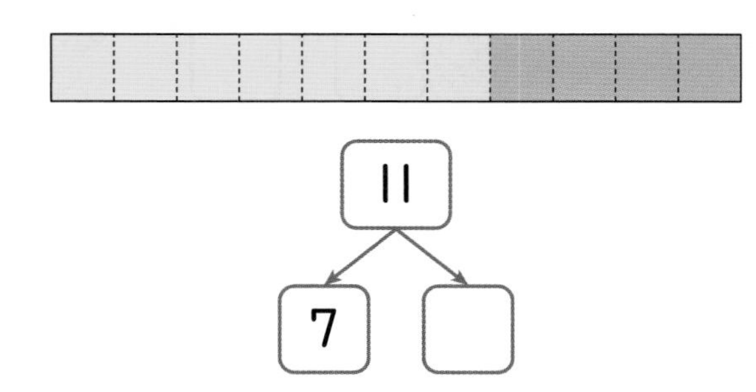

2회 문제 학습

01 모으기를 해 보세요.

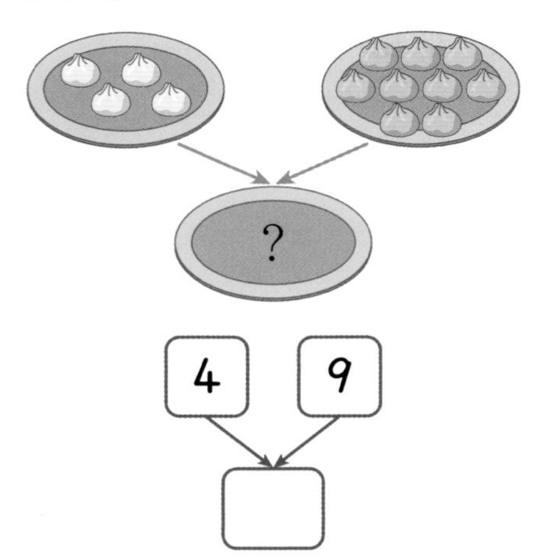

4, 9 → □

02 모으기와 가르기를 해 보세요.

(1) 5, 6 → □

(2) 17 → 8, □

창의형

03 15칸을 두 가지 색으로 색칠하고, 가르기를 해 보세요.

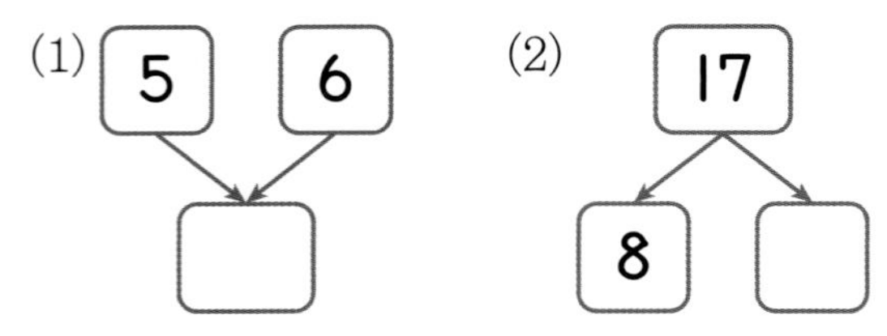

15 → □, □

창의형

04 팔찌를 만들려고 합니다. 세 가지 색 구슬 중 한 가지를 골라 모두 사용하여 아래의 팔찌 그림을 완성하고, 수를 써넣으세요.

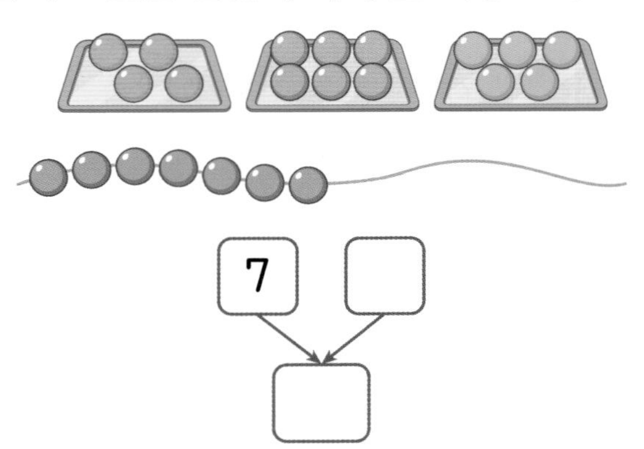

7, □ → □

창의형

05 두 가지 방법으로 가르기를 해 보세요.

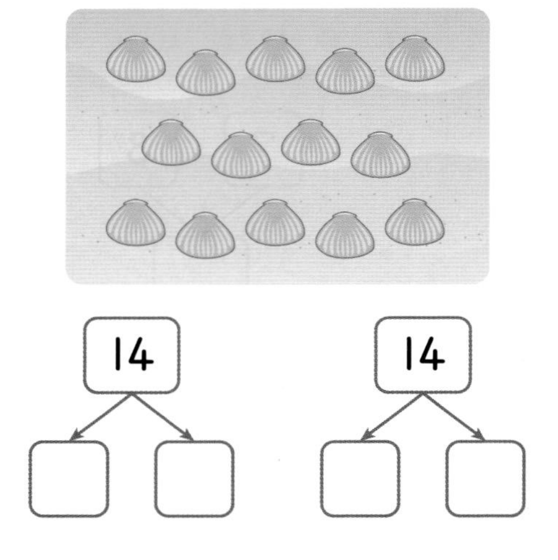

14 → □, □

14 → □, □

06 모으기를 하여 16이 되는 것끼리 이어 보세요.

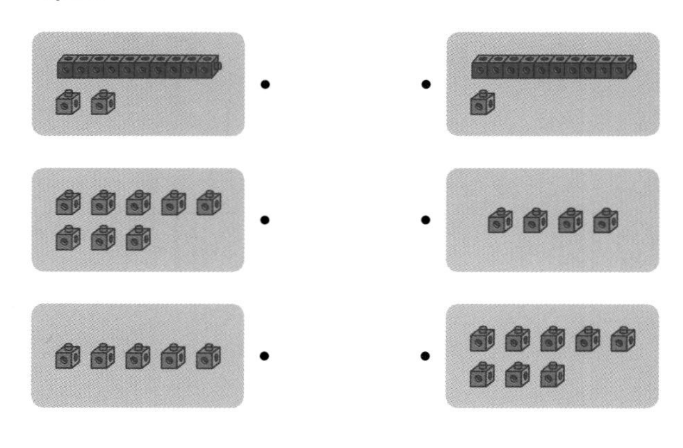

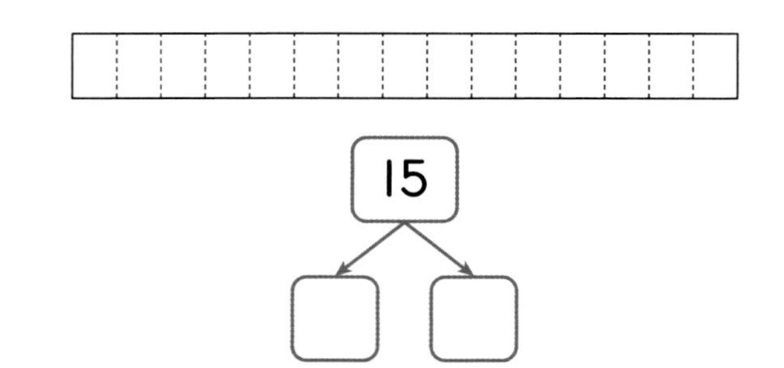

07 두 가지 방법으로 가르기를 해 보세요.

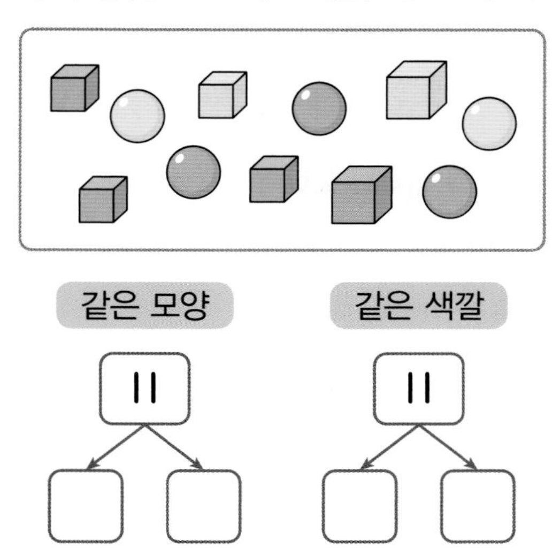

디지털 문해력

08 소미가 올린 온라인 게시물을 보고 소미와 오빠가 초콜릿 12개를 어떻게 나누어 먹었을지 ◯를 그려 나타내어 보세요.

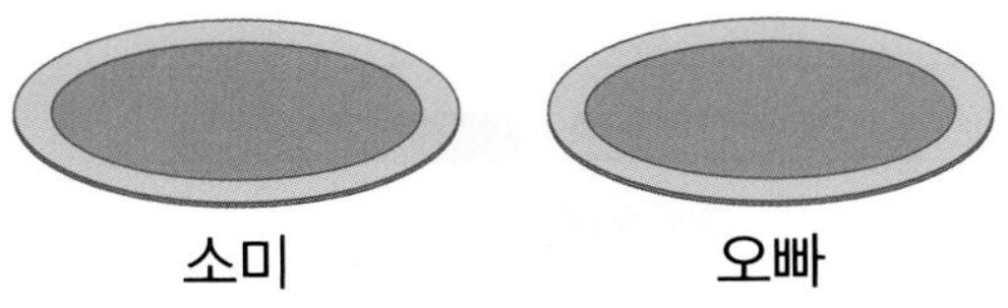

소미 오빠

서술형 문제

09 모으기하여 14가 되는 두 수를 찾으려고 합니다. 풀이 과정을 쓰고, 답을 구해 보세요.

8	5	6

❶ 8과 5를 모으기하면 ☐, 8과 6을 모으기하면 ☐, 5와 6을 모으기 하면 ☐이 됩니다.

❷ 따라서 모으기하여 14가 되는 두 수는 ☐와/과 ☐입니다.

답 ________

10 모으기하여 15가 되는 두 수를 찾으려고 합니다. 풀이 과정을 쓰고, 답을 구해 보세요.

7	6	9

답 ________

5 단원 2회

학습 결과에 색칠하세요.

3회 개념 학습

학습일 : 월 일

개념 1 10개씩 묶어 세기

• 10개씩 묶음 2개를 20이라고 합니다.

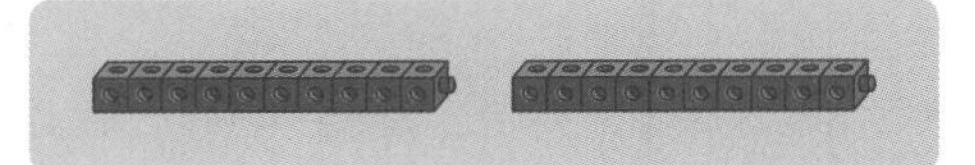

쓰기 20
읽기 이십, 스물

• 몇십은 다음과 같이 쓰고 읽습니다. — 몇십은 낱개의 수가 0이에요.

수	20	30	40	50
읽기	이십, 스물	삼십, 서른	사십, 마흔	오십, 쉰

확인 1 □ 안에 알맞은 수를 써넣으세요.

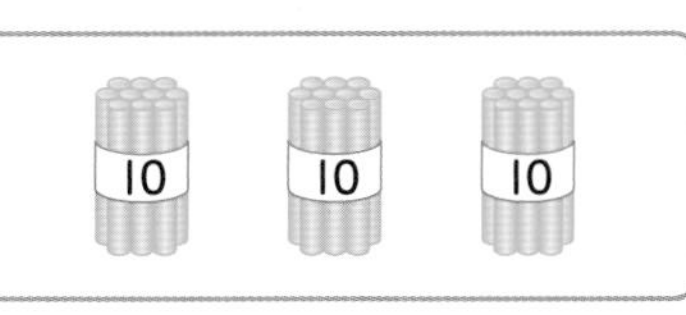

10개씩 묶음 □개 ➔ □

개념 2 몇십의 크기 비교하기

몇십은 10개씩 묶음의 수가 클수록 더 큽니다. — 낱개의 수는 모두 0이므로 비교하지 않아도 돼요.

40 — 10개씩 묶음 4개

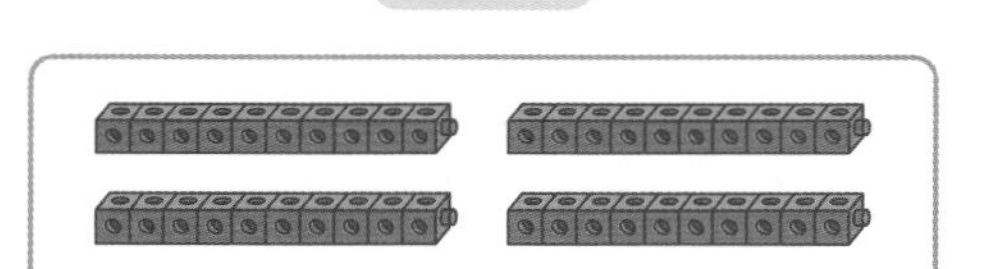

20 — 10개씩 묶음 2개

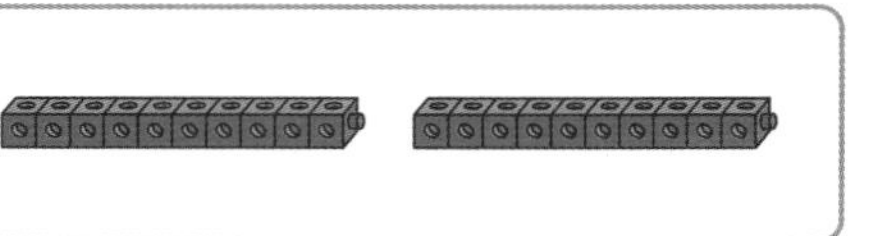

➔ 40은 20보다 큽니다. 20은 40보다 작습니다.

확인 2 □ 안에 알맞은 수를 써넣고, 수의 크기를 비교해 보세요.

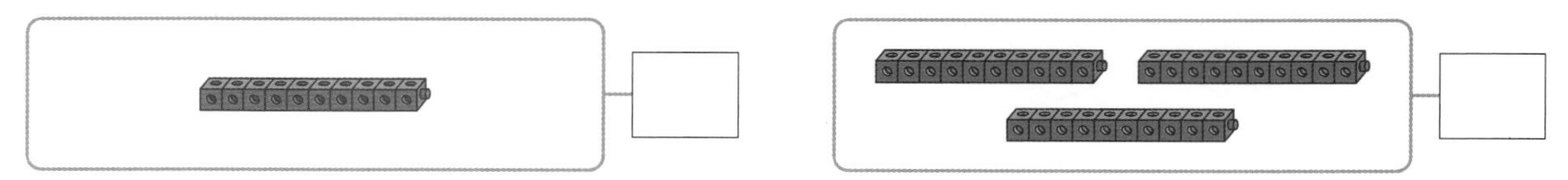

빨간색 연결 모형은 초록색 연결 모형보다 (많습니다 , 적습니다).

10은 □보다 (큽니다 , 작습니다).

1 □ 안에 알맞은 수를 써넣으세요.

(1) 10개씩 묶음 4개

(2) 50

→ 10개씩 묶음 □개

2 □ 안에 알맞은 수를 써넣으세요.

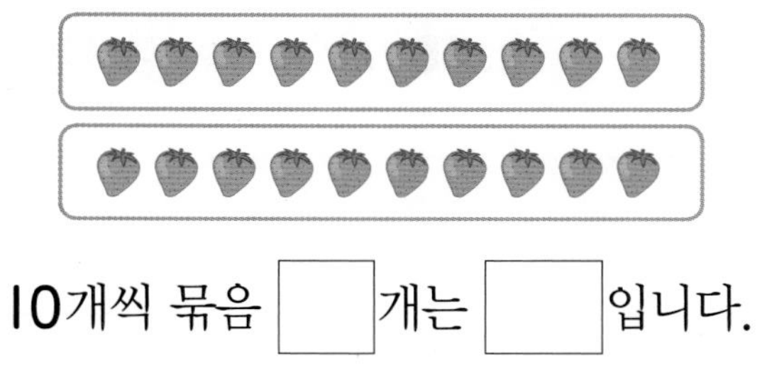

10개씩 묶음 □개는 □입니다.

3 10개씩 묶고, 수를 세어 써 보세요.

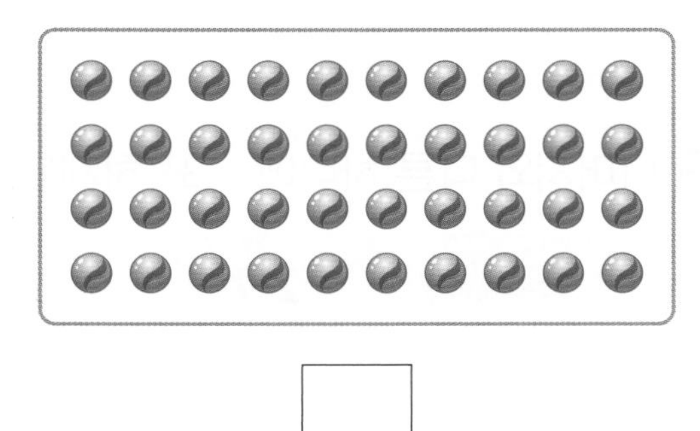

□

4 같은 수끼리 이어 보세요.

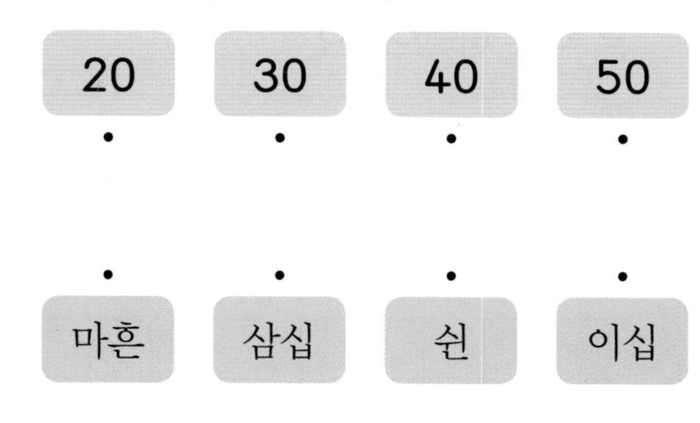

5 수를 세어 쓰고, 바르게 읽은 것을 찾아 ○표 하세요.

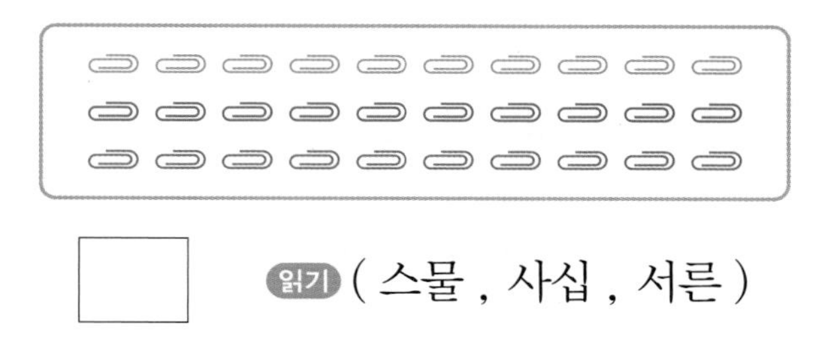

□ 읽기 (스물 , 사십 , 서른)

6 □ 안에 알맞은 수를 써넣으세요.

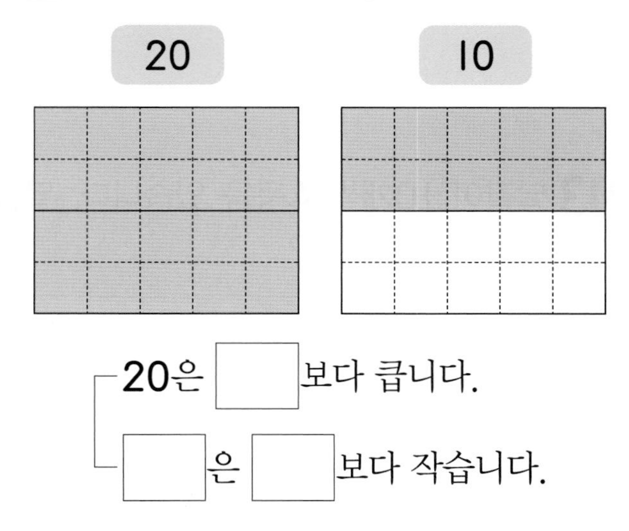

20은 □보다 큽니다.

□은 □보다 작습니다.

01 단추의 수만큼 ○를 그리고, □ 안에 알맞은 수를 써넣으세요.

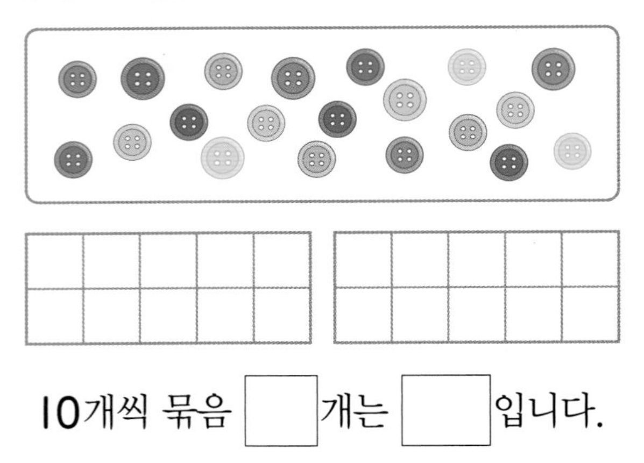

10개씩 묶음 □개는 □입니다.

02 알맞게 이어 보세요.

10개씩 묶음 3개 •	• 마흔
10개씩 묶음 4개 •	• 쉰
10개씩 묶음 5개 •	• 서른

03 달걀이 10개씩 4묶음 있습니다. 달걀은 모두 몇 개인가요?

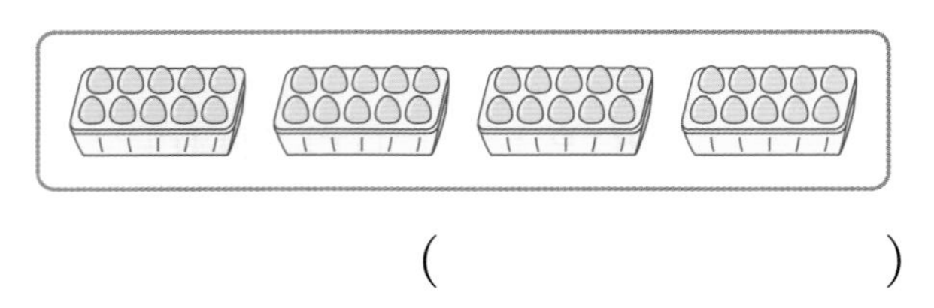

( )

04 30개가 되도록 ○를 더 그려 넣으세요.

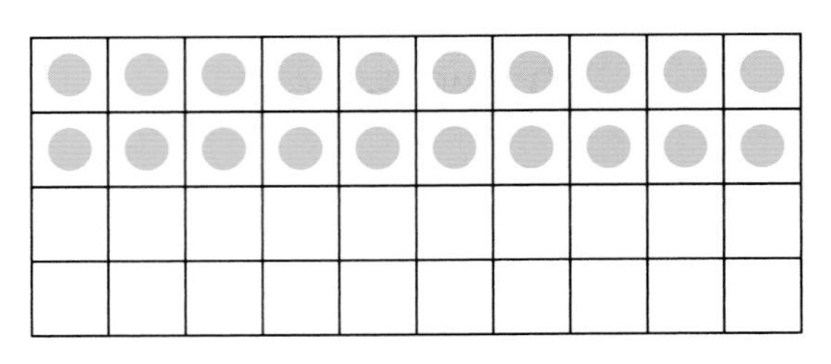

05 준비물의 수를 써 보세요.

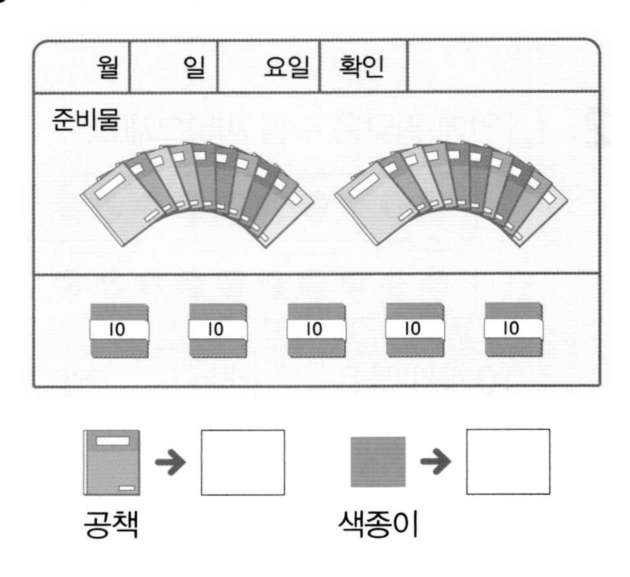

06 나머지와 다른 하나에 ○표 하세요.

스물	20	서른
( )	( )	( )

창의형

07 사용한 연결 모형의 수를 쓰고, 알맞게 답해 보세요.

시우

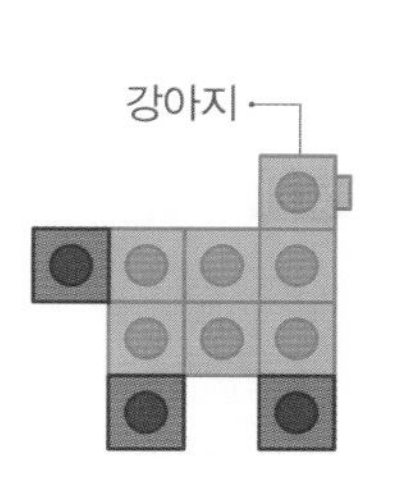

예나

시우가 사용한 연결 모형의 수 — □

예나가 사용한 연결 모형의 수 — □

- □ 은/는 □ 보다 (큽니다 , 작습니다).
- 강아지 5마리를 만드는 데 연결 모형 □ 개를 사용했습니다.

08 곶감이 10개씩 묶음 2개 있습니다. 곶감이 40개가 되려면 10개씩 묶음 몇 개가 더 필요할까요?

(　　　　　　　　　　)

서술형 문제

09 토마토가 50개 있습니다. 한 봉지에 토마토를 10개씩 담는다면 몇 봉지가 되는지 풀이 과정을 쓰고, 답을 구해 보세요.

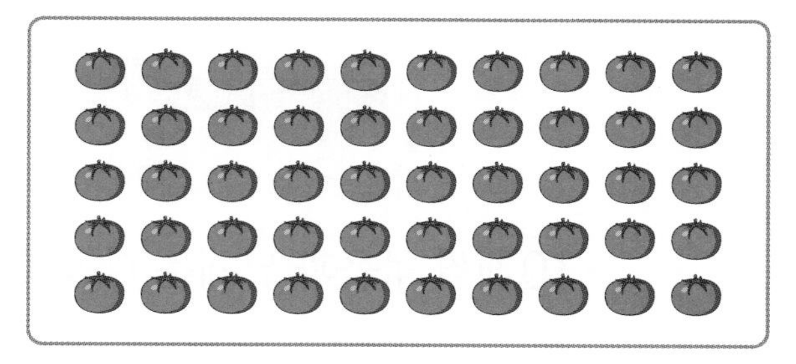

❶ 한 봉지에 토마토를 □ 개씩 담아야 하므로 토마토 50개를 10개씩 묶어 세면 10개씩 묶음 □ 개입니다.

❷ 따라서 토마토는 □ 봉지가 됩니다.

답 ______________

10 구슬을 30개 사려고 합니다. 문구점에서 구슬을 10개씩 묶음으로 판매한다면 구슬을 몇 묶음 사야 하는지 풀이 과정을 쓰고, 답을 구해 보세요.

____

____

____

____

답 ______________

5 단원 3회

학습 결과에 색칠하세요.

학습일 : 월 일

개념 1 50까지의 수 세기

• 10개씩 묶음 2개와 낱개 4개를 24라고 합니다.

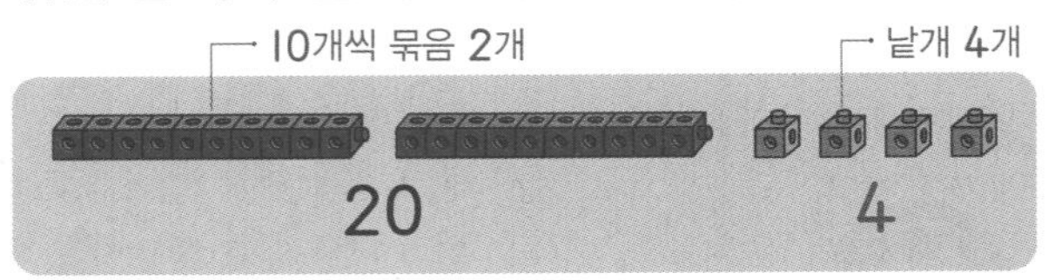

쓰기 24

읽기 이십사, 스물넷

• 10개씩 묶음과 낱개는 다음과 같이 쓰고 읽습니다.

10개씩 묶음	낱개
3	6

→ 36

읽기 삼십육, 서른여섯

10개씩 묶음	낱개
4	1

→ 41

읽기 사십일, 마흔하나

확인 1 □ 안에 알맞은 수를 써넣으세요.

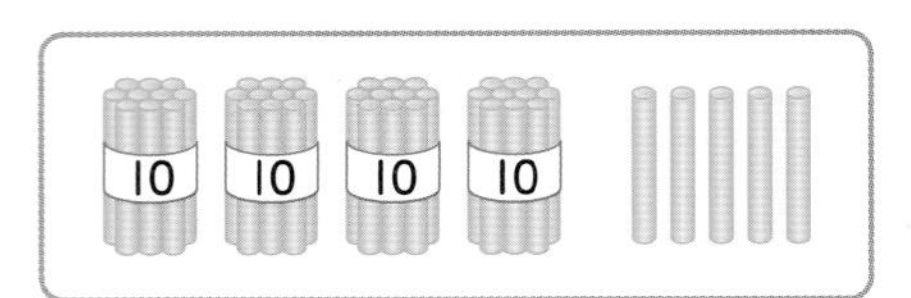

10개씩 묶음 4개와 낱개 □개 → □

개념 2 수를 세어 10개씩 묶음과 낱개로 나타내기

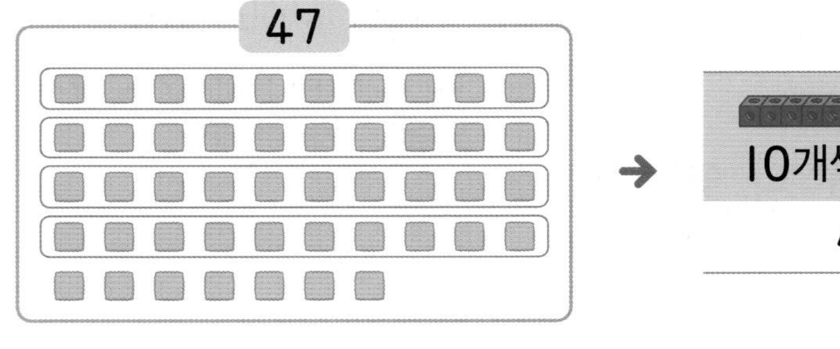

→

10개씩 묶음	낱개
4	7

참고 수 ■▲에서 ■는 10개씩 묶음의 수를 나타내고, ▲는 낱개의 수를 나타냅니다.

확인 2 10개씩 묶음과 낱개의 수를 써 보세요.

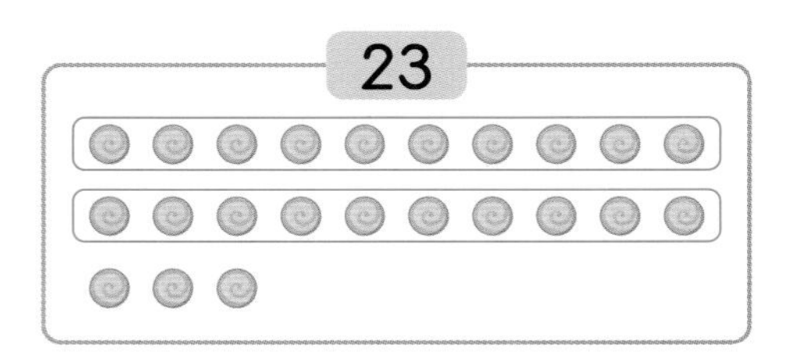

10개씩 묶음	낱개

1 □ 안에 알맞은 수를 써넣으세요.

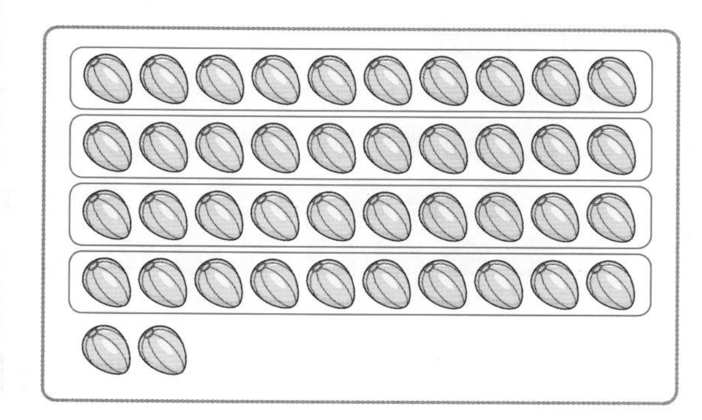

10개씩 묶음 4개와 낱개 □개는 □입니다.

2 빈칸에 알맞은 수를 써넣으세요.

10개씩 묶음 3개와 낱개 7개	
10개씩 묶음 2개와 낱개 1개	
10개씩 묶음 4개와 낱개 3개	

3 연필의 수를 세어 써 보세요.

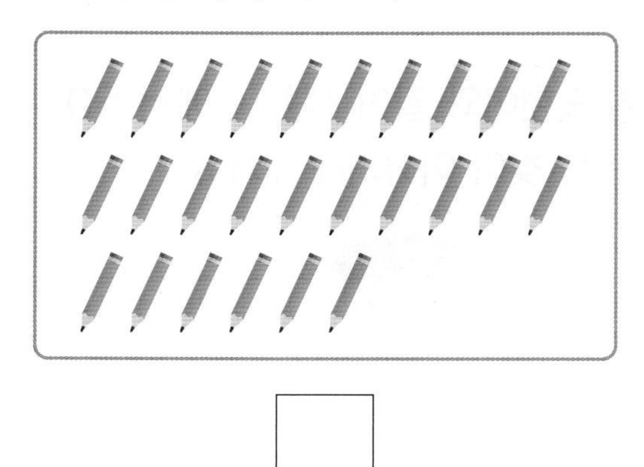

□

4 수를 바르게 읽은 것을 모두 찾아 ○표 하세요.

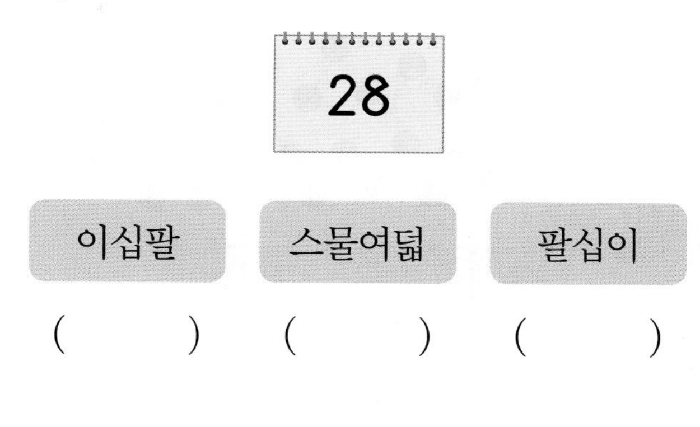

이십팔	스물여덟	팔십이
( )	( )	( )

5 수를 세어 쓰고, 바르게 읽은 것을 찾아 ○표 하세요.

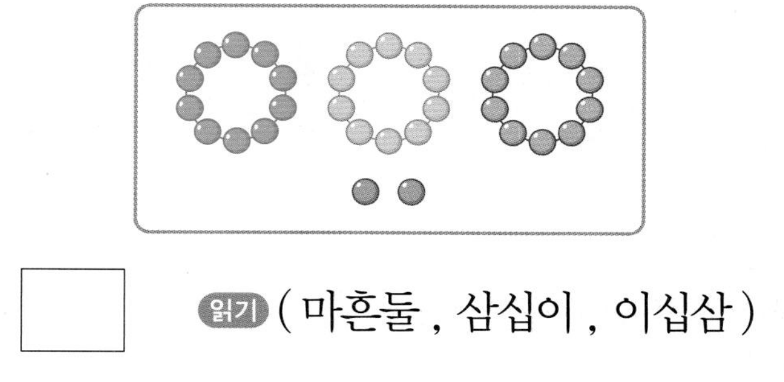

□ 읽기 (마흔둘 , 삼십이 , 이십삼)

6 수를 10개씩 묶음과 낱개의 수로 나타내어 보세요.

49 →

10개씩 묶음	낱개

01 바둑돌의 수를 10개씩 묶음과 낱개의 수로 나타내어 세어 보세요.

10개씩 묶음	낱개

→ ☐

02 빈칸에 알맞은 수를 써넣으세요.

수	10개씩 묶음	낱개
19	1	9
25	2	
31		1
	4	6

03 그림을 보고 알맞은 수를 써넣으세요.

이름	10개씩 묶음	낱개
꽃		
방울토마토		

04 수를 세어 쓰고, 바르게 읽은 것을 찾아 ○표 하세요.

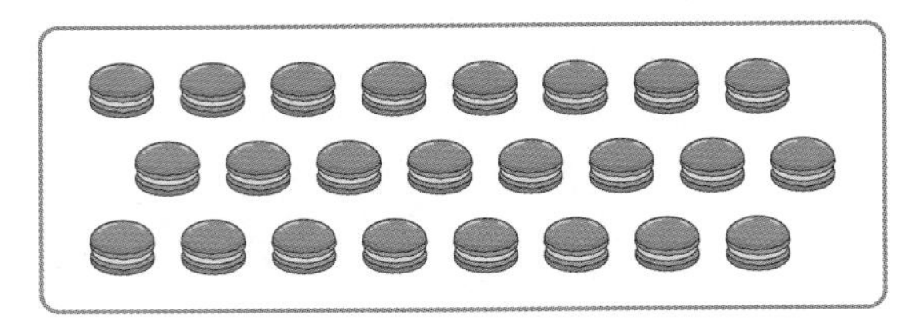

☐ 읽기 (스물넷 , 이십넷 , 사십이)

05 칠판에 쓰인 수를 보고 10개씩 묶음의 수와 낱개의 수를 바르게 말한 사람은 누구인가요?

( )

창의형

06 도현이와 같이 생활 속에서 50까지의 수를 찾아 이야기해 보세요.

( )

정답 34쪽

07 4명의 어린이가 체험 학습에서 딴 딸기의 수입니다. 딴 딸기의 수가 나머지 셋과 다른 사람은 누구인가요?

(　　　　　　　　　　)

창의형

08 그림과 수를 보고 색칠해 보세요.

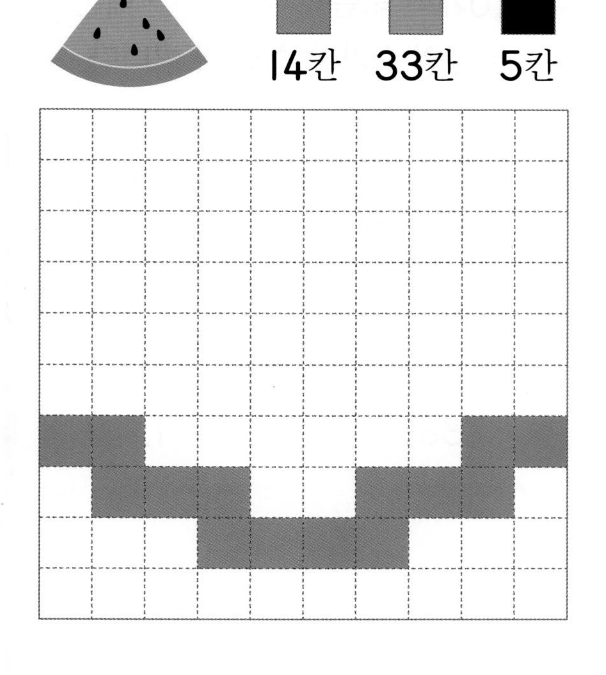

서술형 문제

09 감자가 10개씩 2상자와 낱개 14개가 있습니다. 감자는 모두 몇 개인지 풀이 과정을 쓰고, 답을 구해 보세요.

❶ 낱개 14개는 10개씩 □ 상자와 낱개 □ 개입니다.

❷ 따라서 감자는 10개씩 □ 상자와 낱개 4개이므로 감자는 모두 □ 개입니다.

답 ______________

10 과자가 10개씩 3상자와 낱개 12개가 있습니다. 과자는 모두 몇 개인지 풀이 과정을 쓰고, 답을 구해 보세요.

____

____

____

____

답 ______________

5 단원 4회

학습 결과에 색칠하세요.

개념 학습

학습일 : 월 일

개념 1 50까지의 수의 순서

I씩 커져요.

1	2	3	4	5	6	7	8	9	10
11	12	13	14	15	16	17	18	19	20
21	22	23	24	25	26	27	28	29	30
31	32	33	34	35	36	37	38	39	40
41	42	43	44	45	46	47	48	49	50

I씩 작아져요.

- 24보다 I만큼 더 큰 수 → 25 (바로 뒤의 수)
- 24보다 I만큼 더 작은 수 → 23 (바로 앞의 수)
- 36과 38 사이의 수 → 37

확인 1 □ 안에 알맞은 수를 써넣으세요.

18 — 19 — 20 — 21 — 22 — 23

21보다 I만큼 더 큰 수는 □이고, 21보다 I만큼 더 작은 수는 □입니다.

개념 2 50까지의 수의 크기 비교하기

① 10개씩 묶음의 수가 다를 때는 **10개씩 묶음의 수가 클수록 더 큽니다.**

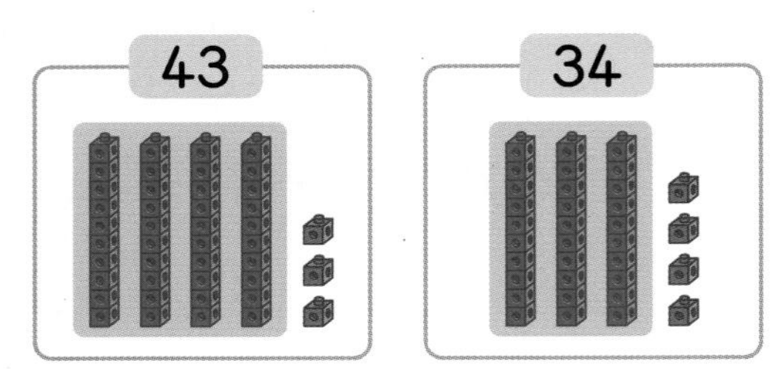

→ 43은 34보다 큽니다.
34는 43보다 작습니다.

② 10개씩 묶음의 수가 같을 때는 **낱개의 수가 클수록 더 큽니다.**

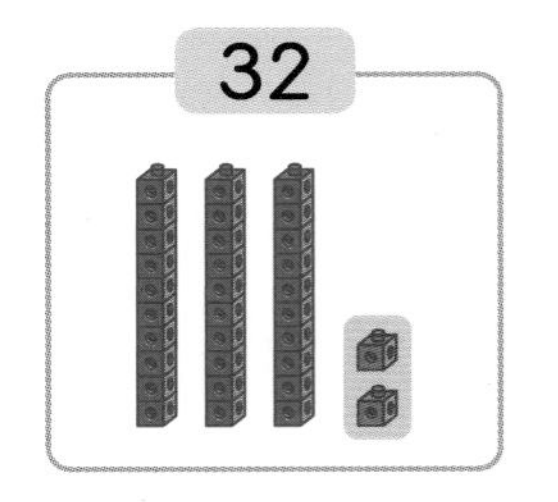

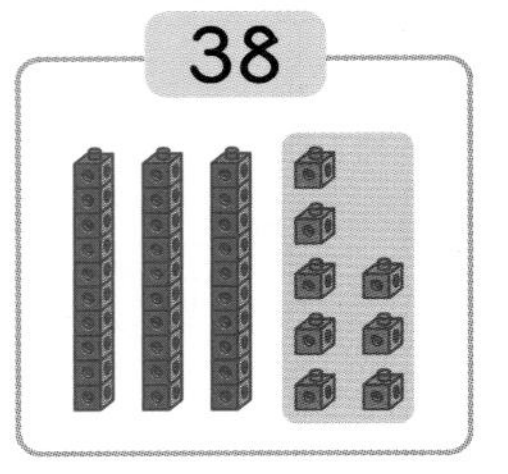

→ 32는 38보다 작습니다.
38은 32보다 큽니다.

확인 2 알맞은 말에 ○표 하세요.

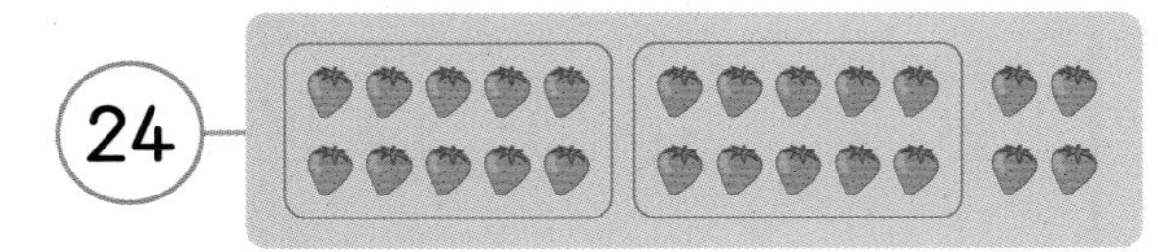

24는 21보다 (큽니다 , 작습니다).

정답 35쪽

1 수의 순서에 맞게 빈칸에 알맞은 수를 써넣으세요.

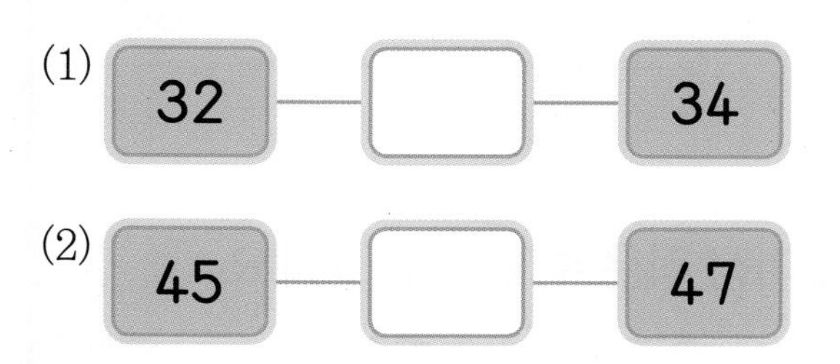

2 수의 순서에 맞게 빈칸에 알맞은 수를 써넣으세요.

14	15		17			20

3 20부터 40까지의 수를 순서대로 쓰려고 합니다. 빈칸에 알맞은 수를 써넣으세요.

20	21	22	23	24	25	26
27	28			31	32	33
34			37	38		40

4 빈 곳에 알맞은 수를 써넣으세요.

5 수만큼 색칠하고, □ 안에 알맞은 수를 써넣으세요.

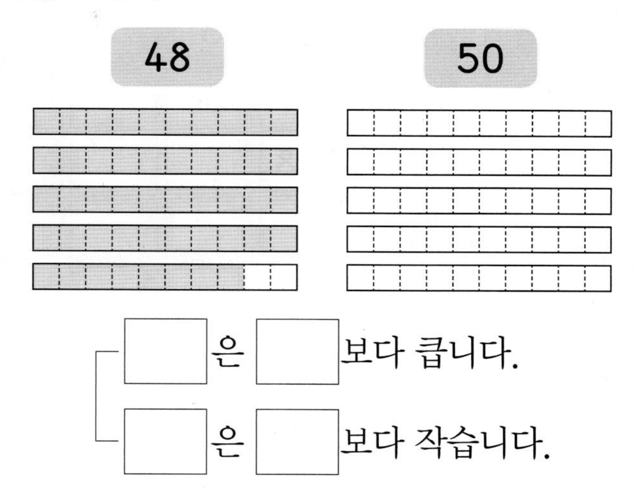

6 □ 안에 알맞은 수를 써넣고, 더 큰 수에 ○표 하세요.

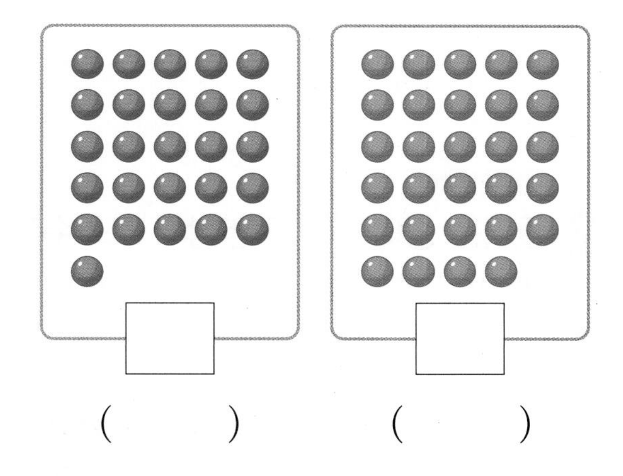

(　　)　　(　　)

7 더 큰 수에 ○표 하세요.

(1)

18	22

(2)

33	37

01 그림을 보고 물음에 답하세요.

(1) 예나의 보관함을 찾아 수를 써넣으세요.

(2) 34 보다 1만큼 더 작은 수를 써 보세요.

(　　　　　　　　)

디지털 문해력

02 '즐거운 종이접기' 동영상의 조회수가 다음과 같습니다. 이 동영상을 1명이 더 본다면 조회수는 몇 회가 될까요?

(　　　　　　　　)

03 33보다 작은 수를 찾아 △표 하세요.

36	41	30

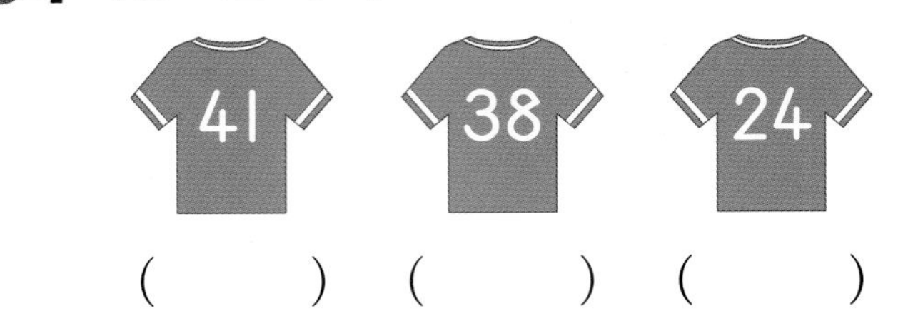

04 가장 작은 수에 △표 하세요.

(　　　) (　　　) (　　　)

05 27부터 50까지의 수를 순서대로 써 보세요.

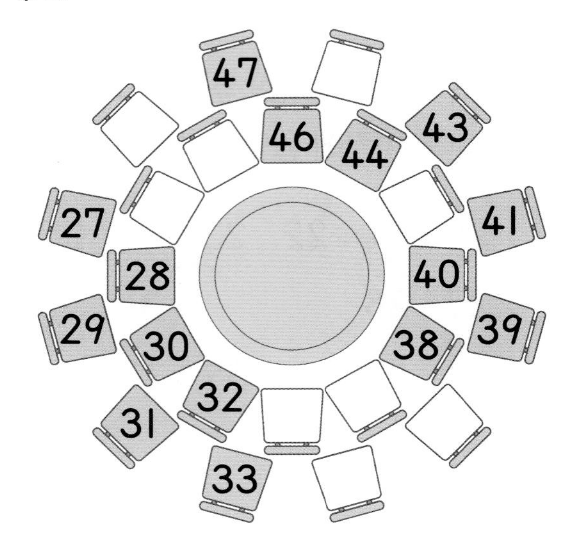

창의형

06 50까지의 수 중에서 설명에 알맞은 수를 1개만 써 보세요.

43보다 큰 수

(　　　　　　　　)

07 더 큰 수를 찾아 길을 따라가 보고, 도착한 곳은 어디인지 써 보세요.

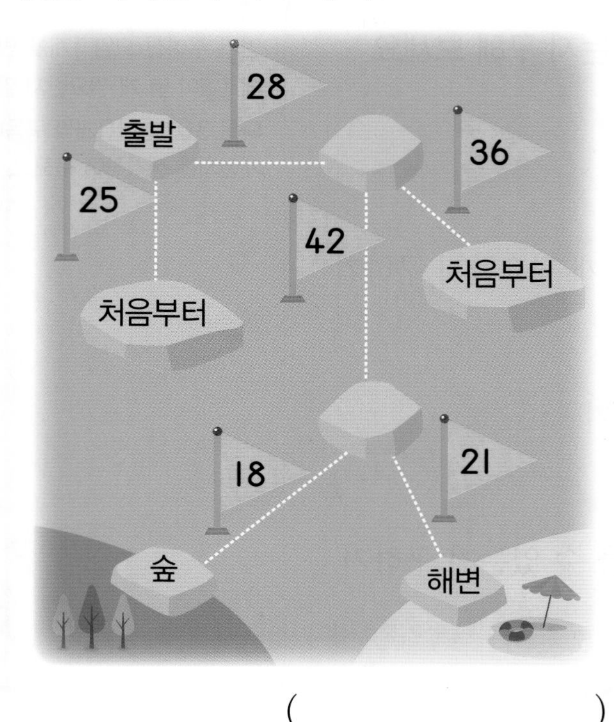

( )

08 키위가 39개, 망고가 35개 있습니다. 키위와 망고 중에서 어느 것이 더 많은가요?

( )

09 가장 큰 수를 찾아 기호를 써 보세요.

㉠ 45보다 1만큼 더 작은 수
㉡ 10개씩 묶음 4개와 낱개 9개인 수
㉢ 마흔

( )

서술형 문제

10 두 수 사이에 있는 수를 모두 구하려고 합니다. 풀이 과정을 쓰고, 답을 구해 보세요.

삼십칠 마흔하나

❶ 삼십칠을 수로 나타내면 ☐이고, 마흔하나를 수로 나타내면 ☐입니다.

❷ 따라서 ☐과 ☐ 사이에 있는 수는 ☐, ☐, ☐입니다.

답 ______

11 두 수 사이에 있는 수를 모두 구하려고 합니다. 풀이 과정을 쓰고, 답을 구해 보세요.

이십구 서른넷

______
______
______
______

답 ______

5 단원 5회

학습 결과에 색칠하세요.

6회 응용 학습

학습일 : 월 일

만들 수 있는 모양의 개수 구하기

01 30개로 주어진 모양을 몇 개 만들 수 있는지 구해 보세요.

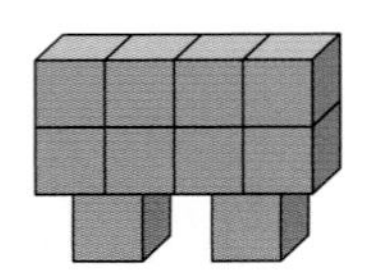

1단계 주어진 모양 1개를 만드는 데 이 몇 개 필요한지 구하기

( )

2단계 30은 10개씩 묶음이 몇 개인지 구하기

( )

3단계 30개로 주어진 모양을 몇 개 만들 수 있는지 구하기

( )

문제해결 TIP

먼저 주어진 모양 1개를 만드는 데 이 몇 개 필요한지 알아본 다음 30개는 10개씩 묶음이 몇 개인지를 생각하여 구해요.

02 20개로 주어진 모양을 몇 개 만들 수 있는지 구해 보세요.

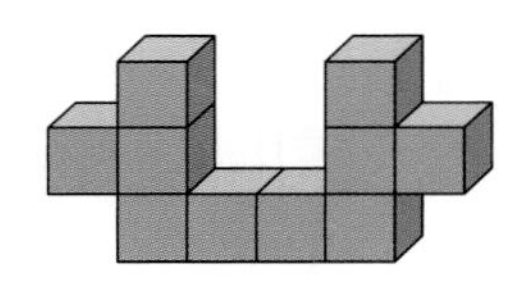

( )

03 주어진 으로 보기 의 모양을 몇 개 만들 수 있는지 구해 보세요.

보기

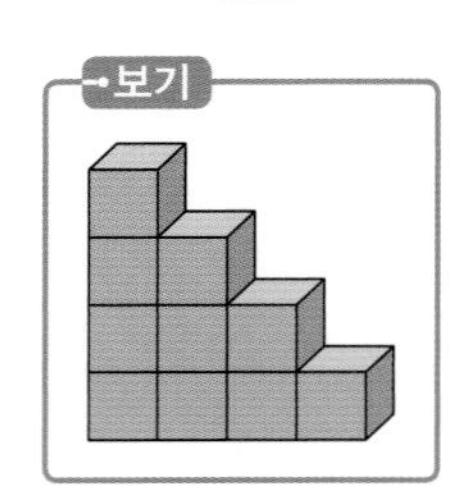

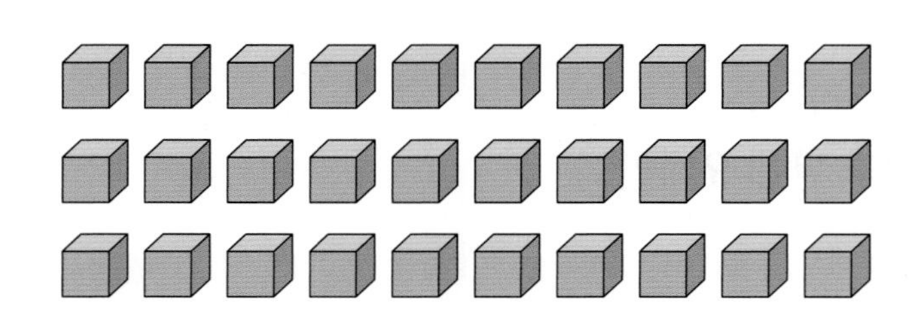

( )

먼저 보기 의 모양 1개를 만드는 데 필요한 이 몇 개인지 알아보고, 주어진 의 수를 세어 봐!

두 수를 골라 몇십몇 만들기

04 3장의 수 카드 중에서 2장을 골라 한 번씩만 사용하여 몇십몇을 만들려고 합니다. 만들 수 있는 가장 큰 수를 구해 보세요.

1 3 4

1단계 가장 큰 몇십몇을 만드는 방법 알기

가장 큰 몇십몇을 만들려면 10개씩 묶음의 수에 (가장 큰 , 둘째로 큰 , 가장 작은) 수를 쓰고, 낱개의 수에 (가장 큰 , 둘째로 큰 , 가장 작은) 수를 써야 합니다.

2단계 만들 수 있는 가장 큰 몇십몇 구하기

( )

문제해결 TIP

10개씩 묶음의 수가 클수록 큰 수이고, 10개씩 묶음의 수가 같으면 낱개의 수가 클수록 큰 수예요.

5 단원 6회

05 3장의 수 카드 중에서 2장을 골라 한 번씩만 사용하여 몇십몇을 만들려고 합니다. 만들 수 있는 가장 작은 수를 구해 보세요.

2 8 5

( )

06 10개씩 묶음의 수를 나타내는 노란색 공과 낱개의 수를 나타내는 빨간색 공을 1개씩 뽑아 몇십몇을 만들려고 합니다. 만들 수 있는 가장 큰 수를 구해 보세요.

10개씩 묶음의 수와 낱개의 수가 클수록 더 큰 몇십몇을 만들 수 있어!

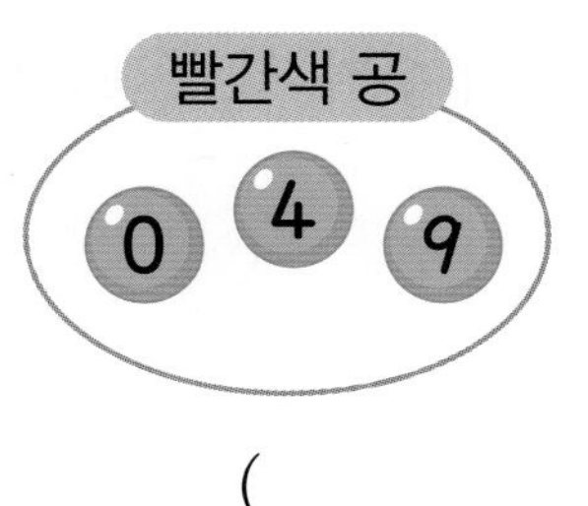

( )

조건을 만족하는 수 구하기

07 조건 을 만족하는 수를 모두 구해 보세요.

조건
- 10개씩 묶음 3개와 낱개 5개인 수보다 큰 수입니다.
- 40보다 작은 수입니다.

1단계 10개씩 묶음 3개와 낱개 5개인 수 구하기

( )

2단계 조건 을 만족하는 수 모두 구하기

( )

문제해결 TIP

10개씩 묶음 3개와 낱개 5개인 수를 구한 다음, 구한 수보다 크고 40보다 작은 수를 모두 찾아 써요.

08 조건 을 만족하는 수를 모두 구해 보세요.

조건
- 10과 30 사이에 있는 수입니다.
- 26보다 큰 수입니다.

( )

09 조건 을 만족하는 수를 구해 보세요.

조건
- 10개씩 묶음 1개와 낱개 8개인 수보다 큰 수입니다.
- 30보다 작은 수입니다.
- 10개씩 묶음의 수와 낱개의 수가 서로 같습니다.

( )

10개씩 묶음의 수와 낱개의 수가 서로 같은 수는 11, 22, 33, 44 등이 있어.

■에 알맞은 수 구하기

10 25보다 크고 ■보다 작은 수는 모두 5개입니다. ■에 알맞은 수를 구해 보세요.

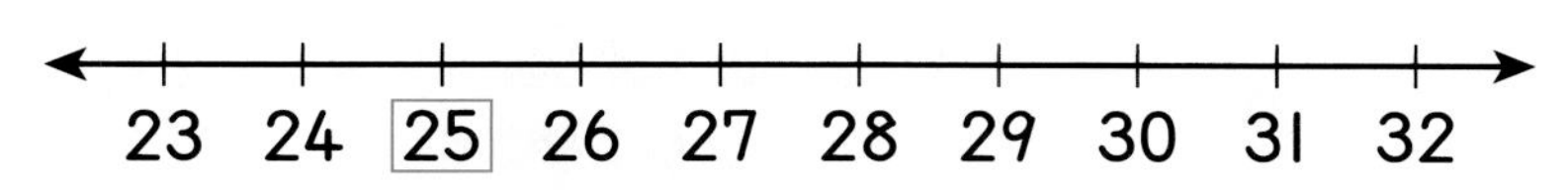

1단계 25보다 큰 수를 25 바로 뒤의 수부터 순서대로 5개 쓰기

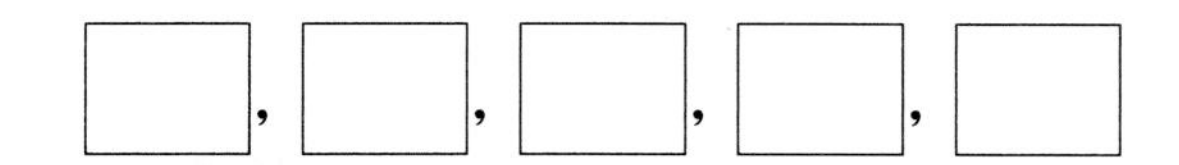

2단계 ■에 알맞은 수 구하기

( )

문제해결 TIP

25 바로 뒤의 수부터 순서대로 5개를 써요. 이때 마지막에 쓴 수의 바로 뒤의 수가 ■예요.

11 33보다 크고 ■보다 작은 수는 모두 4개입니다. ■에 알맞은 수를 구해 보세요.

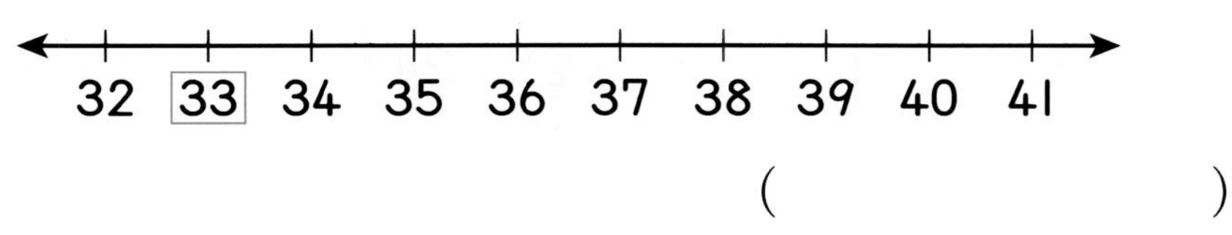

( )

12 ■보다 크고 22보다 작은 수는 모두 4개입니다. ■에 알맞은 수를 구해 보세요.

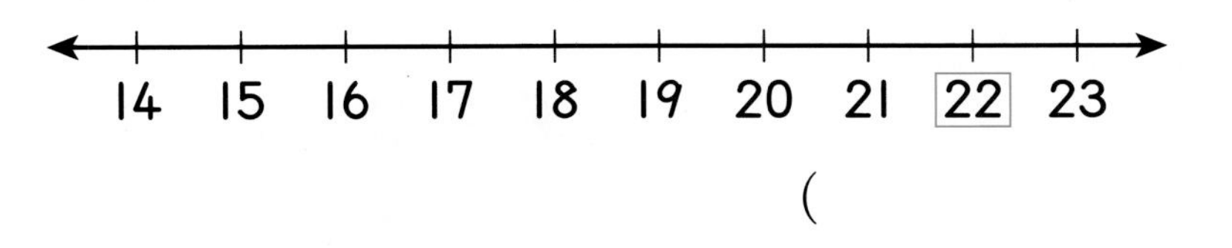

( )

■가 22보다 작은 수이니까 22 바로 앞의 수부터 거꾸로 수를 4개 써 봐.

학습 결과에 색칠하세요.

7회 마무리 평가

학습일 : 월 일

01 그림의 수와 같은 것을 모두 찾아 ○표 하세요.

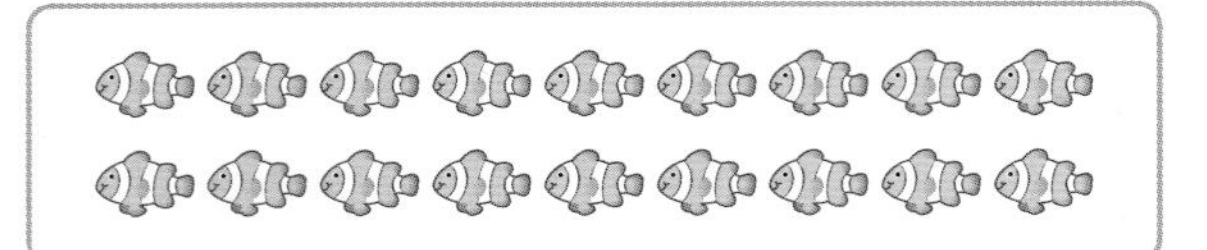

(열여덟 , 16 , 십육 , 18)

02 가르기를 해 보세요.

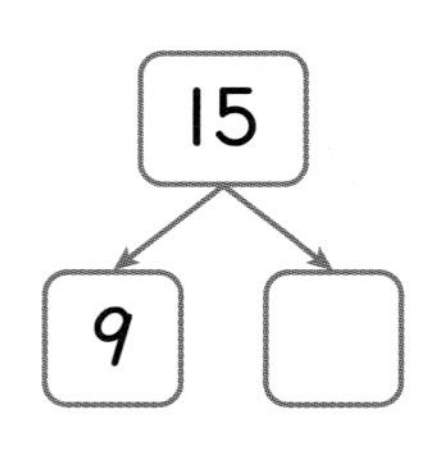

03 수를 세어 쓰고, 바르게 읽은 것을 찾아 ○표 하세요.

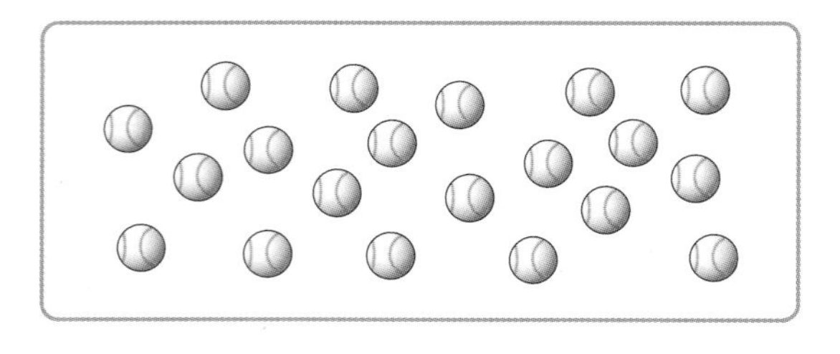

□ 읽기 (삼십 , 스물 , 마흔)

04 과자의 수를 10개씩 묶음과 낱개의 수로 나타내어 세어 보세요.

10개씩 묶음	낱개

→ □

05 수의 순서에 맞게 빈칸에 알맞은 수를 써넣으세요.

23	24			27		29

06 더 작은 수에 △표 하세요.

41	35

07 □ 안에 알맞은 수를 써넣으세요.

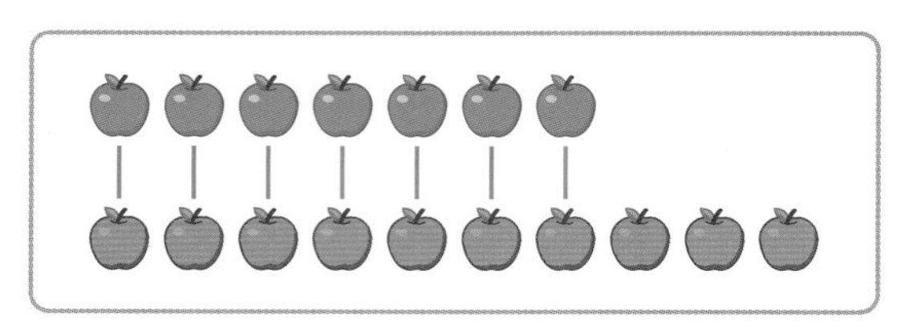

7보다 □ 만큼 더 큰 수는 10입니다.

08 10을 읽는 방법이 다른 것은 어느 것인가요? (　　　)

① 손가락은 10개입니다.
② 10일 후에 방학을 합니다.
③ 책을 10권 읽었습니다.
④ 지호의 나이는 10살입니다.
⑤ 소라는 줄넘기를 10번 넘었습니다.

09 가지가 상자 안에 10개 들어 있고 상자 밖에 4개 있습니다. 가지는 모두 몇 개인가요?

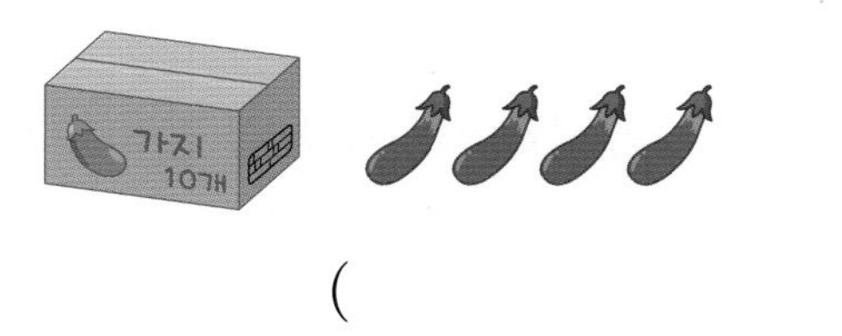

(　　　　　)

10 모으기를 하여 18이 되는 두 수끼리 이어 보세요.

5	8	12	9
10	6	9	13

11 유리가 사탕 4봉지를 샀습니다. 사탕이 한 봉지에 10개씩 들어 있다면 유리가 산 사탕은 모두 몇 개일까요?

(　　　　　)

12 나타내는 수가 다른 하나에 ○표 하세요.

45	서른다섯	사십오
(　　)	(　　)	(　　)

서술형

13 수를 순서대로 쓴 것입니다. ★에 알맞은 수는 얼마인지 풀이 과정을 쓰고, 답을 구해 보세요.

답

14 작은 수부터 순서대로 써 보세요.

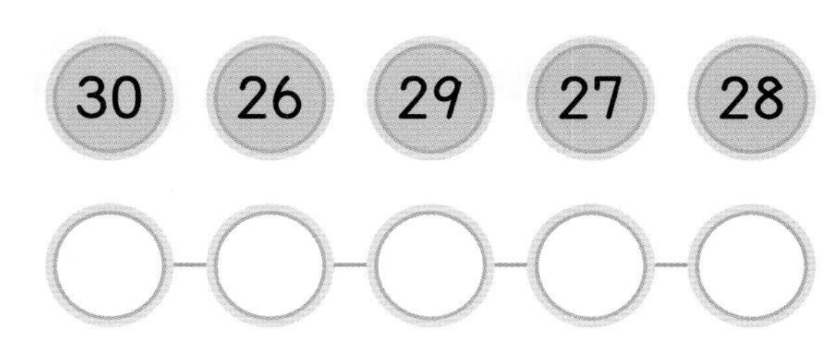

15 버스에서 소율이의 자리에 ◯표 하세요.

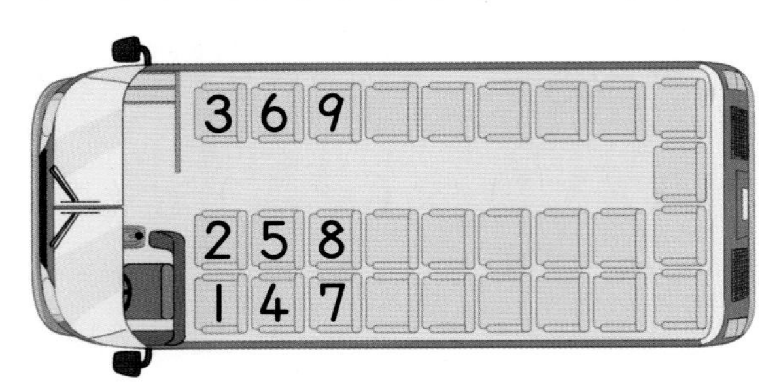

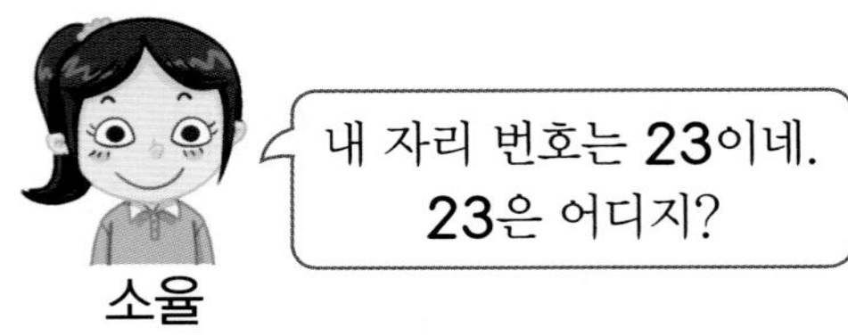

16 설명에 알맞은 수를 구해 보세요.

10개씩 묶음 4개와 낱개 9개인 수보다 1만큼 더 큰 수

( )

17 시우와 채아 중에서 구슬을 더 많이 가지고 있는 사람은 누구인가요?

( )

18 가장 큰 수에 ◯표, 가장 작은 수에 △표 하세요.

29	24	32

19 36보다 큰 수를 모두 찾아 써 보세요.

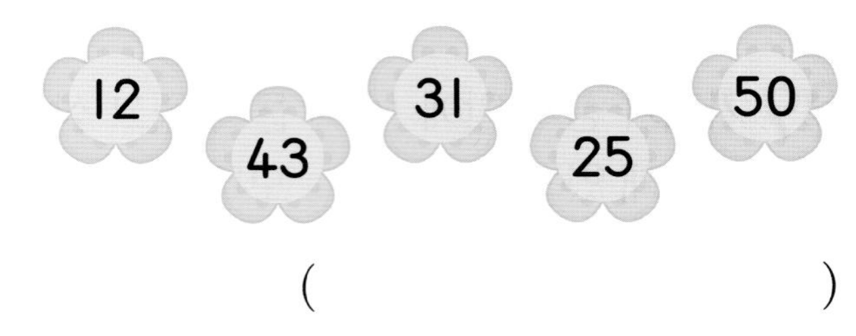

( )

서술형

20 단추를 모아 놓은 것입니다. 단추가 50개가 되려면 10개씩 묶음 몇 개가 더 필요한지 풀이 과정을 쓰고, 답을 구해 보세요.

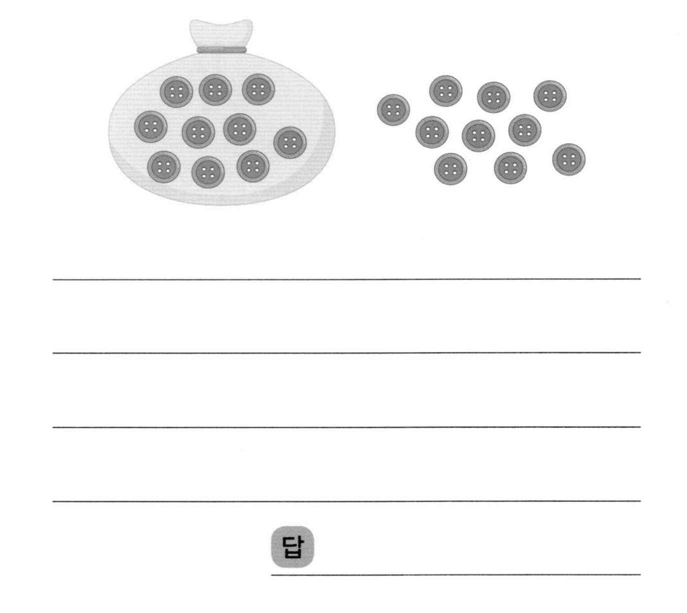

답

정답 37쪽

21 다음 중 두 수 사이에 있는 수를 모두 찾아 써 보세요.

열다섯　　서른여덟

15	26	38	44
10	19	36	16

(　　　　　　　　)

22 조건 을 만족하는 수를 구해 보세요.

조건
- 40보다 크고 50보다 작은 수입니다.
- 낱개의 수는 7입니다.

(　　　　　　　　)

23 10개씩 묶음의 수를 나타내는 빨간색 공과 낱개의 수를 나타내는 파란색 공을 1개씩 뽑아 몇십몇을 만들려고 합니다. 만들 수 있는 가장 작은 수를 구해 보세요.

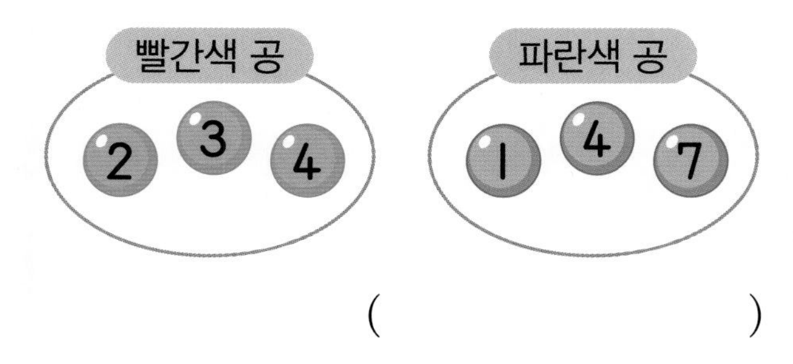

(　　　　　　　　)

수행 평가

| 24~25 | 수민이와 태연이는 어린이 마라톤 대회에 참가했습니다. 그림을 보고 물음에 답하세요.

24 수민이의 번호를 바르게 읽은 것을 모두 찾아 ○표 하세요.

서른둘	삼십일	서른하나
(　　)	(　　)	(　　)

25 결승선에 수민이는 12번째로 들어오고 태연이는 16번째로 들어왔습니다. 수민이와 태연이 사이에 들어온 어린이는 몇 명인지 풀이 과정을 쓰고, 답을 구해 보세요.

5 단원 7회

학습 결과에 색칠하세요.

MEMO

동아출판

초등 1, 2학년을 위한

추천 라인업

1~2학년 1, 2학기(전 4권)

어휘를 높이는

초능력 맞춤법 + 받아쓰기

- 쉽고 빠르게 배우는 **맞춤법 학습**
- 단계별 낱말과 문장 **바르게 쓰기 연습**
- 학년, 학기별 국어 **교과서 어휘 학습**

선생님이 불러주는 듣기 자료, 맞춤법 원리 학습 동영상 강의

1~2학년 대상

빠르고 재밌게 배우는

초능력 구구단

- 3회 누적 학습으로 **구구단 완벽 암기**
- 기초부터 활용까지 **3단계 학습**
- 개념을 시각화하여 **직관적 구구단 원리 이해**
- 다양한 유형으로 구구단 **유창성과 적용력 향상**

구구단송

1~2학년 대상

원리부터 응용까지

초능력 시계·달력

- 초등 1~3학년에 걸쳐 있는 시계 학습을 **한 권으로 완성**
- 기초부터 활용까지 **3단계 학습**
- 개념을 시각화하여 **시계달력 원리를 쉽게 이해**
- 다양한 유형의 **연습 문제와 실생활 문제로 흥미 유발**

시계·달력 개념 동영상 강의

백점 수학 1·1

2022 개정 교육과정

평가북

- 학교 시험 대비 수준별 **단원 평가**
- 핵심만 모은 **총정리 개념**

∘ 평가북 구성과 특징

1 **수준별 단원 평가**가 있습니다.

A단계, B단계 두 가지 난이도로 **단원 평가**를 제공

2 **총정리 개념**이 있습니다.

학습한 내용을 점검하며 마무리할 수 있도록 각 단원의 핵심 개념을 제공

백점

수학 1·1

평가북

차례

01 개구리의 수를 세어 □ 안에 써넣으세요.

02 수만큼 ○를 그려 넣으세요.

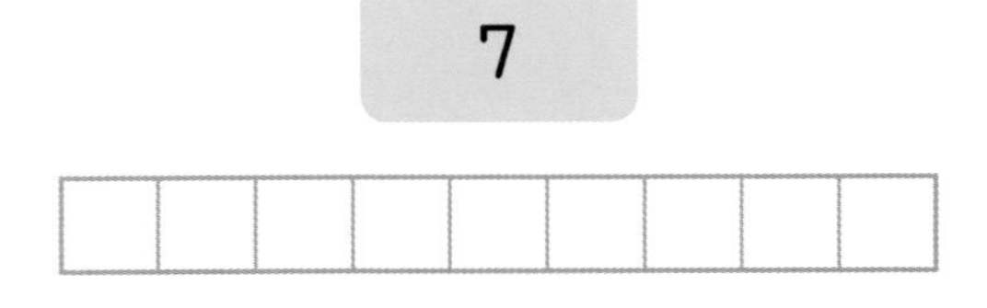

03 순서에 맞게 빈 곳에 알맞은 말을 찾아 ○표 하세요.

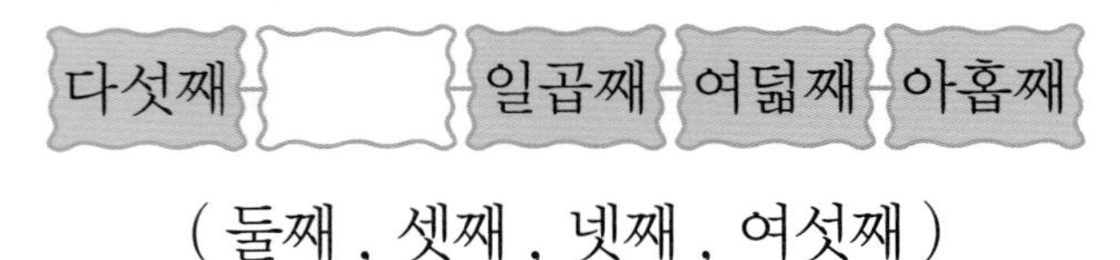

(둘째 , 셋째 , 넷째 , 여섯째)

04 1보다 1만큼 더 작은 수를 나타내는 것을 찾아 △표 하세요.

( ) ( ) ( )

05 수만큼 칸을 색칠해 보고, 더 큰 수에 ○표 하세요.

4

8

4	8

06 같은 수끼리 이어 보세요.

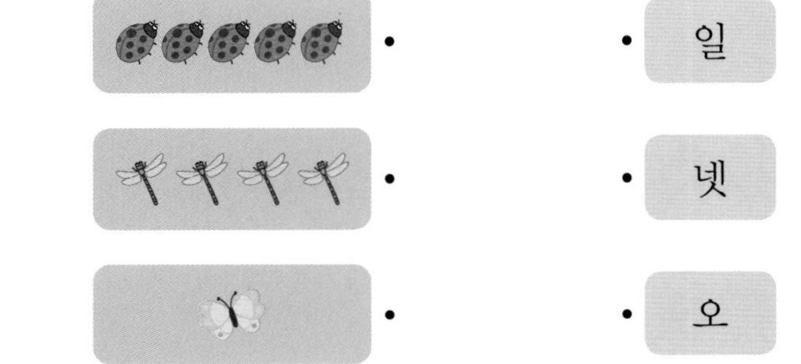

서술형

07 그림을 보고 알맞은 수를 넣어 이야기를 만들어 보세요.

이야기

08 일곱 명의 어린이가 도서관에서 책을 읽고 있습니다. 도서관에서 책을 읽고 있는 어린이의 수를 써 보세요.

( )

09 순서가 넷째인 사람은 누구인가요?

( )

10 □ 안에 알맞은 수를 써넣으세요.

11 수를 순서대로 이어 보세요.

5

4· ·3 7· ·6

1· ·2

9· ·8

12 순서를 거꾸로 하여 수를 써 보세요.

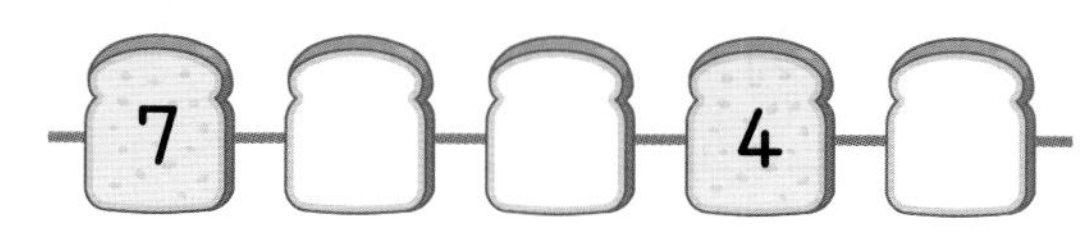

13 보기 와 같은 방법으로 색칠해 보세요.

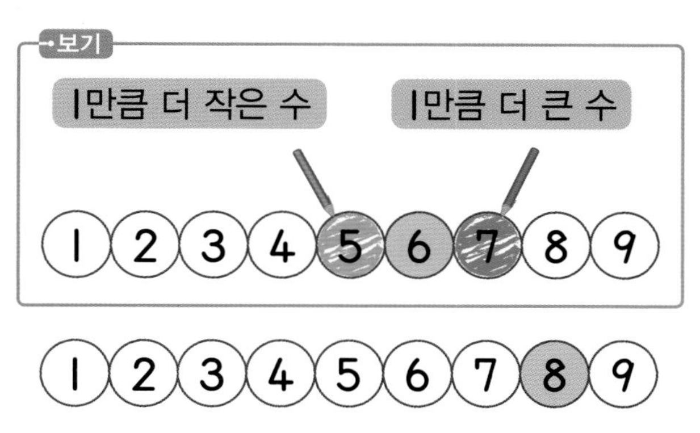

서술형

14 잘못 말한 사람을 찾아 이름을 쓰고, 바르게 고쳐 보세요.

이름

바르게 고치기

1 단원

15 보기 와 같이 빈칸에 알맞은 수를 쓰고, 더 작은 수에 △표 하세요.

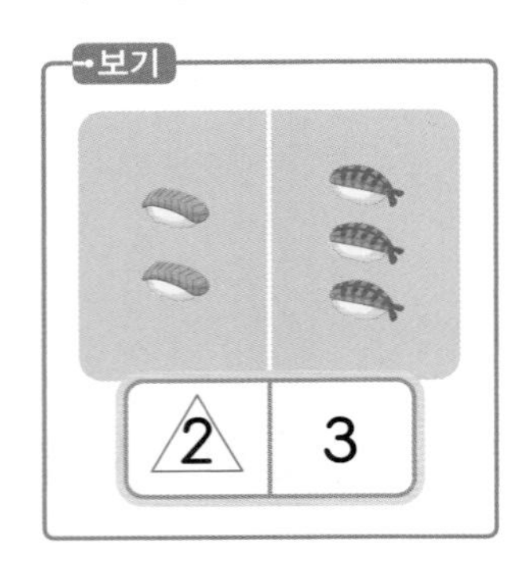

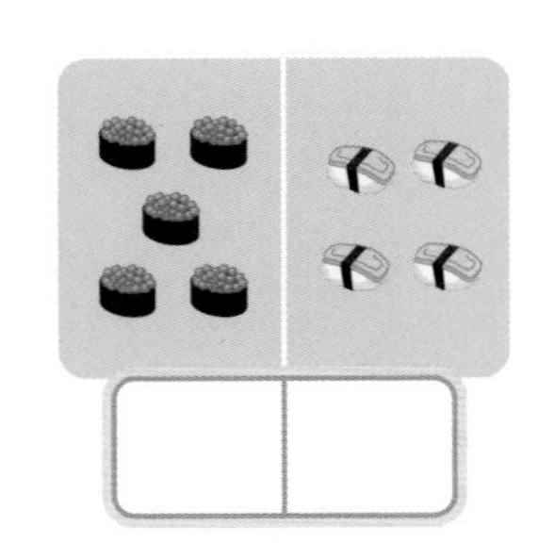

16 □ 안에 알맞은 수를 써넣으세요.

6은 □보다 큽니다.

17 수 카드의 수 중에서 가장 작은 수를 찾아 써 보세요.

(　　　　　　　　)

18 8명의 어린이가 달리기를 하였습니다. 지수는 뒤에서 셋째로 들어왔습니다. 지수는 달리기에서 몇 등을 했을까요?

(　　　　　　　　)

19 가장 많은 동물의 수보다 1만큼 더 큰 수는 얼마인가요?

(　　　　　　　　)

20 2보다 크고 8보다 작은 수는 모두 몇 개인가요?

(　　　　　　　　)

단원 평가 B단계 1. 9까지의 수

점수 /

01 5만큼 색칠해 보세요.

02 수를 바르게 읽은 것을 찾아 ○표 하세요.

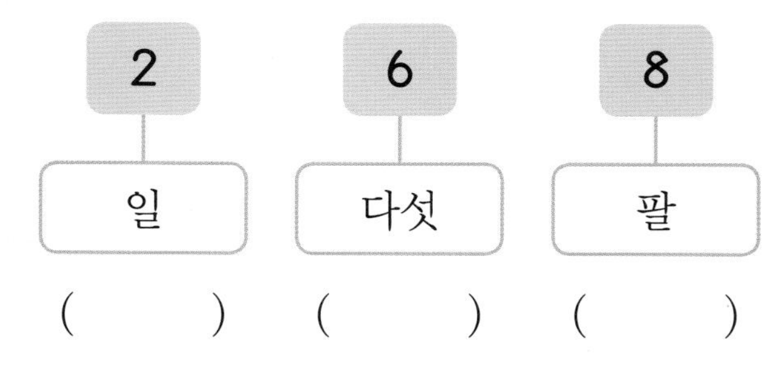

( ) ( ) ( )

03 순서에 알맞은 병아리를 찾아 ○표 하세요.

일곱째

첫째

04 순서에 알맞게 빈 곳에 수를 써넣으세요.

05 같은 수끼리 이어 보세요.

3	•	•	6
●●●●● ●●	•	•	●●●
(지우개 6개)	•	•	7

06 □ 안에 알맞은 수를 써넣으세요.

바구니 안에 있는 고구마의 수는 □입니다.

서술형

07 뒤에서 셋째에 서 있는 사람은 누구인지 풀이 과정을 쓰고, 답을 구해 보세요.

답

1 단원

08 보기 와 같이 왼쪽부터 세어 색칠해 보세요.

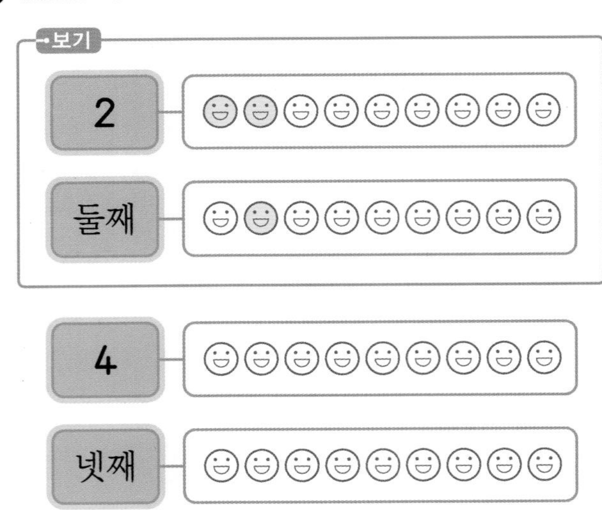

09 순서에 알맞게 수를 쓴 것에 ○표 하세요.

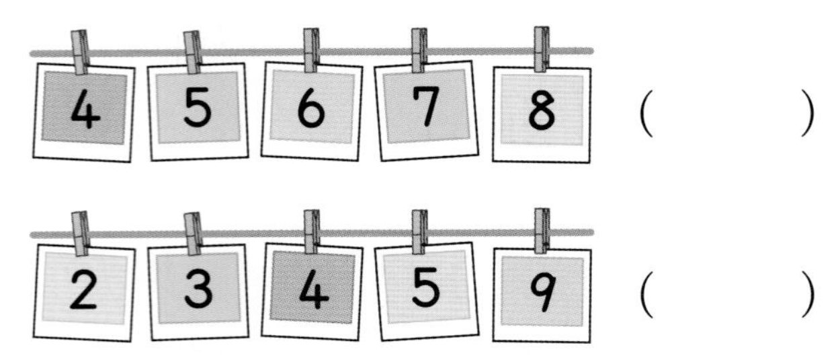

10 신발장의 번호를 순서대로 써넣으려고 합니다. 아린이의 신발장 번호는 몇인가요?

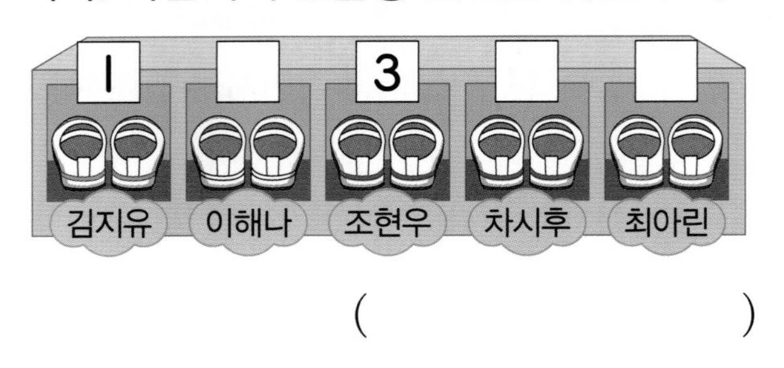

( )

11 채아와 도현이 중 바르게 말한 사람은 누구인가요?

( )

12 ♡ 안의 수보다 1만큼 더 큰 수에 ○표, 1만큼 더 작은 수에 △표 하세요.

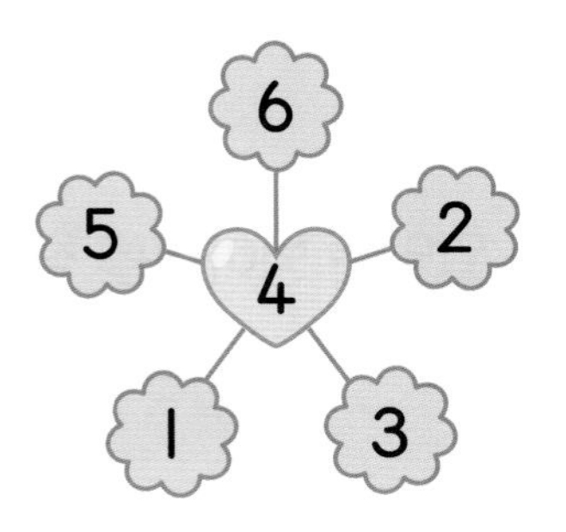

13 □ 안에 알맞은 수를 써넣으세요.

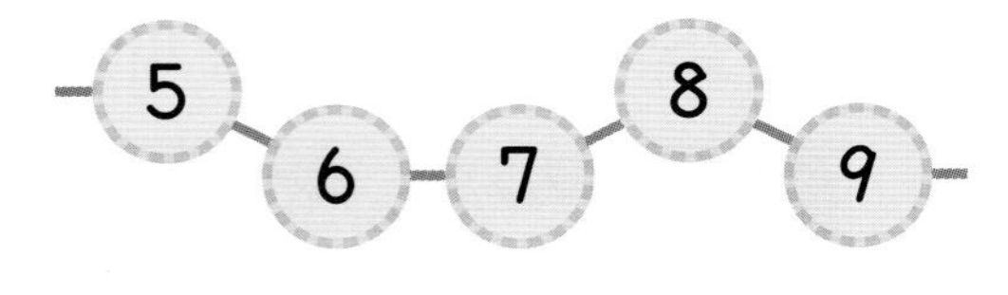

8은 □보다 1만큼 더 큰 수이고, □보다 1만큼 더 작은 수입니다.

14 서준이 동생은 7살입니다. 서준이는 동생보다 1살 더 많습니다. 서준이는 몇 살인가요?

( )

15 왼쪽 수보다 큰 수를 찾아 ○표 하세요.

16 수 카드의 수 중에서 4보다 큰 수를 모두 찾아 써 보세요.

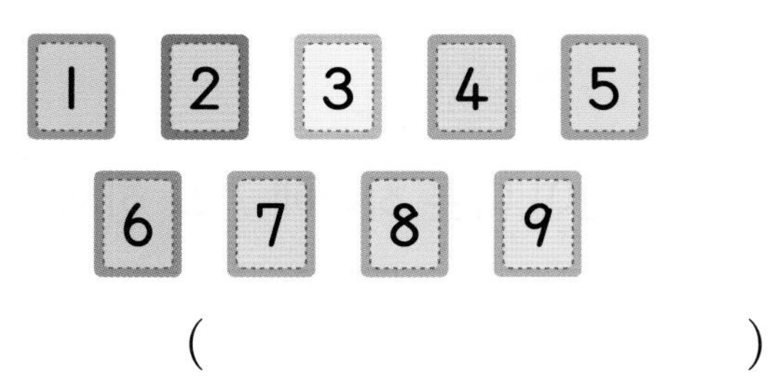

( )

17 가장 큰 수와 가장 작은 수를 각각 찾아 써 보세요.

8 6 4 7

가장 큰 수 ( )

가장 작은 수 ( )

서술형

18 왼쪽에서 일곱째에 있는 과일은 오른쪽에서 몇째에 있는지 풀이 과정을 쓰고, 답을 구해 보세요.

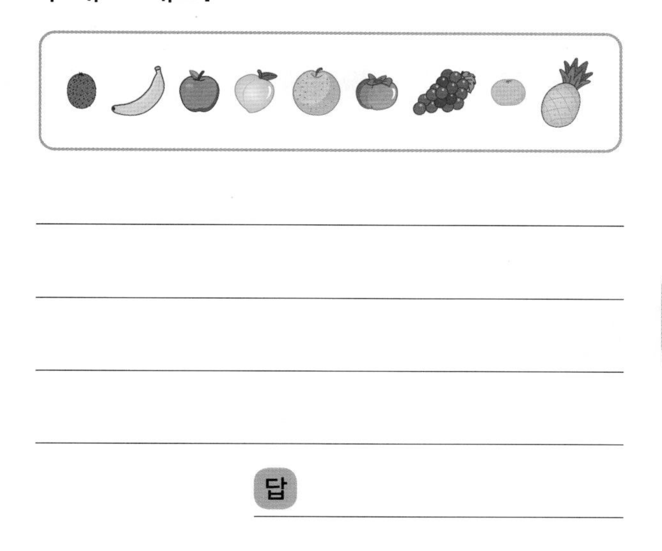

19 아몬드를 진주는 9개, 혜지는 6개, 성주는 7개 먹었습니다. 아몬드를 가장 적게 먹은 사람은 누구인가요?

( )

20 나는 어떤 수인지 구해 보세요.

- 나는 2와 6 사이에 있는 수입니다.
- 나는 4보다 작은 수입니다.

( )

단원 평가 A단계 2. 여러 가지 모양

점수 /

01 왼쪽과 같은 모양에 ○표 하세요.

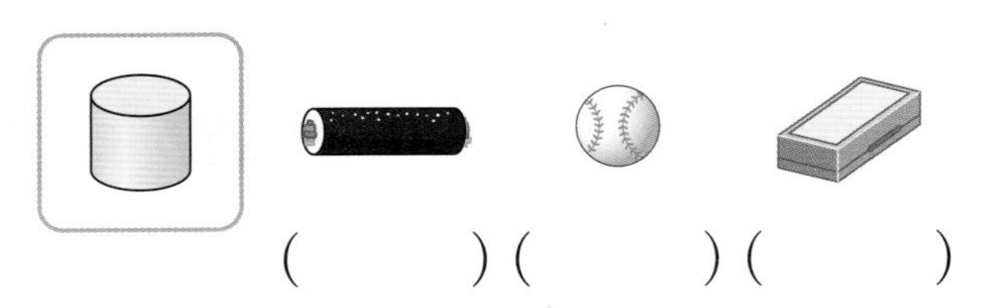

( ) ( ) ( )

02 같은 모양끼리 이어 보세요.

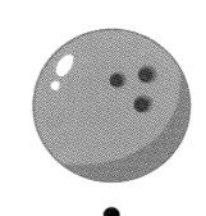
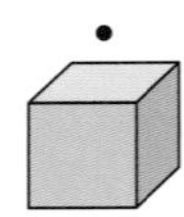
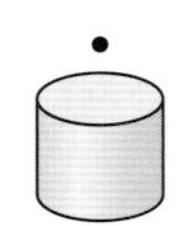
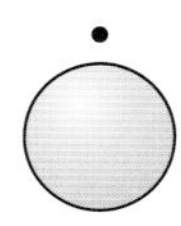

| 03~04 | 구멍에서 보이는 모양을 보고 전체 모양을 보기 에서 찾아 기호를 써 보세요.

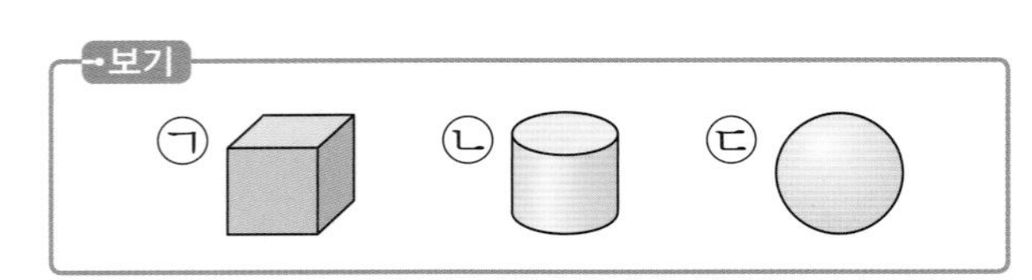

03

→ ( )

04

→ ( )

05 다음과 같은 모양을 만드는 데 사용한 모양을 찾아 ○표 하세요.

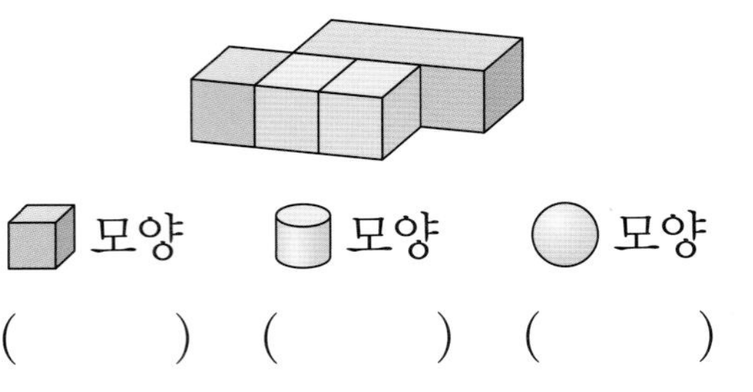

모양 모양 모양

( ) ( ) ( )

06 북과 같은 모양의 물건을 찾아 ○표 하세요.

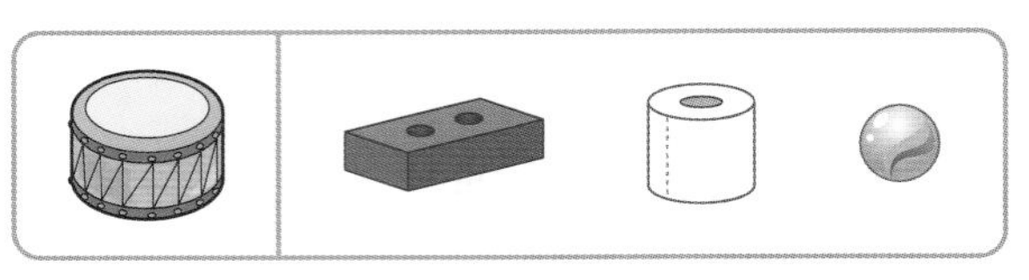

07 모양이 다른 하나에 ○표 하세요.

( ) ( ) ( ) ( )

08 잘 쌓을 수 있는 것은 어느 것인가요?

( )

서술형

09 ▢, ⌸, ◯ 모양 중에서 쌓을 수도 있고 잘 굴러가는 모양은 어떤 모양인지 풀이 과정을 쓰고, 답을 구해 보세요.

답

10 서진이와 다은이 중 바르게 말한 사람은 누구인가요?

(　　　　　　　)

11 카드 놀이를 하고 있습니다. 같은 모양이 그려진 카드를 모은 사람은 누구인가요?

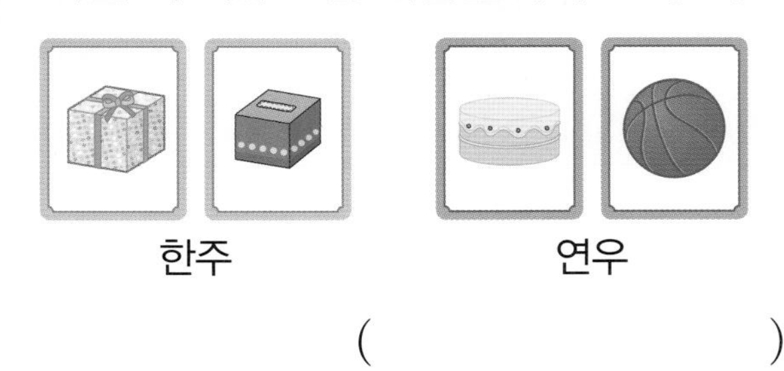

(　　　　　　　)

12 ▢, ⌸, ◯ 모양을 각각 몇 개 사용했는지 세어 보세요.

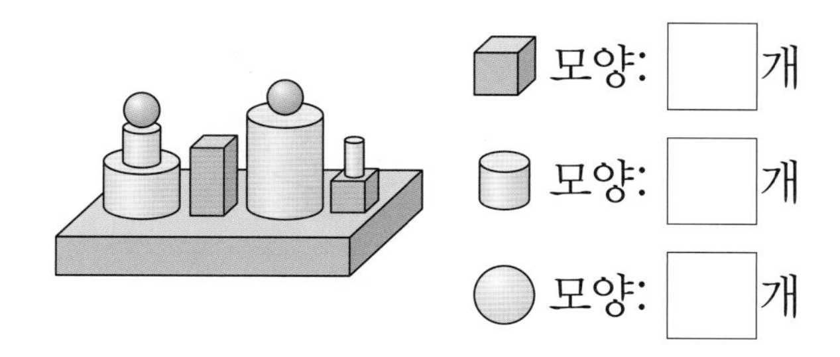

13 다음과 같은 모양을 만드는 데 사용한 개수가 다른 모양을 찾아 ◯표 하세요.

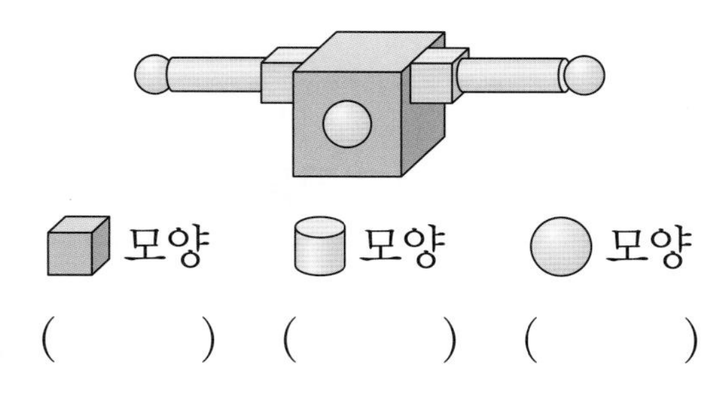

(　　) (　　) (　　)

14 보기 의 모양을 모두 사용하여 만든 모양에 ◯표 하세요.

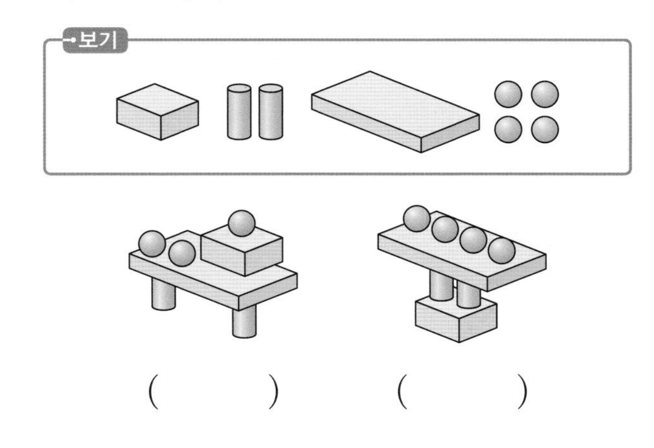

(　　) (　　)

15 두 모양에서 서로 다른 부분은 모두 몇 군데인가요?

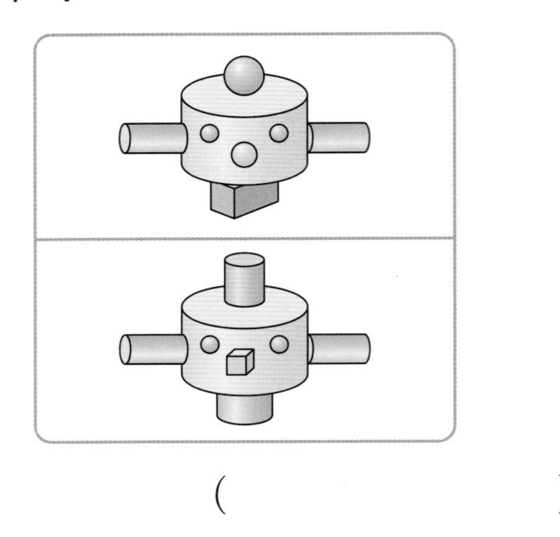

( )

| 16~17 | 그림을 보고 물음에 답하세요.

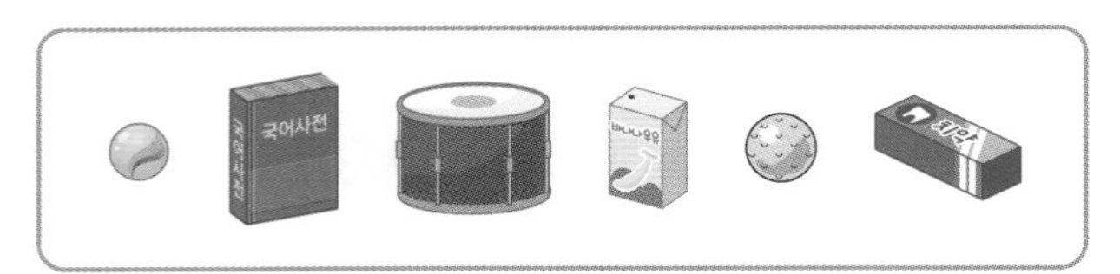

16 가장 많은 모양을 찾아 ○표 하세요.

모양	모양	모양
( )	( )	( )

17 와 모양이 같은 물건은 모두 몇 개인가요?

( )

18 잘 굴러가는 모양의 물건만 모은 사람은 누구인가요?

( )

19 , , 모양 중 가장 적게 사용한 모양은 몇 개 사용했나요?

( )

서술형

20 모양을 더 많이 사용한 사람은 누구인지 풀이 과정을 쓰고, 답을 구해 보세요.

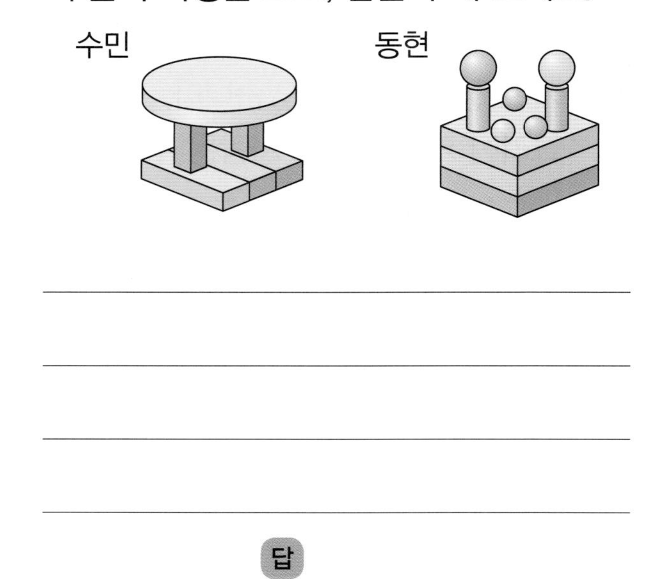

답

단원 평가 B단계

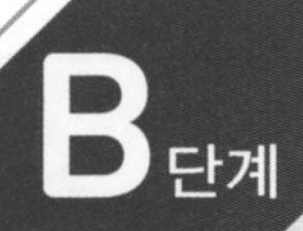

2. 여러 가지 모양

01 왼쪽과 같은 모양을 찾아 ○표 하세요.

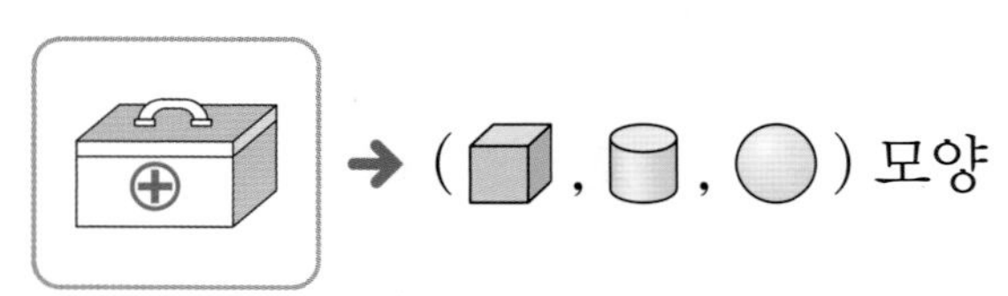

02 모양은 □표, 모양은 △표, 모양은 ○표 하세요.

( ) ( ) ( )

03 모양의 일부분을 나타내는 것을 찾아 ○표 하세요.

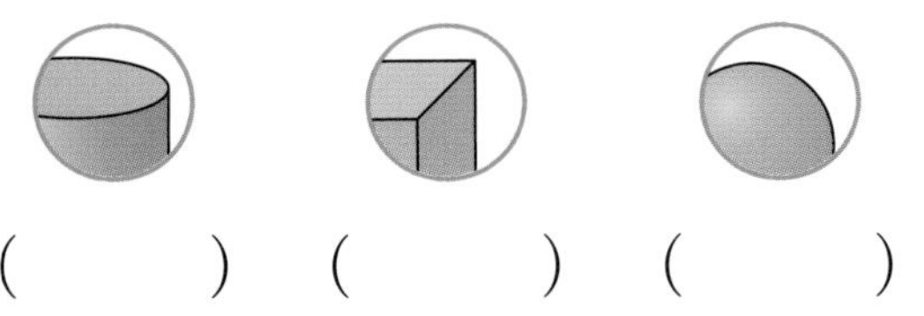

( ) ( ) ( )

04 모양만 사용하여 만든 모양을 찾아 ○표 하세요.

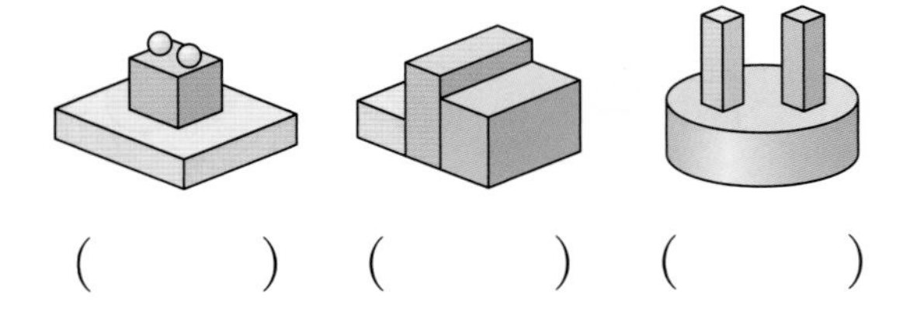

( ) ( ) ( )

05 어떤 모양을 모은 것인지 알맞은 모양을 찾아 ○표 하세요.

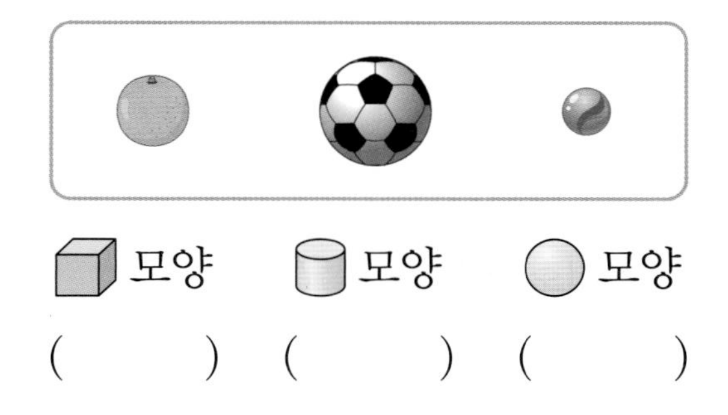

( ) ( ) ( )

06 같은 모양끼리 이어 보세요.

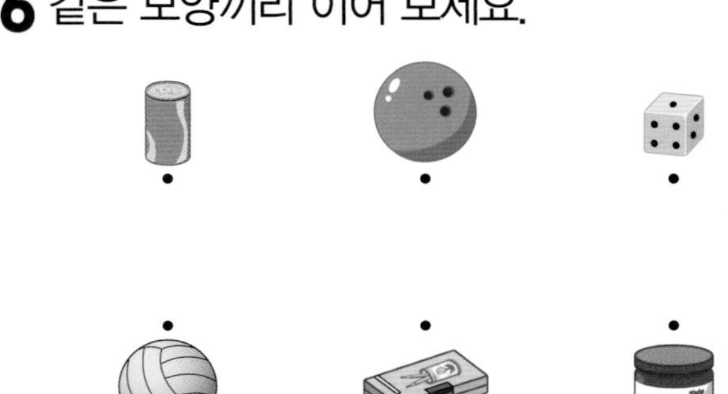

07 두 사람이 가지고 있는 물건에 공통으로 있는 모양을 찾아 ○표 하세요.

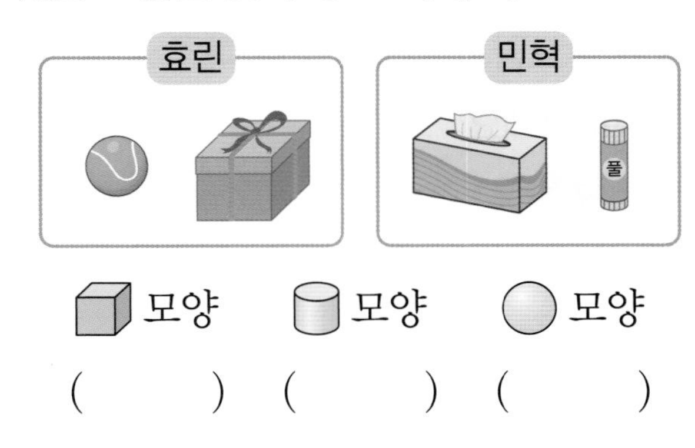

( ) ( ) ( )

08 쌓을 수 없는 것을 찾아 ×표 하세요.

( ) ( ) ( )

| 09~10 | 그림을 보고 물음에 답하세요.

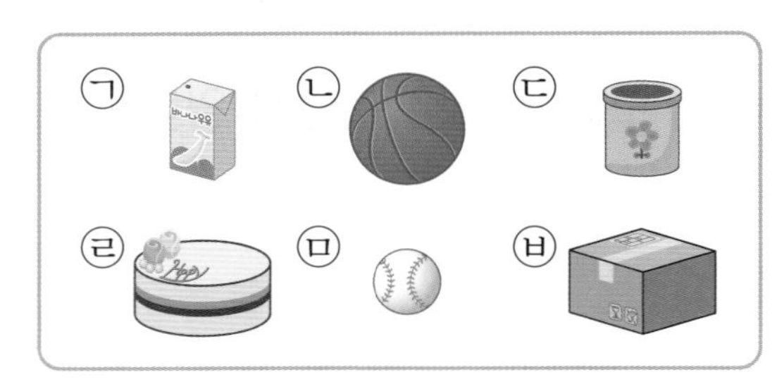

09 둥근 부분으로만 이루어진 모양을 모두 찾아 기호를 써 보세요.

( )

10 굴러가지 않는 모양의 물건은 모두 몇 개인가요?

( )

서술형

11 모양과 모양의 다른 점을 두 가지 써 보세요.

다른 점 1

다른 점 2

| 12~13 | , , 모양을 사용하여 미끄럼틀을 만들었습니다. 물음에 답하세요.

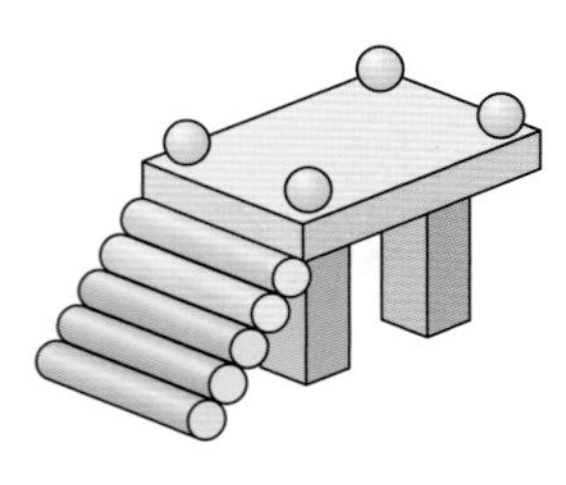

12 사용한 모양은 각각 몇 개인지 빈칸에 써 넣으세요.

모양			
수(개)			

13 가장 많이 사용한 모양에 ○표 하세요.

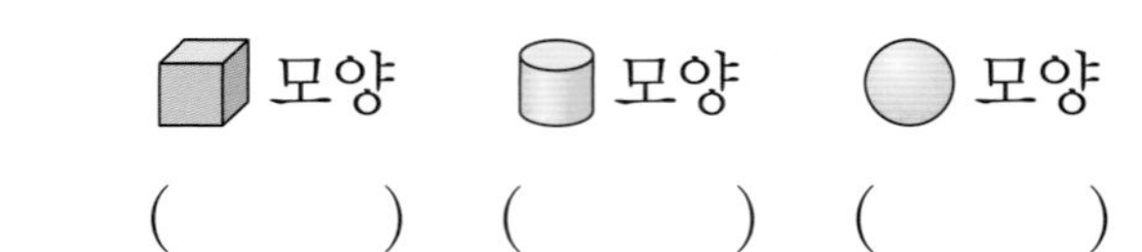

( ) ( ) ( )

14 다음 모양을 만드는 데 사용한 모양의 수가 5개인 모양을 찾아 ○표 하세요.

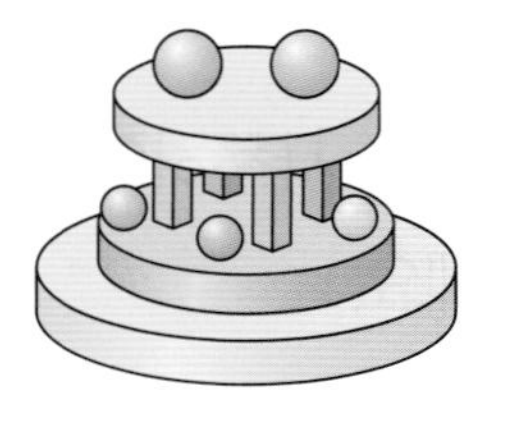

모양 모양 모양

( ) ( ) ( )

15 두 모양에서 서로 다른 부분을 모두 찾아 ○표 하세요.

16 모양은 초록색, 모양은 빨간색, 모양은 노란색으로 색칠했습니다. 잘못 색칠한 부분을 찾아 ○표 하세요.

서술형

17 같은 모양끼리 바르게 모은 사람은 누구인지 풀이 과정을 쓰고, 답을 구해 보세요.

준우

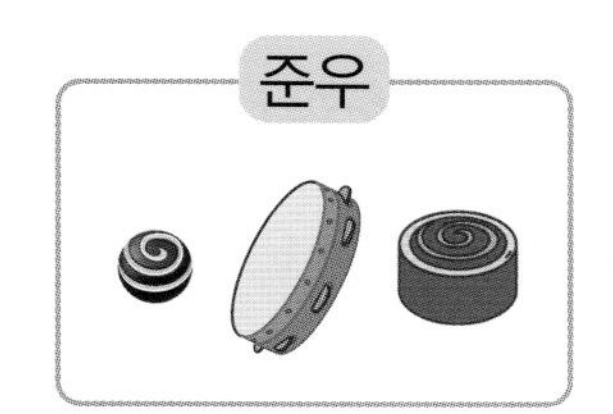

재희

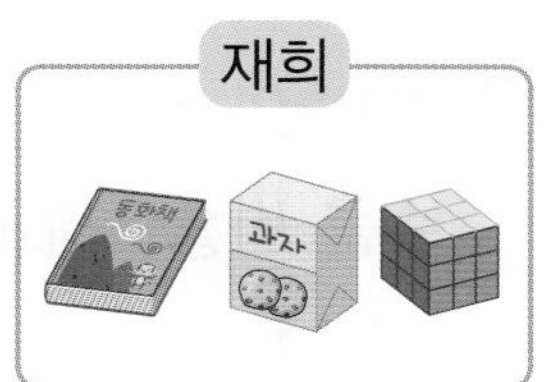

답

18 수아가 다음과 같은 모양을 만들려고 합니다. 모양이 1개 부족하다면 수아가 가지고 있는 모양은 몇 개일까요?

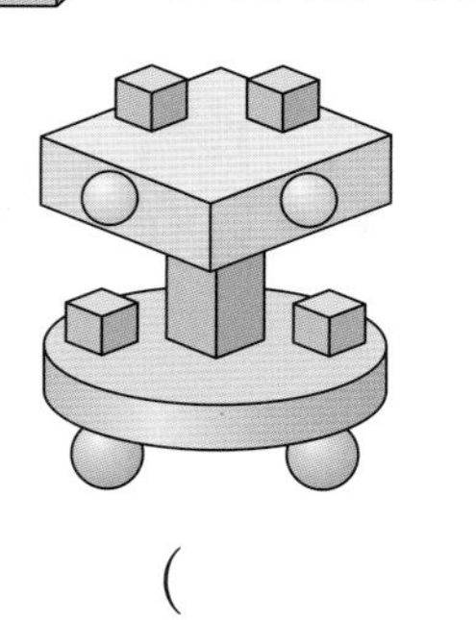

( )

19 돋보기 안에 보이는 모양이 오른쪽 모양에는 몇 개 있는지 세어 보세요.

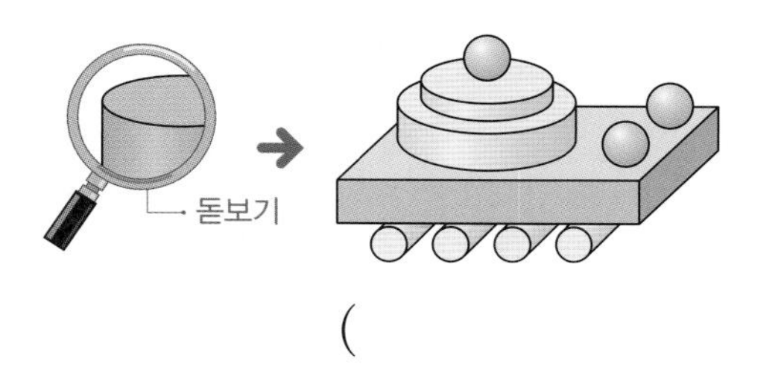

( )

20 보기 의 모양에서 사용한 모양을 모두 사용하여 다른 모양을 만든 사람은 누구인가요?

보기

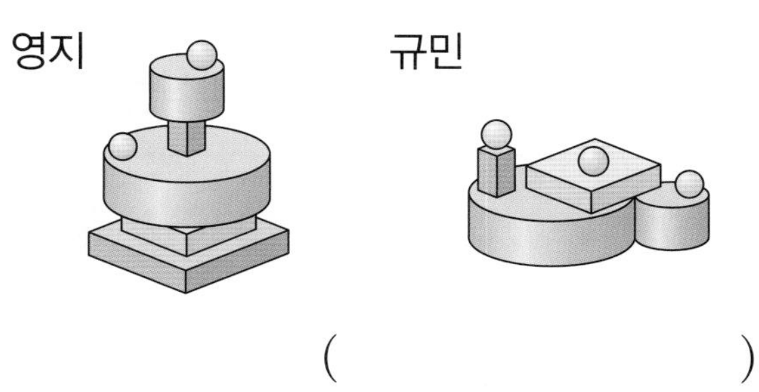

( )

2 단원

 점수 /

01 모으기를 해 보세요.

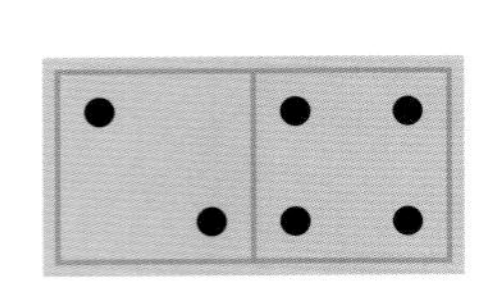

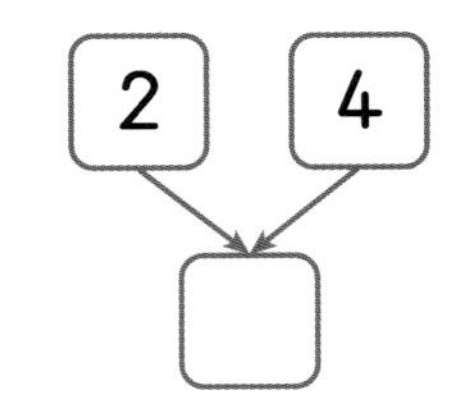

02 가르기를 해 보세요.

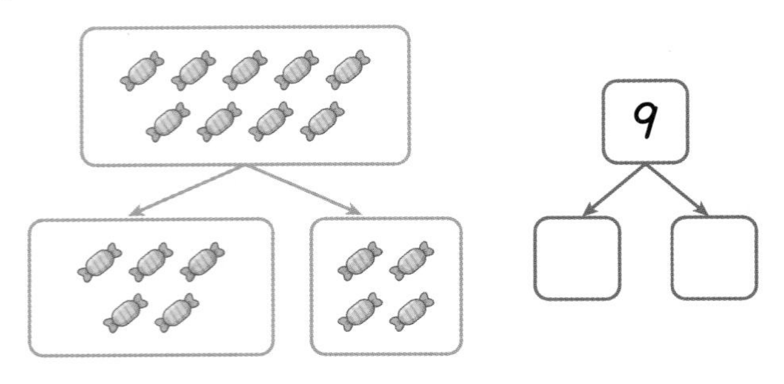

03 그림을 보고 덧셈식을 쓰고 읽어 보세요.

덧셈식 2+☐=☐

읽기 2와 ☐의 합은 ☐입니다.

04 그림을 보고 알맞은 뺄셈식을 써 보세요.

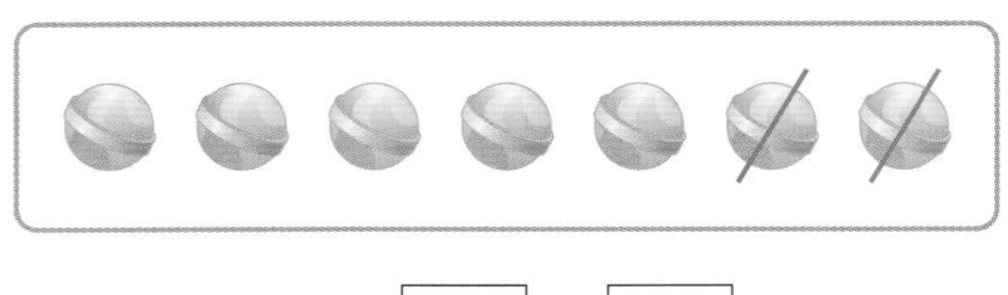

7−☐=☐

05 덧셈을 해 보세요.

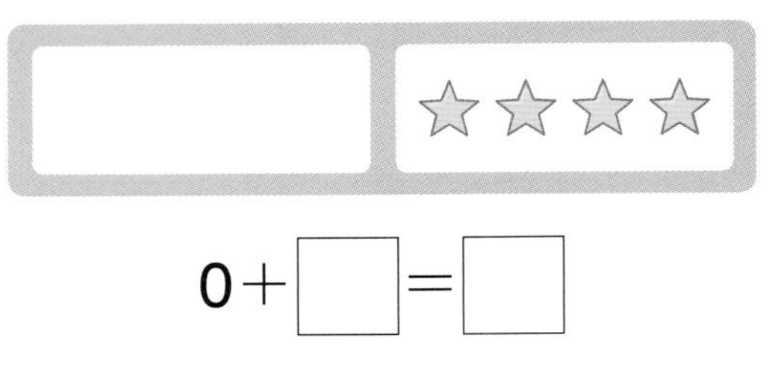

0+☐=☐

06 빈 곳에 알맞은 수가 더 큰 것에 ○표 하세요.

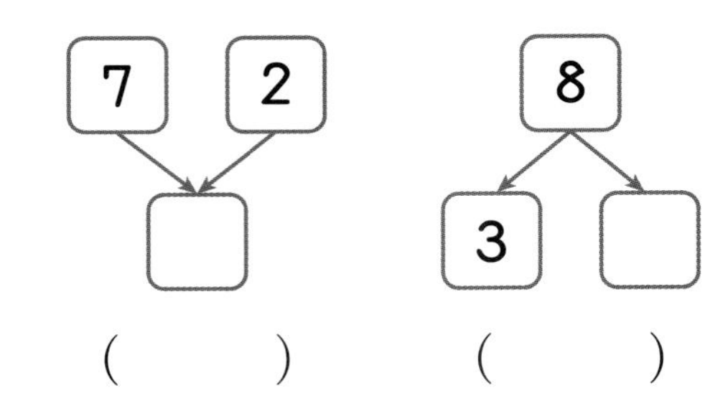

( ) ( )

07 보기와 같이 두 가지 색으로 칸을 칠하고, 수를 써넣으세요.

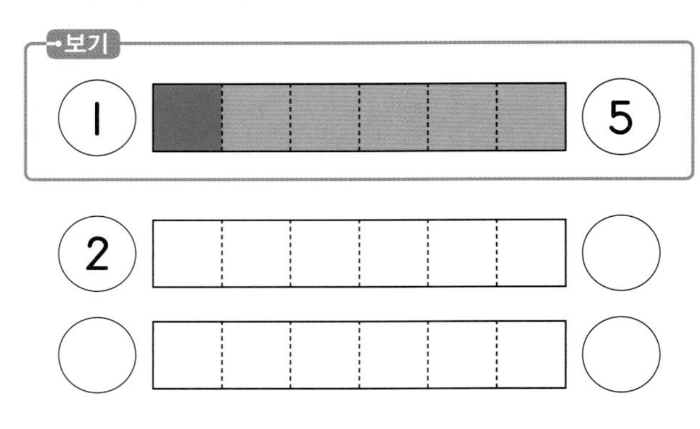

08 ★과 ♠에 알맞은 수를 모으기하면 얼마인가요?

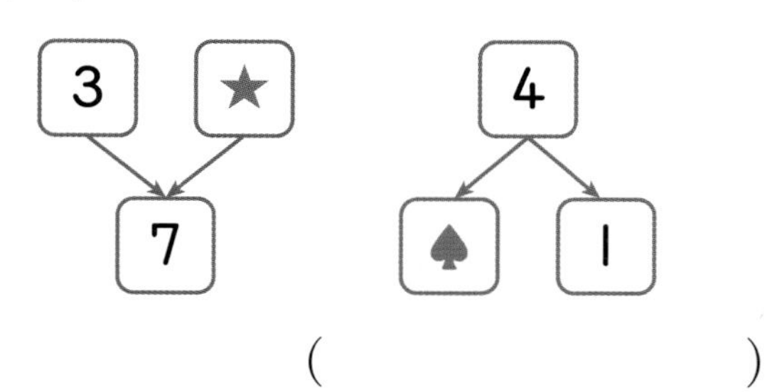

(　　　　　　　　　)

09 우유는 모두 몇 개인지 알맞은 덧셈식을 써 보세요.

상자 안에 우유가 4개 있습니다.

□+□=□

10 합이 다른 덧셈식을 찾아 ○표 하세요.

6+1	3+5	4+4
(　　)	(　　)	(　　)

11 지호는 6살입니다. 형은 지호보다 3살 더 많습니다. 형은 몇 살인지 식을 쓰고, 답을 구해 보세요.

식 ______________________

답 ______________

서술형

12 '남는다'를 이용하여 그림에 알맞은 뺄셈 이야기를 만들고, 뺄셈식을 써 보세요.

이야기 ______________________

____

____

뺄셈식 ______________________

13 하윤이는 구슬 9개를 모두 실에 꿰어 목걸이를 만들려고 합니다. 다음과 같이 2개를 꿰었다면 몇 개를 더 꿰어야 할까요?

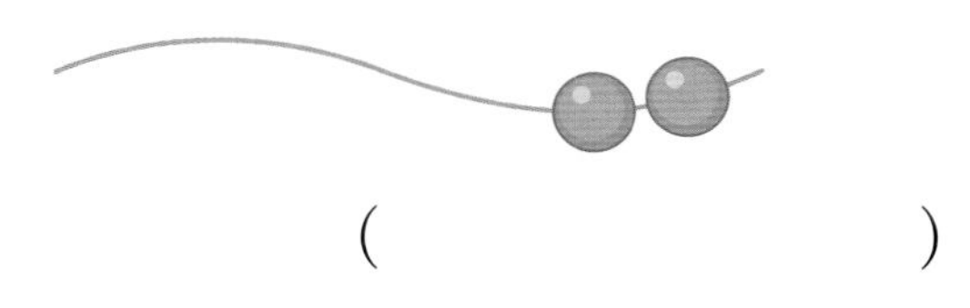

(　　　　　　　　　)

14 차가 같은 뺄셈식을 써 보세요.

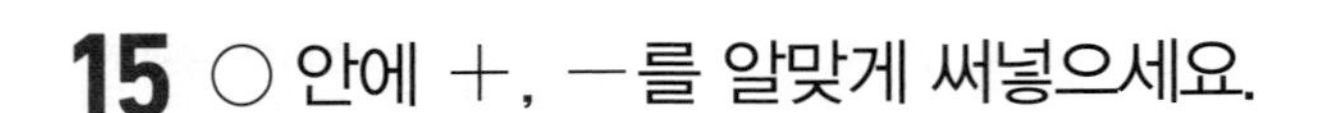

15 ○ 안에 +, −를 알맞게 써넣으세요.

8 ◯ 8=0

16 다음 중 계산이 틀린 것은 어느 것인가요?

( )

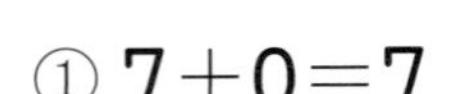

① 7+0=7 ② 5+3=8
③ 4−2=2 ④ 3+3=0
⑤ 6−1=5

서술형

17 ㉠과 ㉡ 중에서 계산 결과가 더 큰 것의 기호를 쓰려고 합니다. 풀이 과정을 쓰고, 답을 구해 보세요.

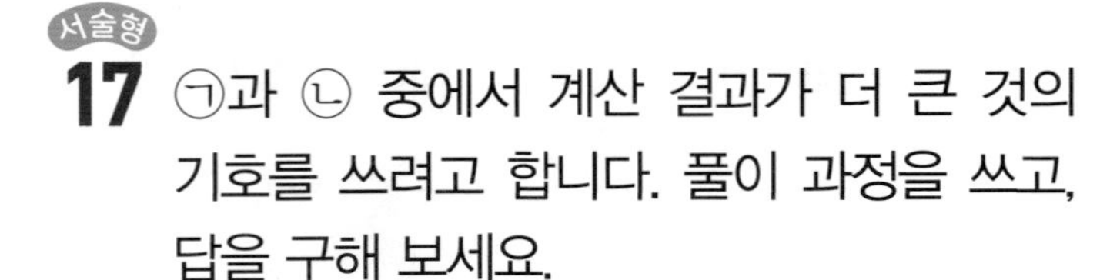

㉠ 1+2 ㉡ 8−6

답

18 현아는 색연필 6자루를 사서 동생과 똑같이 나누어 가지려고 합니다. 동생이 가지게 되는 색연필은 몇 자루일까요?

( )

19 모양의 수와 모양의 수를 써넣고, 두 모양은 모두 몇 개인지 덧셈식을 써 보세요.

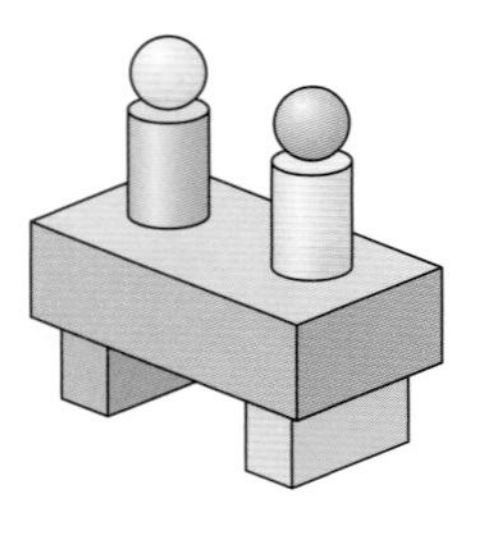

모양: ☐개 모양: ☐개

☐+☐=☐

20 수 카드 중에서 가장 큰 수와 가장 작은 수의 합을 구해 보세요.

( )

단원 평가 B단계 3. 덧셈과 뺄셈

점수 /

01 모으기를 해 보세요.

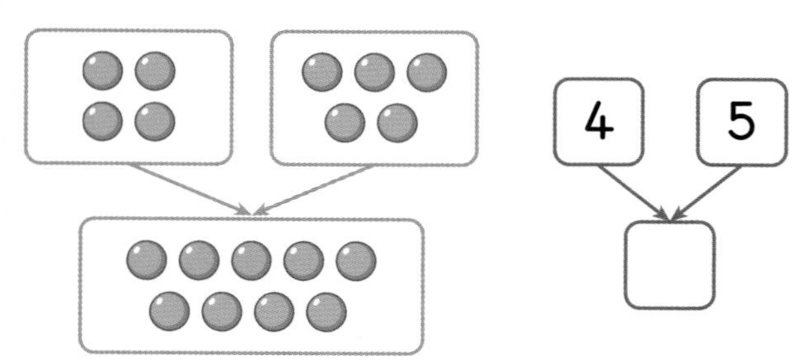

02 가르기를 해 보세요.

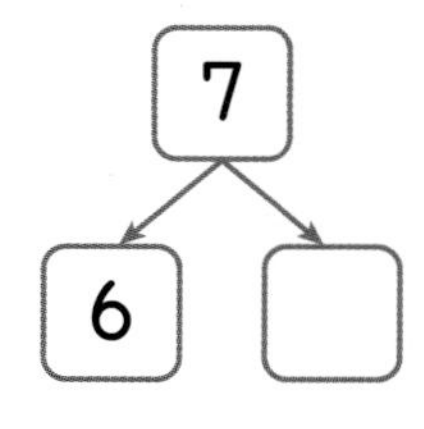

03 과일은 모두 몇 개인지 과일의 수만큼 수판에 ○를 그려서 덧셈을 해 보세요.

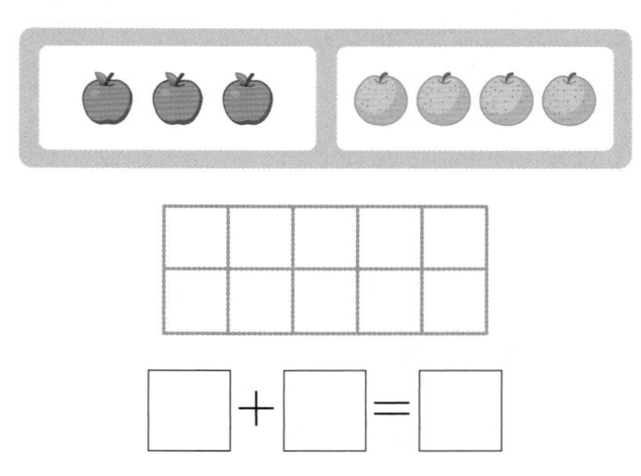

□ + □ = □

04 뺄셈식을 쓰고 읽어 보세요.

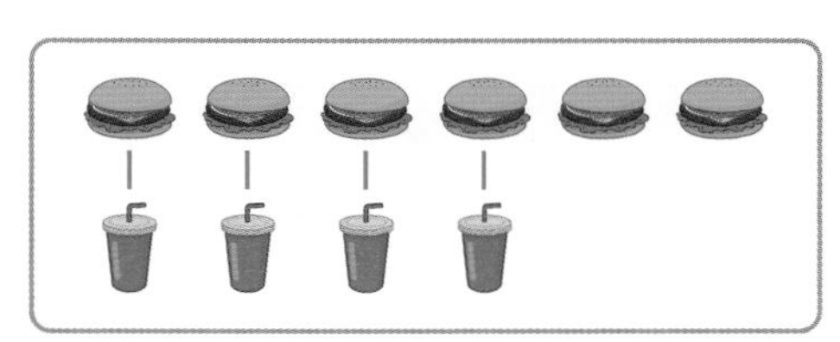

뺄셈식 6－4＝□

읽기 6과 4의 차는 □입니다.

05 모으기를 하여 8이 되는 두 수를 찾아 ○표 하세요.

3　　2　　1　　5

06 6을 가르기하여 두 가지 색으로 ○를 색칠하고, 수를 써넣으세요.

6	6
○●●●●●	1, 5
○○●●●●	2, □
○○○○○○	□, □
○○○○○○	□, □
○○○○○○	□, □

07 9를 위와 아래의 두 수로 가르기를 하려고 합니다. 빈칸에 알맞은 수를 써넣으세요.

9	2	5	3	7	8

3 단원

08 고양이는 모두 몇 마리인지 덧셈식을 써 보세요.

2+□=□

09 지나는 칭찬 붙임딱지를 어제는 4장, 오늘은 2장 받았습니다. 지나가 어제와 오늘 받은 칭찬 붙임딱지는 모두 몇 장인가요?

(   )

10 합이 7이 되는 식을 모두 찾아 ○표 하세요.

4+3　5+2　6+0　2+7　1+6　0+7　3+1

11 빈칸에 알맞은 수를 써넣으세요.

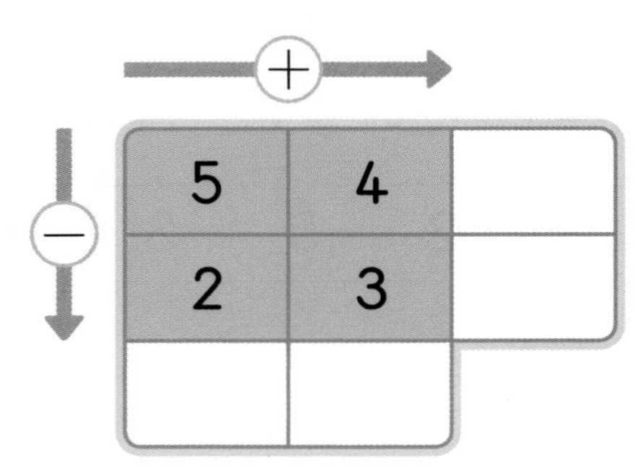

12 차가 더 큰 것에 ○표 하세요.

9−6	5−1
(　　)	(　　)

13 □ 안에 알맞은 수를 써넣고, 계산 결과가 같은 것끼리 이어 보세요.

4+1=□ •	• 8−1=□
7+2=□ •	• 9−0=□
2+5=□ •	• 7−2=□

14 나뭇가지 위에 까치 6마리가 앉아 있었습니다. 그중에서 5마리가 날아갔습니다. 나뭇가지에 남아 있는 까치는 몇 마리인지 식을 쓰고, 답을 구해 보세요.

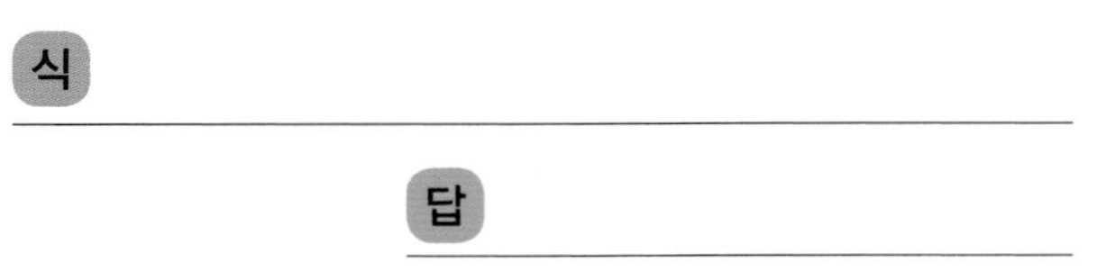

식

답

15 계산 결과가 더 작은 식을 말한 사람은 누구인지 풀이 과정을 쓰고, 답을 구해 보세요.

답

16 도넛이 모두 9개 있습니다. 상자 안에 들어 있는 도넛은 몇 개인지 □ 안에 알맞은 수를 써넣으세요.

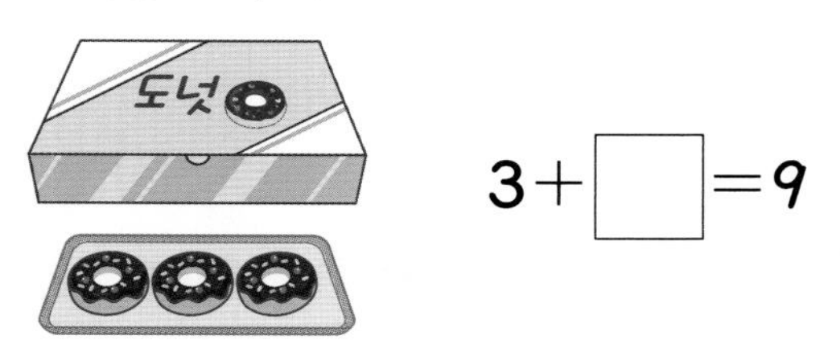

17 빈 곳에 알맞은 수를 써넣으세요.

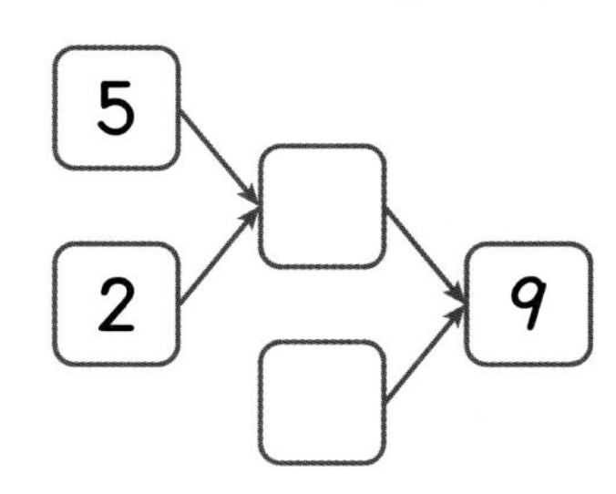

18 소희네 모둠은 모두 7명이고, 여학생이 남학생보다 1명 더 많습니다. 남학생은 몇 명인가요?

( )

19 같은 모양은 같은 수를 나타냅니다. ◆에 알맞은 수를 구해 보세요.

1+3=♥
♥+♥=▲
▲−7=◆

( )

서술형

20 한빈이는 젤리 9개 중에서 4개를 먹었습니다. 규리는 젤리 6개 중에서 2개를 먹었습니다. 남은 젤리가 더 많은 사람은 누구인지 풀이 과정을 쓰고, 답을 구해 보세요.

3 단원

01 그림을 보고 알맞은 말에 ○표 하세요.

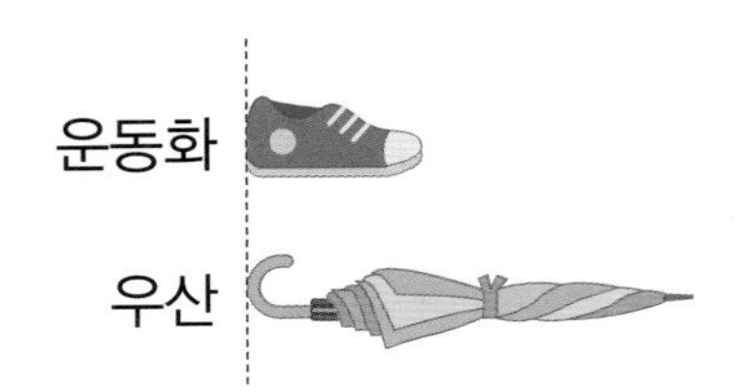

우산은 운동화보다
더 (깁니다 , 짧습니다).

02 더 낮은 것에 색칠해 보세요.

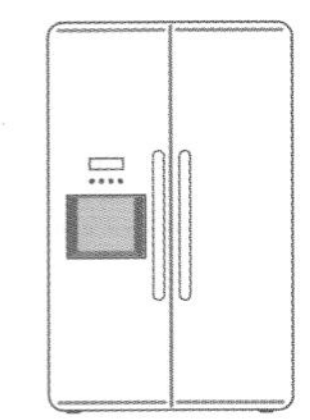

03 더 무거운 것에 ○표 하세요.

( ) ( )

04 □ 안에 알맞은 말을 써넣으세요.

색종이

스케치북

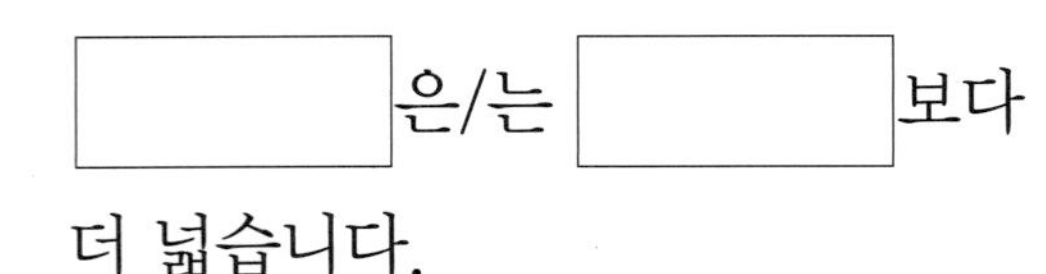
□은/는 □보다
더 넓습니다.

05 담긴 주스의 양이 더 적은 것에 △표 하세요.

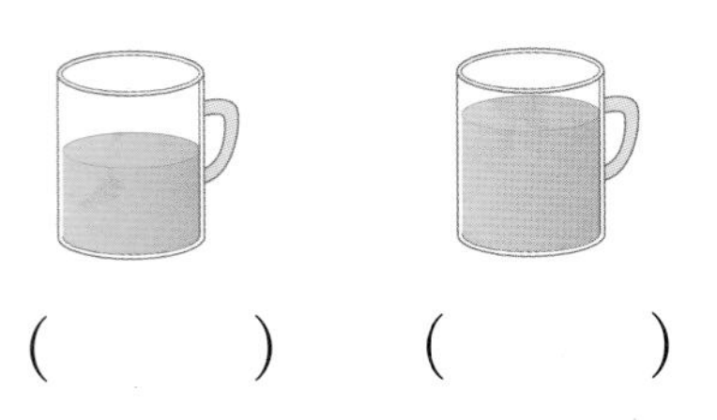

( ) ( )

서술형

06 키가 더 큰 동물을 찾아 쓰려고 합니다. 풀이 과정을 쓰고, 답을 구해 보세요.

답

07 숟가락보다 더 긴 것을 찾아 ○표 하세요.

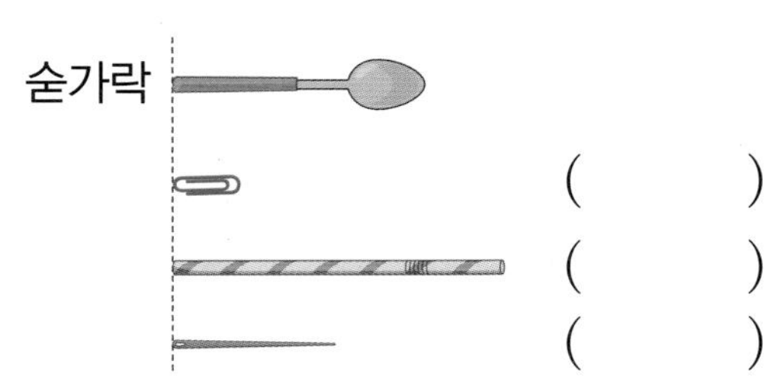

( )
( )
( )

08 건물에서 가장 높은 곳에 있는 사람은 누구인가요?

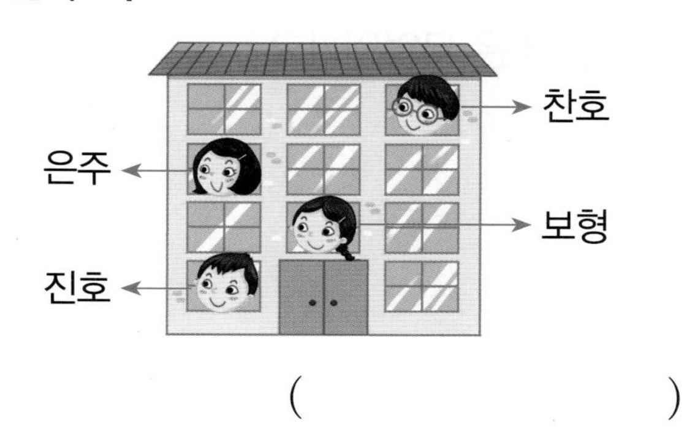

( )

09 긴 것부터 ( ) 안에 순서대로 1, 2, 3, 4를 써 보세요.

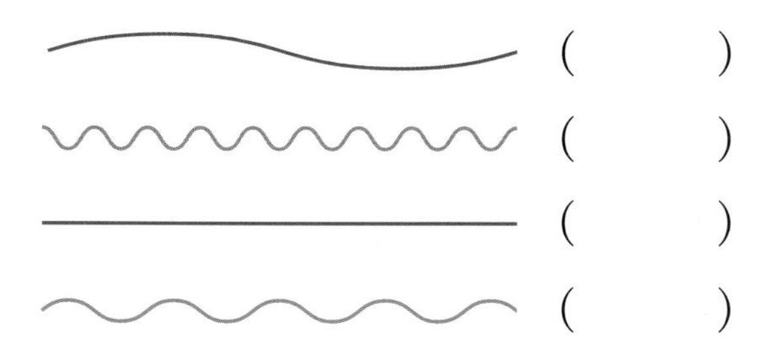

10 가장 가벼운 것을 찾아 △표 하세요.

11 길이가 같은 고무줄에 공을 매달았더니 그림과 같이 고무줄이 늘어났습니다. 가장 무거운 공을 찾아 ○표 하세요.

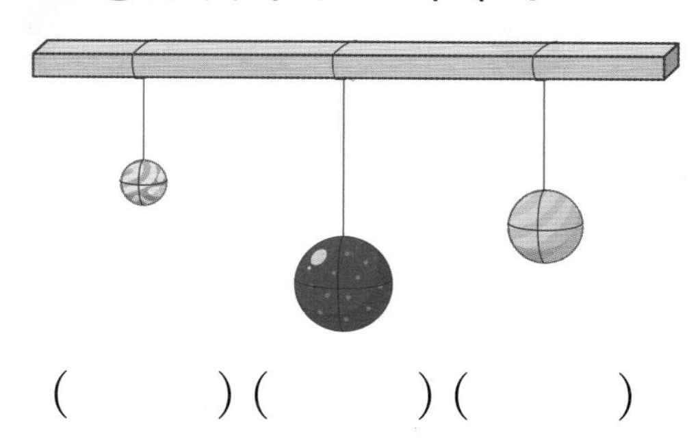

( ) ( ) ( )

12 피자보다 더 넓은 것을 찾아 ○표 하세요.

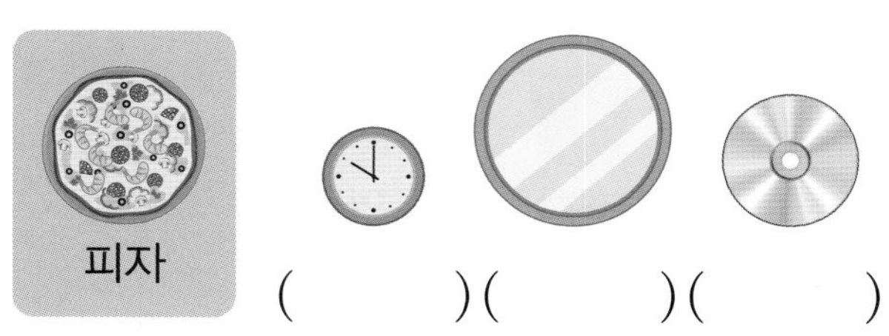

13 손수건으로 가릴 수 있는 것에 ○표 하세요.

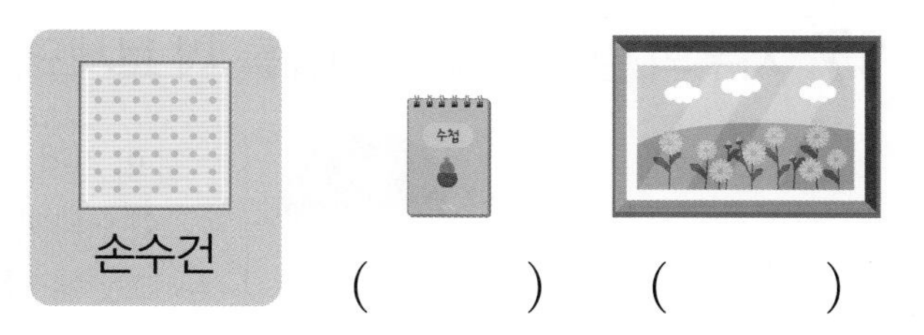

14 가장 넓은 것을 찾아 색칠해 보세요.

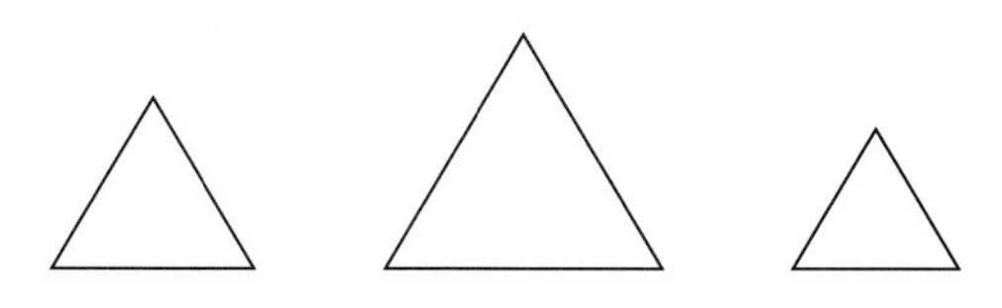

15 담을 수 있는 양이 가장 많은 것에 ○표, 가장 적은 것에 △표 하세요.

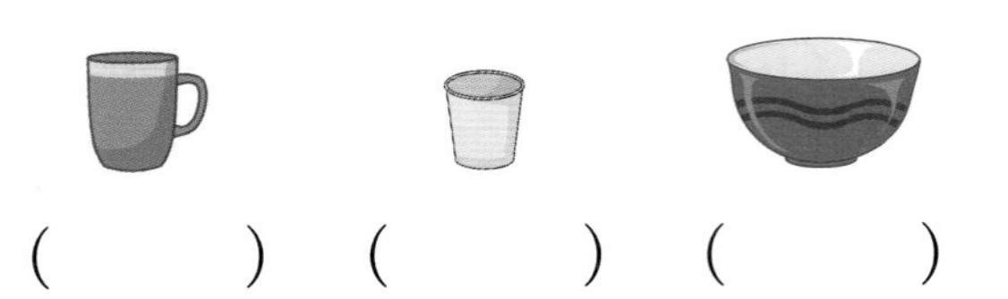

(   ) (   ) (   )

16 세 사람이 다음과 같이 컵에 담긴 물을 모두 마셨습니다. 마신 물의 양이 가장 많은 사람은 누구인가요?

(   )

서술형

17 시우의 말이 잘못된 이유를 써 보세요.

이유

18 연필은 가위보다 더 길고, 자는 연필보다 더 깁니다. 연필, 가위, 자 중에서 가장 짧은 것은 무엇인가요?

(   )

19 (필통)보다 더 무겁고 (책상)보다는 더 가벼운 물건은 모두 몇 개인가요?

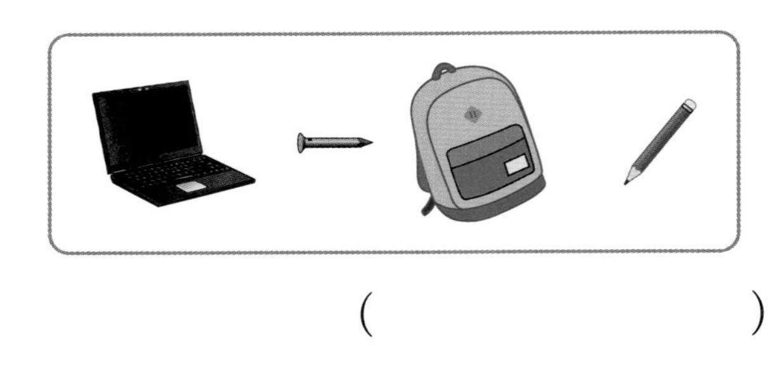

(   )

20 똑같은 컵으로 물통과 세숫대야에 들어 있던 물을 모두 옮겨 담았더니 옮겨 담은 횟수가 다음과 같았습니다. 물통과 세숫대야 중에서 물이 더 많이 들어 있던 그릇은 어느 것인가요?

그릇	물통	세숫대야
담은 횟수	9번	8번

(   )

단원 평가 B단계 4. 비교하기

점수 /

01 관계있는 것끼리 이어 보세요.

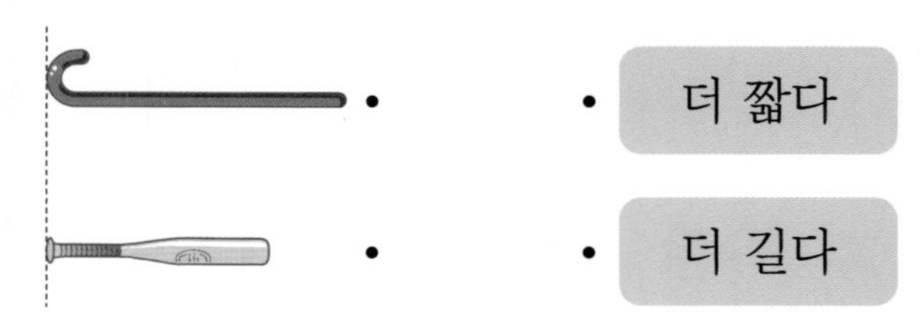

02 더 가벼운 것에 △표 하세요.

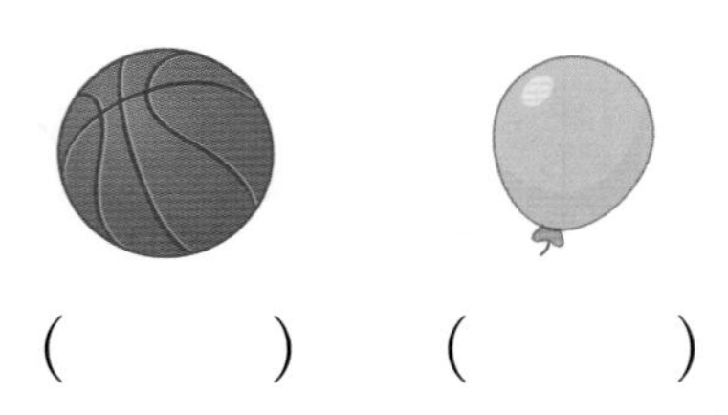

( ) ( )

03 색종이와 학종이의 넓이를 비교하려고 합니다. 알맞은 말에 ○표 하세요.

 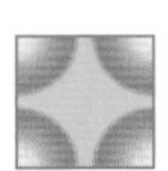

색종이 학종이

색종이는 학종이보다 더 (넓습니다 , 좁습니다).

04 담을 수 있는 양이 더 많은 것에 ○표 하세요.

( ) ( )

05 가장 긴 것에 ○표, 가장 짧은 것에 △표 하세요.

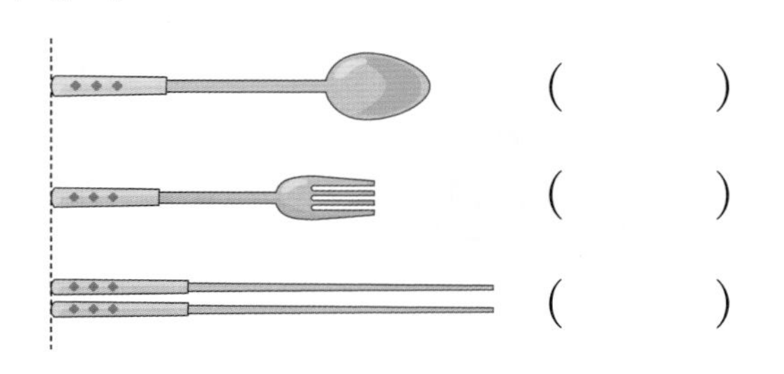

( )

( )

( )

서술형

06 지렁이가 땅속에 판 길 중 길이가 가장 긴 길을 찾아 기호를 쓰려고 합니다. 풀이 과정을 쓰고, 답을 구해 보세요.

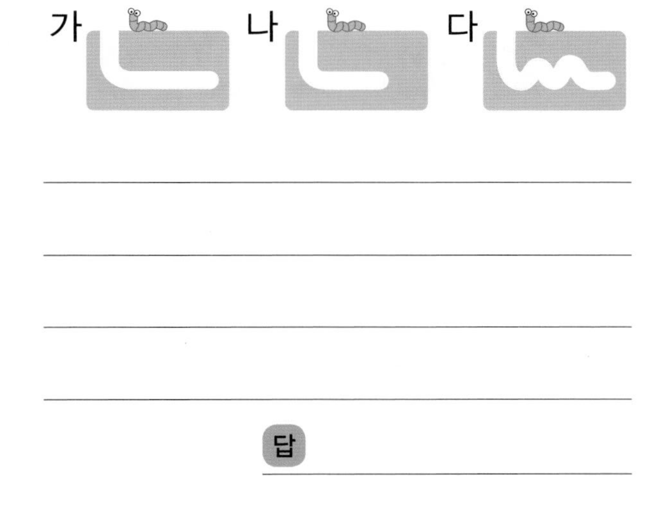

답

07 보기 와 같이 두 색 테이프의 길이를 다르게 색칠해 보고, 비교해 보세요.

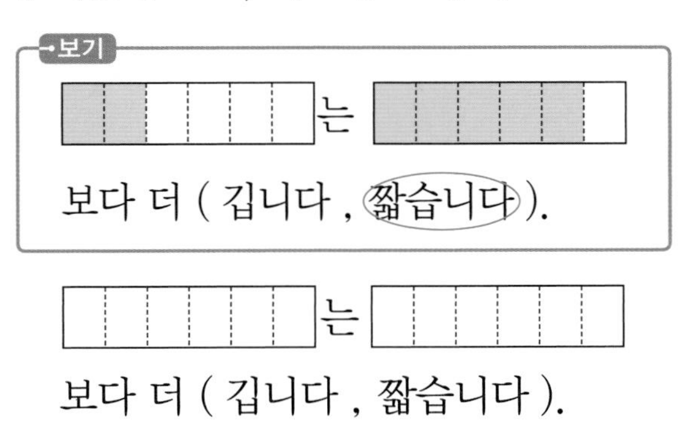

08 가장 무거운 것은 어느 것인가요?

( )

① ② ③ ④ ⑤

09 가장 가벼운 사람은 누구인가요?

( )

10 ( ) 안에 가벼운 과일부터 순서대로 써 보세요.

- 사과는 귤보다 더 무겁습니다.
- 사과는 배보다 더 가볍습니다.

( ) → ( ) → ( )

11 작은 한 칸의 크기는 모두 같습니다. 가와 나 중에서 더 좁은 것의 기호를 써 보세요.

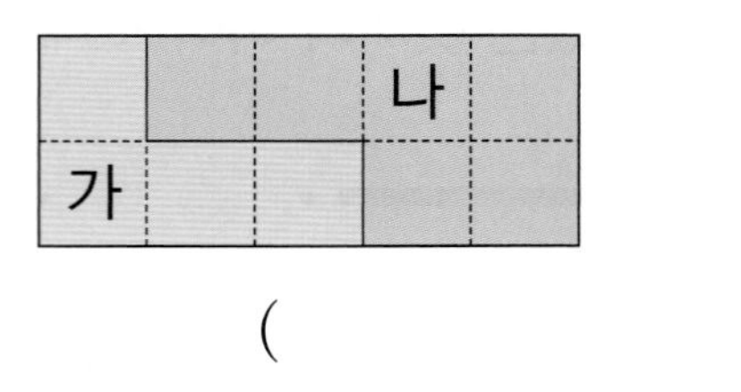

( )

12 가장 넓은 부분을 색칠해 보세요.

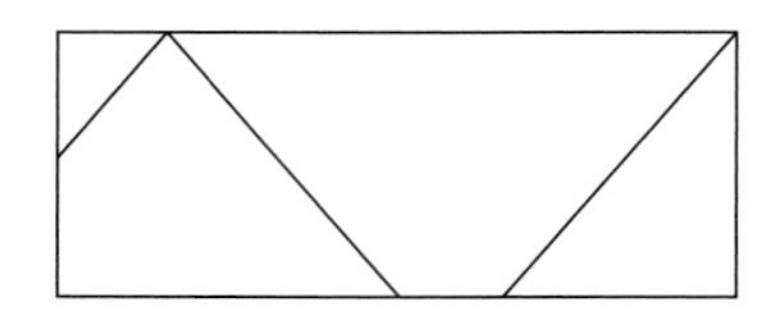

13 1부터 6까지 순서대로 이어 보고, 더 넓은 쪽에 ○표 하세요.

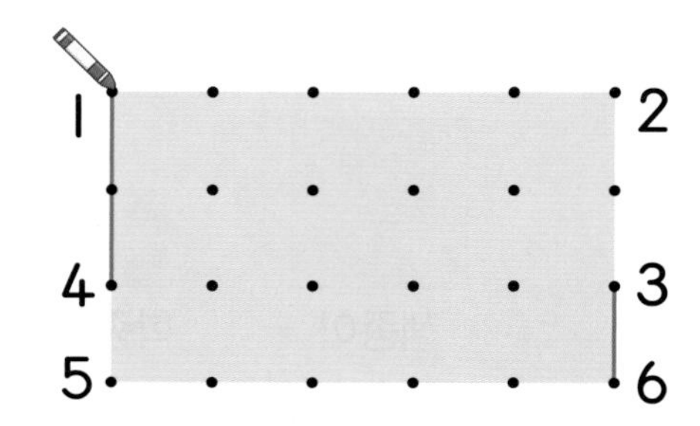

14 왼쪽보다 담긴 물의 양이 더 많은 것을 찾아 ○표 하세요.

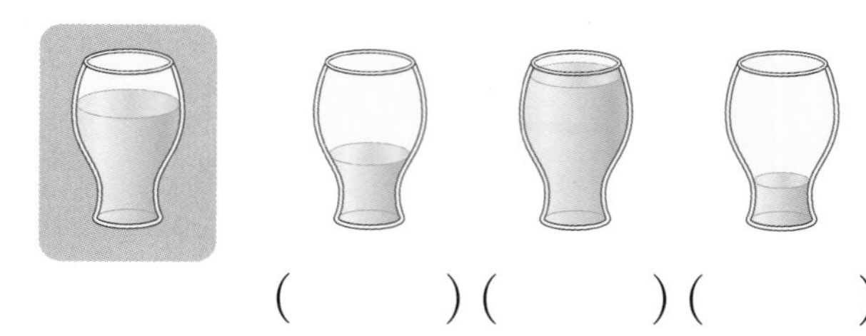

( ) ( ) ( )

15 세 사람이 각자 컵에 물을 가득 담아 모두 마셨습니다. 물을 가장 적게 마신 사람은 누구인가요?

(　　　　　　　　)

16 담긴 주스의 양이 가장 많은 그릇을 찾아 기호를 써 보세요.

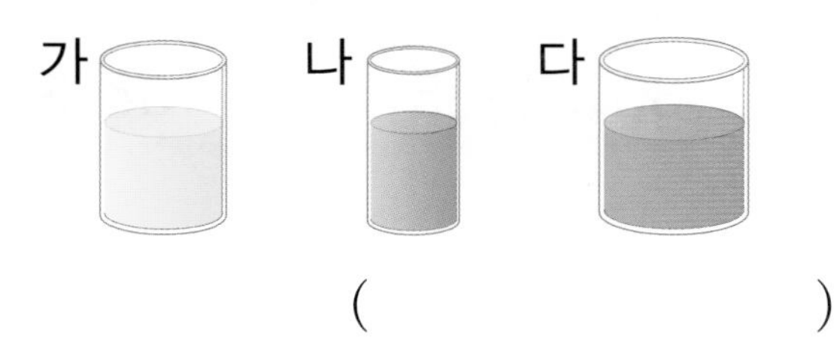

(　　　　　　　　)

17 그림을 보고 잘못 말한 사람을 찾아 이름을 써 보세요.

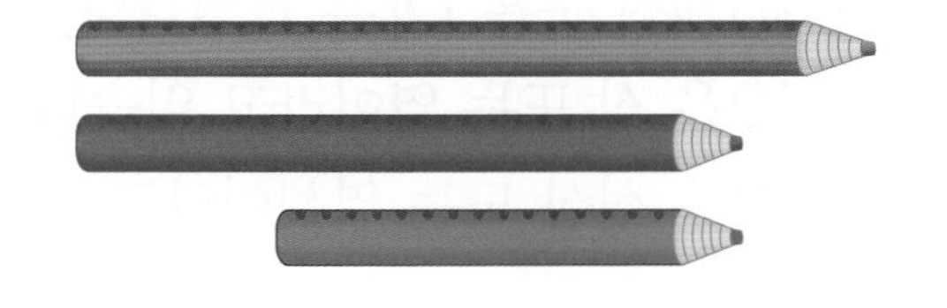

- 지우: 빨간색 색연필이 가장 길어.
- 민아: 파란색 색연필은 빨간색 색연필보다 더 짧아.
- 선재: 파란색 색연필과 초록색 색연필의 길이는 같아.

(　　　　　　　　)

18 무거운 것부터 순서대로 냉장고에 넣으려고 합니다. 가장 마지막에 넣어야 하는 것은 무엇일까요?

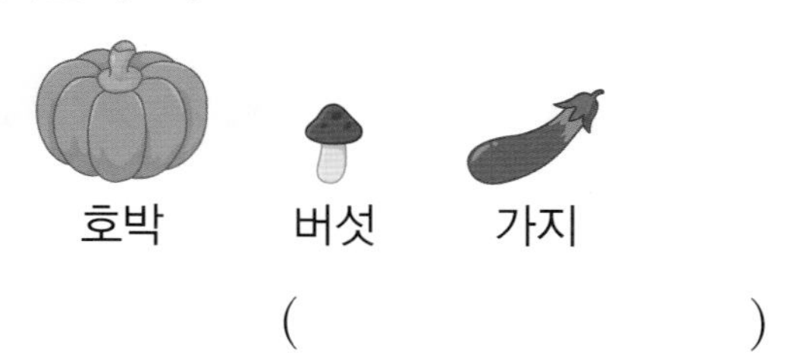

(　　　　　　　　)

19 그림과 같이 색종이를 반으로 접고 있습니다. 2번 접은 모양과 3번 접은 모양 중에서 더 좁은 모양은 어느 것일까요?

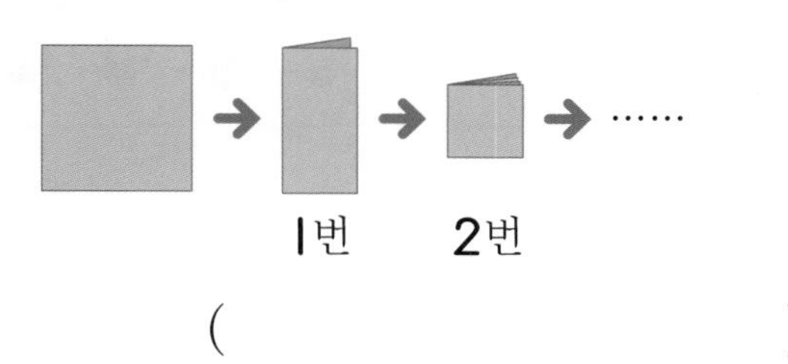

(　　　　　　　　)

서술형

20 세 사람이 똑같은 컵에 주스를 가득 담아 각각 마시고 남은 것입니다. 주스를 가장 많이 마신 사람은 누구인지 풀이 과정을 쓰고, 답을 구해 보세요.

답

01 인형의 수를 세어 □ 안에 써넣으세요.

□

02 가르기를 해 보세요.

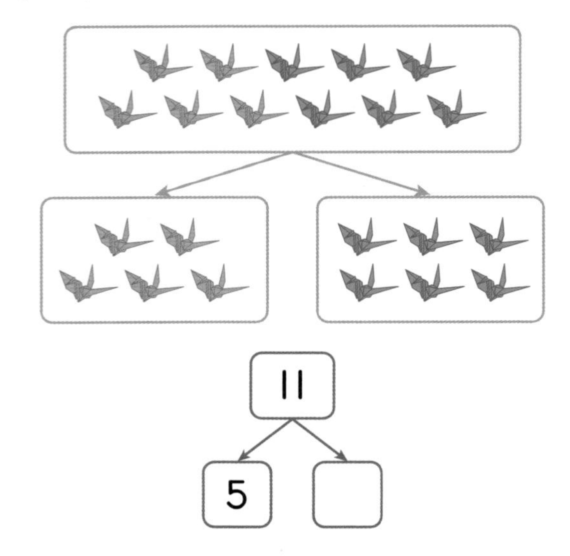

03 수를 세어 쓰고, 알맞게 읽은 것을 찾아 ○표 하세요.

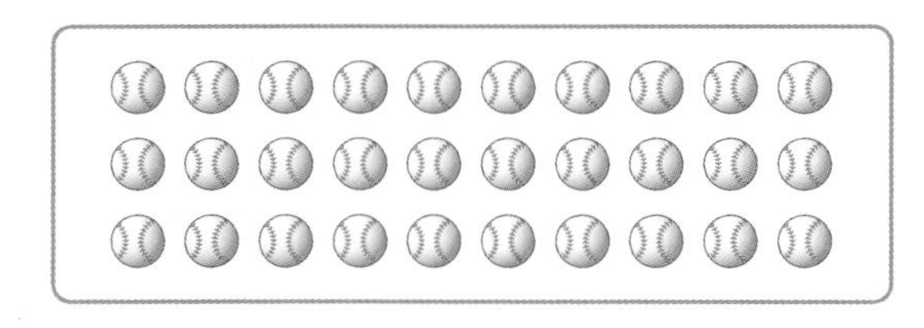

□ 읽기 (스물 , 사십 , 서른)

04 다음이 나타내는 수를 써 보세요.

10개씩 묶음 2개와 낱개 9개인 수

( )

05 수의 순서에 맞게 빈칸에 알맞은 수를 써넣으세요.

25			28	29			32
33	34	35			38	39	

06 다음 중 잘못 설명한 것은 어느 것인가요? ( )

① 십이는 12라고 씁니다.
② 6보다 4만큼 더 큰 수는 10입니다.
③ 10개씩 묶음 1개는 11입니다.
④ 10은 십 또는 열이라고 읽습니다.
⑤ 13은 십삼 또는 열셋이라고 읽습니다.

07 나타내는 수가 다른 하나를 찾아 써 보세요.

열여섯 16 십육 열일곱

( )

08 두 가지 방법으로 가르기를 해 보세요.

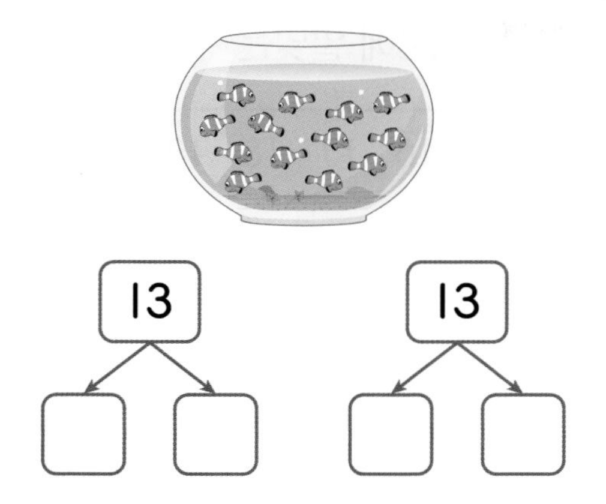

09 모으기를 하여 15가 되는 수끼리 이어 보세요.

9 14 2 10

10 준비물의 수를 써 보세요.

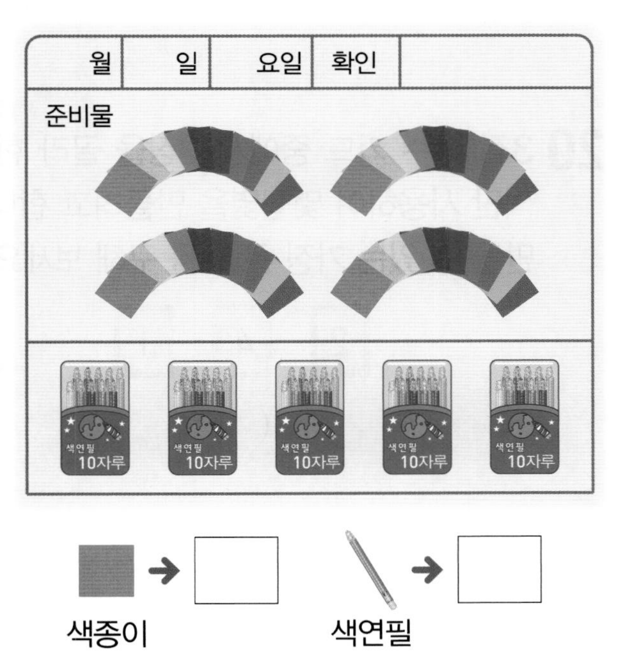

서술형

11 사탕이 30개 있습니다. 한 봉지에 사탕을 10개씩 담는다면 몇 봉지가 되는지 풀이 과정을 쓰고, 답을 구해 보세요.

답

12 빈칸에 알맞은 수를 써넣으세요.

수	10개씩 묶음	낱개
26	2	6
17	1	
45		5
	3	9

13 책꽂이에 동화책이 스물일곱 권 꽂혀 있습니다. 책꽂이에 꽂혀 있는 동화책의 수를 써 보세요.

( )

5 단원

14 ▣은 모두 몇 개인가요?

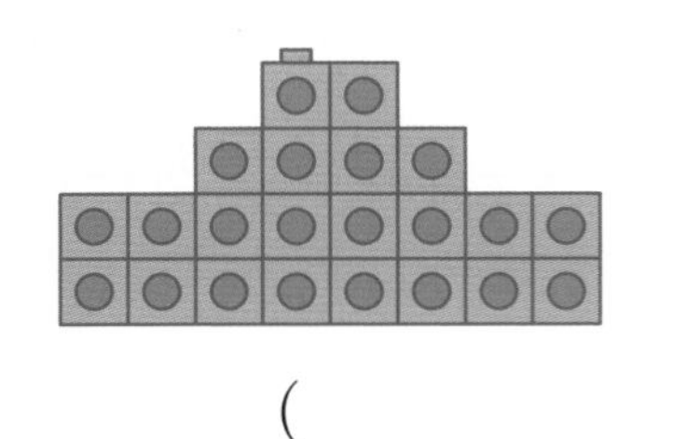

(   )

15 □ 안에 알맞은 수를 써넣으세요.

16 더 큰 수에 ○표 하세요.

43	49

17 색연필을 재석이는 35자루 가지고 있고, 소민이는 28자루 가지고 있습니다. 색연필을 더 많이 가지고 있는 사람은 누구인가요?

(   )

18 16보다 크고 ■보다 작은 수는 모두 4개입니다. ■에 알맞은 수를 구해 보세요.

15 [16] 17 18 19 20 21 22

(   )

서술형

19 0부터 9까지의 수 중에서 □ 안에 들어갈 수 있는 수는 모두 몇 개인지 풀이 과정을 쓰고, 답을 구해 보세요.

3□은/는 36보다 큽니다.

답

20 3장의 수 카드 중에서 2장을 골라 한 번씩만 사용하여 몇십몇을 만들려고 합니다. 만들 수 있는 가장 큰 수를 구해 보세요.

[2] [4] [1]

(   )

● 정답 48쪽

단원 평가 B단계 5. 50까지의 수

점수

01 10개인 것을 모두 찾아 ○표 하세요.

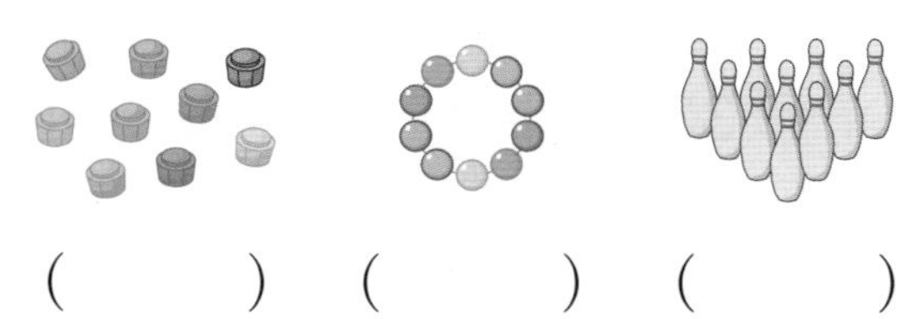

(　　　) (　　　) (　　　)

02 컵케이크의 수를 세어 □ 안에 써넣으세요.

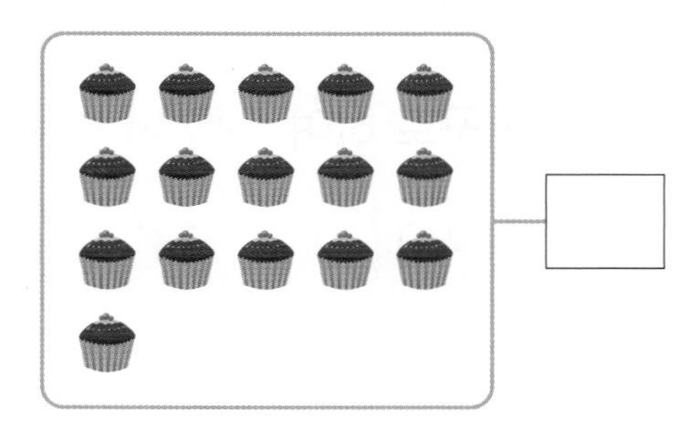

03 모으기를 해 보세요.

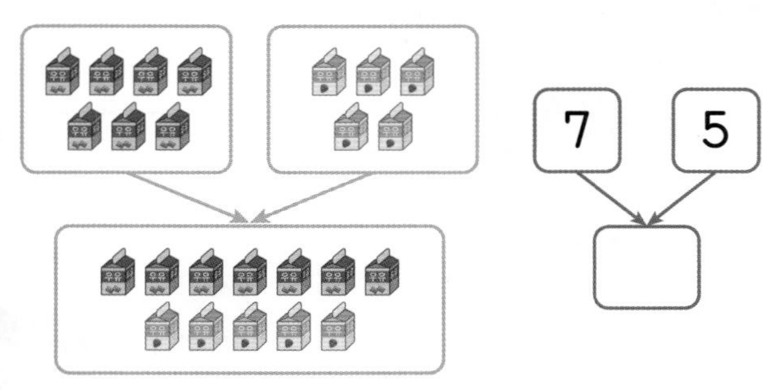

04 두 수의 크기를 비교하려고 합니다. □ 안에 알맞은 수를 써넣으세요.

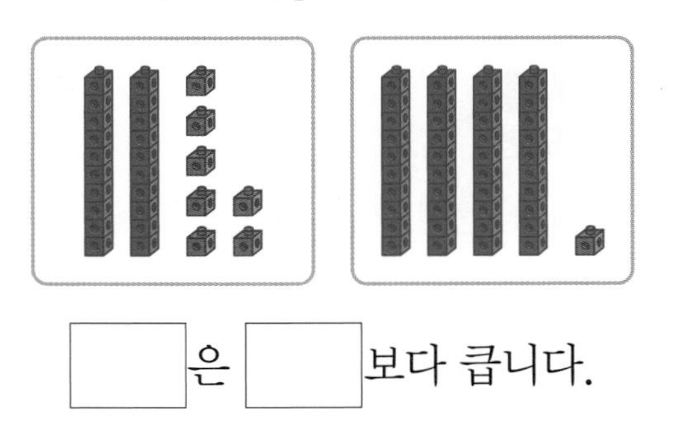

□은 □보다 큽니다.

05 10을 잘못 읽은 사람은 누구인가요?

(　　　　　　　)

06 수의 순서에 맞게 빈 곳에 알맞은 수를 써넣으세요.

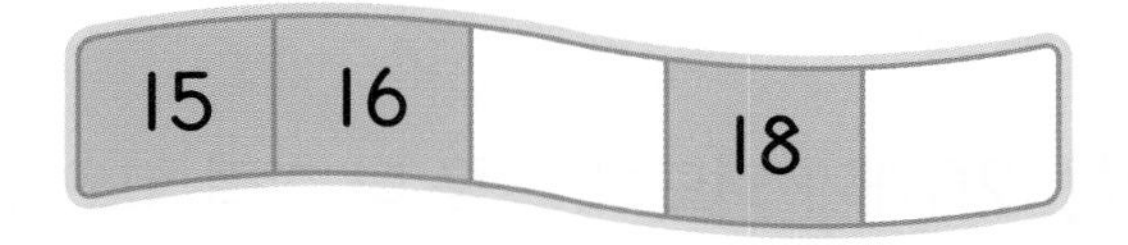

서술형

07 다음 수보다 1만큼 더 큰 수는 얼마인지 풀이 과정을 쓰고, 답을 구해 보세요.

10개씩 묶음 1개와 낱개 8개인 수

답

5 단원

08 가르기를 해 보세요.

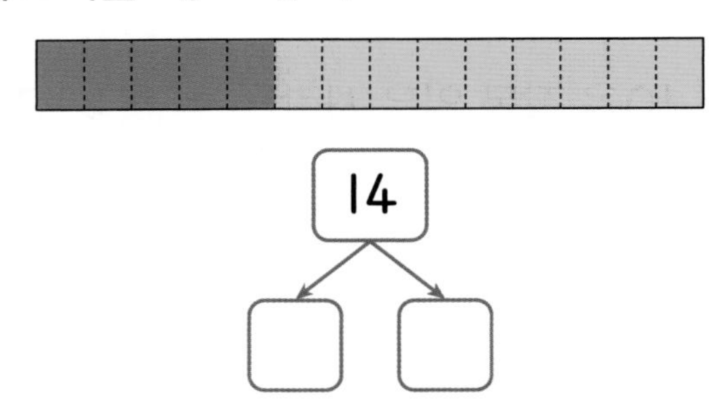

09 모으기를 하여 13이 되는 두 수를 모두 찾아 같은 색으로 색칠해 보세요.

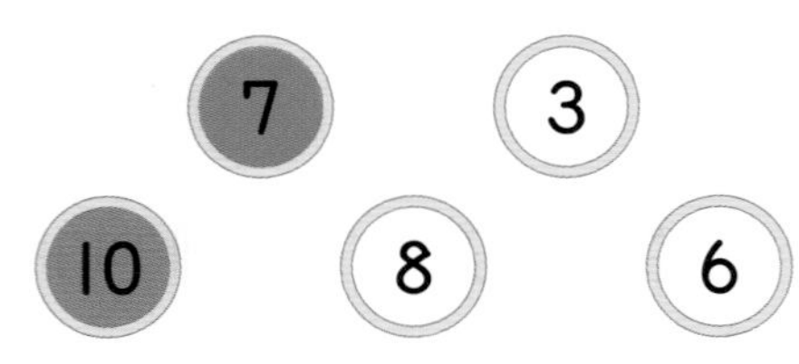

10 20개가 되도록 ○를 더 그려 넣으세요.

●	●	●	●	●					
●	●	●	●	●					

11 같은 수끼리 모두 이어 보세요.

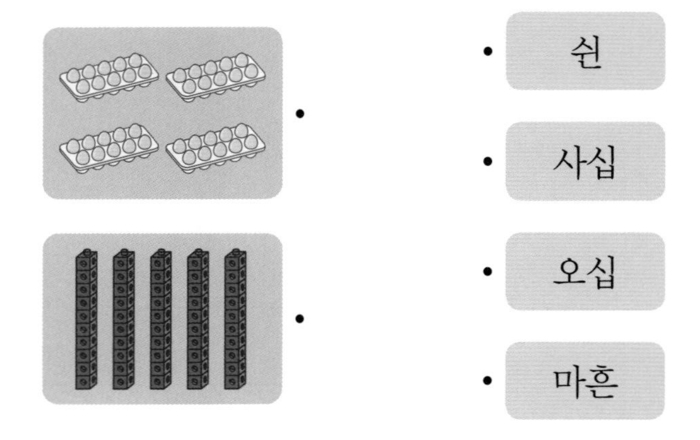

12 수를 잘못 읽은 것을 찾아 기호를 써 보세요.

㉠ 16 → 열여섯　㉡ 26 → 이십육
㉢ 33 → 서른셋　㉣ 45 → 삼십오

(　　　　　　)

13 순서를 거꾸로 하여 수를 써 보세요.

14 잘못 말한 사람은 누구인가요?

(　　　　　　)

15 작은 수부터 순서대로 써 보세요.

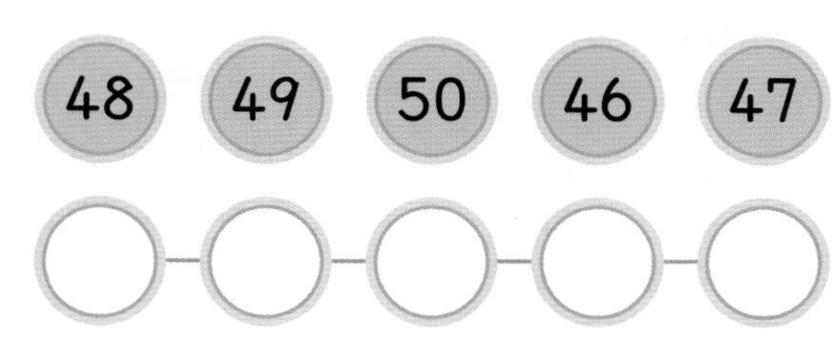

16 가장 큰 수를 찾아 ○표 하세요.

스물넷	열아홉	스물하나
( )	( )	( )

17 주어진 ▢으로 보기 의 모양을 몇 개 만들 수 있는지 구해 보세요.

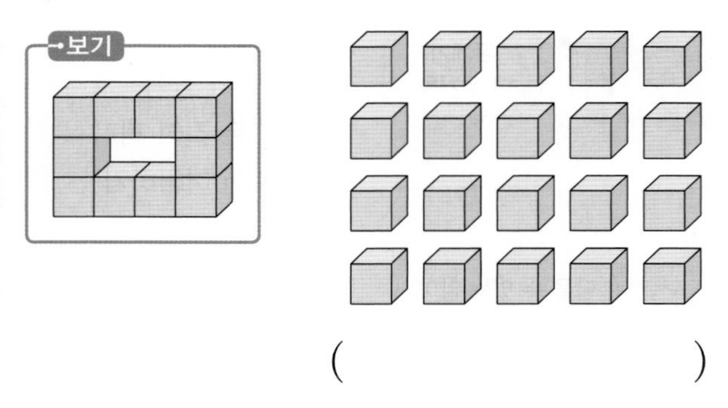

(   )

18 감이 34개 있습니다. 감을 한 줄에 10개씩 꿰어 곶감을 만들려고 합니다. 곶감을 4줄 만들려면 감이 몇 개 더 필요할까요?

(   )

서술형

19 두 수 사이에 있는 수는 모두 몇 개인지 풀이 과정을 쓰고, 답을 구해 보세요.

이십육	스물아홉

답

20 조건 을 만족하는 수를 구해 보세요.

조건
- 10개씩 묶음 4개와 낱개 1개인 수보다 큰 수입니다.
- 45보다 작은 수입니다.
- 10개씩 묶음의 수와 낱개의 수가 서로 같습니다.

(   )

5 단원

1학기 **총정리 개념**

1단원 9까지의 수

0	1	2	3	4	5	6	7	8	9
영	하나, 일	둘, 이	셋, 삼	넷, 사	다섯, 오	여섯, 육	일곱, 칠	여덟, 팔	아홉, 구

수의 순서에서 뒤에 있는 수가 더 큰 수!

다음에 배워요
- 50까지의 수 알기
- 50까지의 수의 크기 비교하기

2단원 여러 가지 모양

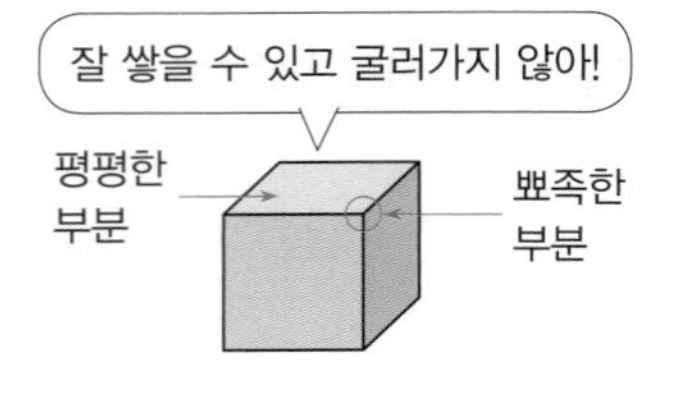

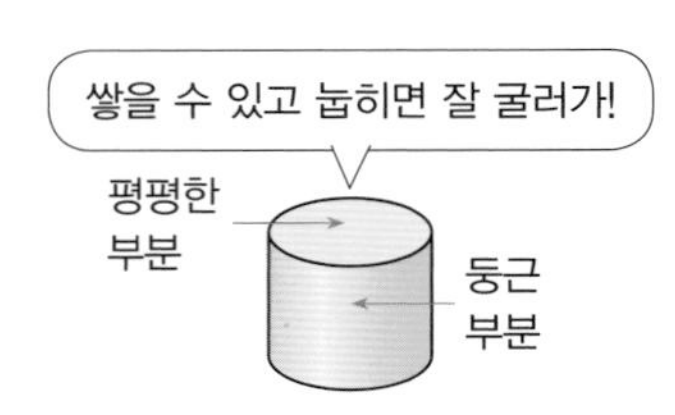

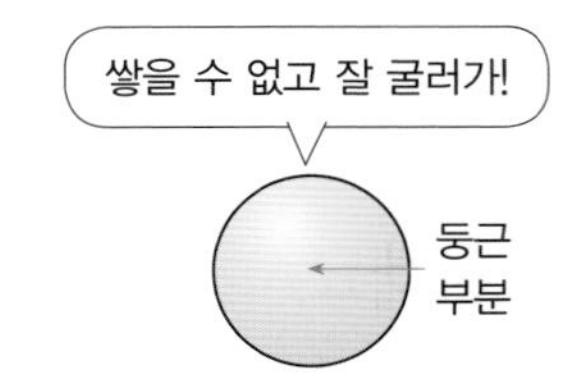

다음에 배워요
- □, △, ○ 모양을 찾고 알아보기
- □, △, ○ 모양으로 꾸미기

3단원 덧셈과 뺄셈

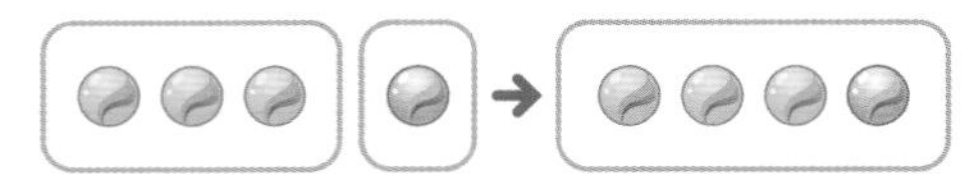

$3+1=4$

읽기 3 더하기 1은 4와 같습니다.
3과 1의 합은 4입니다.

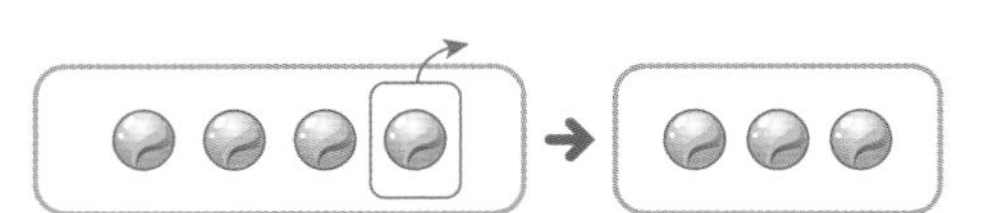

$4-1=3$

읽기 4 빼기 1은 3과 같습니다.
4와 1의 차는 3입니다.

다음에 배워요
- 19까지의 수를 모으기와 가르기
- 한 자리 수인 세 수의 덧셈과 뺄셈
- 10이 되는 더하기, 10에서 빼기

4단원 비교하기

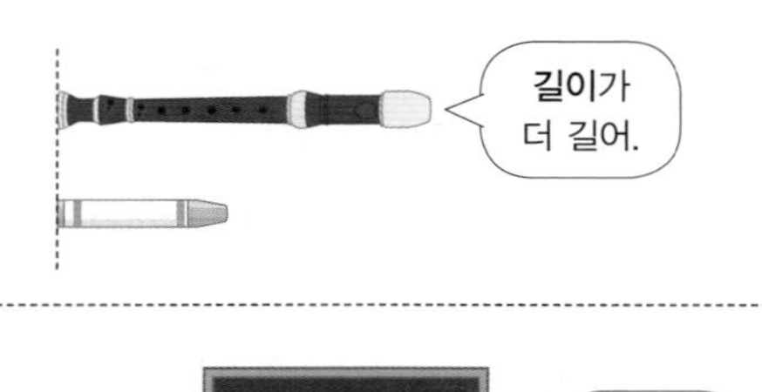

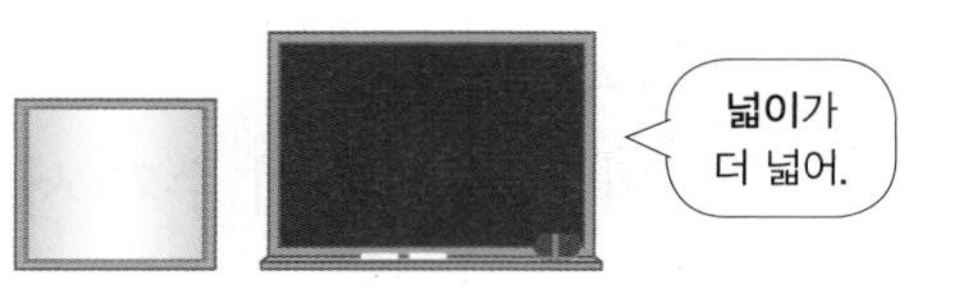

다음에 배워요
- 여러 가지 단위로 길이 재기
- 1 cm 알기
- 자로 길이 재기
- 길이 어림하기

5단원 50까지의 수

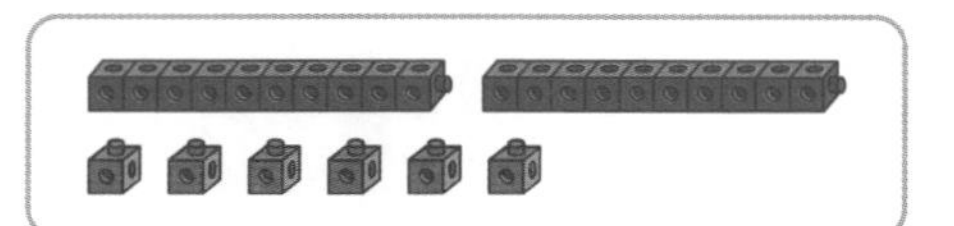

10개씩 묶음 2개와 낱개 6개
→ 26 읽기 이십육, 스물여섯

다음에 배워요
- 100까지의 수 알기
- 100까지의 수의 크기 비교하기

평가북

백점 수학 1·1

초등학교 학년 반 번 이름

백점

수학 1·1

해설북

- 한눈에 보이는 **정확한 답**
- 한번에 이해되는 **자세한 풀이**

모바일 빠른 정답

차례

백점 수학 **빠른 정답**

QR코드를 찍으면 **정답과 풀이**를 쉽고 빠르게 확인할 수 있습니다.

모바일 빠른 정답

1. 9까지의 수

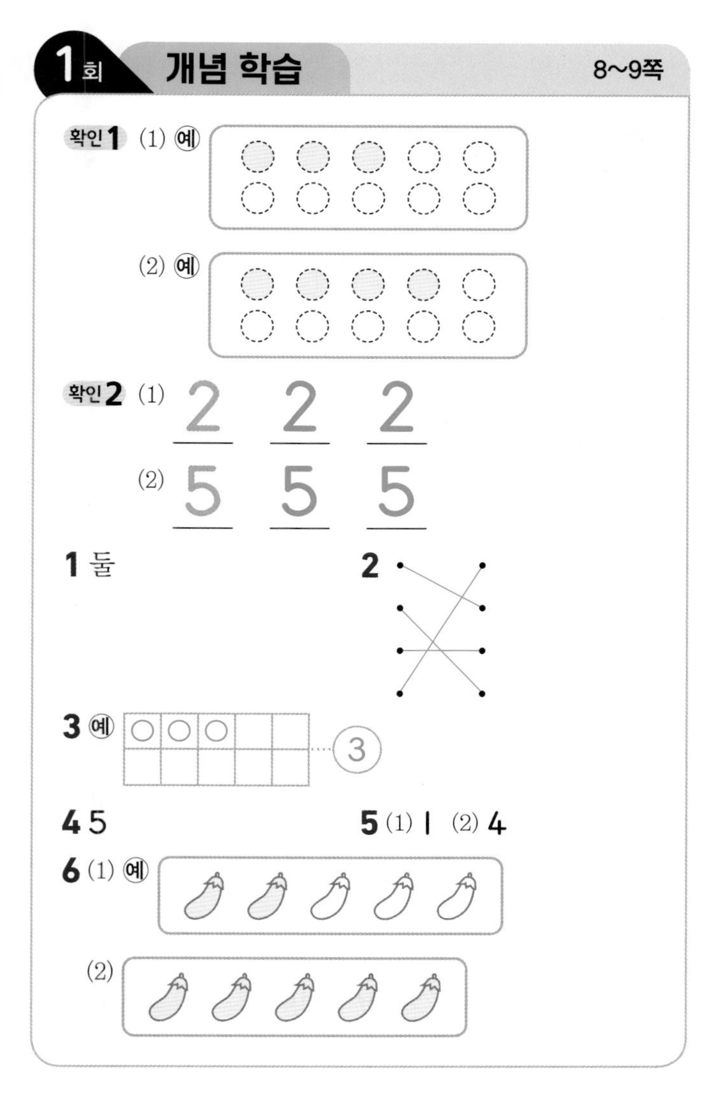

1 곰 인형의 수를 세어 보면 하나, 둘입니다.

2 • 1 — 하나, 일 • 3 — 셋, 삼
• 5 — 다섯, 오 • 4 — 넷, 사

3 사과의 수를 세어 보면 셋이므로 ○를 3개 그리고, 3을 씁니다.

4 아이스크림의 수를 세어 보면 다섯이므로 5에 ○표 합니다.

5 (1) 빵의 수를 세어 보면 하나이므로 1입니다.
(2) 빵의 수를 세어 보면 넷이므로 4입니다.

6 (1) 둘까지 세면서 그림을 색칠합니다.
(2) 다섯까지 세면서 그림을 색칠합니다.

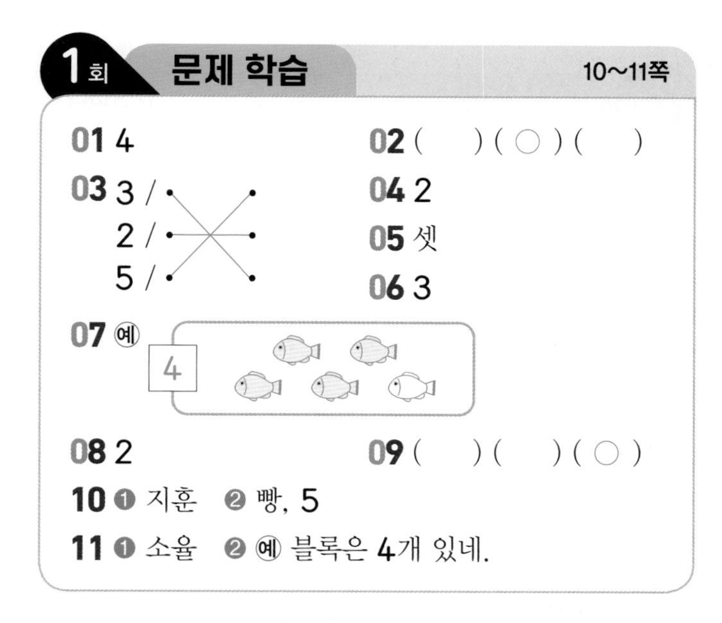

01 무당벌레, 우산, 펼친 손가락의 수는 모두 4입니다.

02 누름 못의 수: 1, 집게의 수: 5, 클립의 수: 3

03 • 컵의 수는 셋이므로 3입니다. ➔ 셋, 삼
• 칫솔의 수는 둘이므로 2입니다. ➔ 둘, 이
• 치약의 수는 다섯이므로 5입니다. ➔ 다섯, 오

04 개구리의 수를 세어 보면 둘이므로 2마리입니다.

05 • 1 — 하나, 일 • 3 — 셋, 삼

06 초의 수를 세어 보면 셋이므로 3을 써야 합니다.

07 1, 2, 3, 4, 5 중 하나를 쓰고, 쓴 수만큼 색칠합니다.

08 초록색 단추의 수를 세어 보면 둘이므로 2입니다.

09 수 카드의 수는 3이고 왼쪽 그림부터 차례로 물건의 수를 세어 보면 3, 3, 2입니다.

10 접시의 수: 4, 빵의 수: 5, 컵의 수: 3

채점 기준	❶ 잘못 말한 사람을 찾아 이름을 쓴 경우	3점	5점
	❷ 바르게 고쳐 쓴 경우	2점	

11 연필의 수: 5, 지우개의 수: 1, 블록의 수: 4

채점 기준	❶ 잘못 말한 사람을 찾아 이름을 쓴 경우	3점	5점
	❷ 바르게 고쳐 쓴 경우	2점	

5 (1) 크레파스의 수를 세어 보면 아홉이므로 9입니다.
(2) 지우개의 수를 세어 보면 여섯이므로 6입니다.

6 (1) 여섯까지 세면서 그림을 색칠합니다.
(2) 여덟까지 세면서 그림을 색칠합니다.

2회 개념 학습 12~13쪽

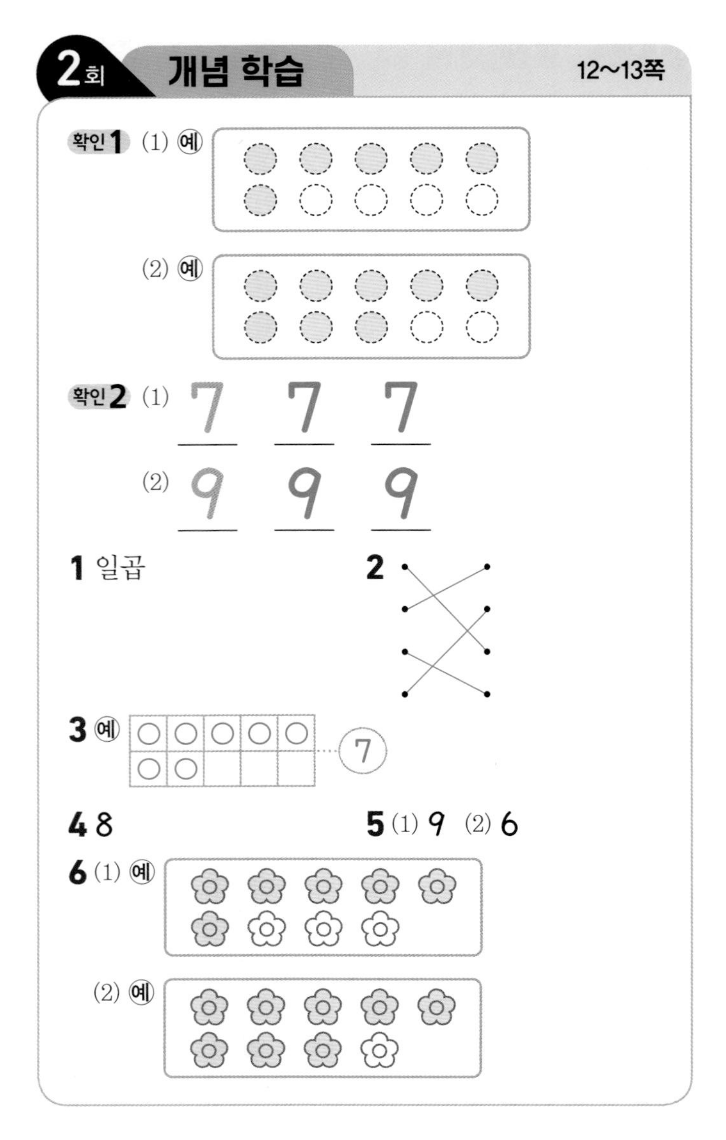

1 주스의 수를 세어 보면 하나, 둘, 셋, 넷, 다섯, 여섯, 일곱입니다.

2 • 8 — 여덟, 팔 • 7 — 일곱, 칠
• 9 — 아홉, 구 • 6 — 여섯, 육

3 가지의 수를 세어 보면 하나, 둘, 셋, 넷, 다섯, 여섯, 일곱이므로 ○를 7개 그리고, 7을 씁니다.

4 꽃의 수를 세어 보면 여덟이므로 8에 ○표 합니다.

2회 문제 학습 14~15쪽

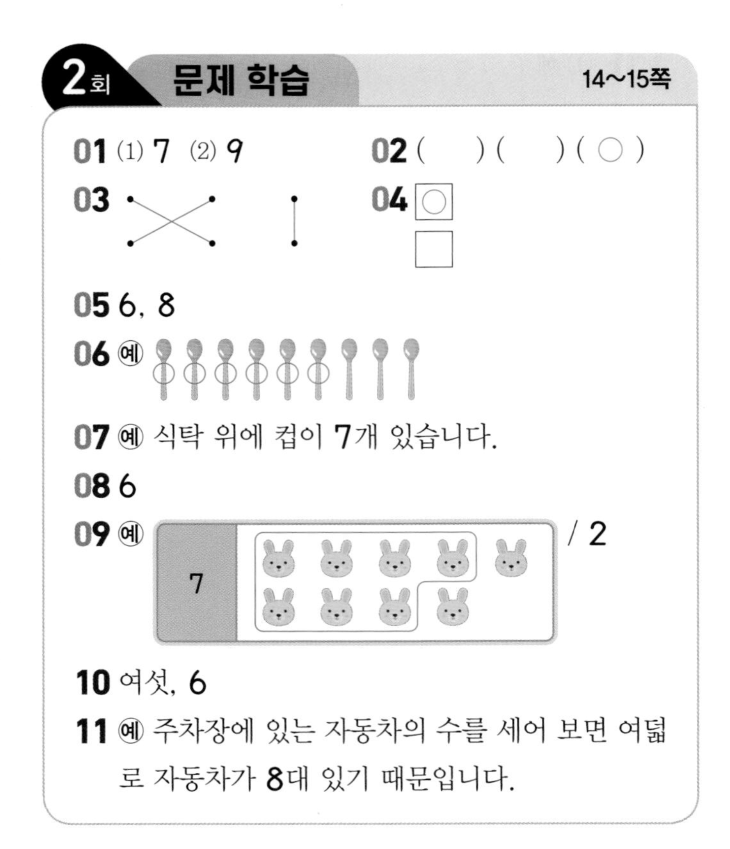

01 (1) 일곱을 수로 쓰면 7입니다.
(2) 아홉을 수로 쓰면 9입니다.

02 8은 여덟 또는 팔이라고 읽습니다.

03 • 마늘의 수를 세어 보면 아홉입니다. ➔ 9
• 양파의 수를 세어 보면 여섯입니다. ➔ 6
• 오이의 수를 세어 보면 일곱입니다. ➔ 7

04 보라색 연결 모형의 수는 7이고, 주황색 연결 모형의 수는 5입니다.

05 • 선인장의 수를 세어 보면 여섯이므로 6그루 있습니다.
• 낙타의 수를 세어 보면 여덟이므로 8마리 있습니다.

06 6명이 각각 순가락 한 개씩 사용하므로 필요한 숟가락은 6개입니다.

07 집에 있는 물건 중에서 그 수가 6, 7, 8, 9 중 하나인 것을 떠올리며 수를 넣어 말해 봅니다.

08 쓰러진 볼링핀의 수를 세어 보면 여섯이므로 6 입니다.

09 주어진 수는 7이므로 토끼를 일곱까지 세어 묶고, 묶지 않은 토끼의 수를 세면 둘이므로 2를 씁니다.

10

채점 기준	예나가 잘못 말한 이유 쓰기	5점

11

채점 기준	유준이가 잘못 말한 이유 쓰기	5점

[평가 기준] 이유에서 '여덟' 또는 '8대'라는 표현이 있으면 정답으로 인정합니다.

3회 개념 학습 16~17쪽

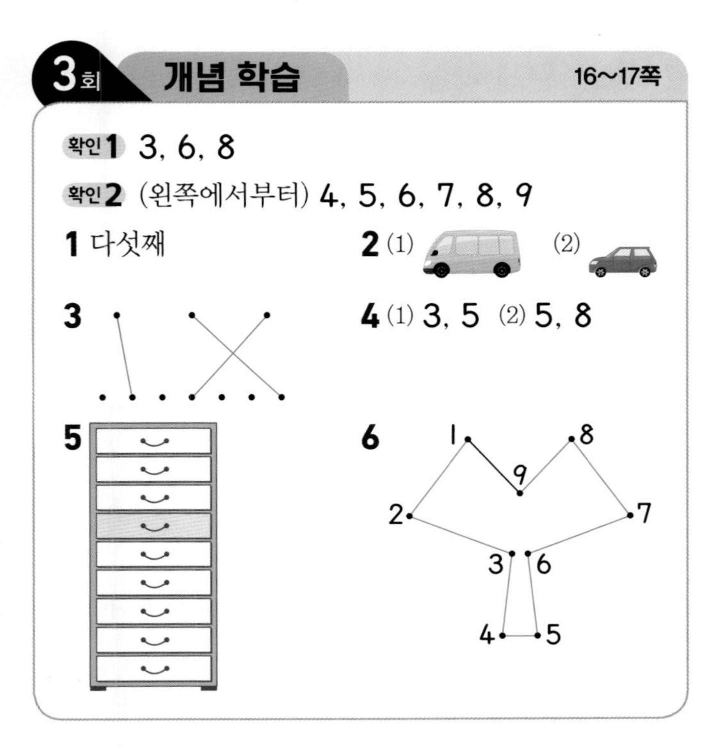

1 순서를 나타내는 말은 첫째, 둘째, 셋째, 넷째, 다섯째, 여섯째, 일곱째, 여덟째, 아홉째입니다.

2 (1) 앞에서 첫째, 둘째, 셋째, 넷째, 다섯째에 있는 자동차에 ○표 합니다.

(2) 앞에서 첫째, 둘째, 셋째에 있는 자동차에 ○표 합니다.

3 왼쪽부터 순서대로 줄을 서 있으므로 왼쪽에서 첫째, 둘째, 셋째, 넷째, 다섯째, 여섯째, 일곱째의 순서입니다.
2는 둘째, 7은 일곱째, 4는 넷째와 잇습니다.

4 1, 2, 3, 4, 5, 6, 7, 8, 9의 순서에 알맞게 수를 씁니다.

5 아래에서부터 첫째, 둘째, 셋째, 넷째, 다섯째, 여섯째, 일곱째, 여덟째, 아홉째의 순서입니다.

6 1−2−3−4−5−6−7−8−9의 순서대로 점을 잇습니다.

3회 문제 학습 18~19쪽

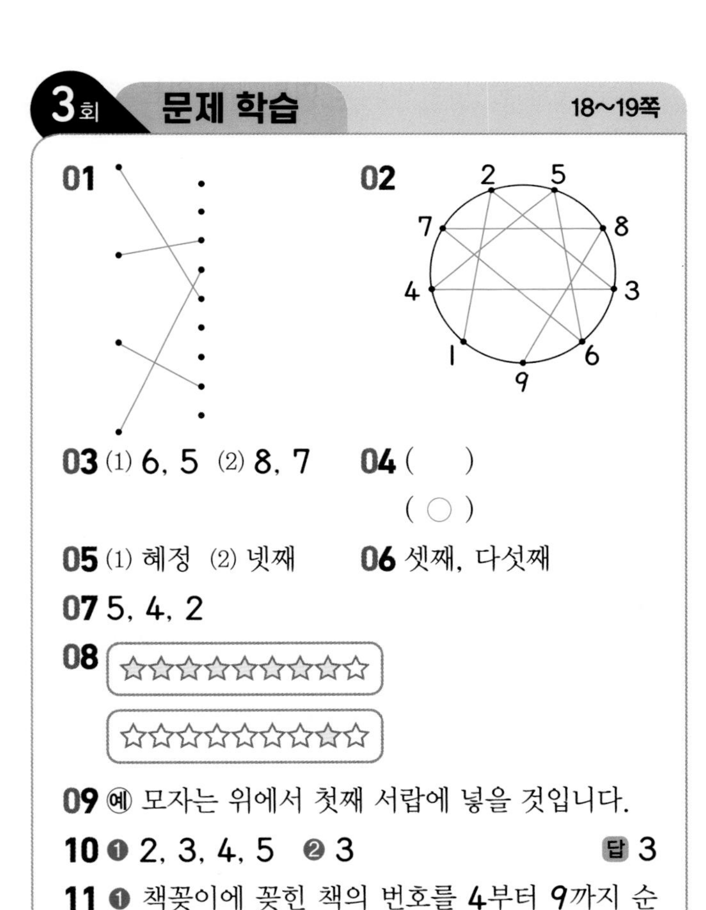

01 수의 순서에 맞는 쌓기나무를 찾아 잇습니다.

02 1－2－3－4－5－6－7－8－9의 순서대로 점을 잇습니다.

03 9부터 수의 순서를 거꾸로 써 보면 9, 8, 7, 6, 5, 4, 3, 2, 1입니다.

04 3, 4, 6, 5, 7(×) → 3, 4, 5, 6, 7(○)

05 앞에서 첫째는 진형, 둘째는 혜정, 셋째는 경호, 넷째는 수연, 다섯째는 정수입니다.

06 • 왼쪽에서 셋째에 노란색 젤리가 있습니다.
• 오른쪽에서 다섯째에 노란색 젤리가 있습니다.

07 기차는 다섯째에 있으므로 5, 로봇은 넷째에 있으므로 4, 공룡 인형은 둘째에 있으므로 2입니다.

08 8은 수를 나타내므로 ☆ 8개에 색칠하고, 여덟째는 순서를 나타내므로 여덟째에 있는 ☆ 1개에만 색칠합니다.

09 주어진 물건을 위 또는 아래를 기준으로 하여 몇째 서랍에 넣을 것인지 말해 봅니다.

10

채점 기준			
	❶ 사물함의 번호를 순서대로 쓴 경우	3점	5점
	❷ 소미의 사물함 번호를 구한 경우	2점	

11

채점 기준			
	❶ 책꽂이에 꽂힌 책의 번호를 순서대로 쓴 경우	3점	5점
	❷ '해님 달님' 책의 번호를 구한 경우	2점	

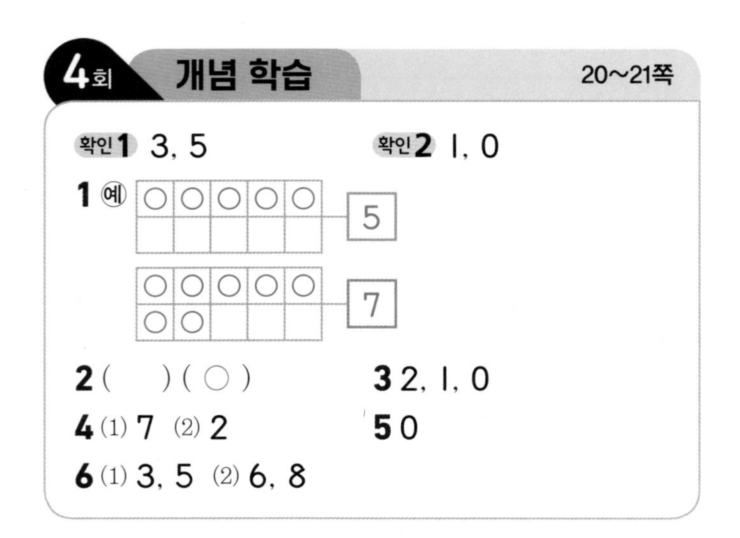

4회 개념 학습 20~21쪽

확인 1 3, 5　　확인 2 1, 0

1 예 5, 7

2 (　) (○)　　3 2, 1, 0

4 (1) 7 (2) 2　　5 0

6 (1) 3, 5 (2) 6, 8

1 6보다 1만큼 더 작은 수는 5이고, 6보다 1만큼 더 큰 수는 7입니다.

2 5보다 1만큼 더 큰 수는 5 바로 뒤의 수인 6이므로 참외의 수가 6인 것에 ○표 합니다.

3 • 펼친 손가락이 2개이므로 2입니다.
• 펼친 손가락이 1개이므로 1입니다.
• 펼친 손가락이 없으므로 0입니다.

4 (1) 8보다 1만큼 더 작은 수는 8 바로 앞의 수인 7입니다.
(2) 1보다 1만큼 더 큰 수는 1 바로 뒤의 수인 2입니다.

5 1보다 1만큼 더 작은 수는 1 바로 앞의 수인 0입니다.

6 수를 순서대로 썼을 때 1만큼 더 작은 수는 바로 앞의 수, 1만큼 더 큰 수는 바로 뒤의 수입니다.

4회 문제 학습 22~23쪽

01 1 2 3 4 5 6 7 8 9

02 9

03 (선 잇기)

04 0개

05 (1) 7, 8 (2) 2, 3

06 (1) 4번 (2) 6번

07 예 어제 아이스크림을 모두 먹어서 0개 남았습니다.

08 6, 7　　**09** 7, 8

10 ❶ 도현 ❷ 9, 8 또는 8, 7

11 ❶ 시우 ❷ 예 2보다 1만큼 더 큰 수는 3이야.

01 2보다 1만큼 더 작은 수는 1이고, 2보다 1만큼 더 큰 수는 3입니다.

02 사탕의 수 8보다 1만큼 더 큰 수는 9입니다.

03 • 5보다 1만큼 더 작은 수는 4입니다.
• 3보다 1만큼 더 작은 수는 2입니다.

04 지수가 넣은 고리는 없으므로 0개입니다.

05 • 6보다 1만큼 더 큰 수는 7이고, 7보다 1만큼 더 큰 수는 8입니다.
• 4보다 1만큼 더 작은 수는 3이고, 3보다 1만큼 더 작은 수는 2입니다.

06 (1) 5보다 1만큼 더 작은 수인 4입니다.
(2) 5보다 1만큼 더 큰 수인 6입니다.

07 0을 사용하여 자유롭게 이야기해 봅니다.

08 7은 6 바로 뒤의 수, 6은 7 바로 앞의 수입니다.

09 7층과 8층의 버튼이 눌려져 있습니다.
아이의 집은 아주머니의 집보다 한 층 아래에 있으므로 아이 집의 층수는 8보다 1만큼 더 작은 수인 7이고, 아주머니 집의 층수는 8입니다.

10

채점 기준			
	❶ 잘못 말한 사람을 찾아 이름을 쓴 경우	3점	5점
	❷ 바르게 고쳐 쓴 경우	2점	

11 '2보다 1만큼 더 작은 수는 1이야.', '0보다 1만큼 더 큰 수는 1이야.'라고 고칠 수도 있습니다.

채점 기준			
	❶ 잘못 말한 사람을 찾아 이름을 쓴 경우	3점	5점
	❷ 바르게 고쳐 쓴 경우	2점	

5회 개념 학습 24~25쪽

확인 **1** 8

확인 **2** (1) 앞, 작습니다 (2) 뒤, 큽니다

1 적습니다 / 작습니다

2 예 4: ○○○○ / 7: ○○○○○○○ / 작습니다 / 큽니다

3 1 - 2(△) - 3 - 4 - 5(○) - 6 - 7

4 4

5 5 / ( )
3 / (△)

6 □
○

1 자동차가 자전거보다 적으므로 3은 6보다 작습니다.

2 ○의 수가 더 적은 4가 7보다 작고, ○의 수가 더 많은 7이 4보다 큽니다.

3 2는 5보다 앞에 있는 수이므로 2는 5보다 작습니다.

4 오른쪽에 있는 물고기가 왼쪽에 있는 물고기보다 많으므로 4는 1보다 큽니다.

5 아래쪽에 있는 버섯이 위쪽에 있는 버섯보다 적으므로 3은 5보다 작습니다.

6 수의 순서에서 2는 8보다 앞에 있는 수이므로 2는 8보다 작습니다.

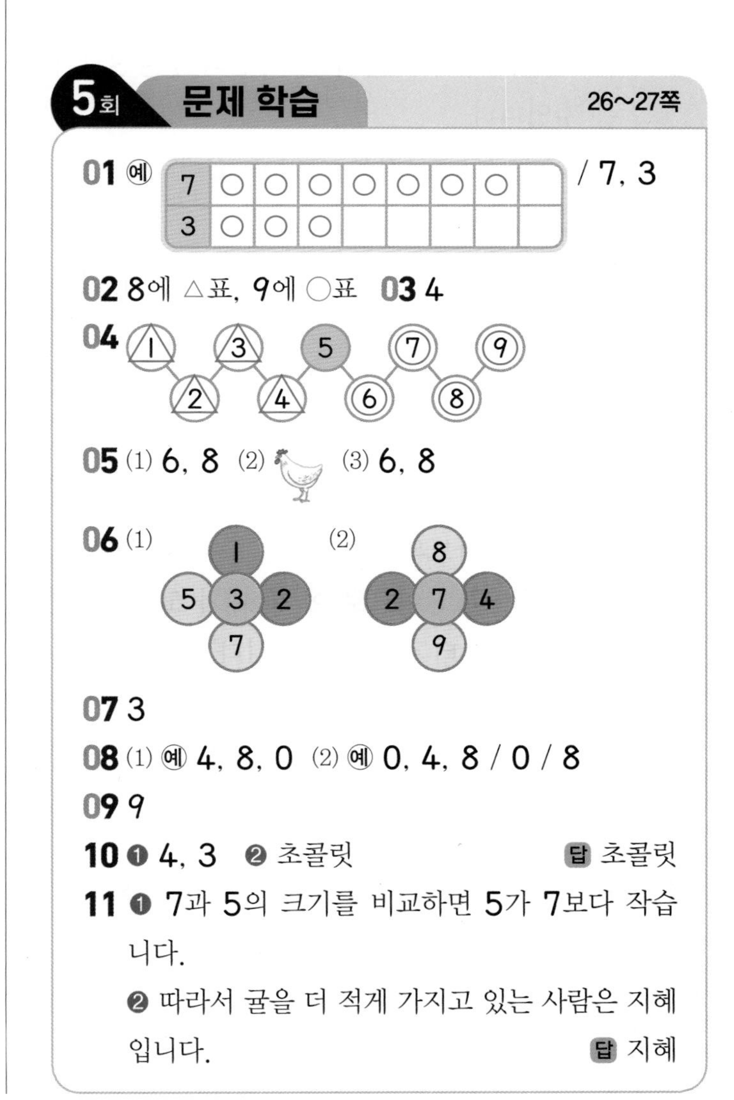

5회 문제 학습 26~27쪽

01 예 7: ○○○○○○○ / 3: ○○○ / 7, 3

02 8에 △표, 9에 ○표 **03** 4

04 1(△) - 2(△) - 3(△) - 4(△) - 5 - 6(○) - 7(○) - 8(○) - 9(○)

05 (1) 6, 8 (2) (닭) (3) 6, 8

06 (1) 1, 5, 3, 2, 7 (2) 8, 2, 7, 4, 9

07 3

08 (1) 예 4, 8, 0 (2) 예 0, 4, 8 / 0 / 8

09 9

10 ❶ 4, 3 ❷ 초콜릿 답 초콜릿

11 ❶ 7과 5의 크기를 비교하면 5가 7보다 작습니다.
❷ 따라서 귤을 더 적게 가지고 있는 사람은 지혜입니다. 답 지혜

개념북 1단원

01 7은 ○를 7개 그리고, 3은 ○를 3개 그립니다.
○의 수가 더 많은 7이 3보다 큽니다.

02 수의 순서에서 8은 9보다 앞에 있는 수이므로 8은 9보다 작습니다.
따라서 8에 △표, 9에 ○표 합니다.

03 수의 순서에서 4는 6보다 앞에 있는 수이므로 6보다 작은 수는 4입니다.

04 • 1, 2, 3, 4는 5보다 앞에 있는 수이므로 5보다 작은 수입니다.
• 6, 7, 8, 9는 5보다 뒤에 있는 수이므로 5보다 큰 수입니다.

05 (2) 닭이 병아리보다 적습니다.
(3) 닭이 병아리보다 적으므로 6은 8보다 작습니다.

06 (1) 1과 2는 3보다 작은 수이고, 5와 7은 3보다 큰 수입니다.
(2) 2와 4는 7보다 작은 수이고, 8과 9는 7보다 큰 수입니다.

07 주어진 수를 순서대로 썼을 때 가장 앞에 있는 수가 가장 작은 수입니다.
1−2−3−4−5−6−7−8−9
따라서 가장 작은 수는 3입니다.

08 (1) 7, 2, 4, 8, 5, 0 중에서 세 수를 골라 씁니다.
(2) 주어진 수 카드의 수를 작은 수부터 쓰면 0, 2, 4, 5, 7, 8이므로 이 중 내가 고른 세 수를 작은 수부터 순서대로 씁니다.
이때 가장 앞에 있는 수가 가장 작은 수, 가장 뒤에 있는 수가 가장 큰 수입니다.

09 딸기의 수는 7이고, 7보다 큰 수는 9입니다.

10

채점 기준			
	❶ 3과 4의 크기를 비교한 경우	3점	5점
	❷ 간식 통에 더 많은 것은 무엇인지 쓴 경우	2점	

11

채점 기준			
	❶ 7과 5의 크기를 비교한 경우	3점	5점
	❷ 귤을 더 적게 가지고 있는 사람은 누구인지 쓴 경우	2점	

6회 응용 학습 28~31쪽

01 1단계 7, 5, 6 2단계 채아
02 도현
03 연아
04 1단계 (나무) 2단계 넷째
05 셋째
06 다섯째
07 1단계 6, 7, 8 2단계 8
08 4
09 2개
10 1단계, 2단계 앞 ○ ○ ○ ○ ○ ○ ○ 뒤 (민규: 앞에서 다섯째)
3단계 7명
11 9명
12 7층

01 1단계 다섯: 5, 7보다 1만큼 더 작은 수: 6
2단계 7, 5, 6을 순서대로 써 보면 5, 6, 7이므로 가장 큰 수를 말한 사람은 채아입니다.

02 • 서진: 3 • 다은: 1보다 1만큼 더 큰 수 → 2
• 도현: 영 → 0
3, 2, 0을 순서대로 써 보면 0, 2, 3이므로 가장 작은 수를 말한 사람은 도현입니다.

03 • 연아: 여덟 → 8
• 서준: 5보다 1만큼 더 큰 수 → 6
• 재호: 7 • 채민: 6보다 1만큼 더 작은 수 → 5
8, 6, 7, 5를 순서대로 써 보면 5, 6, 7, 8이므로 가장 큰 수를 말한 사람은 연아입니다.

04 2단계 나무의 순서를 각각 오른쪽과 왼쪽을 기준으로 나타내 보면 오른쪽에서 셋째에 있는 나무는 왼쪽에서 넷째에 있습니다.

05 주스의 순서를 각각 왼쪽과 오른쪽을 기준으로 나타내 보면 왼쪽에서 다섯째에 놓인 주스는 오른쪽에서 셋째에 놓여 있습니다.

06
뒤에서 넷째
(앞) ○ ○ ○ ○ ○ ○ ○ ○ (뒤)
앞에서 다섯째

07 ❶단계 5부터 9까지의 수를 순서대로 써 보면 5−6−7−8−9이므로 5와 9 사이에 있는 수는 6, 7, 8입니다.
❷단계 6, 7, 8 중에서 7보다 큰 수는 8입니다.

08 3부터 7까지의 수를 순서대로 써 보면 3−4−5−6−7이므로 3과 7 사이에 있는 수는 4, 5, 6입니다.
4, 5, 6 중에서 5보다 작은 수는 4입니다.

09 1부터 6까지의 수를 순서대로 써 보면 1−2−3−4−5−6이므로 1과 6 사이에 있는 수는 2, 3, 4, 5입니다.
2, 3, 4, 5 중에서 3보다 큰 수는 4, 5이므로 조건 을 모두 만족하는 수는 2개입니다.

10 ❶단계 민규는 앞에서 다섯째에 서 있으므로 민규 앞에 ○ 4개를 그립니다.
❷단계 민규는 뒤에서 셋째에 서 있으므로 민규 뒤에 ○ 2개를 그립니다.
❸단계 민규 앞에 4명, 민규 뒤에 2명이 있으므로 줄을 서 있는 어린이는 모두 7명입니다.

11 해주는 앞에서 넷째로 달리고 있으므로 해주 앞에 ○ 3개를 그리고, 뒤에서 여섯째로 달리고 있으므로 해주 뒤에 ○ 5개를 그려 나타내면 다음과 같습니다.

(앞) ○○○ ○ ○○○○○ (뒤)
3명 / 해주 / 5명

해주 앞에 3명, 해주 뒤에 5명이 있으므로 달리기를 하고 있는 어린이는 모두 9명입니다.

12 지호네 층이 아래에서 여섯째이므로 지호네 층 아래에 다섯 층을 그리고, 지호네 층이 위에서 둘째이므로 지호네 층 위에 한 층을 그려 나타내면 오른쪽과 같습니다.
층수를 세어 보면 모두 7층이므로 지호가 살고 있는 건물은 모두 7층입니다.

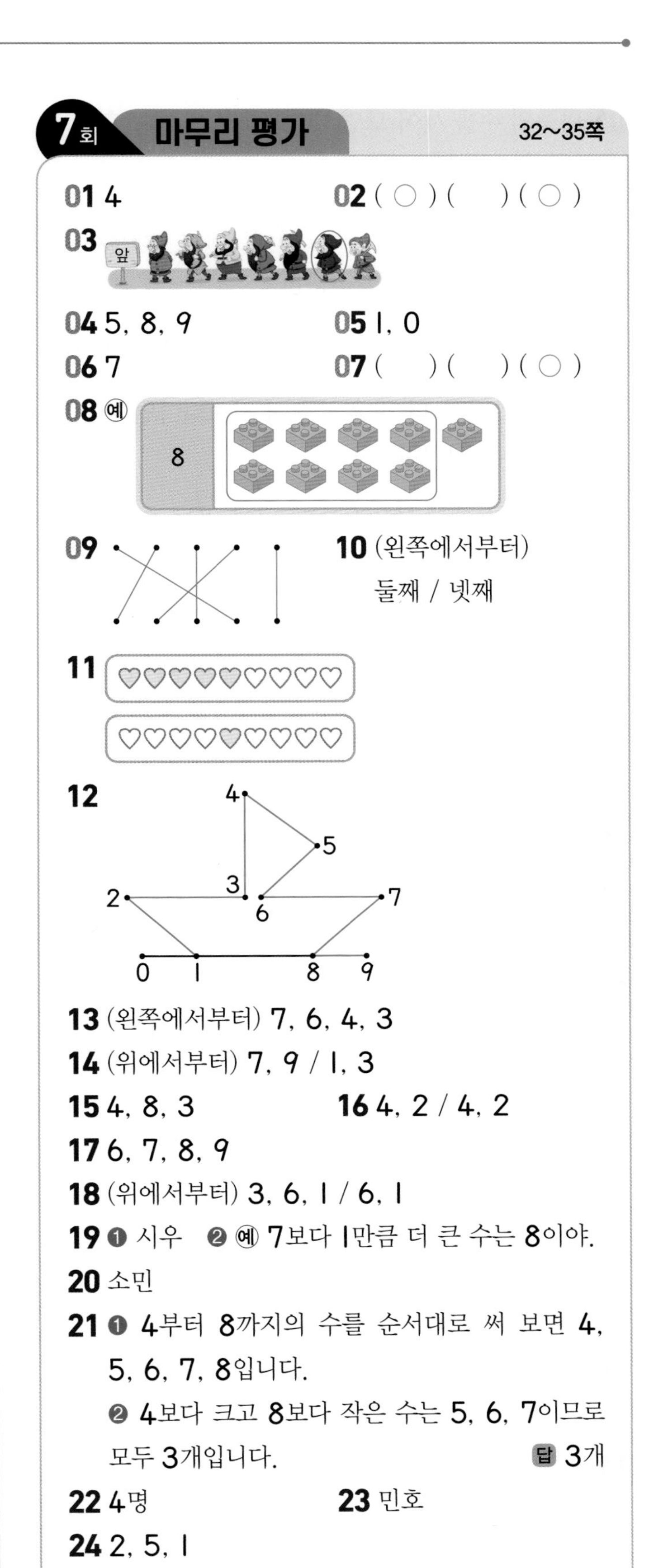

7회 마무리 평가 32~35쪽

01 4
02 (○) ( ) (○)
03 앞
04 5, 8, 9
05 1, 0
06 7
07 ( ) ( ) (○)
08 예 8
09
10 (왼쪽에서부터) 둘째 / 넷째
11
12 0, 1, 2, 3, 4, 5, 6, 7, 8, 9
13 (왼쪽에서부터) 7, 6, 4, 3
14 (위에서부터) 7, 9 / 1, 3
15 4, 8, 3
16 4, 2 / 4, 2
17 6, 7, 8, 9
18 (위에서부터) 3, 6, 1 / 6, 1
19 ❶ 시우 ❷ 예 7보다 1만큼 더 큰 수는 8이야.
20 소민
21 ❶ 4부터 8까지의 수를 순서대로 써 보면 4, 5, 6, 7, 8입니다.
❷ 4보다 크고 8보다 작은 수는 5, 6, 7이므로 모두 3개입니다. 답 3개
22 4명
23 민호
24 2, 5, 1
25 ❶ 세호가 그린 사과의 수는 5입니다.
❷ 5보다 1만큼 더 큰 수는 5 바로 뒤의 수인 6입니다. 답 6

개념북 1단원

01 와플의 수를 세어 보면 넷이므로 4에 ○표 합니다.

02 멜론의 수: 6 → 여섯, 육

03 앞에서부터 첫째, 둘째, 셋째, 넷째, 다섯째, 여섯째, 일곱째의 순서입니다.

04 수를 순서대로 써 보면 4, 5, 6, 7, 8, 9입니다.

05 2보다 1만큼 더 작은 수는 1, 1보다 1만큼 더 작은 수는 0입니다.

06 수의 순서에서 7은 5보다 뒤에 있는 수입니다.
→ 7은 5보다 큽니다.

07 • 돼지의 수를 세어 보면 둘입니다. → 2
• 판다의 수를 세어 보면 넷입니다. → 4
• 강아지의 수를 세어 보면 셋입니다. → 3

08 블록을 여덟까지 세어 묶습니다.

09 번호 순서대로 써 보면 1, 2, 3, 4, 5이므로 1을 첫째에 놓고 2를 둘째, 3을 셋째, 4를 넷째, 5를 다섯째에 놓습니다.

10 남자 어린이는 아래에서 둘째 계단에 있고, 여자 어린이는 위에서 넷째 계단에 있습니다.

11 5는 수를 나타내므로 ♡ 5개에 색칠하고, 다섯째는 순서를 나타내므로 다섯째에 있는 ♡ 1개에만 색칠합니다.

12 1－2－3－4－5－6－7－8－9의 순서대로 점을 잇습니다.

13 8부터 순서를 거꾸로 하여 수를 써 보면 8, 7, 6, 5, 4, 3입니다.

14 • 8보다 1만큼 더 작은 수는 8 바로 앞의 수인 7이고, 8보다 1만큼 더 큰 수는 8 바로 뒤의 수인 9입니다.
• 2보다 1만큼 더 작은 수는 2 바로 앞의 수인 1이고, 2보다 1만큼 더 큰 수는 2 바로 뒤의 수인 3입니다.

15 • 쿠키의 수를 세어 보면 넷입니다. → 4
• 빵의 수를 세어 보면 여덟입니다. → 8
• 샌드위치의 수를 세어 보면 셋입니다. → 3

16 도넛의 수: 4, 케이크의 수: 2
→ 도넛이 케이크보다 많으므로 4는 2보다 큽니다.

17 5보다 뒤에 있는 수는 모두 5보다 큰 수입니다.
1－2－3－4－⑤－6－7－8－9
5보다 큰 수

18 나비의 수: 3, 꽃의 수: 6, 무당벌레의 수: 1
3, 6, 1을 큰 수부터 순서대로 써 보면 6, 3, 1이므로 가장 큰 수는 6, 가장 작은 수는 1입니다.

19 '8보다 1만큼 더 큰 수는 9야.'라고 고칠 수도 있습니다.

채점 기준			
	❶ 잘못 말한 사람을 찾아 이름을 쓴 경우	2점	4점
	❷ 바르게 고쳐 쓴 경우	2점	

20 4보다 1만큼 더 작은 수는 3입니다.
가지고 있는 연필의 수가 수호는 2, 소민이는 3이므로 가지고 있는 연필의 수가 4보다 1만큼 더 작은 수인 사람은 소민입니다.

21

채점 기준			
	❶ 4부터 8까지의 수의 순서를 아는 경우	2점	4점
	❷ 4보다 크고 8보다 작은 수는 모두 몇 개인지 구한 경우	2점	

22 (앞) ○ ○ ○ ○ ○ ○ (뒤)
서아 / 4명
서아 뒤에 서 있는 사람은 4명입니다.

23 8, 9, 6을 순서대로 써 보면 6, 8, 9이므로 가장 뒤에 있는 수 9가 가장 큰 수입니다.
따라서 사진을 가장 많이 찍은 사람은 민호입니다.

24 • 바나나의 수를 세어 보면 둘입니다. → 2
• 사과의 수를 세어 보면 다섯입니다. → 5
• 수박의 수를 세어 보면 하나입니다. → 1

25

채점 기준			
	❶ 세호가 그린 사과의 수를 아는 경우	2점	4점
	❷ 세호가 그린 사과의 수보다 1만큼 더 큰 수를 구한 경우	2점	

2. 여러 가지 모양

1회 개념 학습 38~39쪽

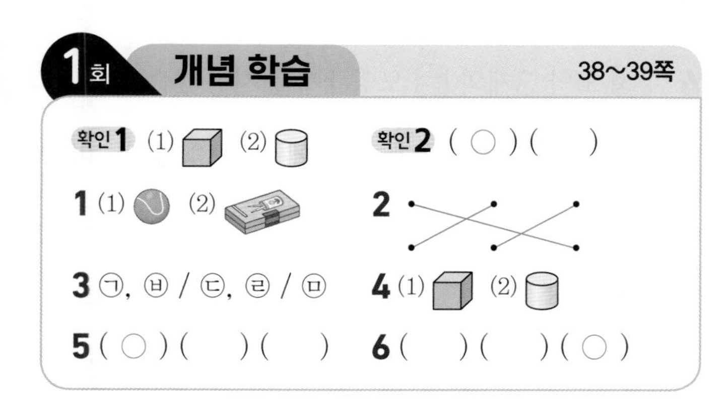

확인 1 (1) (2)
확인 2 (○) ( )
1 (1) (2)
2
3 ㉠, ㉥ / ㉢, ㉣ / ㉤
4 (1) (2)
5 (○) ( ) ( )
6 ( ) ( ) (○)

1 (1) 모양인 것은 테니스공입니다.
서랍장과 국어사전은 모양입니다.
(2) 모양인 것은 필통입니다.
음료수 캔은 모양, 수박은 모양입니다.

2 구슬은 모양, 무지개떡은 모양, 저금통은 모양입니다.

3 크기나 색깔이 달라도 모양이 같은 것을 찾습니다.
참고 ㉡은 위가 뾰족하므로 모양이 아닙니다.

4 (1) 평평한 부분과 뾰족한 부분이 보이므로 모양입니다.
(2) 평평한 부분과 둥근 부분이 보이므로 모양입니다.

5 둥근 부분이 없어 잘 굴러가지 않는 모양은 모양입니다.
참고 모양은 둥근 부분이 있으므로 눕히면 잘 굴러가고, 모양은 모든 부분이 둥글므로 여러 방향으로 잘 굴러갑니다.

6 평평한 부분이 없고 둥글둥글한 모양은 모양입니다.
주어진 물건 중 모양의 물건을 찾으면 당구공입니다.
참고 페인트 통은 모양, 우유 팩은 모양입니다.

1회 문제 학습 40~41쪽

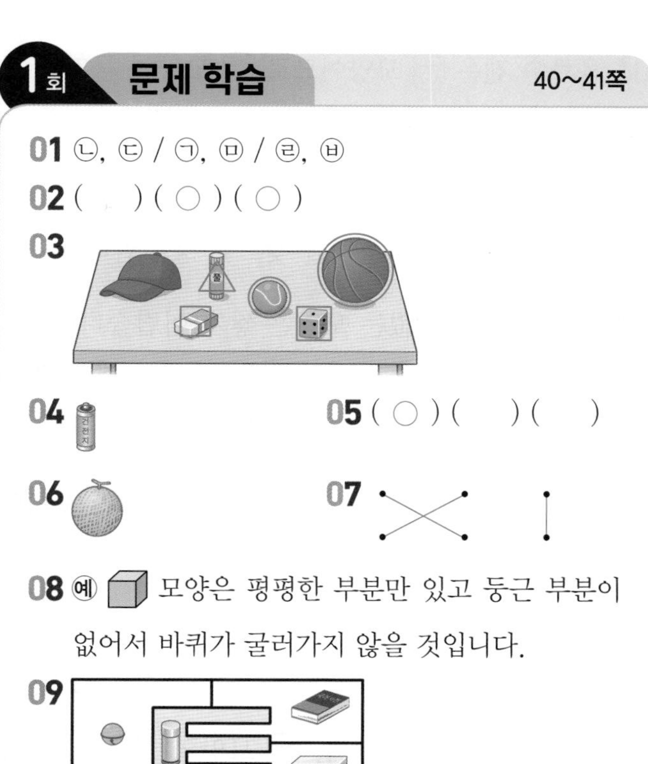

01 ㉡, ㉢ / ㉠, ㉤ / ㉣, ㉥
02 ( ) (○) (○)
03
04
05 (○) ( ) ( )
06
07
08 예 모양은 평평한 부분만 있고 둥근 부분이 없어서 바퀴가 굴러가지 않을 것입니다.
09

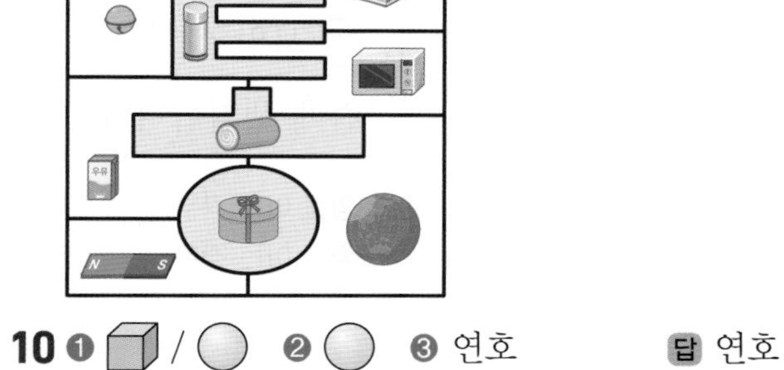

10 ❶ / ❷ ❸ 연호 답 연호
11 ❶ 태인이가 모은 물건은 모두 모양입니다.
❷ 예서가 모은 물건 중 구급상자와 선물 상자는 모양이고, 골프공은 모양입니다.
❸ 따라서 같은 모양끼리 바르게 모은 사람은 태인입니다. 답 태인

01 • 모양: ㉡ 과자 상자, ㉢ 음료 팩
• 모양: ㉠ 두루마리 휴지, ㉤ 연필꽂이
• 모양: ㉣ 축구공, ㉥ 사탕

02 둥근 부분이 있는 모양은 잘 굴러갑니다.
따라서 잘 굴러가는 것은 모양인 분유 통과 모양인 배구공입니다.

03 • 모양: 지우개, 주사위 • 모양: 풀
• 모양: 테니스공, 농구공

04 음료수 캔은 ⊟ 모양이므로 ⊟ 모양의 물건을 찾으면 건전지입니다.

05 오른쪽 모양은 둥근 부분만 보이므로 ○ 모양입니다. ○ 모양의 물건을 찾으면 풍선입니다.

06 평평한 부분이 없는 모양은 쌓기 어렵습니다. 따라서 게시글에 그려진 물건 중에서 쌓기 어려운 모양은 ○ 모양인 멜론입니다.

07 평평한 부분이 있으면 쌓을 수 있고, 둥근 부분이 있으면 굴러갑니다.

08 ▣ 모양은 평평한 부분과 뾰족한 부분만 있고 둥근 부분이 없기 때문에 잘 굴러가지 않습니다.

09 물통은 ⊟ 모양입니다. ⊟ 모양의 보온병, 롤케이크, 선물 상자가 있는 칸에 색칠합니다.

10

채점 기준			
	❶ 지수가 모은 물건의 모양을 아는 경우	2점	5점
	❷ 연호가 모은 물건의 모양을 아는 경우	2점	
	❸ 같은 모양끼리 바르게 모은 사람을 찾아 쓴 경우	1점	

11

채점 기준			
	❶ 태인이가 모은 물건의 모양을 아는 경우	2점	5점
	❷ 예서가 모은 물건의 모양을 아는 경우	2점	
	❸ 같은 모양끼리 바르게 모은 사람을 찾아 쓴 경우	1점	

2회 개념 학습 42~43쪽

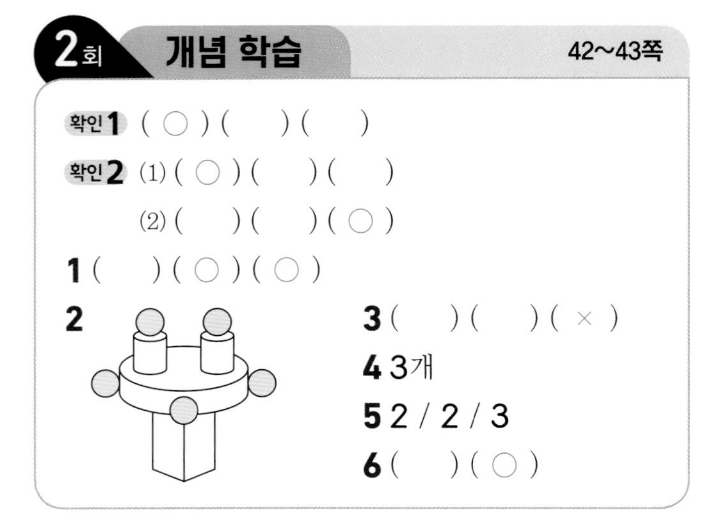

확인 1 (○) (   ) (   )

확인 2 (1) (○) (   ) (   )

(2) (   ) (   ) (○)

1 (   ) (○) (○)

2

3 (   ) (   ) (×)

4 3개

5 2 / 2 / 3

6 (   ) (○)

1 ⊟ 모양 2개와 ○ 모양 1개를 사용했습니다.

2 모든 부분이 둥근 모양을 찾아 색칠합니다.

3 ▣ 모양 2개와 ⊟ 모양 3개를 사용했습니다.

4 ▣ 모양 3개와 ⊟ 모양 1개를 사용했습니다.

5 다리에 ▣ 모양 2개, 몸통에 ⊟ 모양 2개, 머리와 발에 ○ 모양 3개를 사용했습니다.

6 ▣ 모양 1개, ⊟ 모양 3개, ○ 모양 3개를 모두 사용하여 만든 모양은 오른쪽 모양입니다.

2회 문제 학습 44~45쪽

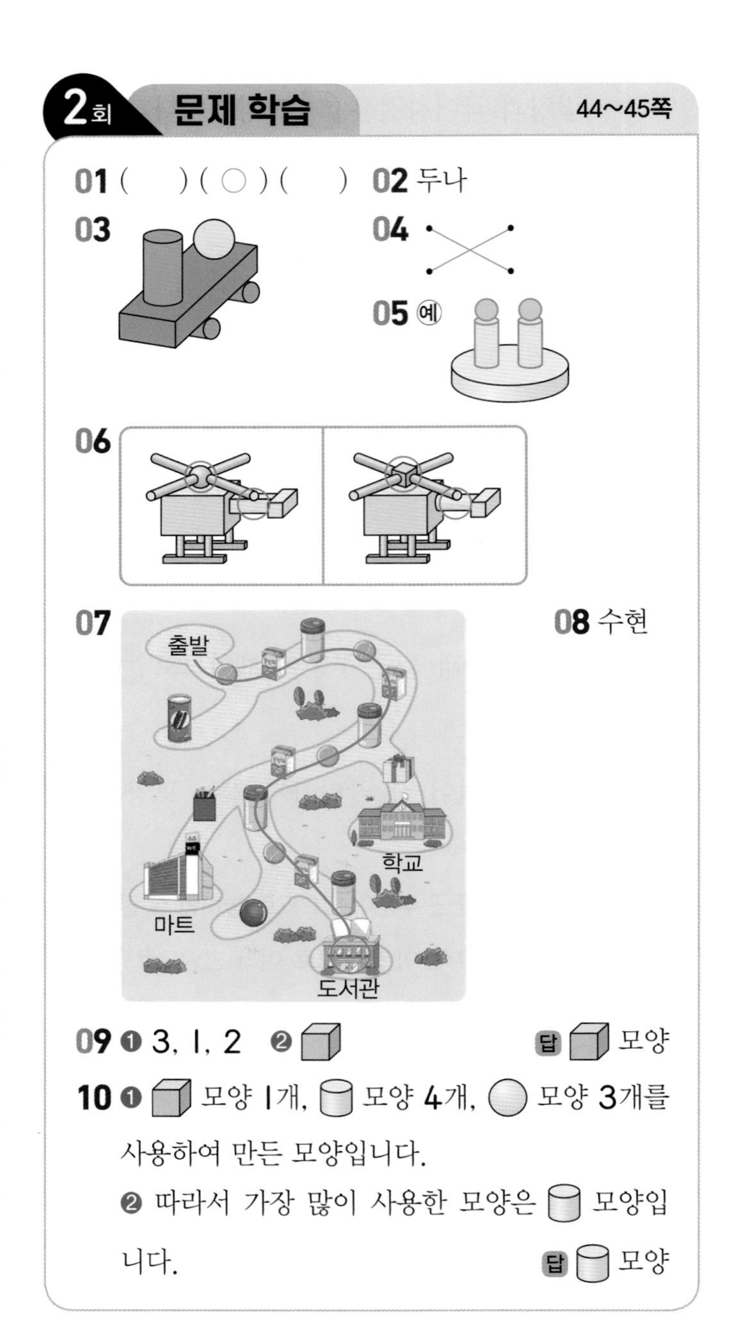

01 (   ) (○) (   ) **02** 두나

03

04

05 예

06

07

08 수현

09 ❶ 3, 1, 2 ❷ ▣ 답 ▣ 모양

10 ❶ ▣ 모양 1개, ⊟ 모양 4개, ○ 모양 3개를 사용하여 만든 모양입니다.

❷ 따라서 가장 많이 사용한 모양은 ⊟ 모양입니다. 답 ⊟ 모양

01 모양 3개, 모양 4개, 모양 2개를 사용하여 만든 모양입니다.

02 • 지호: 지우개 → 모양, 풀 → 모양
• 두나: 구슬, 오렌지 → 모양
따라서 같은 모양이 그려진 카드를 모은 사람은 두나입니다.

03 모양 1개를 초록색으로, 모양 3개를 빨간색으로, 모양 1개를 노란색으로 색칠합니다.

04 • 아래 왼쪽 모양: 모양 3개, 모양 2개, 모양 1개를 사용했습니다.
• 아래 오른쪽 모양: 모양 1개, 모양 4개, 모양 1개를 사용했습니다.

05 모양 2개와 모양 2개를 자유롭게 사용하여 케이크 모양을 만듭니다.

06 • 초록색 모양이 모양으로 바뀌었습니다.
• 노란색 모양이 모양으로 바뀌었습니다.

07 모양(테니스공), 모양(주스 팩), 모양(물병)의 순서대로 길을 따라가면 도착하는 장소는 도서관입니다.

08 • 수현: 모양 3개, 모양 2개, 모양 3개
• 예솔: 모양 4개, 모양 2개, 모양 3개
→ 모양 3개, 모양 2개, 모양 3개를 사용하여 모양을 만든 사람은 수현입니다.

09

채점 기준			
	❶ 사용한 각 모양의 개수를 바르게 센 경우	3점	5점
	❷ 가장 많이 사용한 모양을 찾은 경우	2점	

10

채점 기준			
	❶ 사용한 각 모양의 개수를 바르게 센 경우	3점	5점
	❷ 가장 많이 사용한 모양을 찾은 경우	2점	

3회 응용 학습 46~49쪽

01 1단계 1, 3, 2	2단계 3개
02 1개	03 유리
04 1단계	2단계 ㉡, ㉤
05 ㉠, ㉡, ㉣	06 연호
07 1단계 5개, 4개	2단계 1개
08 1개	09 1개
10 1단계	2단계 3개
11 5개	12 ㉠

01 1단계 • 모양: 큐브 → 1개
• 모양: 풀, 시계, 북 → 3개
• 모양: 볼링공, 골프공 → 2개
2단계 가장 많은 모양은 모양이고, 3개입니다.

02 • 모양: 과자 상자, 휴지 상자 → 2개
• 모양: 참치 캔, 필통, 초 → 3개
• 모양: 사탕 → 1개
따라서 가장 적은 모양은 모양이고, 1개입니다.

03 • 유리: 멜론 → 1개
• 지호: 야구공, 방울 → 2개
따라서 모양의 물건을 더 적게 가지고 있는 사람은 유리입니다.

04 1단계 모양은 둥근 부분만 있어 여러 방향으로 잘 굴러가지만 쌓을 수 없습니다.
2단계 모양의 물건을 모두 찾으면 ㉡ 구슬, ㉤ 수박입니다.

05 세우면 쌓을 수 있고 눕히면 잘 굴러가는 모양은 모양입니다.
모양의 물건을 모두 찾으면 ㉠, ㉡, ㉣입니다.

06 잘 쌓을 수 있고 잘 굴러가지 않는 모양은 모양입니다.

개념북 2단원

• 수지: 농구공은 모양, 롤케이크는 모양, 동화책은 모양입니다.

• 연호: 쌓기나무, 벽돌, 휴지 상자는 모두 모양입니다.

따라서 설명에 맞는 모양의 물건을 모은 사람은 연호입니다.

07 1단계 • 모양: → 5개

• 모양: → 4개

2단계 5는 4보다 1만큼 더 큰 수이므로 모양은 모양보다 1개 더 많이 사용했습니다.

08 모양: → 1개, 모양: → 2개

1은 2보다 1만큼 더 작은 수이므로 모양은 모양보다 1개 더 적게 사용했습니다.

09 모양: 4개, 모양: 3개, 모양: 5개

가장 많이 사용한 모양은 5개인 모양이고, 둘째로 많이 사용한 모양은 4개인 모양입니다. 5는 4보다 1만큼 더 큰 수이므로 가장 많이 사용한 모양은 둘째로 많이 사용한 모양보다 1개 더 많이 사용했습니다.

10 1단계 돋보기 안에 보이는 모양은 둥근 부분만 보이므로 모양입니다.

2단계 오른쪽 모양에는 모양이 3개 있습니다.

11 돋보기 안에 보이는 모양은 평평한 부분과 뾰족한 부분이 보이므로 모양입니다.

오른쪽 모양에는 모양이 5개 있습니다.

12 상자 안에 보이는 모양은 평평한 부분과 둥근 부분이 보이므로 모양입니다.

㉠과 ㉡ 중 모양을 4개 사용하여 만든 모양은 ㉠입니다.

참고 ㉡은 모양을 3개 사용하여 만든 모양입니다.

4회 마무리 평가 50~53쪽

01 ( ) ( ) (○) **02** ㉡, ㉤

03 3개 **04** ( ) ( ) (○)

05 (○) ( ) ( ) **06** ,

07 **08** ( ) (○) ( )

09

10 **11**

12 ( ) (×) ( ) ( )

13 ❶ 예 둥근 부분이 있어서 잘 굴러갑니다.

❷ 예 모양은 쌓을 수 없지만 모양은 쌓을 수 있습니다.

14 예 건전지, 저금통

15 ❶ ㉠은 모양과 모양으로, ㉡은 모양으로, ㉢은 , , 모양으로 만들었습니다.

❷ 따라서 모양만 사용하여 만든 모양은 ㉡입니다.

답 ㉡

16 4, 5, 1 **17**

18 (○) ( ) **19** 지아

20 2개 **21** 유준

22 1개 **23** 3개

24

25 ❶ 예 책

❷ 예 잘 쌓을 수 있고 굴러가지 않는 모양은 모양이므로 모양 물건인 책일 것입니다.

01 모양을 찾으면 지구본입니다.

02 모양을 모두 찾으면 ㉡ 선물 상자, ㉤ 택배 상자입니다.

03 모양은 ㉠, ㉣, ㉥으로 모두 3개입니다.

04 둥근 부분만 보이므로 모양입니다.

05 평평한 부분과 둥근 부분이 있는 모양은 모양이고, 모양의 물건을 찾으면 분유 통입니다.

06 모양 2개와 모양 7개를 사용했습니다.

07 휴지 상자, 떡, 두부는 모두 모양입니다.

08 • 테니스공, 초콜릿 ➔ 모양
• 연필꽂이 ➔ 모양

09 • 모양: 전자레인지, 구급상자
• 모양: 휴지통, 벽시계 • 모양: 구슬

10 • 모양: 큐브, 주스 팩 ➔ 2개
• 모양: 북, 김밥, 참치 캔, 두루마리 휴지, 시계 ➔ 5개
• 모양: 탁구공, 오렌지, 축구공 ➔ 3개

11 모양은 평평한 부분이 없어 쌓을 수 없고, 둥근 부분만 있어 여러 방향으로 잘 굴러갑니다.

12 둥근 부분이 있어야 잘 굴러갑니다. 선물 상자는 모양으로 둥근 부분이 없으므로 잘 굴러가지 않습니다.

13

채점 기준			
채점 기준	❶ 같은 점 한 가지를 알맞게 쓴 경우	2점	4점
	❷ 다른 점 한 가지를 알맞게 쓴 경우	2점	

[평가 기준] 같은 점에서 '둥근 부분이 있다.' 또는 '잘 굴러간다.'는 표현이 있고, 다른 점에서 ' 모양은 평평한 부분이 없지만 모양은 평평한 부분이 있다.' 또는 ' 모양은 쌓을 수 없지만 모양은 쌓을 수 있다.'는 표현이 있으면 정답으로 인정합니다.

14 평평한 부분도 있고 둥근 부분도 있는 모양은 모양입니다. 모양의 물건을 찾아 2개 써 봅니다.

15

채점 기준			
채점 기준	❶ 각각 어떤 모양으로 만들었는지 구한 경우	3점	4점
	❷ 모양만 사용하여 만든 모양을 찾아 쓴 경우	1점	

17 가장 많이 사용한 모양은 5개를 사용한 모양입니다.

18 주어진 모양은 모양 2개, 모양 2개, 모양 3개입니다.
• 왼쪽 모양: 모양 2개, 모양 2개, 모양 3개를 사용했습니다.
• 오른쪽 모양: 모양 4개, 모양 1개, 모양 2개를 사용했습니다.

19 로운: 모양 2개, 모양 4개, 모양 2개

20 과자 상자는 모양입니다. 모양인 물건을 찾으면 택배 상자, 떡으로 모두 2개입니다.

21 모양과 모양은 평평한 부분이 있어 잘 쌓을 수 있습니다. 모양과 모양의 물건만 모은 사람은 유준입니다.

22 모양을 왼쪽 모양은 2개 사용했고, 오른쪽 모양은 3개 사용했습니다. 3은 2보다 1만큼 더 큰 수이므로 오른쪽 모양은 왼쪽 모양보다 모양을 1개 더 많이 사용했습니다.

23 주어진 모양을 만드는 데 필요한 모양은 4개입니다. 4보다 1만큼 더 작은 수는 3이므로 지유가 가지고 있는 모양은 3개입니다.

24 우승 선물 상자는 모양, 공은 모양, 배턴은 모양입니다.

25

채점 기준			
채점 기준	❶ 상품으로 모양의 물건을 적절하게 답한 경우	2점	4점
	❷ 그렇게 생각한 이유를 쓴 경우	2점	

[평가 기준] • 상품에서 '책' 외에도 '공책', '과자 상자' 등 모양 물건을 썼으면 정답으로 인정합니다.
• 이유에서 '잘 쌓을 수 있고 굴러가지 않는 모양은 모양이다.'라는 표현이 있으면 정답으로 인정합니다.

개념북 2 단원

3. 덧셈과 뺄셈

1회 개념 학습 56~57쪽

확인 1 (1) 3 (2) 1

확인 2 (1) 6 / 6 (2) 2 / 3

1 (위에서부터) 3, 7 **2** 2, 6

3 (위에서부터) 4, 9

4 (1) (위에서부터) 5, 8 (2) 6, 7

5 예 2, 7 / 예 5, 4

6 (1) 5 (2) 8 (3) 2 (4) 5

1 귤 4개와 3개를 모으기하면 7개가 됩니다.
➔ 4와 3을 모으기하면 7이 됩니다.

2 연결 모형 8개는 2개와 6개로 가르기할 수 있습니다. ➔ 8은 2와 6으로 가르기할 수 있습니다.

3 토끼 5마리와 다람쥐 4마리를 모으기하면 9마리가 됩니다. ➔ 5와 4를 모으기하면 9가 됩니다.

4 (1) 3과 5를 모으기하면 8이 됩니다.
(2) 6과 1을 모으기하면 7이 됩니다.

5 9는 1과 8, 2와 7, 3과 6, 4와 5, 5와 4, 6과 3, 7과 2, 8과 1로 가르기할 수 있습니다.

6 (1) 4와 1을 모으기하면 5가 됩니다.
(2) 1과 7을 모으기하면 8이 됩니다.
(3) 7은 5와 2로 가르기할 수 있습니다.
(4) 6은 5와 1로 가르기할 수 있습니다.

1회 문제 학습 58~59쪽

01 (○) (   ) **02** (   ) (○) (○)

03

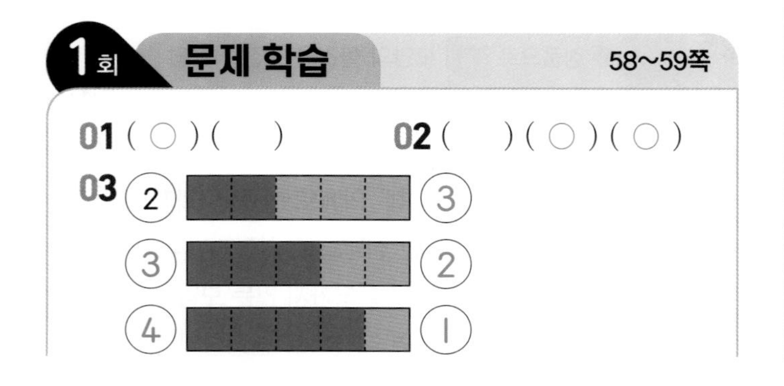

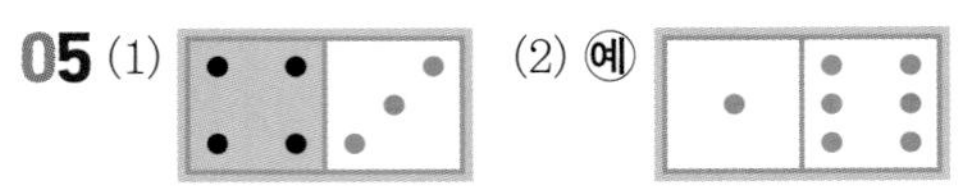
04 예 (위에서부터) 9, 6, 3

05 (1) (2) 예

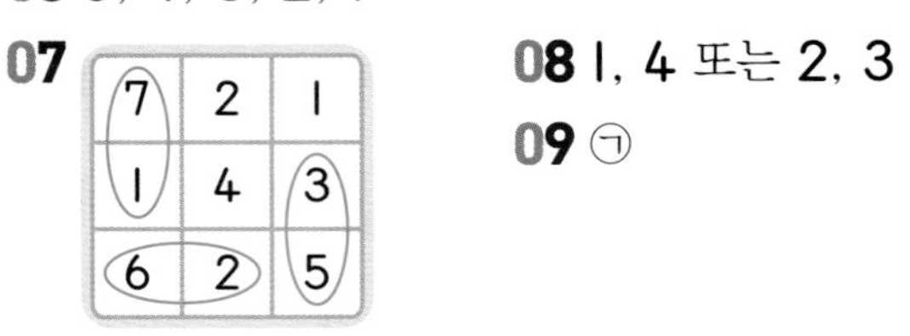

06 5, 4, 3, 2, 1

07

7	2	1
1	4	3
6	2	5

08 1, 4 또는 2, 3

09 ㉠

10 ❶ 4, 3, 2, 1 ❷ 2, 2 답 2개

11 ❶ 4는 1과 3, 2와 2, 3과 1로 가르기할 수 있습니다.
❷ 지호가 딱지를 2장 가진다면 4를 2와 2로 가르기한 것이므로 형이 가지게 되는 딱지는 2장입니다. 답 2장

01 4는 1과 3, 2와 2, 3과 1로 가르기할 수 있습니다.

02 1과 5, 2와 4, 3과 3, 4와 2, 5와 1을 모으기하면 6이 됩니다.

03 5는 1과 4, 2와 3, 3과 2, 4와 1로 가르기할 수 있습니다.

04 9는 1과 8, 2와 7, 3과 6, 4와 5, 5와 4, 6과 3, 7과 2, 8과 1로 가르기할 수 있습니다.

05 (1) 4와 모으기하여 7이 되는 수는 3이므로 점을 3개 그려 넣습니다.
(2) 1과 6, 2와 5, 3과 4, 4와 3, 5와 2, 6과 1을 모으기하면 7이 됩니다. 이 중 보기에 주어진 2와 5, (1)에 있는 4와 3을 제외하고 선택하여 점을 그려 넣습니다.

06 6은 1과 5, 2와 4, 3과 3, 4와 2, 5와 1로 가르기할 수 있습니다.

07 1과 7, 2와 6, 3과 5, 4와 4, 5와 3, 6과 2, 7과 1을 모으기하면 8이 됩니다. 모으기를 하여 8이 되는 두 수를 모두 찾아 묶습니다.

08 모으기하여 5가 되는 두 수 중 다은이의 수가 더 큰 경우를 찾아 씁니다.

(서진) (다은)

1 4 → 다은이의 수가 더 큽니다. (○)

2 3 → 다은이의 수가 더 큽니다. (○)

3 2 → 서진이의 수가 더 큽니다. (×)

4 1 → 서진이의 수가 더 큽니다. (×)

09 • 8과 모으기하여 9가 되는 수는 1이므로 ㉠에 알맞은 수는 1입니다.

• 가르기하여 1과 1이 되는 수는 2이므로 ㉡에 알맞은 수는 2입니다.

→ ㉠과 ㉡ 중 더 작은 것은 ㉠입니다.

10

채점 기준			
	❶ 5를 다양하게 가를 수 있음을 아는 경우	2점	5점
	❷ 나리가 먹은 빵의 수를 구한 경우	3점	

11

채점 기준			
	❶ 4를 다양하게 가를 수 있음을 아는 경우	2점	5점
	❷ 형이 가지게 되는 딱지의 수를 구한 경우	3점	

2회 개념 학습 60~61쪽

확인1 5, 3, 모으면, 8 확인2 3 / 3

1 2, 8 **2** +, =

3 4+2=6 **4** □ / ○

5 (1) 7 / 7 (2) 6 / 6

1 그림에 알맞게 악어의 수를 써넣습니다.

2 왼쪽 화분의 꽃 3송이와 오른쪽 화분의 꽃 6송이를 합하면 모두 9송이입니다.

→ 3+6=9

3 더하기는 '+'로, 같습니다는 '='로 나타내어 4+2=6이라고 씁니다.

4 2+5=7은 '2 더하기 5는 7과 같습니다.' 또는 '2와 5의 합은 7입니다.'라고 읽습니다.

5 (1) 딸기 6개가 있었는데 1개가 더 많아져서 모두 7개가 되었습니다.

→ 6+1=7 / 6 더하기 1은 7과 같습니다.

(2) 파인애플 3개와 3개를 합하면 모두 6개입니다. → 3+3=6 / 3과 3의 합은 6입니다.

2회 문제 학습 62~63쪽

01 2, 2, 4 **02** (선 잇기)

03 6, 9 **04** 5, 6 / 1, 5, 6

05 2, 3

06 예 2, 4, 6 / 예 3, 3, 6

07 예 5, 2 / 예 5, 2, 7

08 4, 3 / 4, 3, 7

09 ❶ 3, 2, 모으면, 모두 ❷ 2, 5

10 ❶ 예 바구니에 든 당근 4개와 가지 4개를 모으면 모두 8개가 됩니다.

❷ 예 4+4=8

01 파란색 나비 2마리와 노란색 나비 2마리를 모으면 모두 4마리가 됩니다. → 2+2=4

02 • 주차장에 자동차 5대가 주차되어 있었는데 1대가 더 들어와서 모두 6대가 되었습니다.

→ 5+1=6

• 오렌지주스 4병과 포도주스 1병을 합하면 모두 5병입니다. → 4+1=5

03 파란색 클립 3개와 빨간색 클립 6개를 합하면 모두 9개입니다. → 3+6=9

04 낙타 1마리가 있었는데 5마리가 더 와서 낙타는 모두 6마리가 되었습니다.

→ 1+5=6 / 1 더하기 5는 6과 같습니다.

05 북극곰 1마리와 2마리를 합하면 모두 3마리입니다. → 1+2=3

06 • 여자 어린이가 2명, 남자 어린이가 4명이므로 어린이는 모두 6명입니다. ➔ $2+4=6$
• 책을 읽고 있는 어린이가 3명, 장난감 놀이를 하고 있는 어린이가 3명이므로 어린이는 모두 6명입니다. ➔ $3+3=6$

07 자신의 집에 있는 의자와 탁자의 수를 각각 세고, 의자와 탁자 수의 합을 구하는 덧셈식을 씁니다.

08 (상자) 모양 물건 4개와 (둥근기둥) 모양 물건 3개를 합하면 모두 7개입니다. ➔ $4+3=7$

09

채점 기준			
	❶ '모은다'와 '모두'를 이용하여 그림에 알맞은 덧셈 이야기를 만든 경우	3점	5점
	❷ 알맞은 덧셈식을 쓴 경우	2점	

10

채점 기준			
	❶ '모은다'와 '모두'를 이용하여 그림에 알맞은 덧셈 이야기를 만든 경우	3점	5점
	❷ 알맞은 덧셈식을 쓴 경우	2점	

[평가 기준] '모은다'와 '모두'를 이용하여 그림에 제시된 두 수를 더하는 덧셈 이야기를 만들었으면 정답으로 인정합니다.

3회 개념 학습 64~65쪽

확인1 8 / 2, 8 확인2 1, 4, 5 / 4, 1, 5

1 3, 5

2 예 (○ 4개) / 2, 2, 4

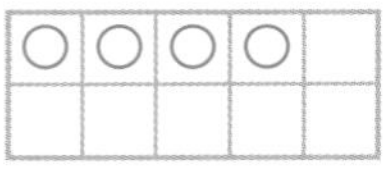

3 (선 잇기)

4 5, 9 / 5, 9 / 같습니다

5 2 / 3 / 4

1 곰 풍선 2개와 토끼 풍선 3개를 더하는 것이므로 $2+3$입니다.
연결 모형 2개를 놓고 3개를 더 놓으면 2 하고 3, 4, 5로 이어 셀 수 있으므로 모두 5개입니다.
➔ $2+3=5$

2 콜라 2잔과 햄버거 2개가 있으므로 $2+2$입니다.
○ 2개를 그린 후 2개를 더 그리면 모두 4개가 되므로 $2+2=4$입니다.

3 • 어항에 물고기 3마리가 있는데 2마리를 더 넣고 있으므로 ● 3개에 ● 2개를 더 놓아 세어 덧셈을 할 수 있습니다.
• 과자 3개와 3개를 모았으므로 ● 3개와 ● 3개를 놓고 세어 덧셈을 할 수 있습니다.

4 $4+5=9$, $5+4=9$이므로 수의 순서를 바꾸어 더해도 합은 같습니다.

5 책이 1권 꽂혀 있는 책꽂이에 책을 1권, 2권, 3권 꽂으면 책은 2권, 3권, 4권이 됩니다.
➔ 더하는 수가 1씩 커지면 합도 1씩 커집니다.

3회 문제 학습 66~67쪽

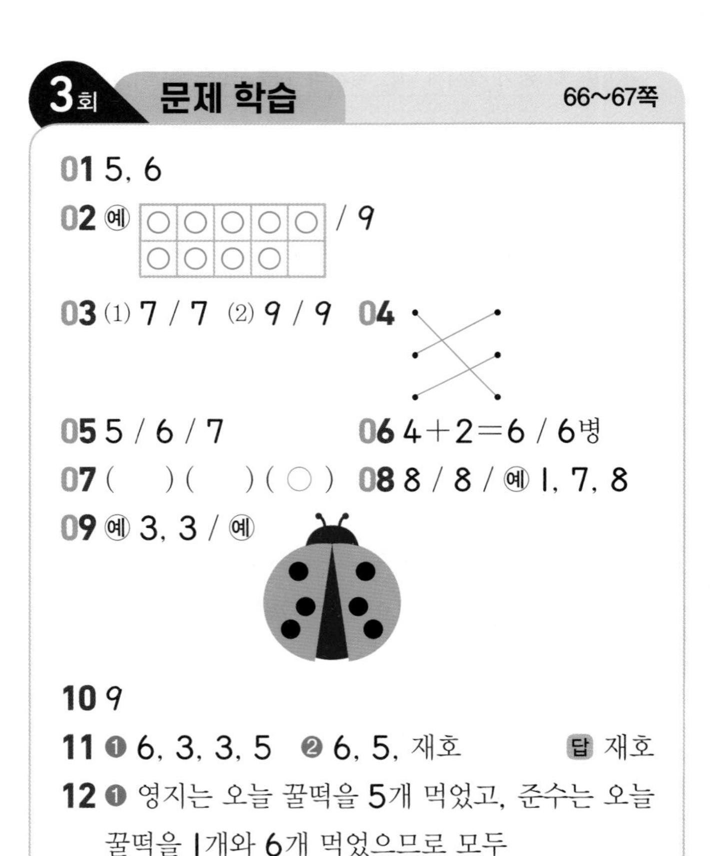

01 5, 6

02 예 (○ 9개) / 9

03 (1) 7 / 7 (2) 9 / 9 **04** (선 잇기)

05 5 / 6 / 7 **06** $4+2=6$ / 6명

07 ( )( )(○) **08** 8 / 8 / 예 1, 7, 8

09 예 3, 3 / 예

10 9

11 ❶ 6, 3, 3, 5 ❷ 6, 5, 재호 답 재호

12 ❶ 영지는 오늘 꿀떡을 5개 먹었고, 준수는 오늘 꿀떡을 1개와 6개 먹었으므로 모두 $1+6=7$(개) 먹었습니다.
❷ 7은 5보다 크므로 오늘 꿀떡을 더 많이 먹은 사람은 준수입니다. 답 준수

01 빨간색 강아지 풍선 1개와 파란색 강아지 풍선 5개를 더하는 상황이므로 손가락으로 덧셈하기, 연결 모형으로 덧셈하기, 수판에 그려서 덧셈하기 중 하나를 선택하여 강아지 풍선의 수를 구하는 덧셈을 합니다.
➔ $1+5=6$

02 $2+7$이므로 ○ 2개에 ○ 7개를 더 그리면 ○는 모두 9개가 됩니다. ➔ $2+7=9$

03 (1) 4와 3을 모으기하면 7이 되므로 $4+3=7$입니다.
(2) 8과 1을 모으기하면 9가 되므로 $8+1=9$입니다.

04 • $1+7=8$, $7+1=8$
• $6+3=9$, $3+6=9$
• $2+5=7$, $5+2=7$
➔ 수의 순서를 바꾸어 더해도 합은 같습니다.

05 $3+2=5$
$3+3=6$
$3+4=7$
더하는 수가 1씩 커지면 합도 1씩 커집니다.

06 요구르트 4병이 들어 있는 냉장고에 2병을 더 넣었으므로 냉장고에 들어 있는 요구르트는 모두 $4+2=6$(병)입니다.

07 $6+1=7$, $4+4=8$, $1+8=9$이므로 합이 가장 큰 것은 $1+8$입니다.

08 $2+6=8$, $5+3=8$이므로 합이 8인 덧셈식을 씁니다.
➔ $1+7=8$ 이 외에도 $3+5=8$, $4+4=8$, $6+2=8$, $7+1=8$과 같이 다양하게 쓸 수 있습니다.

09 합이 6인 덧셈식은 $1+5=6$, $2+4=6$, $3+3=6$, $4+2=6$, $5+1=6$입니다.
덧셈식에 알맞게 왼쪽 날개에는 더해지는 수만큼, 오른쪽 날개에는 더하는 수만큼 ●를 그립니다.

10 가장 큰 수는 7이고, 가장 작은 수는 2이므로 가장 큰 수와 가장 작은 수의 합은 $7+2=9$입니다.

11

채점 기준			
	❶ 재호와 은조가 모은 딱지의 수를 각각 구한 경우	3점	5점
	❷ 딱지를 더 많이 모은 사람을 찾아 쓴 경우	2점	

12

채점 기준			
	❶ 영지와 준수가 오늘 먹은 꿀떡의 수를 각각 구한 경우	3점	5점
	❷ 오늘 꿀떡을 더 많이 먹은 사람을 찾아 쓴 경우	2점	

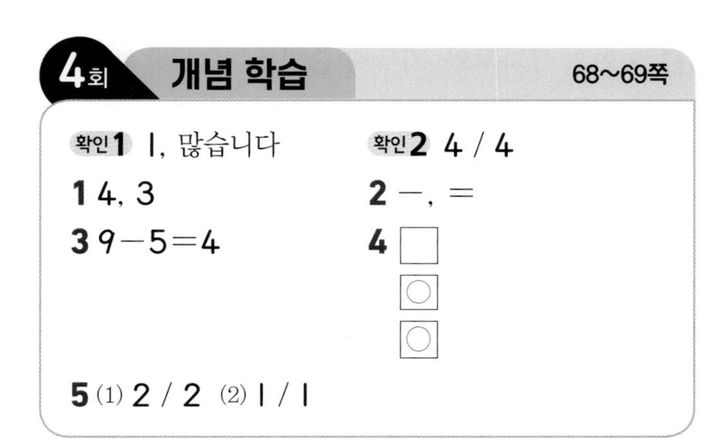

1 그림에 알맞게 개구리의 수를 써넣습니다.

2 사과가 8개 있었는데 3개를 먹어서 5개가 남았습니다.
➔ $8-3=5$

3 빼기는 '−'로, 같습니다는 '='로 나타내어 $9-5=4$라고 씁니다.

4 $8-6=2$는 '8 빼기 6은 2와 같습니다.' 또는 '8과 6의 차는 2입니다.'라고 읽습니다.

5 (1) 우유 4개 중 2개를 덜어 내면 2개가 남습니다.
➔ $4-2=2$ / 4 빼기 2는 2와 같습니다.
(2) 도넛 6개와 컵 5개를 하나씩 짝 지어 비교해 보면 도넛이 1개 남습니다.
➔ $6-5=1$ / 6과 5의 차는 1입니다.

개념북 3단원

4회 문제 학습 70~71쪽

01

02 2, 3

03 4, 2

04 2, 5 / 7, 2, 5

05 4, 4 / 4, 4

06 ㉠ 6, 3, 3 / ㉠ 5, 1, 4

07 8, 1, 7 또는 8, 7, 1

08 3, 2 / 3, 2, 1

09 ❶ 2, 적습니다 ❷ 3, 2

10 ❶ ㉠ 아기 오리는 엄마 오리보다 5마리 더 많습니다.
❷ $6-1=5$

01 • 연필 7자루와 지우개 3개를 하나씩 짝 지어 비교해 보면 연필이 4자루 남습니다.
➔ $7-3=4$
• 풍선 4개 중에서 3개가 터져서 1개가 남았습니다. ➔ $4-3=1$

02 바나나 5개 중에서 2개를 먹어서 3개가 남았습니다. ➔ $5-2=3$

03 치킨 6조각과 포크 4개를 하나씩 짝 지어 비교해 보면 치킨이 2조각 남습니다.
➔ $6-4=2$

04 의자 7개와 어린이 2명을 하나씩 짝 지어 비교해 보면 의자가 5개 남습니다.
➔ $7-2=5$ / 7과 2의 차는 5입니다.

05 꼬치 8개 중에 4개를 먹어서 4개가 남았으므로 $8-4=4$이고, '8 빼기 4는 4와 같습니다.'라고 읽습니다.

06 • 어린이 6명 중에서 여자 어린이가 3명이므로 남자 어린이는 3명입니다. ➔ $6-3=3$
• 가방을 메고 있는 어린이가 5명, 가방을 메고 있지 않은 어린이가 1명이므로 가방을 메고 있는 어린이가 4명 더 많습니다. ➔ $5-1=4$

07 큰 수에서 작은 수를 빼야 합니다.
➔ $8-1=7$ 또는 $8-7=1$

08 모양 3개와 모양 2개를 비교해 보면 모양이 1개 더 많습니다. ➔ $3-2=1$

09

채점 기준			
	❶ '더 적다'를 이용하여 그림에 알맞은 뺄셈 이야기를 만든 경우	3점	5점
	❷ 알맞은 뺄셈식을 쓴 경우	2점	

10

채점 기준			
	❶ '더 많다'를 이용하여 그림에 알맞은 뺄셈 이야기를 만든 경우	3점	5점
	❷ 알맞은 뺄셈식을 쓴 경우	2점	

[평가 기준] '더 많다'를 이용하여 아기 오리(작은 오리)의 수 6에서 엄마 오리(큰 오리)의 수 1을 빼는 뺄셈 이야기를 만들었으면 정답으로 인정합니다.

5회 개념 학습 72~73쪽

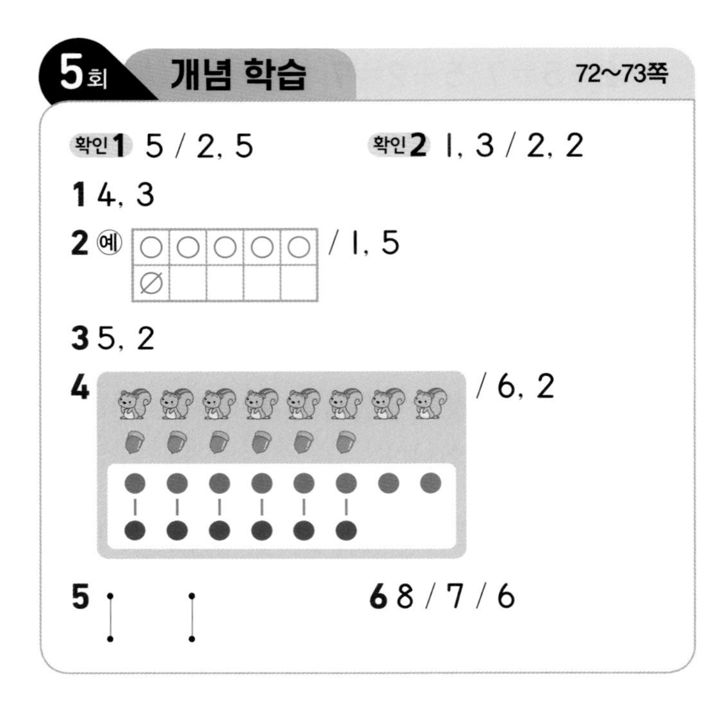

확인1 5 / 2, 5
확인2 1, 3 / 2, 2

1 4, 3

2 ㉠ / 1, 5

3 5, 2

4 / 6, 2

5

6 8 / 7 / 6

1 손가락 7개를 펴고 4개를 접은 후 남은 손가락의 수를 세면 3이므로 $7-4=3$입니다.

2 새가 6마리 있었는데 1마리가 날아갔으므로 $6-1$입니다. ○ 6개에서 1개를 /으로 지우면 ○ 5개가 남으므로 $6-1=5$입니다.

3 7개와 5개를 하나씩 짝 지어 비교해 보면 2개가 남으므로 $7-5=2$입니다.

4 다람쥐가 도토리보다 얼마나 더 많은지 알아보기 위해 다람쥐 8마리와 도토리 6개를 각각 ● 와 ●로 그리고 하나씩 짝 지어 비교해 보면 다람쥐가 2마리 남습니다. ➔ $8-6=2$

5 • 왼쪽은 촛불 6개가 켜져 있었는데 2개가 꺼졌으므로 ● 6개에서 2개를 /으로 지워서 뺄셈을 할 수 있습니다.
• 오른쪽은 마카롱이 5개 있고, 컵케이크가 4개 있으므로 마카롱이 컵케이크보다 얼마나 더 많은지 ● 5개와 ● 4개를 하나씩 짝 지어 비교해 보면서 뺄셈을 할 수 있습니다.

6 복숭아 9개가 달려 있는 나무에서 복숭아를 1개, 2개, 3개 따면 나무에 남는 복숭아는 8개, 7개, 6개가 됩니다.
➔ 빼는 수가 1씩 커지면 차는 1씩 작아집니다.

5회 문제 학습 74~75쪽

01 2, 1
02 예 ○○○∅∅ / ∅∅∅ / 3
03 (1) 1 (2) 4 (3) 6 (4) 3
04 (선 잇기) **05** 7, 2, 5
06 예 오이, 애호박 / 예 6, 5, 1
07 3 / 3 / 예 9, 6, 3 **08** 3, 1, 2
09 7, 2, 4
10 ❶ 빼면, 7, 3 ❷ 7, 3, 4, 4 답 4자루
11 ❶ 연서가 먹은 젤리의 수에서 지한이가 먹은 젤리의 수를 빼면 되므로 $6-4$를 계산합니다.
❷ $6-4=2$이므로 연서는 지한이보다 젤리를 2개 더 많이 먹었습니다. 답 2개

01 야구 글러브의 수 3에서 야구공의 수 2를 빼는 상황이므로 ●와 ●를 그려서 하나씩 짝 지어 비교해 보기, 연결 모형으로 뺄셈하기, 수판에 그려서 뺄셈하기 중 하나를 선택하여 뺄셈을 합니다.
➔ $3-2=1$

02 $8-5$이므로 ○ 8개에서 5개를 /으로 지우면 ○ 3개가 남습니다. ➔ $8-5=3$

03 여러 가지 뺄셈 방법 중 한 가지 방법을 선택하여 뺄셈을 해 봅니다.

04 • $8-3=5$, $9-4=5$
• $5-3=2$, $4-2=2$
• $9-8=1$, $7-6=1$
➔ 빼지는 수와 빼는 수가 각각 같은 수만큼씩 커지거나 작아지면 차는 같습니다.

05 큰 수에서 작은 수를 뺍니다. ➔ $7-2=5$

06 • 오이, 애호박을 고른 경우: $6-5=1$
• 오이, 파프리카를 고른 경우: $7-6=1$
• 애호박, 파프리카를 고른 경우: $7-5=2$

07 $5-2=3$, $4-1=3$이므로 차가 3인 뺄셈식을 씁니다.
➔ $9-6=3$ 이 외에도 $6-3=3$, $7-4=3$, $8-5=3$과 같이 다양하게 쓸 수 있습니다.

08 $8-2=6$, $5-4=1$, $9-7=2$

09 공에 적힌 수에서 1을 뺀 수가 나오는 규칙이 있으므로 노란색 구슬은 $8-1=7$, 주황색 구슬은 $3-1=2$, 보라색 구슬은 $5-1=4$를 씁니다.

10

채점 기준			
	❶ 문제에 알맞은 뺄셈식을 쓴 경우	2점	5점
	❷ 색연필은 연필보다 몇 자루 더 많은지 구한 경우	3점	

11

채점 기준			
	❶ 문제에 알맞은 뺄셈식을 쓴 경우	2점	5점
	❷ 연서는 지한이보다 젤리를 몇 개 더 많이 먹었는지 구한 경우	3점	

개념북 3단원

6회 개념 학습 76~77쪽

확인1 (1) 3 (2) 3　　확인2 (1) 0 (2) 3

1 (1) 2, 2 (2) 0, 5　　**2** (1) 7, 0 (2) 0, 1

3 (선 잇기)　　**4** (1) 0, 6 (2) 0, 5

5 4, 0　　**6** (1) 9 (2) 8

7 (1) 0 (2) 7

1 (1) 빈 화분과 꽃을 2송이 심은 화분에 있는 꽃은 모두 2송이입니다. ➔ 0+2=2
(2) 핫도그가 5개 있었는데 아무것도 더하지 않았으므로 핫도그는 그대로 5개입니다.
➔ 5+0=5

2 (1) 접시에 땅콩이 7개 있었는데 7개를 모두 먹었더니 아무것도 남지 않았습니다.
➔ 7−7=0
(2) 어항에 물고기가 1마리 있었는데 한 마리도 꺼내지 않았더니 물고기는 그대로 1마리 있습니다. ➔ 1−0=1

3 • 접시에 딸기가 2개 있었는데 한 개도 먹지 않아서 딸기는 그대로 2개입니다. ➔ 2−0=2
• 딸기가 2개 있는 접시와 빈 접시가 있으므로 딸기는 모두 2개입니다. ➔ 2+0=2

4 왼쪽과 오른쪽 칸의 점의 수를 세어 더합니다.
➔ (어떤 수)+0=(어떤 수),
0+(어떤 수)=(어떤 수)

5 물속에 하마가 4마리 있었는데 4마리 모두 물 밖으로 나가서 물속에는 한 마리도 남지 않았습니다. ➔ 4−4=0

6 (1) 0+(어떤 수)=(어떤 수)
(2) (어떤 수)+0=(어떤 수)

7 (1) (전체)−(전체)=0
(2) (어떤 수)−0=(어떤 수)

6회 문제 학습 78~79쪽

01 ( ) ( ) (○)

02 (1) − (2) + (3) + 또는 −

03 (선 잇기) / 0, 2 / 3, 0

04 1, 1 또는 4, 4 또는 5, 5
/ 1, 1 또는 4, 4 또는 5, 5

05 6−6=0 / 0명

06

3−0	6+2	5−0
7−4	9−6	0+3
2−1	4−4	7−7
6−3	3+0	4−1
2+5	1+2	0+9

/ 누

07 8, 0, 8 또는 0, 8, 8

08 0

09 ❶ 8, 7 ❷ 8, 7, 채아　　답 채아

10 ❶ 유준이가 말한 식을 계산하면 9−9=0, 소율이가 말한 식을 계산하면 1+0=1입니다.
❷ 0이 1보다 작으므로 계산 결과가 더 작은 식을 말한 사람은 유준입니다.　　답 유준

01 0+1=1, 6−0=6, 8−8=0

02 (1) 계산 결과가 ○ 앞의 수보다 작아졌으므로 뺀 것입니다.
(2) 계산 결과가 ○ 앞의 수보다 커졌으므로 더한 것입니다.
(3) 계산 결과가 ○ 앞의 수 그대로이므로 0을 더하거나 뺀 것입니다.

03 • 귤이 3개 있었는데 3개를 모두 먹어서 귤이 한 개도 남지 않았습니다. ➔ 3−3=0
• 연필이 2자루 있었는데 아무것도 더하지 않았으므로 연필은 그대로 2자루입니다. ➔ 2+0=2

04 어떤 수에 0을 더하거나 어떤 수에서 0을 빼면 계산 결과는 그대로 어떤 수이므로 같은 수 카드를 2장씩 골라 사용해야 합니다.

05 놀이 기구에 6명이 타고 있었는데 6명이 모두 내렸으므로 남아 있는 사람은 아무도 없습니다.
➔ 6－6＝0(명)

06

3－0＝3	6＋2＝8	5－0＝5
7－4＝3	9－6＝3	0＋3＝3
2－1＝1	4－4＝0	7－7＝0
6－3＝3	3＋0＝3	4－1＝3
2＋5＝7	1＋2＝3	0＋9＝9

➔ 계산 결과가 3인 식이 있는 칸만 색칠하면 '누'라는 글자가 보입니다.

07 거미의 다리는 8개, 달팽이의 다리는 0개입니다.
➔ 8＋0＝8

08 옥수수는 모두 5개인데 접시 위에 5개가 있으므로 냄비 속에 들어 있는 옥수수는 0개입니다.
➔ 5＋0＝5

09

채점 기준			
	❶ 두 사람이 말한 식을 각각 계산한 경우	3점	5점
	❷ 계산 결과가 더 큰 식을 말한 사람을 찾아 쓴 경우	2점	

10

채점 기준			
	❶ 두 사람이 말한 식을 각각 계산한 경우	3점	5점
	❷ 계산 결과가 더 작은 식을 말한 사람을 찾아 쓴 경우	2점	

7회 응용 학습 80~83쪽

01 1단계 5 2단계 6
02 3
03 (왼쪽에서부터) 1, 2, 1
04 1단계 9 2단계 2
05 7
06 3
07 1단계 큰 / 작은 2단계 7, 2, 5
08 9, 3, 6
09 5, 4, 9 또는 4, 5, 9
10 1단계 (위에서부터) 3, 2, 1 / ( )(○)( ) 2단계 2개
11 4개
12 4장

01 1단계 2와 3을 모으기하면 5입니다.
2단계 5와 1을 모으기하면 6입니다.

02 • 8은 7과 1로 가르기할 수 있습니다.
➔ ㉠＝7
• 7은 4와 3으로 가르기할 수 있습니다.
➔ ㉡＝3

03
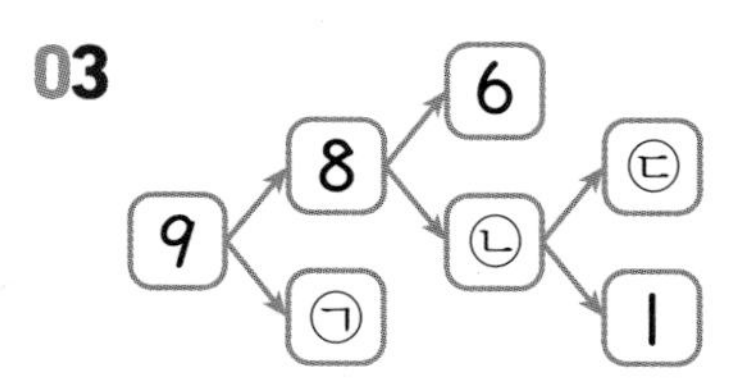

• 9는 8과 1로 가르기할 수 있습니다. ➔ ㉠＝1
• 8은 6과 2로 가르기할 수 있습니다. ➔ ㉡＝2
• 2는 1과 1로 가르기할 수 있습니다. ➔ ㉢＝1

04 1단계 4＋5＝9이므로 ★에 알맞은 수는 9입니다.
2단계 ★＝9일 때 ★－7＝9－7＝2이므로 ♣에 알맞은 수는 2입니다.

05 • 5－2＝3이므로 ●에 알맞은 수는 3입니다.
• ●＝3일 때 ●＋4＝3＋4＝7이므로 ■에 알맞은 수는 7입니다.

06 • 3＋3＝6이므로 ▲에 알맞은 수는 6입니다.
• ▲＝6일 때 ▲＋2＝6＋2＝8이므로 ♣에 알맞은 수는 8입니다.
• ♣＝8일 때 ♣－5＝8－5＝3이므로 ♥에 알맞은 수는 3입니다.

07 1단계 가장 큰 수에서 가장 작은 수를 뺄 때 차가 가장 큽니다.
2단계 가장 큰 수는 7, 가장 작은 수는 2이므로 7에서 2를 빼는 뺄셈식을 만듭니다. ➔ 7－2＝5

08 차가 가장 크려면 가장 큰 수에서 가장 작은 수를 빼야 합니다.
가장 큰 수는 9, 가장 작은 수는 3이므로 9에서 3을 빼는 뺄셈식을 만듭니다. ➔ 9－3＝6

09 합이 가장 크려면 가장 큰 수와 둘째로 큰 수를 더해야 합니다.
가장 큰 수는 5, 둘째로 큰 수는 4이므로 5와 4를 더하는 덧셈식을 만듭니다.
➔ $5+4=9$ 또는 $4+5=9$

10 ❶단계 4는 1과 3, 2와 2, 3과 1로 가르기할 수 있고, 이 중에서 똑같은 두 수로 가르기한 것은 2와 2입니다.
❷단계 4를 똑같은 두 수 2와 2로 가르기할 수 있으므로 접시 2개에 똑같이 나누어 담을 때 접시 한 개에 2개씩 담으면 됩니다.

11 8은 1과 7, 2와 6, 3과 5, 4와 4, 5와 3, 6과 2, 7과 1로 가르기할 수 있고, 이 중에서 똑같은 두 수로 가르기한 것은 4와 4입니다.
따라서 지민이와 연우가 똑같이 나누어 먹을 때 한 명이 먹게 되는 초콜릿은 4개입니다.

12 6은 1과 5, 2와 4, 3과 3, 4와 2, 5와 1로 가르기할 수 있습니다. 이 중에서 선재가 2장 더 많은 것을 찾아봅니다.
- 선재 1장, 해나 5장 ➔ 해나가 더 많습니다.
- 선재 2장, 해나 4장 ➔ 해나가 더 많습니다.
- 선재 3장, 해나 3장 ➔ 똑같이 나누었습니다.
- 선재 4장, 해나 2장
  ➔ $4-2=2$이므로 선재가 2장 더 많습니다.
- 선재 5장, 해나 1장
  ➔ $5-1=4$이므로 선재가 4장 더 많습니다.

8회 마무리 평가 84~87쪽

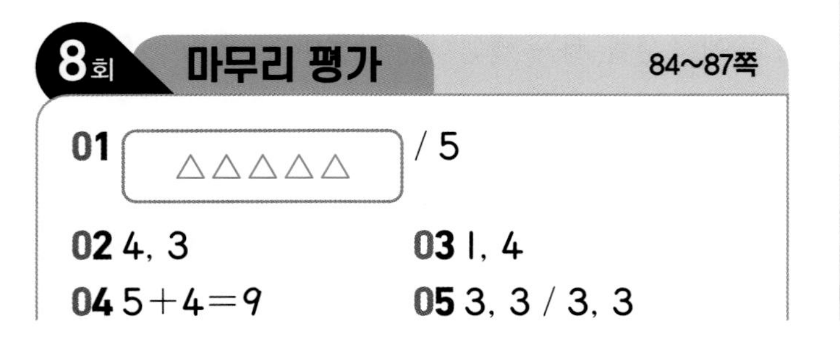

01 △△△△△ / 5

02 4, 3 **03** 1, 4

04 $5+4=9$ **05** 3, 3 / 3, 3

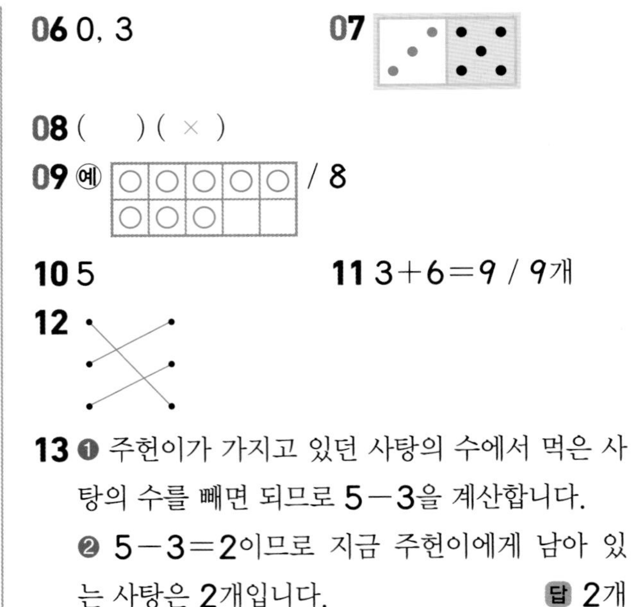

06 0, 3 **07**

08 ( ) (×)

09 예 / 8

10 5 **11** $3+6=9$ / 9개

12

13 ❶ 주헌이가 가지고 있던 사탕의 수에서 먹은 사탕의 수를 빼면 되므로 $5-3$을 계산합니다.
❷ $5-3=2$이므로 지금 주헌이에게 남아 있는 사탕은 2개입니다. 답 2개

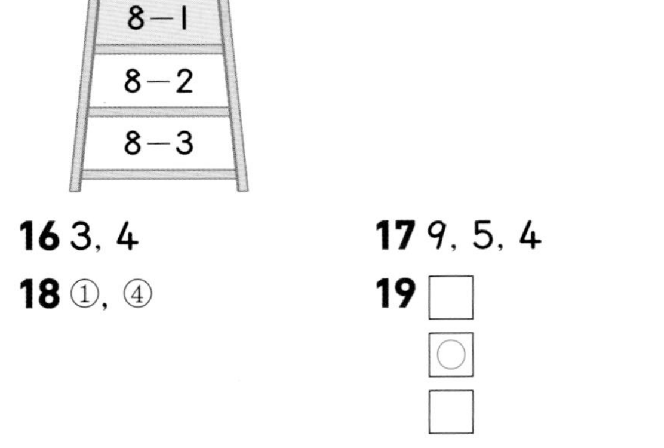

14 8−1, 8−2, 8−3 **15** 예 6, 3 / 예 4, 1

16 3, 4 **17** 9, 5, 4

18 ①, ④ **19**

20 ❶ 6과 1을 모으기하면 7이고, 3과 5를 모으기하면 8입니다.
❷ 8이 7보다 크므로 모으기한 수가 더 큰 사람은 드림입니다. 답 드림

21 9 **22** 8

23 8쪽

24 (순서 상관없이) 1, 4 / 2, 3 / 3, 2 / 4, 1

25 ❶ 재하네 가족이 잡은 방어의 수와 노래미의 수를 더하면 되므로 $2+5$를 계산합니다.
❷ $2+5=7$이므로 재하네 가족이 잡은 물고기는 모두 7마리입니다. 답 7마리

01 빨간색 자동차 1대와 파란색 자동차 4대를 모으기하면 5대가 되므로 △를 5개 그립니다.
➔ 1과 4를 모으기하면 5가 됩니다.

02 모자 7개는 주황색 모자 4개와 노란색 모자 3개로 가르기할 수 있습니다.
➔ 7은 4와 3으로 가르기할 수 있습니다.

03 그림에 알맞게 곰의 수를 써넣습니다.

04 더하기는 '+'로, 같습니다는 '='로 나타냅니다.

05 만두 6개 중 3개를 덜어 내면 3개가 남습니다.
➔ $6-3=3$ / 6 빼기 3은 3과 같습니다.

06 물고기가 3마리 있었는데 아무것도 더하지 않았으므로 물고기는 그대로 3마리입니다.
➔ $3+0=3$

07 5와 모으기하여 8이 되는 수는 3이므로 점을 3개 그려 넣습니다.

08 오른쪽 그림은 $3+2=5$입니다.

09 $6+2$이므로 ○ 6개를 그린 후 ○ 2개를 더 그리면 ○는 모두 8개가 됩니다. ➔ $6+2=8$

10 연결 모형 4개를 놓고 1개를 더 놓은 다음 이어 세면 4 하고 5이므로 $4+1=5$입니다.

11 종이학이 3개 들어 있는 상자에 종이학을 6개 더 넣었으므로 상자에 들어 있는 종이학은 모두 $3+6=9$(개)입니다.

12 • ● 6개 중 4개를 지우면 남는 것은 2개입니다. ➔ $6-4=2$
• ● 4개와 ● 2개를 하나씩 짝 지어 비교해 보면 ● 2개가 남습니다.
➔ $4-2=2$
• ● 4개 중 4개를 지우면 남는 것은 없습니다.
➔ $4-4=0$

13

채점 기준			
	❶ 문제에 알맞은 뺄셈식을 쓴 경우	2점	4점
	❷ 지금 주현이에게 남아 있는 사탕은 몇 개인지 구한 경우	2점	

14 빼는 수가 1씩 커지면 차는 1씩 작아지므로 차가 가장 큰 뺄셈식은 $8-1$입니다.

15 두 수의 차가 3인 뺄셈식은
$3-0=3$, $4-1=3$, $5-2=3$, $6-3=3$, $7-4=3$, $8-5=3$, $9-6=3$입니다.

16 작은 장난감 비행기 1개와 큰 장난감 비행기 3개를 합하면 모두 4개입니다. ➔ $1+3=4$

17 야구 방망이 9개와 야구 글러브 5개를 비교하면 야구 방망이가 야구 글러브보다 4개 더 많습니다.
➔ $9-5=4$

18 ① $5+2=7$ ② $6-0=6$ ③ $2+2=4$
④ $9-2=7$ ⑤ $0+5=5$

19 $7-7=0$, $0+6=6$, $9-1=8$이므로 ○ 안에 알맞은 기호가 다른 하나는 0○6=6입니다.
참고 ○ 앞의 수보다 계산 결과가 커졌으면 '+', ○ 앞의 수보다 계산 결과가 작아졌으면 '−'가 알맞습니다.

20

채점 기준			
	❶ 하린이와 드림이가 모으기한 수를 각각 구한 경우	2점	4점
	❷ 모으기한 수가 더 큰 사람을 찾아 쓴 경우	2점	

21 가장 큰 수는 9, 가장 작은 수는 0이므로 가장 큰 수와 가장 작은 수의 차는 $9-0=9$입니다.

22 • 5와 2를 모으기하면 7이므로 $5+2=7$입니다. → ㉠=2
• 6은 4와 2로 가르기할 수 있으므로 $6-4=2$입니다. → ㉡=6
➔ ㉠+㉡=$2+6=8$

23 (도현이가 오늘 읽은 책의 쪽수)
=(예나가 오늘 읽은 책의 쪽수)+2
$=3+2=5$(쪽)
➔ (예나와 도현이가 오늘 읽은 책의 쪽수)
$=3+5=8$(쪽)

24 5는 1과 4, 2와 3, 3과 2, 4와 1로 가르기할 수 있습니다.

25

채점 기준			
	❶ 문제에 알맞은 덧셈식을 쓴 경우	2점	4점
	❷ 재하네 가족이 잡은 물고기는 모두 몇 마리인지 구한 경우	2점	

4. 비교하기

1회 개념 학습 90~91쪽

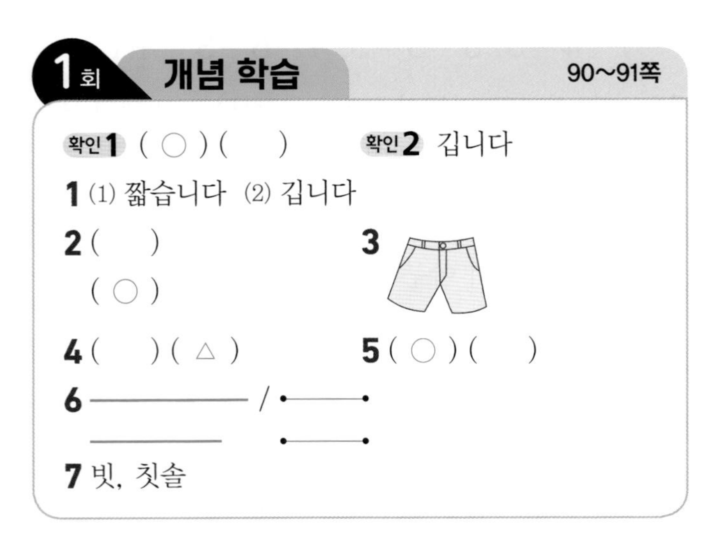

확인 1 (○) (   ) 확인 2 깁니다

1 (1) 짧습니다 (2) 깁니다

2 (   )
(○)

3

4 (   ) (△)

5 (○) (   )

6

7 빗, 칫솔

1 오른쪽으로 더 적게 나간 지우개가 더 짧고, 오른쪽으로 더 많이 나간 필통이 더 깁니다.

2 오른쪽으로 더 많이 나간 오이가 더 깁니다.

3 위쪽 끝이 맞추어져 있으므로 아래쪽으로 더 적게 내려간 왼쪽 바지가 더 짧습니다.

4 위쪽으로 더 적게 올라간 선풍기가 더 낮습니다.

5 위쪽으로 더 많이 올라간 기린이 키가 더 큽니다.

6 두 선의 왼쪽 끝이 맞추어져 있으므로 오른쪽으로 더 많이 나간 위쪽 선이 더 길고, 오른쪽으로 더 적게 나간 아래쪽 선이 더 짧습니다.

7 오른쪽 끝이 맞추어져 있으므로 왼쪽으로 더 적게 나간 빗이 칫솔보다 더 짧습니다.

1회 문제 학습 92~93쪽

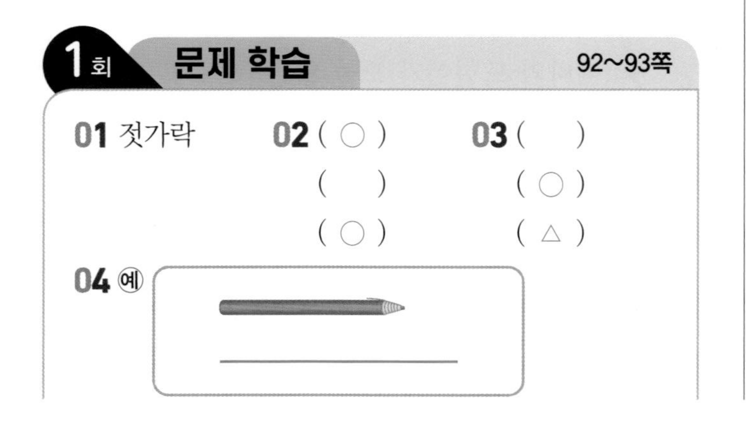

01 젓가락

02 (○)
(   )
(○)

03 (   )
(○)
(△)

04 예

05 (1) 높습니다 (2) 짧습니다

06 (   ) (   ) (○)

07 예 , , 짧습니다

08 (○)
(   )
(   )

09 ,

10 ❶ 현우
❷ 시소, 높아 또는 미끄럼틀, 낮아

11 ❶ 승원 ❷ 예 막대 사탕이 가장 길어.

01 오른쪽으로 더 적게 나간 젓가락이 더 짧습니다.

02 당근보다 오른쪽으로 더 많이 나간 것을 찾습니다.

03 오른쪽으로 가장 많이 나간 줄넘기가 가장 길고, 오른쪽으로 가장 적게 나간 치약이 가장 짧습니다.

04 색연필과 한쪽 끝을 맞춘 다음 다른 쪽 끝이 더 많이 나가도록 선을 긋거나, 색연필보다 양쪽 끝이 더 많이 나가도록 선을 긋습니다.

05 (1) 전등이 서랍장보다 위쪽으로 더 많이 올라가 있으므로 전등은 서랍장보다 더 높습니다.
(2) 장난감 기차가 장난감 자동차보다 양쪽 끝이 더 많이 나갔으므로 장난감 자동차는 장난감 기차보다 더 짧습니다.

06 가장 높은 높이의 바를 넘은 선수를 찾습니다. 위쪽으로 가장 많이 올라가 있는 바를 넘은 가장 오른쪽 선수가 김동아 선수입니다.

07 두 색 테이프의 길이를 다르게 색칠한 다음, 왼쪽의 색 테이프를 더 길게 색칠했으면 '깁니다'에 ○표, 왼쪽의 색 테이프를 더 짧게 색칠했으면 '짧습니다'에 ○표 합니다.

08 끝이 맞추어져 있는 리본끼리 비교하면 가장 위에 있는 리본이 가장 깁니다.

09 각 물건이 풀과 한쪽 끝이 맞추어져 있다고 생각해 보면 풀보다 더 짧은 것은 지우개와 클립입니다.

10

채점 기준			
	❶ 잘못 말한 사람을 찾아 이름을 쓴 경우	3점	5점
	❷ 바르게 고쳐 쓴 경우	2점	

11 '클립이 가장 짧아.'라고 고칠 수도 있습니다.

채점 기준			
	❶ 잘못 말한 사람을 찾아 이름을 쓴 경우	3점	5점
	❷ 바르게 고쳐 쓴 경우	2점	

2회 개념 학습 94~95쪽

확인 **1** ( ) (○) 확인 **2** 가볍습니다

1 (1) 무겁습니다 (2) 가볍습니다

2 (1) (○) ( ) (2) ( ) (○)

3 (△) ( ) **4** ( ) (○)

5 (선 잇기) **6** 돼지, 코끼리

1 (1) 들 때 힘이 더 드는 사전이 더 무겁습니다.
(2) 들 때 힘이 덜 드는 공책이 더 가볍습니다.

2 (1) 들 때 힘이 더 드는 호박이 더 무겁습니다.
(2) 들 때 힘이 더 드는 전자레인지가 더 무겁습니다.

3 들 때 힘이 덜 드는 풍선이 더 가볍습니다.
주의 물건의 크기가 큰 것이 항상 더 무거운 것은 아닙니다.

4 더 무거운 쪽은 아래로 내려간 멜론입니다.

5 시소는 아래로 내려간 쪽이 더 무겁고, 위로 올라간 쪽이 더 가볍습니다.

6 코끼리와 돼지 중 더 가벼운 것은 돼지입니다.

2회 문제 학습 96~97쪽

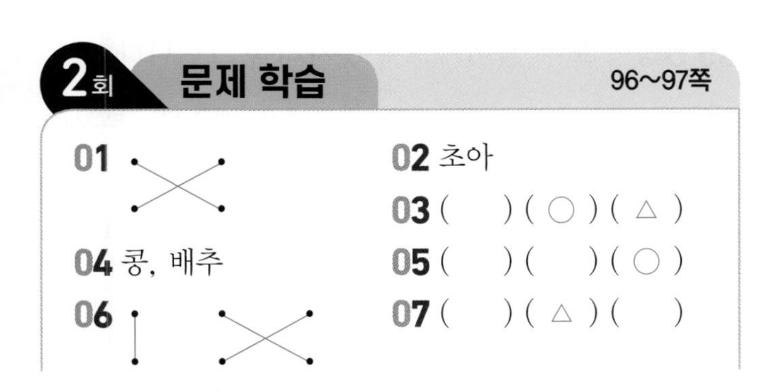

01 (선 잇기) **02** 초아

03 ( ) (○) (△)

04 콩, 배추 **05** ( ) ( ) (○)

06 (선 잇기) **07** ( ) (△) ( )

08

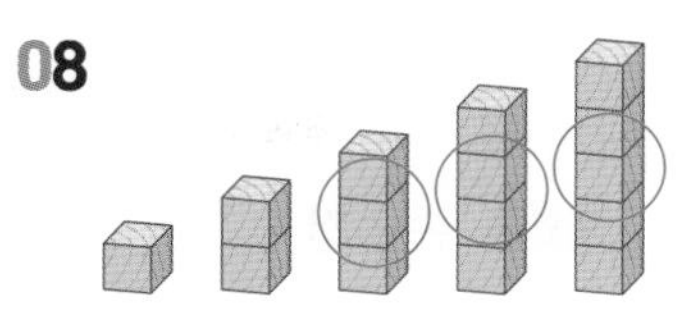

09 예 책상

10 ❶ 주전자 ❷ 예 숟가락, 컵

11 ❶ 예 탬버린은 기타보다 더 가볍습니다.
❷ 예 피아노가 가장 무겁습니다.

01 들 때 힘이 더 드는 것이 더 무겁습니다.

02 시소는 아래로 내려간 쪽이 더 무겁습니다.

03 들 때 힘이 가장 많이 드는 텔레비전이 가장 무겁고, 힘이 가장 적게 드는 풍선이 가장 가볍습니다.

04 배추가 가장 무겁고, 콩이 가장 가벼우므로 당근은 콩보다 더 무겁고, 배추보다 더 가볍습니다.

05 용수철이 가장 많이 늘어난 로봇이 가장 무겁습니다.

06 상자 위에 올려놓은 물건이 무거울수록 상자가 더 많이 찌그러집니다.

07 종이컵이 과자 상자보다 더 가볍고, 과자 상자가 골프공보다 더 가벼우므로 종이컵이 가장 가볍습니다.

08 오른쪽에 있는 쌓기나무는 왼쪽에 있는 쌓기나무 2개보다 더 무겁습니다. 따라서 ◌에는 쌓기나무 3개, 4개, 5개가 들어갈 수 있습니다.

09 농구공보다는 더 무거우면서 3명의 어린이가 잘 들 수 있을만한 적당한 물건을 찾아 씁니다.

10

채점 기준			
	❶ 무게를 비교하는 말을 사용하여 문장을 1개 만든 경우	2점	5점
	❷ 무게를 비교하는 말을 사용하여 ❶과 다른 문장을 1개 더 만든 경우	3점	

11

채점 기준			
	❶ 무게를 비교하는 말을 사용하여 문장을 1개 만든 경우	2점	5점
	❷ 무게를 비교하는 말을 사용하여 ❶과 다른 문장을 1개 더 만든 경우	3점	

[평가 기준] 피아노, 기타, 탬버린의 순서대로 무겁습니다. '더 무겁다', '더 가볍다', '가장 무겁다', '가장 가볍다'는 말을 사용하여 문장을 바르게 만들었으면 정답으로 인정합니다.

개념북 4 단원

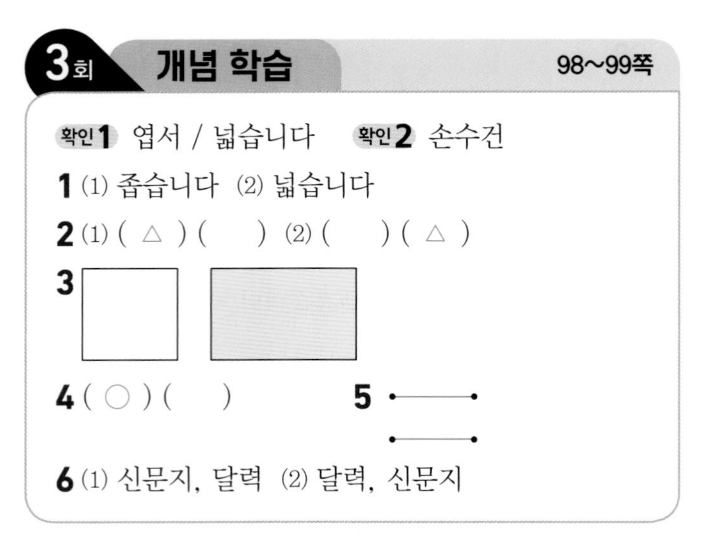

3회 개념 학습 98~99쪽

확인1 엽서 / 넓습니다 확인2 손수건

1 (1) 좁습니다 (2) 넓습니다

2 (1) (△) (   ) (2) (   ) (△)

3

4 (○) (   )

5

6 (1) 신문지, 달력 (2) 달력, 신문지

1 (1) 겹쳐 맞대었을 때 남는 부분이 없는 액자가 더 좁습니다.
(2) 겹쳐 맞대었을 때 남는 부분이 있는 칠판이 더 넓습니다.

2 (1) 겹쳐 맞대었을 때 남는 부분이 없는 50원짜리 동전이 더 좁습니다.
(2) 오른쪽 수영장이 더 좁습니다.

3 겹쳐 맞대었을 때 남는 부분이 있는 오른쪽이 더 넓습니다.

4 왼쪽 책상 면과 오른쪽 책상 면을 겹쳐 맞대었을 때 남는 부분이 있는 왼쪽 책상 면이 더 넓습니다.

5 위쪽에 있는 쟁반이 남는 부분이 없으므로 더 좁고, 아래쪽에 있는 쟁반이 남는 부분이 있으므로 더 넓습니다.

6 겹쳐 맞대었을 때 남는 부분이 있는 신문지가 더 넓고, 남는 부분이 없는 달력이 더 좁습니다.

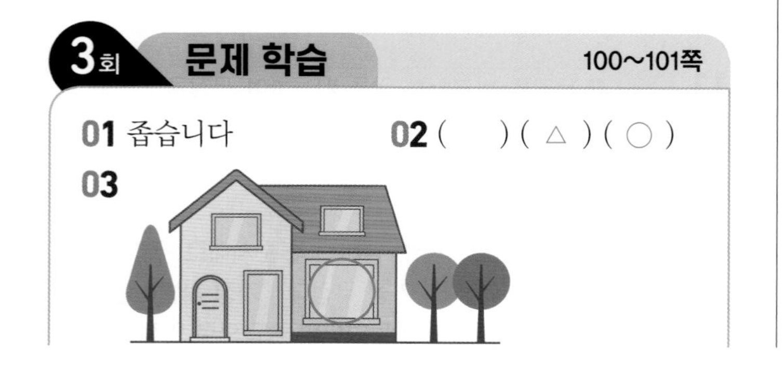

3회 문제 학습 100~101쪽

01 좁습니다 02 (   ) (△) (○)

03

04 예 놀이터, 호수

05 예

06 불고기피자

07 2 3 6 1 4 5

08 예

09 (   ) (○) (   )

10 ❶ 3, 7 ❷ 적을수록, 가 답 가

11 ❶ 칸 수를 각각 세어 보면 가는 5칸, 나는 7칸입니다.
❷ 칸 수가 많을수록 더 넓은 것이므로 가와 나 중에서 더 넓은 것은 나입니다. 답 나

01 두 액자를 겹쳐 맞대었을 때 남는 부분이 없는 지혜가 든 액자가 더 좁습니다.

02 겹쳐 맞대었을 때 남는 부분이 가장 많은 거울이 가장 넓고, 남는 부분이 없는 휴대 전화가 가장 좁습니다.

03 4개의 창문을 겹쳐 맞대었을 때 남는 부분이 가장 많은 오른쪽 아래 창문이 가장 넓습니다.

04 공원이 가장 넓고, 놀이터가 가장 좁습니다.

05 5명이 모두 들어가도록 돗자리를 그립니다.

06 세 종류의 피자를 겹쳐 맞대었을 때 남는 부분이 가장 많은 피자는 불고기피자입니다.
따라서 가장 넓은 불고기피자를 주문해야 합니다.

07 1부터 6까지 순서대로 이으면 두 부분으로 나누어집니다. 두 부분 중 왼쪽이 더 좁습니다.

08 왼쪽 모양과 겹쳐 맞대었을 때는 남는 부분이 있고, 오른쪽 모양과 겹쳐 맞대었을 때는 남는 부분이 없도록 ◯ 모양을 그립니다.

09 카드를 자르거나 접지 않고 넣으려면 카드보다 더 넓은 가운데 봉투에 넣어야 합니다.

10

채점 기준			
	❶ 가와 나가 각각 몇 칸인지 세어 쓴 경우	2점	5점
	❷ 가와 나 중에서 더 좁은 것을 찾아 쓴 경우	3점	

11

채점 기준			
	❶ 가와 나가 각각 몇 칸인지 세어 쓴 경우	2점	5점
	❷ 가와 나 중에서 더 넓은 것을 찾아 쓴 경우	3점	

4회 개념 학습 102~103쪽

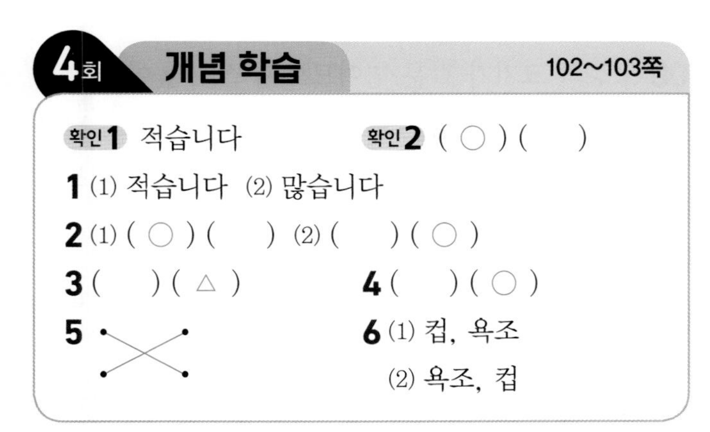

확인 1 적습니다 확인 2 (◯) ( )

1 (1) 적습니다 (2) 많습니다

2 (1) (◯) ( ) (2) ( ) (◯)

3 ( ) (△)

4 ( ) (◯)

5

6 (1) 컵, 욕조 (2) 욕조, 컵

1 크기가 작은 바가지가 담을 수 있는 양이 더 적고, 크기가 큰 세숫대야가 담을 수 있는 양이 더 많습니다.

2 그릇의 크기가 클수록 담을 수 있는 양이 더 많습니다.

3 그릇의 모양과 크기가 같으므로 물의 높이가 더 낮은 오른쪽 그릇에 담긴 물의 양이 더 적습니다.

4 물의 높이가 같으므로 그릇의 크기가 더 큰 오른쪽 그릇에 담긴 물의 양이 더 많습니다.

5 왼쪽 그릇이 오른쪽 그릇보다 더 작으므로 왼쪽 그릇이 담을 수 있는 양이 더 적고, 오른쪽 그릇이 담을 수 있는 양이 더 많습니다.

6 크기가 작은 컵이 담을 수 있는 양이 더 적고, 크기가 큰 욕조가 담을 수 있는 양이 더 많습니다.

4회 문제 학습 104~105쪽

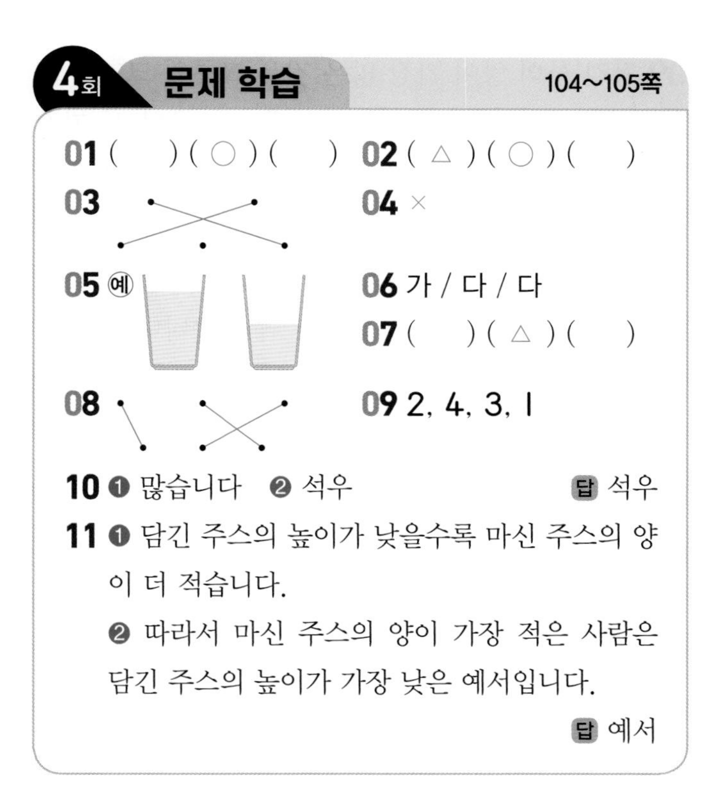

01 ( ) (◯) ( )

02 (△) (◯) ( )

03

04 ×

05 예

06 가 / 다 / 다

07 ( ) (△) ( )

08

09 2, 4, 3, 1

10 ❶ 많습니다 ❷ 석우 답 석우

11 ❶ 담긴 주스의 높이가 낮을수록 마신 주스의 양이 더 적습니다.
❷ 따라서 마신 주스의 양이 가장 적은 사람은 담긴 주스의 높이가 가장 낮은 예서입니다.
답 예서

01 왼쪽보다 물의 높이가 더 높은 것을 찾습니다.

02 그릇의 크기가 클수록 담을 수 있는 양이 더 많습니다.

03 컵의 크기가 클수록 담을 수 있는 양이 더 많습니다.

04 물의 높이가 같으면 그릇의 크기가 클수록 담긴 물의 양이 더 많습니다.

05 두 컵의 모양과 크기가 같고 왼쪽 컵이 오른쪽 컵보다 담긴 물의 양이 더 많아야 하므로 왼쪽 컵에 담긴 물의 높이가 더 높게 색칠합니다.

06 세 물통의 담을 수 있는 양을 비교해 본 다음 담을 수 있는 양이 가장 적은 물통을 찾습니다.

07 물의 높이가 같으므로 크기가 가장 작은 가운데 그릇에 담긴 물의 양이 가장 적습니다.

08 • 시우는 가장 적게 담긴 가장 왼쪽 국을 먹습니다.
• 유준이가 채아보다 더 적게 담긴 것을 먹는다고 하였으므로 유준이는 가운데 국을, 채아는 가장 오른쪽 국을 먹습니다.

개념북 4단원

09 담긴 물의 양이 가장 많은 것은 그릇의 크기가 크고 물의 높이가 가장 높은 넷째 그릇이고, 가장 적은 것은 그릇의 크기가 작고 물의 높이가 가장 낮은 둘째 그릇입니다. 첫째 그릇과 셋째 그릇은 담긴 물의 높이가 같으므로 그릇의 크기가 더 큰 첫째 그릇이 담긴 물의 양이 더 많습니다.

10

채점 기준			
	❶ 모양과 크기가 같은 컵에 담긴 주스의 양을 비교하는 방법을 아는 경우	2점	5점
	❷ 마신 주스의 양이 가장 많은 사람을 찾아 쓴 경우	3점	

11

채점 기준			
	❶ 모양과 크기가 같은 컵에 담긴 주스의 양을 비교하는 방법을 아는 경우	2점	5점
	❷ 마신 주스의 양이 가장 적은 사람을 찾아 쓴 경우	3점	

5회 응용 학습 106~109쪽

01 1단계 많이 2단계 나
02 가
03 나
04 1단계 7, 8, 6 2단계 상추
05 달맞이꽃
06 승호
07 1단계 은지 2단계 은지
08 시현
09 다
10 1단계 재민 2단계 새미 3단계 재민
11 지민
12 현수, 지아, 영우

01 2단계 가장 많이 구부러져 있는 선은 나입니다.

02 양쪽 끝이 맞추어져 있을 때 선이 적게 구부러져 있을수록 더 짧으므로 가장 짧은 선은 가입니다.

03 양쪽 끝이 맞추어져 있으므로 길이 가장 적게 구부러져 있는 나가 가장 짧은 길입니다.

04 2단계 심은 칸 수가 많을수록 더 넓은 곳에 심은 채소이므로 가장 넓은 곳에 심은 채소는 칸 수가 가장 많은 상추입니다.

05 나리: 8칸, 달맞이꽃: 5칸, 수국: 7칸
칸 수가 적을수록 더 좁은 곳에 심은 것이므로 가장 좁은 곳에 심은 꽃은 달맞이꽃입니다.

06 소리: 6칸, 지형: 4칸, 승호: 7칸
칸 수가 많을수록 더 넓게 꾸민 것이므로 가장 넓게 꾸민 사람은 승호입니다.

07 1단계 모양과 크기가 같은 컵이므로 물의 높이가 가장 낮은 은지가 남은 물의 양이 가장 적습니다.
2단계 물을 많이 마실수록 남은 물의 양이 더 적어지므로 물을 가장 많이 마신 사람은 남은 물의 양이 가장 적은 은지입니다.

08 모양과 크기가 같은 병이므로 주스의 높이가 가장 높은 시현이가 남은 주스의 양이 가장 많고, 남은 주스의 양이 많을수록 주스를 적게 마신 것이므로 주스를 가장 적게 마신 사람은 시현입니다.

09 도윤이가 물을 가장 많이 마셨으므로 남은 물의 양이 가장 적은 컵이 도윤이의 컵입니다.
따라서 남은 물의 높이가 가장 낮은 다가 도윤이의 컵입니다.

10 2단계 초아는 새미보다 더 가벼우므로 더 무거운 사람은 새미입니다.
3단계 새미는 초아보다 더 무겁고, 재민이는 새미보다 더 무거우므로 무거운 사람부터 순서대로 이름을 쓰면 재민, 새미, 초아입니다.

11 솔이는 해리보다 더 가볍고, 지민이는 솔이보다 더 가벼우므로 가벼운 사람부터 순서대로 이름을 쓰면 지민, 솔이, 해리입니다.

12
- 현수는 영우보다 더 무겁고, 지아보다도 더 무거우므로 현수가 가장 무겁습니다.
- 지아는 영우보다 더 무거우므로 영우가 가장 가볍습니다.

➔ 무거운 사람부터 순서대로 이름을 쓰면 현수, 지아, 영우입니다.

6회 마무리 평가 110~113쪽

01 ( )
(○)

02 ②

03 (△)( )

04 (선 잇기)

05 좁습니다

06 ( )(△)

07 ( )
(○)
(△)

08 ❶ 예 냉장고가 가장 높습니다.
❷ 예 전등은 선풍기보다 더 낮습니다.

09 ②, ③

10 ( )(△)( )

11 예 공책

12 (선 잇기)

13 ( )( )(△)

14 (○)(△)( )

15

16 예

17 3, 1, 2

18 ( )(○)

19 (○)( )( )

20 ❶ 위쪽이 맞추어져 있으므로 아래쪽으로 더 적게 내려간 동물일수록 키가 더 작습니다.
❷ 따라서 키가 가장 작은 동물은 아래쪽으로 가장 적게 내려간 햄스터입니다. 답 햄스터

21 지수

22 가, 다, 나

23 가

24 예

25 ❶ 두 컵에 담긴 주스의 높이가 같을 때는 컵의 크기가 클수록 담긴 주스의 양이 더 많습니다.
❷ 따라서 컵의 크기가 더 큰 가에 담긴 주스의 양이 더 많으므로 엄마의 컵은 가입니다.
답 가

01 왼쪽 끝이 맞추어져 있으므로 오른쪽으로 더 많이 나간 줄넘기가 야구 방망이보다 더 깁니다.

02 길이를 비교하고 있으므로 '깁니다'와 '짧습니다' 중에서 골라야 합니다.
왼쪽 끝이 맞추어져 있고 막대 사탕은 막대 과자보다 오른쪽으로 더 적게 나갔으므로 막대 사탕은 막대 과자보다 더 짧습니다.
참고 '낮습니다'와 '높습니다'는 높이를 비교하는 말이고, '좁습니다'는 넓이를 비교하는 말입니다.

03 축구공과 귤 중에서 귤을 들 때 힘이 덜 들므로 귤은 축구공보다 더 가볍습니다.
참고 축구공과 수박 중에서 수박을 들 때 힘이 더 들므로 수박은 축구공보다 더 무겁습니다.

04 수첩과 공책을 겹쳐 맞대었을 때 공책이 남는 부분이 있으므로 수첩은 공책보다 더 좁고, 공책은 수첩보다 더 넓습니다.

05 시간표와 칠판을 겹쳐 맞대었을 때 시간표가 남는 부분이 없으므로 시간표는 칠판보다 더 좁습니다.

06 그릇의 크기가 작을수록 담을 수 있는 양이 더 적으므로 담을 수 있는 양이 더 적은 것은 양동이입니다.

07 왼쪽 끝이 맞추어져 있으므로 오른쪽으로 가장 많이 나간 것이 가장 길고, 오른쪽으로 가장 적게 나간 것이 가장 짧습니다.

08

채점 기준			
	❶ 높이를 비교하는 말을 사용하여 문장을 1개 만든 경우	2점	4점
	❷ 높이를 비교하는 말을 사용하여 ❶과 다른 문장을 1개 더 만든 경우	2점	

[평가 기준] 냉장고, 선풍기, 전등의 순서대로 높습니다. '더 높다', '더 낮다', '가장 높다', '가장 낮다'는 말을 사용하여 문장을 바르게 만들었으면 정답으로 인정합니다.

09 각 물건이 연필과 한쪽 끝이 맞추어져 있다고 생각해 보면 연필보다 더 짧은 것은 ② 클립과 ③ 못입니다.

10 들 때 힘이 덜 들수록 더 가벼운 것입니다.
들 때 힘이 덜 드는 것부터 순서대로 쓰면 지갑, 책가방, 여행 가방이므로 가장 가벼운 것은 지갑입니다.

11 들 때 의자보다 힘이 덜 드는 물건을 씁니다.
들 때 의자보다 힘이 덜 드는 것에는 연필, 공책, 지우개, 색종이 등이 있습니다.

12 • 들 때 힘이 더 들어 보이는 파란색 장바구니에는 무거운 수박과 멜론이 들어 있습니다.
• 들 때 힘이 덜 들어 보이는 빨간색 장바구니에는 가벼운 사과와 귤이 들어 있습니다.

13 지아는 시원이보다 더 가볍고, 준호는 지아보다 더 가볍습니다.
따라서 가벼운 사람부터 순서대로 이름을 쓰면 준호, 지아, 시원이므로 가장 가벼운 사람은 준호입니다.

14 500원짜리 동전은 100원짜리 동전보다 더 넓고, 100원짜리 동전은 50원짜리 동전보다 더 넓습니다.
따라서 가장 넓은 것은 500원짜리 동전이고, 가장 좁은 것은 50원짜리 동전입니다.

15 겹쳐 맞대었을 때 남는 부분이 많을수록 더 넓습니다.

16 왼쪽 모양과 겹쳐 맞대었을 때는 남는 부분이 있고, 오른쪽 모양과 겹쳐 맞대었을 때는 남는 부분이 없도록 △ 모양을 그립니다.

17 그릇의 크기가 클수록 담을 수 있는 양이 더 많으므로 우유갑의 크기가 큰 것부터 순서대로 1, 2, 3을 씁니다.

18 주어진 컵에 가득 담긴 물을 넘치지 않게 모두 옮기려면 주어진 컵에 든 물의 양보다 담을 수 있는 양이 더 많아야 하므로 주어진 컵보다 크기가 더 큰 컵을 찾습니다.
따라서 주어진 컵보다 크기가 더 큰 컵은 오른쪽 컵입니다.

19 

• ①과 ②는 물의 높이가 같으므로 컵의 크기가 더 큰 ②에 담긴 물의 양이 더 많습니다.
• ①과 ③은 컵의 모양과 크기가 같으므로 물의 높이가 더 높은 ①에 담긴 물의 양이 더 많습니다.
➜ 담긴 물의 양이 많은 것부터 순서대로 쓰면 ②, ①, ③이므로 담긴 물의 양이 둘째로 많은 것은 ①입니다.

20

채점 기준			
	❶ 위쪽이 맞추어져 있을 때 키를 비교하는 방법을 아는 경우	2점	4점
	❷ 키가 가장 작은 동물을 찾아 쓴 경우	2점	

21 혜미는 지수보다 더 무겁고, 민규보다도 더 무거우므로 혜미가 가장 무겁습니다.
지수와 민규 중에서 지수는 민규보다 더 가벼우므로 가장 가벼운 사람은 지수입니다.

22 칸 수를 각각 세어 보면 가는 9칸, 나는 7칸, 다는 8칸입니다.
칸 수가 많을수록 더 넓으므로 넓은 것부터 순서대로 기호를 쓰면 가, 다, 나입니다.

23 담긴 물의 양이 적을수록 컵에 물을 더 많이 담아야 가득 채울 수 있습니다.
컵에 담긴 물의 양이 가장 적은 컵은 물의 높이가 가장 낮은 가이므로 컵에 물을 가득 채우려면 더 담아야 하는 물이 가장 많은 컵은 가입니다.

24 탁자와 겹쳐 맞대었을 때 남는 부분이 있도록 탁자보다 더 넓은 식탁보를 그립니다.

25

채점 기준			
	❶ 주스의 높이가 같을 때 담긴 주스의 양을 비교하는 방법을 아는 경우	2점	4점
	❷ 엄마의 컵을 찾아 쓴 경우	2점	

5. 50까지의 수

1회 개념 학습 116~117쪽

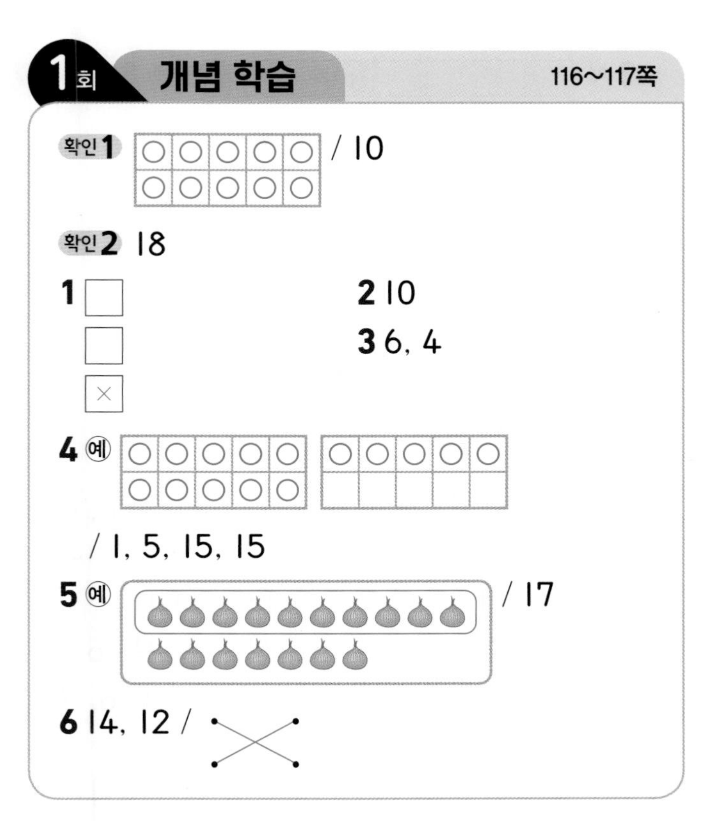

1 사과의 수에 맞게 하나, 둘, 셋, 넷, 다섯, 여섯, 일곱, 여덟, 아홉, 열로 세어야 합니다.

2 바나나의 수를 하나씩 세어 보면 하나, 둘, 셋, 넷, 다섯, 여섯, 일곱, 여덟, 아홉, 열이므로 모두 10입니다.

3 10은 6과 4로 가르기할 수 있습니다.

4 달걀의 수만큼 ○를 그리면 10개씩 묶음 1개와 낱개 5개입니다.
10개씩 묶음 1개와 낱개 5개는 15입니다.

5 10개씩 묶음 1개와 낱개 7개이므로 17입니다.

6
- 컵케이크를 10개씩 묶어 보면 10개씩 묶음 1개와 낱개 4개이므로 14이고, 십사 또는 열넷이라고 읽습니다.
- 과자를 10개씩 묶어 보면 10개씩 묶음 1개와 낱개 2개이므로 12이고, 십이 또는 열둘이라고 읽습니다.

1회 문제 학습 118~119쪽

01 (○) ( ) (○) **02** 1, 6, 16
03 9, 1 / 10
04 (위에서부터) 12 / 1, 5 / 1, 9, 19
05 1 — 9 / 5 — 5 / 7 — 3 / 5 / 7 / 10
06 (1) / 8 (2) 예 / 6
07 13, 15
08 9, 더 큰 또는 10, 더 많은
09 17 / 17, 작습니다
10 ❶ 1, 4 ❷ 1, 4, 14, 14 답 14살
11 ❶ 10살을 나타내는 초가 1개, 1살을 나타내는 초가 3개 있습니다.
❷ 10개씩 묶음 1개와 낱개 3개는 13이므로 민지 언니의 나이는 13살입니다. 답 13살

01 야구공의 수를 세어 보면 하나, 둘, 셋, 넷, 다섯, 여섯, 일곱, 여덟, 아홉이므로 9개입니다.

02 10개씩 묶음 1개와 낱개 6개를 16이라고 합니다.

03 9보다 1만큼 더 큰 수는 10입니다.

04
- 10개씩 묶음 1개와 낱개 2개: 12
- 15(열다섯): 10개씩 묶음 1개와 낱개 5개
- 십구: 19 → 10개씩 묶음 1개와 낱개 9개

05 1과 9, 5와 5, 7과 3을 모으기하면 10이 됩니다.

06 (1) 10은 2와 8로 가르기할 수 있습니다.
(2) 10은 6과 4로 가르기할 수 있습니다.

07 12보다 1만큼 더 큰 수는 13이고, 14보다 1만큼 더 큰 수는 15입니다.

08 배 10개가 들어 있는 상자는 배가 더 많고, 배 9개가 들어 있는 상자는 배가 더 큽니다.

09 13과 17은 10개씩 묶음의 수가 1로 같으므로 낱개의 수가 더 작은 13이 17보다 작습니다.

10

채점 기준			
	❶ 10살을 나타내는 초와 1살을 나타내는 초가 각각 몇 개인지 센 경우	2점	5점
	❷ 재희 형의 나이를 구한 경우	3점	

11

채점 기준			
	❶ 10살을 나타내는 초와 1살을 나타내는 초가 각각 몇 개인지 센 경우	2점	5점
	❷ 민지 언니의 나이를 구한 경우	3점	

2회 개념 학습 120~121쪽

확인1 10, 11, 11　확인2 10, 9, 9

1

2 15　3 7

4 / (위에서부터) 8, 14

5 / 6, 6　6 4

1 밤 6개와 7개를 모으기하면 13개가 됩니다.

2 달팽이 7마리와 나비 8마리를 모으기하면 15마리가 됩니다.
➔ 7과 8을 모으기하면 15가 됩니다.

3 공 16개는 9개와 7개로 가르기할 수 있습니다.
➔ 16은 9와 7로 가르기할 수 있습니다.

4 빨간색 구슬 6개와 초록색 구슬 8개를 모으기한 것이므로 6부터 8만큼 수를 이어 세면 14입니다.
➔ 6과 8을 모으기하면 14가 됩니다.

5 구슬 12개를 6개와 다른 수로 가르기한 것이므로 12부터 6만큼 수를 거꾸로 세면 6입니다.
➔ 12는 6과 6으로 가르기할 수 있습니다.

6 전체 11칸을 노란색 7칸과 파란색 4칸으로 색칠했습니다. ➔ 11은 7과 4로 가르기할 수 있습니다.

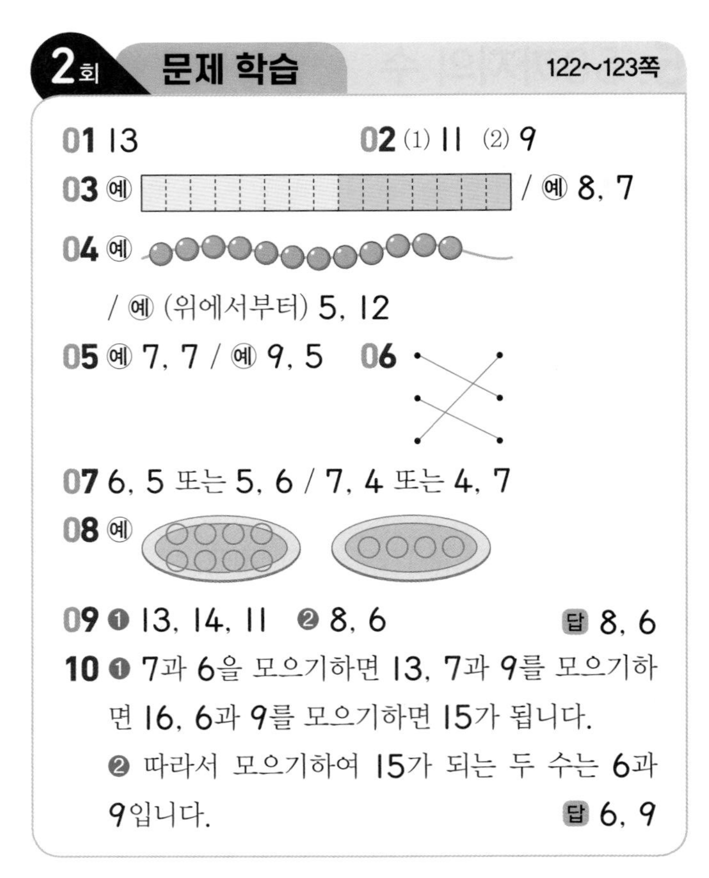

2회 문제 학습 122~123쪽

01 13　02 (1) 11 (2) 9

03 예 / 예 8, 7

04 예

/ 예 (위에서부터) 5, 12

05 예 7, 7 / 예 9, 5　06

07 6, 5 또는 5, 6 / 7, 4 또는 4, 7

08 예

09 ❶ 13, 14, 11 ❷ 8, 6　답 8, 6

10 ❶ 7과 6을 모으기하면 13, 7과 9를 모으기하면 16, 6과 9를 모으기하면 15가 됩니다.
❷ 따라서 모으기하여 15가 되는 두 수는 6과 9입니다.　답 6, 9

01 만두 4개와 9개를 모으기하면 13개가 됩니다.
➔ 4와 9를 모으기하면 13이 됩니다.

02 (1) 5와 6을 모으기하면 11이 됩니다.
(2) 17은 8과 9로 가르기할 수 있습니다.

03 15는 1과 14, 2와 13, 3과 12, 4와 11, 5와 10, 6과 9, 7과 8 등으로 가르기할 수 있습니다.

04 • 빨간색 구슬: 7과 4를 모으기하면 11이 됩니다.
• 파란색 구슬: 7과 6을 모으기하면 13이 됩니다.
• 초록색 구슬: 7과 5를 모으기하면 12가 됩니다.

05 14는 1과 13, 2와 12, 3과 11, 4와 10, 5와 9, 6과 8, 7과 7 등으로 가르기할 수 있습니다.

06 12와 4, 8과 8, 5와 11을 모으기하면 16이 됩니다.

07 • 모양 6개와 모양 5개가 있으므로 6과 5로 가르기할 수 있습니다.
• 빨간색 모양 7개와 노란색 모양 4개가 있으므로 7과 4로 가르기할 수 있습니다.

08 초콜릿을 소미가 오빠보다 더 많이 먹었으므로 12를 소미와 오빠로 나누어 가르기하면 11과 1, 10과 2, 9와 3, 8과 4, 7과 5로 가르기할 수 있습니다.

09

채점 기준			
	❶ 두 수씩 짝을 지어 각각 모으기한 경우	3점	5점
	❷ 모으기하여 14가 되는 두 수를 찾은 경우	2점	

10

채점 기준			
	❶ 두 수씩 짝을 지어 각각 모으기한 경우	3점	5점
	❷ 모으기하여 15가 되는 두 수를 찾은 경우	2점	

3회 개념 학습 124~125쪽

확인 1 3, 30

확인 2 10, 30 / 적습니다 / 30, 작습니다

1 (1) 40 (2) 5

2 2, 20

3 예 / 40

4

5 30 / 서른

6 10 / 10, 20

1 • 10개씩 묶음 ■개는 ■0입니다.
• ■0은 10개씩 묶음 ■개입니다.

2 딸기가 10개씩 묶음 2개 있습니다.
10개씩 묶음 2개는 20입니다.

3 10개씩 묶음 4개이므로 40입니다.

4 • 20: 이십, 스물 • 30: 삼십, 서른
• 40: 사십, 마흔 • 50: 오십, 쉰

5 10개씩 묶어 보면 10개씩 묶음 3개이므로 30입니다. 30은 삼십 또는 서른이라고 읽습니다.

6 10개씩 묶음의 수가 20이 더 크므로 20은 10보다 크고, 10은 20보다 작습니다.

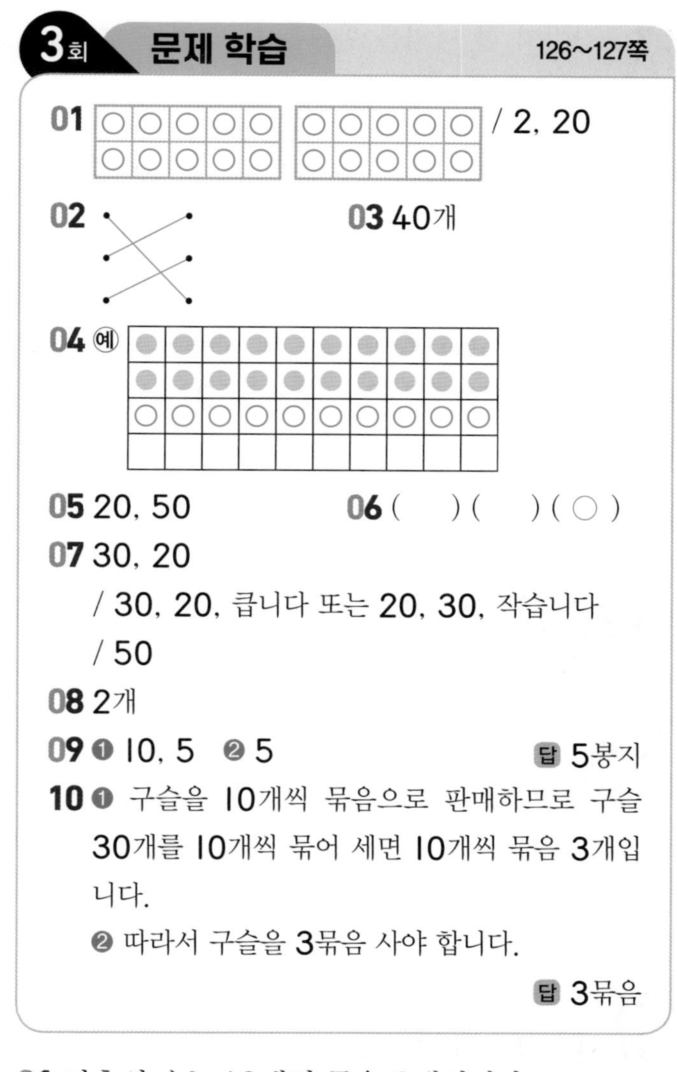

3회 문제 학습 126~127쪽

01 / 2, 20

02

03 40개

04 예

05 20, 50

06 ( ) ( ) (○)

07 30, 20
/ 30, 20, 큽니다 또는 20, 30, 작습니다
/ 50

08 2개

09 ❶ 10, 5 ❷ 5 답 5봉지

10 ❶ 구슬을 10개씩 묶음으로 판매하므로 구슬 30개를 10개씩 묶어 세면 10개씩 묶음 3개입니다.
❷ 따라서 구슬을 3묶음 사야 합니다.
답 3묶음

01 단추의 수는 10개씩 묶음 2개입니다.
10개씩 묶음 2개는 20입니다.

02 • 10개씩 묶음 3개: 30(삼십, 서른)
• 10개씩 묶음 4개: 40(사십, 마흔)
• 10개씩 묶음 5개: 50(오십, 쉰)

03 10개씩 묶음 4개는 40이므로 달걀은 모두 40개입니다.

04 ●의 수는 10개씩 묶음 2개이고, 30은 10개씩 묶음 3개이므로 ○를 10개 더 그립니다.

05 • 공책: 10권씩 묶음 2개 → 20
• 색종이: 10장씩 묶음 5개 → 50

06 20은 이십 또는 스물이라고 읽습니다.
서른을 수로 쓰면 30입니다.

개념북 5단원

07 • 강아지 한 마리를 만드는 데 연결 모형 10개를 사용합니다.
시우: 10개씩 묶음 3개 ➔ 30
예나: 10개씩 묶음 2개 ➔ 20
• 10개씩 묶음의 수가 클수록 큰 수이므로 30은 20보다 크고, 20은 30보다 작습니다.
• 강아지 5마리를 만드는 데 사용한 연결 모형의 수는 10개씩 묶음 5개인 50입니다.

08 곶감 40개는 10개씩 묶음 4개입니다.
곶감이 10개씩 묶음 2개 있으므로 곶감이 40개가 되려면 10개씩 묶음 2개가 더 필요합니다.

09

채점 기준			
	❶ 50은 10개씩 묶음 몇 개인지 구한 경우	3점	5점
	❷ 토마토는 몇 봉지가 되는지 구한 경우	2점	

10

채점 기준			
	❶ 30은 10개씩 묶음 몇 개인지 구한 경우	3점	5점
	❷ 구슬을 몇 묶음 사야 하는지 구한 경우	2점	

4회 개념 학습 128~129쪽

확인1 5, 45	확인2 2, 3
1 2, 42	2 37, 21, 43
3 26	4 (○) (○) ( )
5 32 / 삼십이	6 4, 9

1 참외가 10개씩 묶음 4개와 낱개 2개 있습니다.
10개씩 묶음 4개와 낱개 2개는 42입니다.

2 10개씩 묶음 ■개와 낱개 ▲개는 ■▲입니다.

3 10자루씩 묶음 2개와 낱개 6자루 ➔ 26

4 28은 이십팔 또는 스물여덟이라고 읽습니다.

5 10개씩 묶음 3개와 낱개 2개이므로 32입니다.
32는 삼십이 또는 서른둘이라고 읽습니다.

6 ■▲ ➔ 10개씩 묶음 ■개와 낱개 ▲개

4회 문제 학습 130~131쪽

01 2, 7 / 27
02 (위에서부터) 5 / 3 / 46
03 (위에서부터) 22, 38 / 2, 2 / 3, 8
04 24 / 스물넷　**05** 다은
06 예 우리 아버지의 연세는 48세입니다.
07 소율
08 예

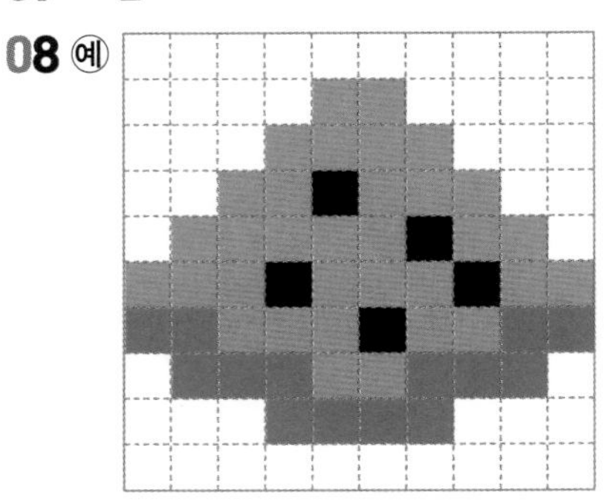

09 ❶ 1, 4　❷ 3, 34　답 34개
10 ❶ 낱개 12개는 10개씩 1상자와 낱개 2개입니다.
❷ 따라서 과자는 10개씩 4상자와 낱개 2개이므로 과자는 모두 42개입니다.　답 42개

01 10개씩 묶음 2개와 낱개 7개이므로 27입니다.

02 • 25는 10개씩 묶음 2개와 낱개 5개입니다.
• 31은 10개씩 묶음 3개와 낱개 1개입니다.
• 10개씩 묶음 4개와 낱개 6개는 46입니다.

03 • 꽃: 10송이씩 묶음 2개와 낱개 2송이 ➔ 22
• 방울토마토: 10개씩 묶음 3개와 낱개 8개 ➔ 38

04 10개씩 묶음 2개와 낱개 4개이므로 24입니다.
24는 이십사 또는 스물넷이라고 읽습니다.

05 32는 10개씩 묶음 3개와 낱개 2개입니다.

06 50까지의 수를 넣어 자유롭게 이야기해 봅니다.

07 39는 삼십구 또는 서른아홉이라고 읽습니다.
마흔여덟을 수로 쓰면 48입니다.

08 [평가 기준] 주어진 칸의 수에 맞게 수박 모양으로 모눈을 색칠했으면 정답으로 인정합니다.

09

채점 기준			
채점 기준	❶ 낱개 14개를 10개씩 묶음과 낱개의 수로 나타낸 경우	2점	5점
	❷ 감자는 모두 몇 개인지 구한 경우	3점	

10

채점 기준			
채점 기준	❶ 낱개 12개를 10개씩 묶음과 낱개의 수로 나타낸 경우	2점	5점
	❷ 과자는 모두 몇 개인지 구한 경우	3점	

5회 개념 학습 132~133쪽

확인1 22, 20　　확인2 큽니다

1 (1) 33 (2) 46　　**2** 16, 18, 19

3 (위에서부터) 29, 30 / 35, 36, 39

4 (위에서부터) 5, 7 / 11, 13, 14

5 / 50, 48 / 48, 50

6 26, 29 / ( ) (○)

7 (1) 22 (2) 37

1 (1) 32와 34 사이의 수는 33입니다.
(2) 45와 47 사이의 수는 46입니다.

2 14−15−16−17−18−19−20

3 28 바로 뒤의 수: 29, 31 바로 앞의 수: 30, 34 바로 뒤의 수: 35, 37 바로 앞의 수: 36, 38 바로 뒤의 수: 39

4 • 윗줄: 1−2−3−4−5−6−7
• 아랫줄: 8−9−10−11−12−13−14

5 10개씩 묶음의 수가 더 큰 50이 48보다 큽니다.

6 26과 29는 10개씩 묶음의 수가 2로 같으므로 낱개의 수가 더 큰 29가 26보다 큽니다.

7 (1) 10개씩 묶음의 수가 더 큰 22가 18보다 큽니다.
(2) 10개씩 묶음의 수가 3으로 같으므로 낱개의 수가 더 큰 37이 33보다 큽니다.

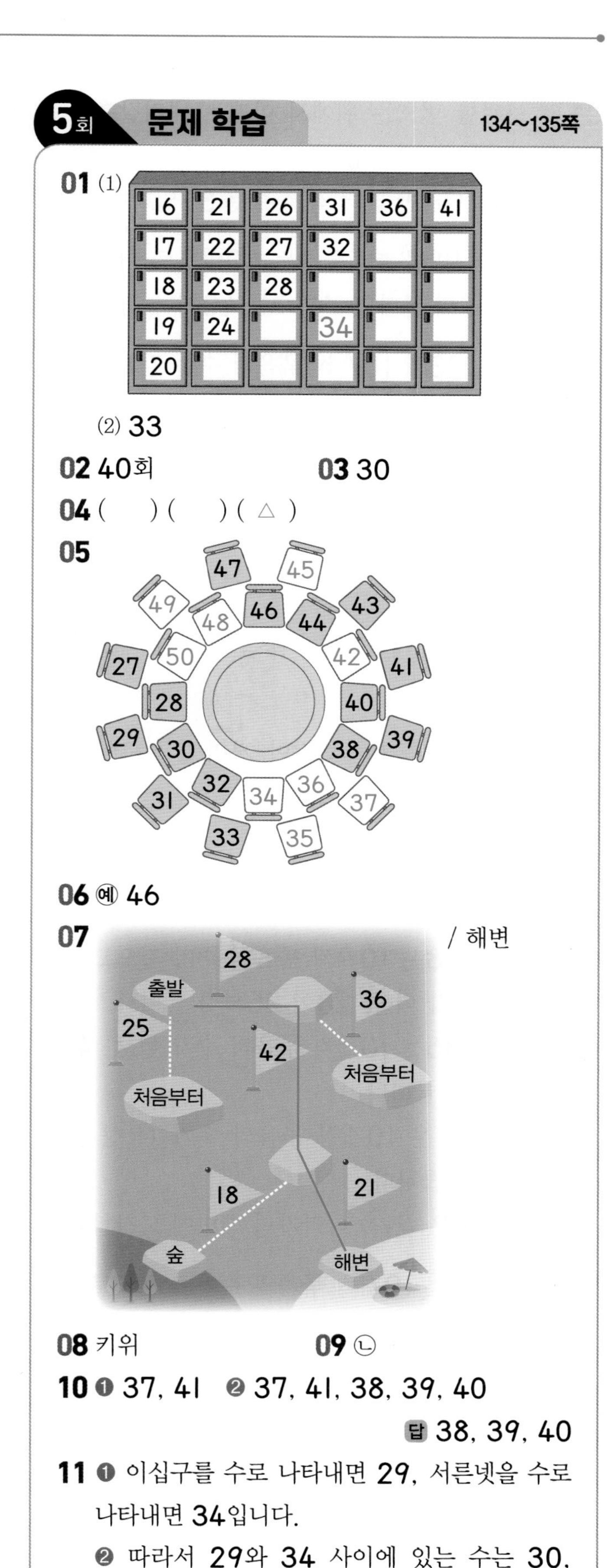

5회 문제 학습 134~135쪽

01 (1)

16	21	26	31	36	41
17	22	27	32		
18	23	28			
19	24		34		
20					

(2) 33

02 40회　　**03** 30

04 ( ) ( ) (△)

05

06 예 46

07 / 해변

08 키위　　**09** ㉡

10 ❶ 37, 41 ❷ 37, 41, 38, 39, 40
답 38, 39, 40

11 ❶ 이십구를 수로 나타내면 29, 서른넷을 수로 나타내면 34입니다.
❷ 따라서 29와 34 사이에 있는 수는 30, 31, 32, 33입니다. 답 30, 31, 32, 33

개념북 5단원

01 (1) 보관함 번호는 위에서 아래로 내려갈수록 수가 1씩 커집니다.
(2) 34보다 1만큼 더 작은 수는 33입니다.

02 39보다 1만큼 더 큰 수는 40이므로 이 동영상을 1명이 더 본다면 조회수는 40회가 됩니다.

03
- 36은 33과 10개씩 묶음의 수는 같지만 낱개의 수가 더 크므로 33보다 큽니다.
- 41은 33보다 10개씩 묶음의 수가 더 크므로 33보다 큽니다.
- 30은 33과 10개씩 묶음의 수는 같지만 낱개의 수가 더 작으므로 33보다 작습니다.

04 가장 작은 수는 10개씩 묶음의 수가 가장 작은 24입니다.

05 바깥쪽과 안쪽으로 번갈아 가며 27부터 50까지의 수를 순서대로 씁니다.

06 50까지의 수 중에서 43보다 큰 수는 44, 45, 46, 47, 48, 49, 50입니다.

07
- 25와 28은 10개씩 묶음의 수가 같으므로 낱개의 수가 더 큰 28이 25보다 큽니다.
- 42와 36은 10개씩 묶음의 수가 더 큰 42가 36보다 큽니다.
- 18과 21은 10개씩 묶음의 수가 더 큰 21이 18보다 큽니다.

➔ 28, 42, 21을 따라가면 해변에 도착합니다.

08 39와 35는 10개씩 묶음의 수가 같으므로 낱개의 수를 비교하면 39가 35보다 큽니다.
➔ 키위가 망고보다 더 많습니다.

09 ㉠ 44 ㉡ 49 ㉢ 40
➔ 44, 49, 40은 10개씩 묶음의 수가 같으므로 낱개의 수를 비교하면 가장 큰 수는 49입니다.

10

채점 기준			
	❶ 삼십칠과 마흔하나를 각각 수로 나타낸 경우	2점	5점
	❷ 두 수 사이에 있는 수를 모두 구한 경우	3점	

11

채점 기준			
	❶ 이십구와 서른넷을 각각 수로 나타낸 경우	2점	5점
	❷ 두 수 사이에 있는 수를 모두 구한 경우	3점	

6회 응용 학습 136~139쪽

01 1단계 10개 2단계 3개 3단계 3개
02 2개
03 3개
04 1단계 가장 큰 / 둘째로 큰 2단계 43
05 25
06 39
07 1단계 35 2단계 36, 37, 38, 39
08 27, 28, 29
09 22
10 1단계 26, 27, 28, 29, 30 2단계 31
11 38
12 17

01 1단계 주어진 모양에서 사용한 ▢의 수를 세어 보면 10개입니다.
2단계 30은 10개씩 묶음이 3개입니다.
3단계 30은 10개씩 묶음 3개이므로 주어진 모양을 3개 만들 수 있습니다.

02 주어진 모양 1개를 만드는 데 ▢이 10개 필요합니다. 20은 10개씩 묶음 2개이므로 ▢ 20개로 주어진 모양을 2개 만들 수 있습니다.

03 보기의 모양 1개를 만드는 데 ▢이 10개 필요합니다. 주어진 ▢은 10개씩 묶음 3개이므로 보기의 모양을 3개 만들 수 있습니다.

04 2단계 가장 큰 수는 4이고 둘째로 큰 수는 3이므로 만들 수 있는 가장 큰 몇십몇은 43입니다.

05 가장 작은 몇십몇을 만들려면 10개씩 묶음의 수에 가장 작은 수인 2를 쓰고, 낱개의 수에 둘째로 작은 수인 5를 써야 합니다. ➔ 25

06 노란색 공 중에서 가장 큰 수인 3을 10개씩 묶음의 수로 쓰고, 빨간색 공 중에서 가장 큰 수인 9를 낱개의 수로 씁니다. ➔ 39

07 ❶단계 10개씩 묶음 3개와 낱개 5개는 35입니다.
❷단계 35보다 크고 40보다 작은 수는 36, 37, 38, 39입니다.

08 10과 30 사이에 있는 수는 11, 12, 13, ..., 28, 29이고, 이 중에서 26보다 큰 수는 27, 28, 29입니다.
주의 10과 30 사이에 있는 수에 10과 30은 들어가지 않습니다.

09 10개씩 묶음 1개와 낱개 8개는 18이고, 18보다 크고 30보다 작은 수는 19, 20, 21, ..., 28, 29입니다.
이 중에서 10개씩 묶음의 수와 낱개의 수가 서로 같은 수는 22입니다.

10 ❶단계 25보다 크고 ■보다 작은 수가 5개이므로 25 바로 뒤의 수부터 순서대로 5개를 쓰면 26, 27, 28, 29, 30입니다.
❷단계 25보다 크고 ■보다 작은 수가 26, 27, 28, 29, 30이므로 ■에 알맞은 수는 30 바로 뒤의 수인 31입니다.

11 33보다 크고 ■보다 작은 수가 4개이므로 33 바로 뒤의 수인 34부터 순서대로 4개를 쓰면 34, 35, 36, 37입니다.
33보다 크고 ■보다 작은 수가 34, 35, 36, 37이므로 ■에 알맞은 수는 37 바로 뒤의 수인 38입니다.

12 ■보다 크고 22보다 작은 수가 4개이므로 22 바로 앞의 수인 21부터 수를 거꾸로 4개 쓰면 21, 20, 19, 18입니다.
■보다 크고 22보다 작은 수가 18, 19, 20, 21이므로 ■에 알맞은 수는 18 바로 앞의 수인 17입니다.

7회 마무리 평가 140~143쪽

01 열여덟, 18 **02** 6
03 20 / 스물 **04** 3, 6 / 36
05 25, 26, 28 **06** 35
07 3 **08** ②
09 14개
10
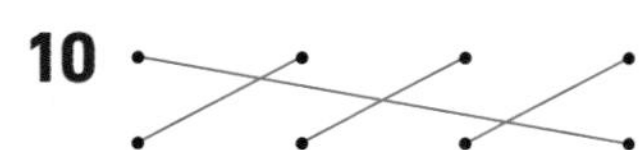
11 40개 **12** ( ) (○) ( )
13 ❶ 49 위 칸에는 49 바로 앞의 수인 48이 오고, 48 위 칸에는 48 바로 앞의 수인 47이 옵니다.
❷ 따라서 ★에 알맞은 수는 47 바로 앞의 수인 46입니다. 답 46
14 26, 27, 28, 29, 30
15

16 50 **17** 시우
18 24에 △표, 32에 ○표
19 43, 50
20 ❶ 단추가 10개씩 묶음 2개 있습니다.
❷ 단추가 50개가 되려면 10개씩 묶음 5개가 있어야 하므로 10개씩 묶음 $5-2=3$(개)가 더 필요합니다. 답 3개
21 16, 19, 26, 36 **22** 47
23 21 **24** ( ) (○) (○)
25 ❶ 수민이는 12번째, 태연이는 16번째이므로 12와 16 사이의 수를 순서대로 써 보면 13, 14, 15입니다.
❷ 따라서 수민이와 태연이 사이에는 13번째, 14번째, 15번째의 3명의 어린이가 들어왔습니다. 답 3명

01 10개씩 묶음 1개와 낱개 8개이므로 18입니다. 18은 십팔 또는 열여덟이라고 읽습니다.

개념북 5단원

02 파프리카 15개는 9개와 6개로 가르기할 수 있습니다. ➔ 15는 9와 6으로 가르기할 수 있습니다.

03 10개씩 묶음 2개이므로 20입니다.
20은 이십 또는 스물이라고 읽습니다.

04 과자를 10개씩 묶어 세면 10개씩 묶음 3개와 낱개 6개이므로 36입니다.

05 24 바로 뒤의 수: 25, 27 바로 앞의 수: 26, 27 바로 뒤의 수: 28

06 41과 35의 10개씩 묶음의 수를 비교하면 3이 4보다 작으므로 35가 41보다 작습니다.

07 초록색 사과 7개와 빨간색 사과 10개를 하나씩 짝 지으면 빨간색 사과가 3개 남습니다.
따라서 7보다 3만큼 더 큰 수는 10입니다.

08 ①, ③, ④, ⑤ 열 ② 십

09 10개씩 묶음 1개와 낱개 4개는 14이므로 가지는 모두 14개입니다.

10 5와 13, 8과 10, 12와 6, 9와 9를 모으기하면 18이 됩니다.

11 10개씩 묶음 4개는 40이므로 유리가 산 사탕은 모두 40개입니다.

12 45는 사십오 또는 마흔다섯이라고 읽습니다.
서른다섯을 수로 쓰면 35입니다.

13

채점 기준			
	❶ 수의 순서를 이해한 경우	2점	4점
	❷ ★에 알맞은 수를 구한 경우	2점	

14 가장 작은 수 26부터 순서대로 쓰면
26−27−28−29−30입니다.

15 앞줄부터 3명씩 앉으므로 순서대로 수를 쓰고 23이 쓰인 자리에 ○표 합니다.

16 10개씩 묶음 4개와 낱개 9개인 수는 49이고, 49보다 1만큼 더 큰 수는 49 바로 뒤의 수인 50입니다.

17 43과 34는 10개씩 묶음의 수가 더 큰 43이 34보다 크므로 구슬을 더 많이 가지고 있는 사람은 시우입니다.

18 세 수의 10개씩 묶음의 수를 비교하면 3이 2보다 크므로 32가 가장 큰 수입니다.
29와 24는 10개씩 묶음의 수가 같으므로 낱개의 수가 더 작은 24가 가장 작은 수입니다.

19
- 12와 25는 36보다 10개씩 묶음의 수가 작으므로 36보다 작습니다.
- 31과 36은 10개씩 묶음의 수가 같으므로 낱개의 수가 더 작은 31이 36보다 작습니다.
- 43과 50은 36보다 10개씩 묶음의 수가 크므로 36보다 큽니다.

➔ 36보다 큰 수는 43, 50입니다.

20

채점 기준			
	❶ 단추가 10개씩 묶음 몇 개 있는지 구한 경우	2점	4점
	❷ 50개가 되려면 10개씩 묶음 몇 개가 더 필요한지 구한 경우	2점	

21 열다섯: 15, 서른여덟: 38
주어진 수를 작은 수부터 순서대로 써 보면 10, ⑮, 16, 19, 26, 36, ㊳, 44이므로 15와 38 사이에 있는 수는 16, 19, 26, 36입니다.

22 40보다 크고 50보다 작은 수는 10개씩 묶음의 수가 4입니다.
10개씩 묶음의 수가 4이고 낱개의 수가 7인 수는 47입니다.

23 빨간색 공 중에서 가장 작은 수인 2를 10개씩 묶음의 수로 쓰고, 파란색 공 중에서 가장 작은 수인 1을 낱개의 수로 쓰면 만들 수 있는 가장 작은 몇십몇은 21입니다.

24 수민이의 번호는 31입니다.
31은 삼십일 또는 서른하나라고 읽습니다.

25

채점 기준			
	❶ 12와 16 사이의 수를 순서대로 쓴 경우	2점	4점
	❷ 수민이와 태연이 사이에 들어온 어린이는 몇 명인지 구한 경우	2점	

1. 9까지의 수

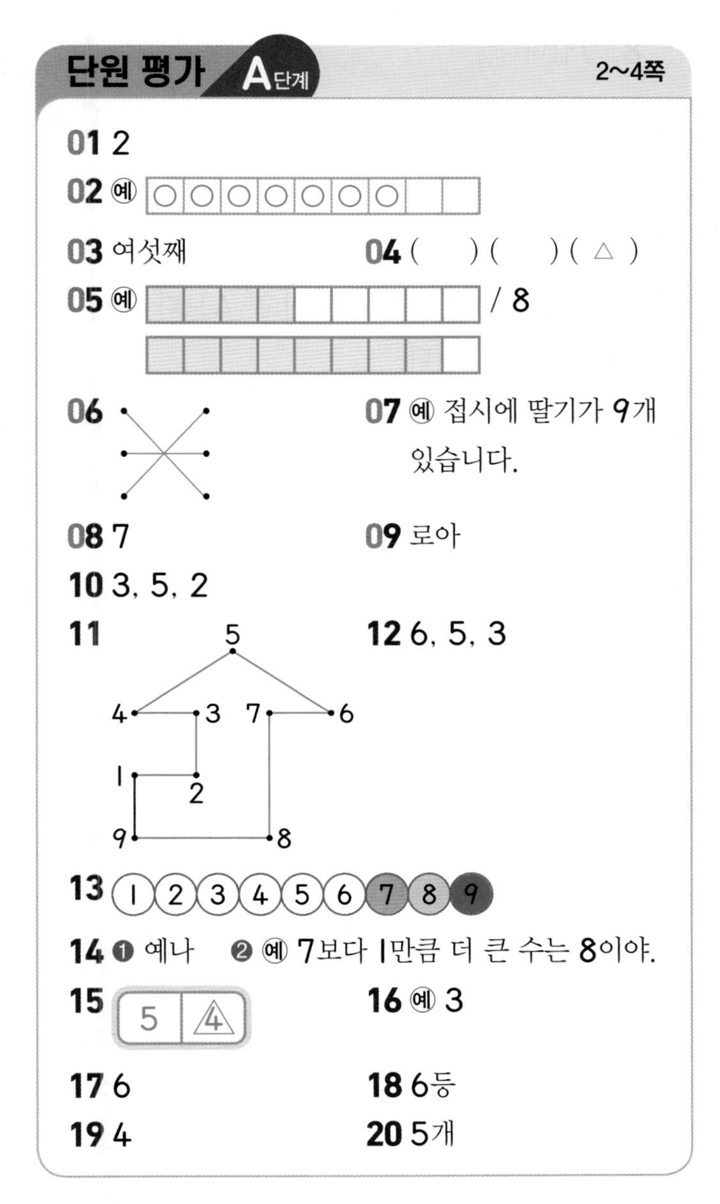

단원 평가 A단계 2~4쪽

01 2
02 예 (7개 ○)
03 여섯째 **04** ( )( )(△)
05 예 / 8
06
07 예 접시에 딸기가 9개 있습니다.
08 7 **09** 로아
10 3, 5, 2
11
12 6, 5, 3
13 1 2 3 4 5 6 7 8 9
14 ❶ 예나 ❷ 예 7보다 1만큼 더 큰 수는 8이야.
15 5 4
16 예 3
17 6 **18** 6등
19 4 **20** 5개

01 개구리의 수를 세어 보면 둘이므로 2입니다.

03 순서대로 쓰면 첫째, 둘째, 셋째, 넷째, 다섯째, 여섯째, 일곱째, 여덟째, 아홉째입니다.

04 1보다 1만큼 더 작은 수는 0입니다.

05 색칠한 칸의 수가 더 많은 8이 4보다 큽니다.

06 무당벌레의 수는 다섯 ➔ 오, 잠자리의 수는 넷, 나비의 수는 하나 ➔ 일입니다.

07

채점 기준	알맞은 수를 넣어 이야기를 만든 경우	5점

08 일곱을 수로 쓰면 7입니다.

09 왼쪽부터 첫째는 재호, 둘째는 민아, 셋째는 승규, 넷째는 로아, 다섯째는 지율입니다.

10 수로 순서를 나타내면 다음과 같습니다.

12 7부터 수의 순서를 거꾸로 하여 씁니다.

13 8보다 1만큼 더 작은 수는 7이고, 8보다 1만큼 더 큰 수는 9입니다.

14 '7보다 1만큼 더 작은 수는 6이야.', '9보다 1만큼 더 작은 수는 8이야.'라고 고칠 수도 있습니다.

채점 기준			
	❶ 잘못 말한 사람을 찾아 이름을 쓴 경우	3점	5점
	❷ 바르게 고쳐 쓴 경우	2점	

15 오른쪽 초밥이 왼쪽 초밥보다 적으므로 4는 5보다 작습니다.

16 □ 안에 알맞은 수는 6보다 작은 수인 0부터 5까지의 수 중 하나입니다.

17 6, 9, 8을 순서대로 써 보면 6, 8, 9이므로 가장 앞에 있는 수인 6이 가장 작은 수입니다.

18
뒤에서 셋째
(앞) ○ ○ ○ ○ ○ ○ ○ ○ (뒤) ➔ 6등
앞에서 여섯째

19 사자의 수: 2, 원숭이의 수: 3,
코끼리의 수: 1, 기린의 수: 2
➔ 3보다 1만큼 더 큰 수는 4입니다.

20 2보다 크고 8보다 작은 수는 3, 4, 5, 6, 7로 모두 5개입니다.

단원 평가 B단계 5~7쪽

01 예 

02 ( ) ( ) (○)

03 첫째

04 (위에서부터) 1, 3, 5 / 7, 9

05 (선 잇기)

06 4

07 ❶ 뒤에서부터 순서대로 지호가 첫째, 건하가 둘째, 누리가 셋째입니다.
❷ 따라서 뒤에서 셋째에 서 있는 사람은 누리입니다.
답 누리

08

09 (○)
( )

10 5

11 도현

12 5에 ○표, 3에 △표

13 7, 9

14 8살

15 7

16 5, 6, 7, 8, 9

17 8 / 4

18 ❶ 왼쪽에서 일곱째에 있는 과일은 포도입니다.
❷ 포도는 오른쪽에서 셋째에 있습니다. 답 셋째

19 혜지

20 3

---

01 하나, 둘, 셋, 넷, 다섯까지 세면서 그림 5개를 색칠합니다.

02 • 2—둘, 이 • 6—여섯, 육 • 8—여덟, 팔

03 왼쪽부터 순서대로 첫째, 둘째, 셋째, 넷째, 다섯째, 여섯째, 일곱째, 여덟째, 아홉째입니다.

05 수를 세어 보고 알맞은 수를 찾아 잇습니다.

06 바구니 안에 있는 고구마의 수: 넷 → 4

07

채점 기준			
	❶ 뒤에서부터 순서를 나타낸 경우	3점	5점
	❷ 뒤에서 셋째에 서 있는 사람을 찾아 쓴 경우	2점	

08 4는 수를 나타내므로 그림 4개에 색칠하고, 넷째는 순서를 나타내므로 넷째에 있는 그림 1개에만 색칠합니다.

09 수를 순서대로 써 보면 1, 2, 3, 4, 5, 6, 7, 8, 9입니다.

10 신발장의 번호를 순서대로 써 보면 1, 2, 3, 4, 5이므로 아린이의 신발장 번호는 5입니다.

11 채아: 6보다 1만큼 더 큰 수는 7입니다.

12 4보다 1만큼 더 큰 수는 5이고, 4보다 1만큼 더 작은 수는 3입니다.

13 8은 7 바로 뒤에 있으므로 7보다 1만큼 더 큰 수이고, 9 바로 앞에 있으므로 9보다 1만큼 더 작은 수입니다.

14 7보다 1만큼 더 큰 수는 8이므로 서준이는 8살입니다.

15 수를 순서대로 썼을 때 7은 5보다 뒤에 있는 수이므로 7은 5보다 큽니다.

16 수를 순서대로 썼을 때 4보다 뒤에 있는 수는 모두 4보다 큰 수입니다.

1—2—3—④—5—6—7—8—9
4보다 큰 수

17 수를 순서대로 썼을 때 가장 앞에 있는 수가 가장 작은 수, 가장 뒤에 있는 수가 가장 큰 수이므로 가장 큰 수는 8, 가장 작은 수는 4입니다.

18

채점 기준			
	❶ 왼쪽에서 일곱째에 있는 과일을 찾은 경우	2점	5점
	❷ ❶에서 찾은 과일이 오른쪽에서 몇째에 있는지 구한 경우	3점	

19 9, 6, 7을 순서대로 써 보면 6, 7, 9이므로 가장 앞에 있는 수 6이 가장 작은 수입니다.
→ 아몬드를 가장 적게 먹은 사람은 혜지입니다.

20 2와 6 사이에 있는 수는 3, 4, 5이고, 이 중 4보다 작은 수는 3입니다.

2. 여러 가지 모양

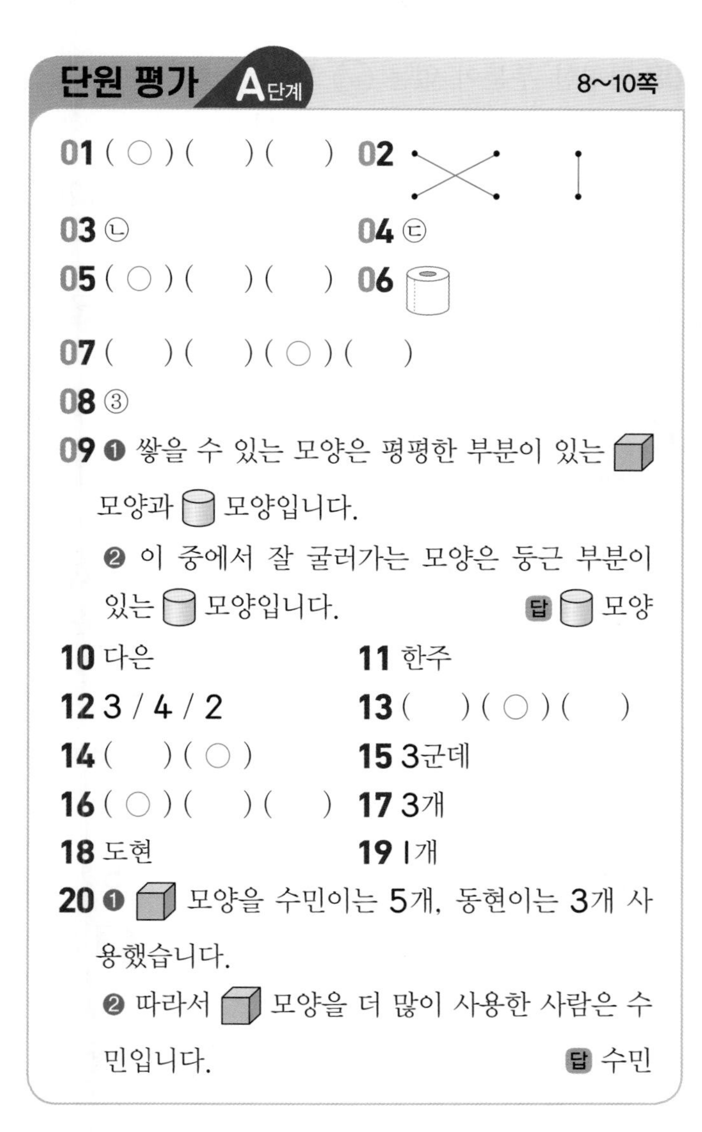

단원 평가 A단계 8~10쪽

01 (○) (   ) (   )
02 (선 잇기)
03 ㉡
04 ㉢
05 (○) (   ) (   )
06 (두루마리 휴지)
07 (   ) (   ) (○) (   )
08 ③
09 ❶ 쌓을 수 있는 모양은 평평한 부분이 있는 모양과 모양입니다.
❷ 이 중에서 잘 굴러가는 모양은 둥근 부분이 있는 모양입니다. 답 모양
10 다은
11 한주
12 3 / 4 / 2
13 (   ) (○) (   )
14 (   ) (○)
15 3군데
16 (○) (   ) (   )
17 3개
18 도현
19 1개
20 ❶ 모양을 수민이는 5개, 동현이는 3개 사용했습니다.
❷ 따라서 모양을 더 많이 사용한 사람은 수민입니다. 답 수민

01 모양인 것은 김밥입니다.

03 평평한 부분과 둥근 부분이 보입니다. ➔ 모양

04 모든 부분이 둥급니다. ➔ 모양

05 모양 4개를 사용했습니다.

06 북은 모양이므로 모양의 물건을 찾으면 두루마리 휴지입니다.

07 풀, 분유 통, 참치 캔은 모양이고, 테니스공은 모양입니다.

08 ③ 과자 상자는 모양으로, 평평한 부분이 있어 잘 쌓을 수 있습니다.

09

채점 기준			
	❶ 쌓을 수 있는 모양을 찾은 경우	3점	5점
	❷ ❶에서 찾은 모양 중에서 잘 굴러가는 모양을 찾은 경우	2점	

10 모양은 평평한 부분과 둥근 부분이 있습니다.

11 • 한주: 선물 상자, 휴지 상자 ➔ 모양
• 연우: 케이크 ➔ 모양, 농구공 ➔ 모양
따라서 같은 모양이 그려진 카드를 모은 사람은 한주입니다.

13 모양: 3개, 모양: 2개, 모양: 3개
➔ 사용한 개수가 다른 모양은 모양입니다.

14 • 왼쪽 모양은 모양 2개, 모양 2개, 모양 3개를 사용하여 만든 모양입니다.
• 오른쪽 모양은 모양 2개, 모양 2개, 모양 4개를 사용하여 만든 모양입니다.
➔ 보기 의 모양을 모두 사용하여 만든 모양은 오른쪽 모양입니다.

15

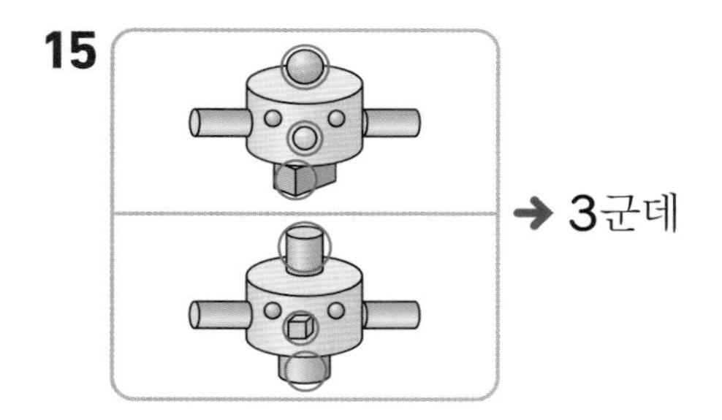

➔ 3군데

16 • 모양: 국어사전, 우유 팩, 치약 상자 ➔ 3개
• 모양: 북 ➔ 1개
• 모양: 구슬, 골프공 ➔ 2개

17 큐브는 모양이고, 모양인 물건은 국어사전, 우유 팩, 치약 상자로 모두 3개입니다.

18 잘 굴러가는 모양과 모양의 물건만 모은 사람은 도현입니다.

19 모양: 6개, 모양: 1개, 모양: 4개

20

채점 기준			
	❶ 사용한 모양의 개수를 각각 구한 경우	3점	5점
	❷ 모양을 더 많이 사용한 사람을 찾아 쓴 경우	2점	

평가북 2단원

단원 평가 B단계 11~13쪽

01

02 (□) (○) (△)

03 ( ) ( ) (○)

04 ( ) (○) ( )

05 ( ) ( ) (○)

06

07 (○) ( ) ( )

08 ( ) (×) ( )

09 ㉡, ㉤

10 2개

11 ❶ 예 모양은 둥근 부분이 있지만 모양은 둥근 부분이 없습니다.
❷ 예 모양은 잘 굴러가지만 모양은 굴러가지 않습니다.

12 3, 5, 4

13 ( ) (○) ( )

14 ( ) ( ) (○)

15

16

17 ❶ 준우가 모은 물건 중 초콜릿은 모양이고, 탬버린과 롤케이크는 모양입니다.
❷ 재희가 모은 물건은 모두 모양입니다.
❸ 따라서 같은 모양끼리 바르게 모은 사람은 재희입니다.
답 재희

18 5개

19 6개

20 규민

01 구급상자는 평평한 부분과 뾰족한 부분이 있으므로 모양입니다.

03 모양은 둥근 부분만 보입니다.

04 가운데 모양은 모양만 3개 사용하여 만든 모양입니다.

05 오렌지, 축구공, 구슬은 모두 모양입니다.

07 • 효린: 모양과 모양
• 민혁: 모양과 모양

08 평평한 부분이 없는 모양은 쌓을 수 없으므로 쌓을 수 없는 것은 수박입니다.

09 둥근 부분으로만 이루어진 모양은 모양입니다. ➔ ㉡, ㉤

10 굴러가지 않는 모양은 둥근 부분이 없는 모양입니다. ➔ ㉠, ㉥으로 모두 2개입니다.

11

채점 기준			
	❶ 다른 점 한 가지를 알맞게 쓴 경우	2점	5점
	❷ ❶과는 다른 다른 점 한 가지를 알맞게 쓴 경우	3점	

12 미끄럼틀 몸통과 다리에는 모양 3개, 미끄럼틀 내려오는 부분에는 모양 5개, 미끄럼틀 몸통의 윗부분에는 모양 4개를 사용했습니다.

13 가장 많이 사용한 모양은 5개를 사용한 모양입니다.

14 모양: 4개, 모양: 3개, 모양: 5개

16 잘못 색칠한 부분은 꼬리 부분에 있는 모양으로, 초록색으로 색칠해야 합니다.

17

채점 기준			
	❶ 준우가 모은 물건의 모양을 아는 경우	2점	5점
	❷ 재희가 모은 물건의 모양을 아는 경우	2점	
	❸ 같은 모양끼리 바르게 모은 사람을 찾아 쓴 경우	1점	

18 주어진 모양을 만드는 데 필요한 모양은 6개입니다. 6보다 1만큼 더 작은 수는 5이므로 수아가 가지고 있는 모양은 5개입니다.

19 돋보기 안에 보이는 모양은 모양입니다.
오른쪽 모양에는 모양이 6개 있습니다.

20 보기 는 모양 2개, 모양 2개, 모양 3개를 사용하여 만든 모양입니다.
따라서 보기 의 모양에서 사용한 모양을 모두 사용하여 다른 모양을 만든 사람은 규민입니다.

3. 덧셈과 뺄셈

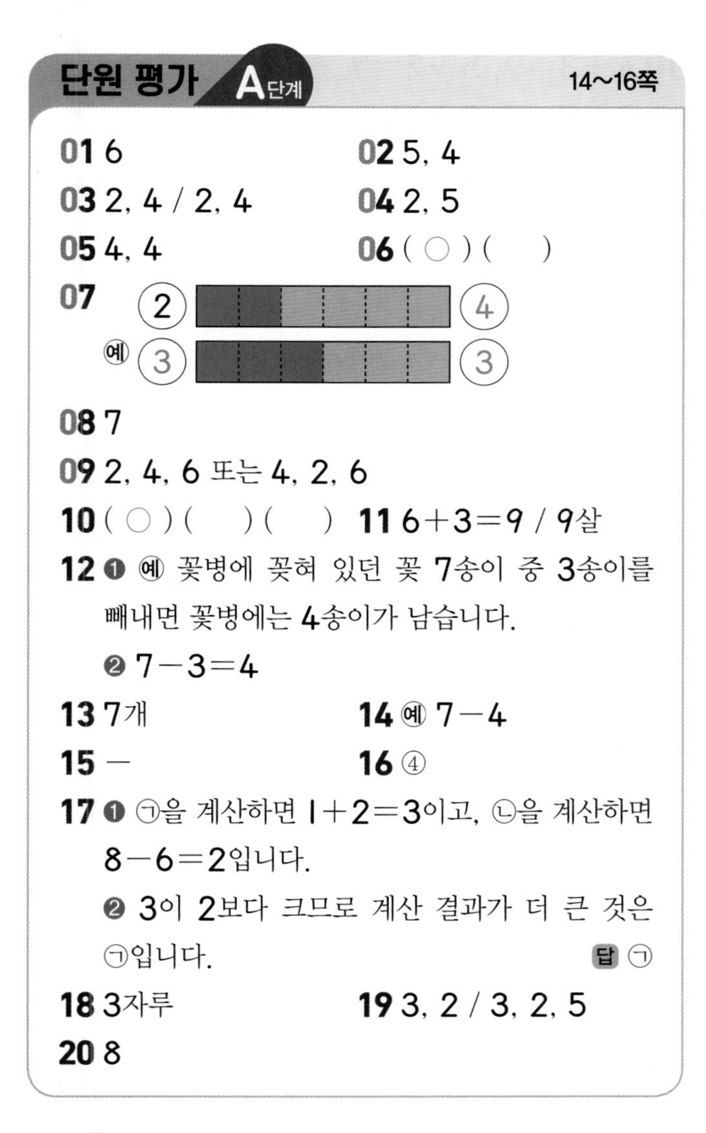

단원 평가 A단계 14~16쪽

01 6　　**02** 5, 4

03 2, 4 / 2, 4　　**04** 2, 5

05 4, 4　　**06** (○) (　)

07 ② [막대] ④
　예 ③ [막대] ③

08 7

09 2, 4, 6 또는 4, 2, 6

10 (○) (　) (　)　　**11** $6+3=9$ / 9살

12 ❶ 예 꽃병에 꽂혀 있던 꽃 7송이 중 3송이를 빼내면 꽃병에는 4송이가 남습니다.
❷ $7-3=4$

13 7개　　**14** 예 $7-4$

15 −　　**16** ④

17 ❶ ㉠을 계산하면 $1+2=3$이고, ㉡을 계산하면 $8-6=2$입니다.
❷ 3이 2보다 크므로 계산 결과가 더 큰 것은 ㉠입니다.
답 ㉠

18 3자루　　**19** 3, 2 / 3, 2, 5

20 8

01 2와 4를 모으기하면 6이 됩니다.

02 사탕 9개는 5개와 4개로 가르기할 수 있습니다.
➜ 9는 5와 4로 가르기할 수 있습니다.

03 고슴도치 2마리와 2마리를 모으면 모두 4마리입니다.
➜ $2+2=4$ / 2와 2의 합은 4입니다.

04 사탕 7개에서 2개를 /으로 지우면 5개가 남습니다. ➜ $7-2=5$

05 아무것도 없는 것에 ☆을 4개 더하면 ☆은 4개입니다. ➜ $0+4=4$

06 • 7과 2를 모으기하면 9가 됩니다.
• 8은 3과 5로 가르기할 수 있습니다.

07 6은 1과 5, 2와 4, 3과 3, 4와 2, 5와 1로 가르기할 수 있습니다.

08 3과 4를 모으기하면 7이므로 ★은 4입니다.
4는 3과 1로 가르기할 수 있으므로 ♠는 3입니다.
➜ 4와 3을 모으기하면 7이 됩니다.

09 우유가 상자 밖에 2개 있고 상자 안에 4개 더 있으므로 덧셈식으로 나타내면 $2+4=6$입니다.

10 $6+1=7$, $3+5=8$, $4+4=8$

11 지호는 6살이고 형은 지호보다 3살 더 많으므로 형은 $6+3=9$(살)입니다.

12

채점 기준			
	❶ '남는다'를 이용하여 그림에 알맞은 뺄셈 이야기를 만든 경우	3점	5점
	❷ 알맞은 뺄셈식을 쓴 경우	2점	

13 $9-2=7$이므로 7개를 더 꿰어야 합니다.

14 $6-3=3$, $4-1=3$, $8-5=3$으로 차가 3인 뺄셈식입니다.
➜ 차가 3인 또 다른 뺄셈식은 $3-0$, $5-2$, $7-4$, $9-6$이므로 이 중 한 식을 씁니다.

15 '='의 오른쪽 수가 0이므로 8에서 8을 뺐습니다.

16 ④ $3+3=6$이므로 계산이 틀렸습니다.

17

채점 기준			
	❶ ㉠과 ㉡을 각각 계산한 경우	3점	5점
	❷ 계산 결과가 더 큰 것의 기호를 쓴 경우	2점	

18 6은 1과 5, 2와 4, 3과 3, 4와 2, 5와 1로 가르기할 수 있습니다. 이 중에서 똑같은 두 수로 가르기한 것은 3과 3이므로 동생이 가지게 되는 색연필은 3자루입니다.

19 □ 모양 3개와 ⌭ 모양 2개를 합하면 모두 5개입니다. ➜ $3+2=5$

20 가장 큰 수는 8이고, 가장 작은 수는 0입니다.
➜ $8+0=8$

평가북 3단원

단원 평가 B단계 17~19쪽

01 9　　02 1

03 예 ○○○○○ / ○○ / 3, 4, 7

04 2 / 2　　05 3, 5

06 (위에서부터) 4
/ ○○○○●●● / 3, 3
/ ○○○○○●● / 4, 2
/ ○○○○○○● / 5, 1

07 7, 4, 6, 2, 1　　08 1, 3

09 6장

10 $4+3$, $5+2$, $0+7$, $1+6$

11 (위에서부터) 9, 5 / 3, 1

12 (　) (○)

13 5 / • — • / 7
9 / • — • / 9
7 / • — • / 5

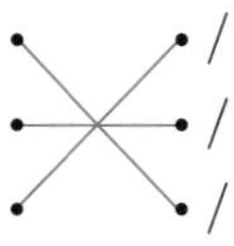

14 $6-5=1$ / 1마리

15 ❶ 다은이가 말한 식을 계산하면 $2+6=8$, 서진이가 말한 식을 계산하면 $7-5=2$입니다.
❷ 2가 8보다 작으므로 계산 결과가 더 작은 식을 말한 사람은 서진입니다. 답 서진

16 6　　17 (위에서부터) 7, 2

18 3명　　19 1

20 ❶ 한빈이에게 남은 젤리는 $9-4=5$(개)입니다.
❷ 규리에게 남은 젤리는 $6-2=4$(개)입니다.
❸ 5가 4보다 크므로 남은 젤리가 더 많은 사람은 한빈입니다. 답 한빈

01 구슬 4개와 5개를 모으기하면 9개가 됩니다.
➔ 4와 5를 모으기하면 9가 됩니다.

03 ○ 3개를 그린 후 ○ 4개를 더 그리면 ○는 모두 7개가 되므로 $3+4=7$입니다.

05 모으기를 하여 8이 되는 두 수는 1과 7, 2와 6, 3과 5, 4와 4, 5와 3, 6과 2, 7과 1입니다.

08 흰색 고양이 2마리와 갈색 고양이 1마리를 합하면 모두 3마리입니다. ➔ $2+1=3$

09 어제 받은 칭찬 붙임딱지 4장과 오늘 받은 칭찬 붙임딱지 2장을 더합니다. ➔ $4+2=6$(장)

10 $4+3=7$, $5+2=7$, $6+0=6$, $2+7=9$, $0+7=7$, $3+1=4$, $1+6=7$

11 $5+4=9$, $2+3=5$, $5-2=3$, $4-3=1$

12 $9-6=3$, $5-1=4$이므로 차가 더 큰 것은 $5-1$입니다.

13
• $4+1=5$　　• $8-1=7$
• $7+2=9$　　• $9-0=9$
• $2+5=7$　　• $7-2=5$

14 나뭇가지 위에 까치 6마리가 앉아 있었는데 5마리가 날아갔으므로 남아 있는 까치는 $6-5=1$(마리)입니다.

15

채점 기준			
	❶ 두 사람이 말한 식을 각각 계산한 경우	3점	5점
	❷ 계산 결과가 더 작은 식을 말한 사람을 찾아 쓴 경우	2점	

16 3과 모으기하여 9가 되는 수는 6이므로 $3+6=9$입니다.

17 • 5와 2를 모으기하면 7이 됩니다.
• 7과 모으기하여 9가 되는 수는 2입니다.

18 7은 1과 6, 2와 5, 3과 4, 4와 3, 5와 2, 6과 1로 가르기할 수 있습니다.
이 중 가르기한 두 수의 차가 1인 경우는 3과 4 또는 4와 3이고, 여학생이 남학생보다 1명 더 많으므로 여학생은 4명, 남학생은 3명입니다.

19 • $1+3=4$이므로 ♥에 알맞은 수는 4입니다.
• ♥=4일 때 ♥+♥=$4+4=8$이므로 ▲에 알맞은 수는 8입니다.
• ▲=8일 때 ▲$-7=8-7=1$이므로 ◆에 알맞은 수는 1입니다.

20

채점 기준			
	❶ 한빈이에게 남은 젤리의 수를 구한 경우	2점	5점
	❷ 규리에게 남은 젤리의 수를 구한 경우	2점	
	❸ 남은 젤리가 더 많은 사람을 찾아 쓴 경우	1점	

4. 비교하기

단원 평가 A단계 20~22쪽

01 깁니다

02 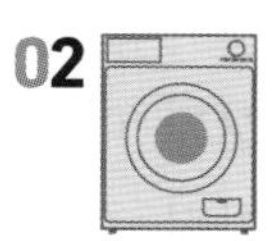

03 (○) (　)

04 스케치북, 색종이

05 (△) (　)

06 ❶ 아래쪽 끝이 맞추어져 있으므로 위쪽으로 더 많이 올라갈수록 키가 큰 동물입니다.
❷ 호랑이가 고양이보다 위쪽으로 더 많이 올라가 있으므로 키가 더 큰 동물은 호랑이입니다.
답 호랑이

07 (　)
(○)
(　)

08 찬호

09 3, 1, 4, 2

10 (△) (　) (　)

11 (　) (○) (　)

12 (　) (○) (　)

13 (○) (　)

14 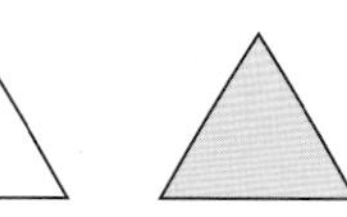 

15 (　) (△) (○)

16 성준

17 예 물의 높이가 같으면 그릇의 크기가 클수록 담긴 물의 양이 더 많습니다. 따라서 왼쪽 그릇에 담긴 물의 양이 더 많습니다.

18 가위

19 2개

20 물통

01 오른쪽으로 더 많이 나간 우산이 더 깁니다.

02 위쪽으로 더 적게 올라간 세탁기가 더 낮습니다.

03 더 무거운 것은 아래로 내려간 파인애플입니다.

04 겹쳐 맞대었을 때 남는 부분이 있는 스케치북이 색종이보다 더 넓습니다.

05 컵의 모양과 크기가 같으므로 주스의 높이가 더 낮은 왼쪽 컵에 담긴 주스의 양이 더 적습니다.

06

채점 기준			
	❶ 키를 비교하는 방법을 아는 경우	2점	5점
	❷ 키가 더 큰 동물을 찾아 쓴 경우	3점	

07 왼쪽 끝이 맞추어져 있으므로 숟가락보다 오른쪽으로 더 많이 나간 것을 찾으면 빨대입니다.

08 건물은 위층으로 올라갈수록 높아지므로 가장 높은 곳에 있는 사람은 가장 위층에 있는 찬호입니다.

09 양쪽 끝이 맞추어져 있을 때 선이 많이 구부러져 있을수록 더 깁니다.

10 들 때 힘이 가장 적게 드는 사탕이 가장 가볍습니다.

11 고무줄이 가장 많이 늘어난 가운데 공이 가장 무겁습니다.

12 피자보다 더 넓은 것은 피자와 겹쳐 맞대었을 때 남는 부분이 있는 거울입니다.

13 손수건으로 가릴 수 있는 것은 손수건과 겹쳐 맞대었을 때 남는 부분이 없는 수첩입니다.

14 겹쳐 맞대었을 때 항상 남는 부분이 있는 가운데 모양이 가장 넓습니다.

15 그릇의 크기가 클수록 담을 수 있는 양이 더 많습니다.

16 담긴 물의 높이가 높을수록 마신 물의 양이 더 많으므로 마신 물의 양이 가장 많은 사람은 담긴 물의 높이가 가장 높은 성준입니다.

17

채점 기준		
	시우의 말이 잘못된 이유를 알맞게 쓴 경우	5점

18 가위는 연필보다 더 짧고, 연필은 자보다 더 짧습니다. 따라서 가장 짧은 것은 가위입니다.

19 필통보다 더 무겁고 책상보다는 더 가벼운 물건은 노트북, 가방으로 모두 2개입니다.

20 옮겨 담은 횟수가 더 많을수록 물이 더 많이 들어 있던 그릇이므로 옮겨 담은 횟수가 더 많은 물통에 물이 더 많이 들어 있었습니다.

단원 평가 B단계 23~25쪽

01 (선 잇기)

02 ( ) (△)

03 넓습니다

04 (○) ( )

05 ( )
(△)
(○)

06 ❶ 가와 나를 비교하면 가가 나보다 더 길고, 가와 다를 비교하면 더 많이 구부러진 다가 더 깁니다.
❷ 따라서 가장 긴 길은 다입니다. 답 다

07 예 (색칠한 테이프), (색칠한 테이프), 깁니다

08 ⑤

09 지수

10 귤, 사과, 배

11 가

12 (그림)

13 (그림) 1, 2, 3, 4, 5, 6

14 ( ) (○) ( )

15 해나

16 다

17 선재

18 버섯

19 3번 접은 모양

20 ❶ 남은 주스의 양이 적을수록 마신 주스의 양이 많습니다.
❷ 똑같은 컵이므로 남은 주스의 높이가 낮을수록 남은 주스의 양이 적습니다.
❸ 따라서 주스를 가장 많이 마신 사람은 남은 주스의 높이가 가장 낮은 영우입니다. 답 영우

01 오른쪽으로 더 많이 나간 지팡이가 더 깁니다.

04 담을 수 있는 양이 더 많은 것은 그릇의 크기가 더 큰 왼쪽 컵입니다.

05 젓가락이 가장 길고, 포크가 가장 짧습니다.

06

채점 기준			
채점 기준	❶ 두 개씩 길의 길이를 비교한 경우	3점	5점
	❷ 가장 긴 길을 찾아 쓴 경우	2점	

07 두 색 테이프의 길이를 다르게 색칠한 다음 길이를 비교하여 알맞은 말에 ○표 합니다.

08 들 때 힘이 가장 많이 드는 ⑤ 텔레비전이 가장 무겁습니다.

09 지수는 화리보다 더 가볍고, 화리는 미주보다 더 가벼우므로 가장 가벼운 사람은 지수입니다.

10 귤은 사과보다 더 가볍고, 사과는 배보다 더 가벼우므로 가벼운 과일부터 순서대로 쓰면 귤, 사과, 배입니다.

11 칸 수를 각각 세어 보면 가는 4칸, 나는 6칸입니다. 칸 수가 적을수록 더 좁으므로 더 좁은 것은 가입니다.

12 각 부분을 겹쳐 맞대었을 때 남는 부분이 많을수록 더 넓습니다.

14 물의 높이가 높을수록 담긴 물의 양이 더 많으므로 왼쪽보다 물의 높이가 더 높은 것을 찾습니다.

15 물을 가장 적게 마신 사람은 컵의 크기가 가장 작은 해나입니다.

16 주스의 높이가 같으므로 그릇의 크기가 가장 큰 다에 담긴 주스의 양이 가장 많습니다.

17 파란색 색연필과 초록색 색연필은 오른쪽 끝이 맞추어져 있으므로 왼쪽으로 더 많이 나간 파란색 색연필이 더 깁니다.

18 들 때 힘이 더 드는 것부터 순서대로 쓰면 호박, 가지, 버섯이므로 냉장고에 가장 마지막에 넣어야 하는 것은 버섯입니다.

19 색종이를 반으로 계속 접을수록 접은 모양은 점점 더 좁아지므로 3번 접은 모양이 더 좁습니다.

20

채점 기준			
채점 기준	❶ 남은 주스의 양과 마신 주스의 양의 관계를 아는 경우	1점	5점
	❷ 남은 주스의 양을 비교하는 방법을 아는 경우	2점	
	❸ 주스를 가장 많이 마신 사람을 찾아 쓴 경우	2점	

5. 50까지의 수

단원 평가 A단계 26~28쪽

01 10
02 6
03 30 / 서른
04 29
05 (위에서부터) 26, 27, 30, 31 / 36, 37, 40
06 ③
07 열일곱
08 예 9, 4 / 예 7, 6
09 (선 잇기)
10 40, 50
11 ❶ 한 봉지에 사탕을 10개씩 담아야 하므로 사탕 30개를 10개씩 묶어 세면 10개씩 묶음 3개입니다.
❷ 따라서 사탕은 3봉지가 됩니다. 답 3봉지
12 (위에서부터) 7 / 4 / 39
13 27
14 22개
15 23
16 49
17 재석
18 21
19 ❶ 36보다 큰 수를 써 보면 37, 38, 39, 40, ...입니다.
❷ 이 중에서 10개씩 묶음의 수가 3인 수는 37, 38, 39로 □ 안에 들어갈 수 있는 수는 7, 8, 9이므로 모두 3개입니다. 답 3개
20 42

01 인형의 수를 세어 보면 열이므로 모두 10입니다.

02 11은 5와 6으로 가르기할 수 있습니다.

03 10개씩 묶음 3개이므로 30입니다.
30은 삼십 또는 서른이라고 읽습니다.

04 10개씩 묶음 2개는 20이고 낱개 9개가 더 있으므로 29입니다.

05 25부터 40까지의 수를 순서대로 씁니다.

06 ③ 10개씩 묶음 1개는 10입니다.

07 16은 십육 또는 열여섯이라고 읽습니다.
열일곱을 수로 쓰면 17입니다.

08 13은 1과 12, 2와 11, 3과 10, 4와 9, 5와 8, 6과 7 등으로 가르기할 수 있습니다.

09 13과 2, 1과 14, 6과 9, 5와 10을 모으기하면 15가 됩니다.

10 • 색종이: 10장씩 묶음 4개 → 40
• 색연필: 10자루씩 묶음 5개 → 50

11

채점 기준			
	❶ 30은 10개씩 묶음 몇 개인지 구한 경우	3점	5점
	❷ 사탕은 몇 봉지가 되는지 구한 경우	2점	

13 스물일곱을 수로 쓰면 27입니다.

14 10개씩 묶어 세면 10개씩 묶음 2개와 낱개 2개이므로 모두 22개입니다.

15 22부터 24까지의 수를 순서대로 써 보면 22-23-24이므로 22와 24 사이에 있는 수는 23입니다.

16 10개씩 묶음의 수가 4로 같으므로 낱개의 수가 더 큰 49가 43보다 큽니다.

17 35와 28의 10개씩 묶음의 수를 비교하면 35가 28보다 크므로 색연필을 더 많이 가지고 있는 사람은 재석입니다.

18 16보다 크고 ■보다 작은 수가 4개이므로 16 바로 뒤의 수인 17부터 순서대로 4개를 쓰면 17, 18, 19, 20입니다.
16보다 크고 ■보다 작은 수가 17, 18, 19, 20이므로 ■에 알맞은 수는 20 바로 뒤의 수인 21입니다.

19

채점 기준			
	❶ 36보다 큰 수를 나열한 경우	2점	5점
	❷ □ 안에 들어갈 수 있는 수는 모두 몇 개인지 구한 경우	3점	

20 가장 큰 수는 4이고, 둘째로 큰 수는 2이므로 만들 수 있는 가장 큰 몇십몇은 42입니다.

평가북 5단원

단원 평가 B단계 29~31쪽

01 (　) (○) (○)　**02** 16

03 12　**04** 41, 27

05 예나　**06** 17, 19

07 ❶ 10개씩 묶음 1개와 낱개 8개인 수는 18입니다.
❷ 18보다 1만큼 더 큰 수는 18 바로 뒤의 수인 19입니다.
답 19

08 5, 9

09

10  

10 예

●	●	●	●	●	○	○	○	○	○
●	●	●	●	●	○	○	○	○	○

11

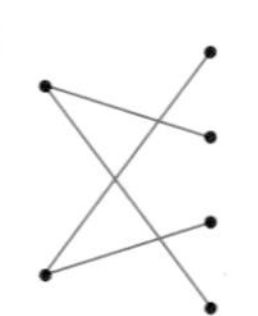

12 ㉣

13 39, 38, 37

14 도현

15 46, 47, 48, 49, 50

16 (○) (　) (　)　**17** 2개

18 6개

19 ❶ 이십육을 수로 쓰면 26이고, 스물아홉을 수로 쓰면 29입니다.
❷ 따라서 26과 29 사이에 있는 수는 27, 28로 모두 2개입니다.
답 2개

20 44

04 • 10개씩 묶음 2개와 낱개 7개: 27
• 10개씩 묶음 4개와 낱개 1개: 41
➔ 10개씩 묶음의 수가 더 큰 41이 27보다 큽니다.

05 10개: 십 개(×), 열 개(○)

07

채점 기준			
채점 기준	❶ 10개씩 묶음 1개와 낱개 8개인 수를 구한 경우	2점	5점
	❷ ❶에서 구한 수보다 1만큼 더 큰 수를 구한 경우	3점	

08 14는 5와 9로 가르기할 수 있습니다.

09 10과 3, 7과 6을 모으기하면 13이 됩니다.

11 • 달걀이 10개씩 묶음 4개이므로 40입니다.
➔ 40은 사십 또는 마흔이라고 읽습니다.
• 연결 모형이 10개씩 묶음 5개이므로 50입니다.➔ 50은 오십 또는 쉰이라고 읽습니다.

12 ㉣ 45는 사십오 또는 마흔다섯이라고 읽습니다.

13 41부터 순서를 거꾸로 하여 수를 써 보면
41−40−39−38−37입니다.

14 23과 26 사이에 있는 수는 24, 25로 모두 2개이므로 잘못 말한 사람은 도현입니다.

15 가장 작은 수 46부터 순서대로 쓰면
46−47−48−49−50입니다.

16 스물넷: 24, 열아홉: 19, 스물하나: 21
➔ 24, 19, 21의 10개씩 묶음의 수를 비교하면 24와 21이 19보다 크고, 24와 21의 낱개의 수를 비교하면 24가 21보다 크므로 가장 큰 수는 24(스물넷)입니다.

17 보기 의 모양 1개를 만드는 데 이 10개 필요합니다. 주어진 은 10개씩 묶음 2개이므로 보기 의 모양을 2개 만들 수 있습니다.

18 34개는 10개씩 묶음 3개와 낱개 4개입니다.
곶감을 4줄 만들려면 10개씩 묶음 4개가 있어야 하므로 34개의 낱개 4개에 6개가 더 있어야 합니다. 따라서 감이 6개 더 필요합니다.

19

채점 기준			
채점 기준	❶ 이십육과 스물아홉을 각각 수로 나타낸 경우	2점	5점
	❷ 두 수 사이에 있는 수의 개수를 구한 경우	3점	

20 • 10개씩 묶음 4개와 낱개 1개인 수는 41이므로 41보다 큰 수입니다.
• 41보다 크고 45보다 작은 수는 42, 43, 44입니다.
• 이 중에서 10개씩 묶음의 수와 낱개의 수가 서로 같은 수는 44입니다.